氨基酸——营养和康复之源

（第三版）

[美] 埃里克·R. 布雷弗曼　　[美] 卡尔·法伊弗
[美] 肯·布鲁姆　　[美] 理查德·斯迈达　著

武履青　关　丹　杨　磊　主译

 中国轻工业出版社

图书在版编目（CIP）数据

氨基酸：营养和康复之源：第三版/（美）埃里克·R. 布雷弗曼等著；武履青，关丹，杨磊主译. —北京：中国轻工业出版社，2024.10
　　ISBN 978-7-5184-2947-9

　　Ⅰ.①氨… 　Ⅱ.①埃… ②武… ③关… ④杨… 　Ⅲ.①氨基酸 　Ⅳ.①Q517

中国版本图书馆 CIP 数据核字（2020）第 050255 号

责任编辑：江　娟　　责任终审：白　洁
文字编辑：杨　璐　　责任校对：方　敏　　封面设计：锋尚设计
策划编辑：江　娟　　版式设计：砚祥志远　　责任监印：张京华

出版发行：中国轻工业出版社（北京鲁谷东街 5 号，邮编：100040）
印　　刷：三河市万龙印装有限公司
经　　销：各地新华书店
版　　次：2024 年 10 月第 1 版第 5 次印刷
开　　本：720×1000　1/16　印张：27.5
字　　数：480 千字　插页：2
书　　号：ISBN 978-7-5184-2947-9　定价：98.00 元
邮购电话：010-85119873
发行电话：010-85119832　010-85119912
网　　址：http://www.chlip.com.cn
Email：club@ chlip.com.cn
版权所有　侵权必究
如发现图书残缺请与我社邮购联系调换
241937K1C105ZYQ

《氨基酸——营养和康复之源》
翻译委员会

主译　武履青　关　丹　杨　磊

参译　钱志强　贾雪峰　吴　涛　赵　鹤　王先兵　肖国安
王斯坦　惠人杰　蔡立明　齐晓彤　陈馨怡　侯一鸣
胡旭栋　戈延松　李　娟　林诗颖　刘　远　张慧维
陈凯伦　孙广春　汤世江　王春林　温志刚　谢和志
叶宏伟　朱智博　郭金习　王振礼　陈伟滨　方佳茂
李少平　金敬明

主审　卢　涛　张文文　宁健飞　常利斌　卢　煜

主译简介及对氨基酸工业的论述

武履青

原天津市氨基酸公司高级工程师
曾兼任中国化学制药工业协会氨基酸
专业委员会秘书长

氨基酸是生命的起源物质，它是构成蛋白质的基石，被称为"人体的黄金"。1806年，法国化学家沃克斯发现包含在蛋白质中的第一个氨基酸——天冬酰胺，开启了人类破解蛋白质结构之门，并不断地揭示了遗传密码之谜。

但是，对氨基酸在营养和康复方面的研究开发，是在20世纪50年代才开始的。1956年日本首先研制了以单一结晶氨基酸配伍的注射液并投入临床，用于危重状态患者抢救的营养支持，取得了很好的效果。

我国是在20世纪80年代才开始开发和生产氨基酸原料的，目前已经成为世界上氨基酸原料品种最齐全、生产量最大的国家，并能供应全世界的应用需求。

天丹

中国生物发酵产业协会氨基酸分会
副理事长兼秘书长
中国生物发酵产业协会信息部主任

氨基酸是人类健康之源、生命之本。氨基酸在我国发展有近百年的历史，由最初仅可生产谷氨酸钠（味精），有序推进到成为世界第一大氨基酸生产国和出口国，每一项决策都是碰撞后的谋略。每一个谋略，都成就了我国氨基酸产业的一次华丽蜕变。每一次蜕变，都凝聚了成千上万"氨基酸人"的智慧和汗水，他们在默默无闻地为我国氨基酸产业做着贡献，用睿智和勤劳铸就了现在的辉煌。但是在我国，对氨基酸的认知还停留在饲料使用及医药领域，在食品等领域的应用水平与国际相距甚远。如何推动氨基酸食品产业的发展，提升我国国民的营养水平，仍需要社会各界的共同努力。

杨磊

武汉远大弘元股份有限公司总经理
中国生物发酵产业协会副理事长

氨基酸是构成蛋白质的基本单位，是人体和动物营养必需的基本物质。

药用：用于药物治疗的氨基酸多达百种，无论是用于治疗呼吸系统疾病还是肝病，以及手术后的营养补充等方面，都有着显著作用。

食用：成人日常必需氨基酸的需要量占蛋白质需要量的20%以上。氨基酸在食品中的作用不可忽视，不仅可作为调味剂、营养强化剂、香料等使用，更是特种医学和婴幼儿配方产品中的重要营养成分。

第三版前言

《氨基酸——营养和康复之源》已经是第三次再版了。它为健康专业人员和有兴趣的普通读者，提供了超过 15 年的有关氨基酸的最新研究。《氨基酸——营养和康复之源》首次出版时，氨基酸的研究还处于起步阶段。氨基酸和营养疗法是有争议的，在传统医学中是不容易实施的，在天然营养食品商店也是没有出售的。

从那时起，医生们仍不断地开创并改变着医学领域的新面貌。像哥伦比亚大学和哈佛大学的医学院现在都开设了营养学课程。另外，主要的健康和医疗组织，如美国心脏协会、癌症协会、关节炎基金会和美国糖尿病协会，都将饮食和营养纳入他们的医疗计划。而且，更多的健康组织现在也积极向患者提供保健产品，一起共同维护着健康和治疗问题。

在这个不断变化的环境中，氨基酸有了极大的发展。当时，有关氨基酸的新闻甚至成为头条，关于氨基酸的书籍最为畅销。对氨基酸的研究和临床应用正在全世界蓬勃发展。氨基酸正在成为日常生活的一部分——它可以帮助人们睡得更好、感觉更好，克服焦虑、抑郁和药物滥用。它也是膳食中的甜味剂。同时还是新的抗衰老药物和减肥疗法的一部分。它可以用于急救室治疗药物过量和肝脏解毒。现在在检测血液中的氨基酸水平越来越被重视，因为它是诊断精神疾病和生理疾病的有力指标。

大量氨基酸营养的研究和临床应用，为许多医学治疗提供了有力的证据。迄今为止的研究，清楚地表明我们正刚刚开始涉足一个广阔的、未知的前沿领域，并在未来几年里，这个领域肯定会继续为医药产业带来丰厚的利润。毕竟，氨基酸是蛋白质的基石，而蛋白质又是大脑中最重要的物质基础。从这个意义上说，氨基酸是人类最重要的营养组成部分，比任何其他的营养成分，包括维生素、必需脂肪酸和微量矿物质都更为重要，因为氨基酸有助于支持大脑功能，而反过来大脑的功能又控制着身体。我们现在知道，当大脑功能运行良好时，身体就会正常。

人们越来越理解和接受由于一些氨基酸的不平衡，会导致影响身体健康和产生精神疾病。补充氨基酸以对抗慢性疾病为医生提供了一个新的治疗策略。氨基酸不仅正在成为医生治疗方案和医疗设备检测项目的一部分，也将成为世界各地消费者的必需品。

在纽约市的"实现全面健康"（PATH MEDICAL）中心，多年来一直通过使用氨基酸治疗了许多严重疾病。实践表明，营养疗法在医疗实践中具有更有效的作用，在大多数病情严重的病例中，通过补充营养补充品（如氨基酸）和药物相结合，都达到最佳的效果。我们是互补医学的坚定信仰者——充分利用医药和营养学的研究，提供最好的实践经验。

再版中对内容进行了补充和修订，介绍氨基酸最新的研究和临床应用的实践积累，概述了关于每种单一氨基酸作用的基础知识。根据有关资料，本书进行了重新编排，淘汰了过时的信息。此外，还增加了一节关于补充氨基酸的应用指南。在本书最后附录了实用术语诠释和科学研究的参考文献，以供所有读者更容易地查阅和理解。

我们继续在这个修订版中详细报道最新的、令人兴奋的氨基酸研究进展。最新资讯包含多个新的医学热门话题，包括：

●精氨酸已被证明在恢复男性勃起功能和衰退的性欲方面与"伟哥"相似，在某些情况下甚至可以取代伟哥。它也可以增加精子的数量。

●最新研究，测量血液中羟脯氨酸的骨质分解产物，可能比标准的骨密度测试更有利于评估骨质丢失。

●科学证据表明，补充苯丙氨酸和酪氨酸，可以提高大脑的能量水平，是减肥的关键。

●褪黑素（Melatonin）和色氨酸（不幸的是，美国仍然只能通过处方药购买）已经成为改善睡眠、缓解焦虑和延缓衰老过程的多功能营养素。最新的研究表明色氨酸有望用于治疗自闭症。

●同型半胱氨酸已被公认为是心血管疾病的主要独立风险指标。最新的研究表明，它也可以预示神经管缺陷、链状细胞疾病、直肠息肉和肝功能衰竭，并可能导致老年人抑郁、痴呆和脑功能丧失。

●研究表明，酪氨酸可以帮助可卡因上瘾者和酗酒者戒除恶习，对抗压力、嗜睡、慢性疲劳和注意力缺陷障碍的影响。

●血液中的氨基酸水平，日益成为治疗生理和精神疾病的主要生化指标，能为营养和治疗提供更好的帮助。

●肉碱已被证明对双丙戊酸钠（Depakote）的常见副作用有显著的抵抗作用，双丙戊酸钠是一种常用的治疗癫痫和精神疾病的药物。它的衍生物 N-乙酰左旋肉碱在脑内的代谢能力，可能超过肉碱的代谢能力，人们发现它可以减缓老年痴呆症的发展。

• 不断有科学证据表明，氨基酸化合物 *N*-乙酰半胱氨酸可能是体内最强大的排毒剂。现在它在每个急诊室都被用于用药过量的解毒剂，并且还可以使日常环境中的毒素变得无害。

• 加巴喷丁（Neurotin）和噻加宾（Gabitril）等，是 γ-氨基丁酸（GABA）被修饰的改性化合物，可以提高大脑的吸收能力，似乎是控制癫痫和焦虑的重要产品。早期研究表明，γ-氨基丁酸（GABA）也可能与抑制良性前列腺肥大有关。

• 对丝氨酸化合物的研究表明，阻断丝氨酸代谢，可能有助于预防精神病患者自身免疫活性的降低。

• 脑卒中后，两种氨基酸——谷氨酸和天冬氨酸，会对大脑造成外加的神经毒性损伤。目前，阻止兴奋性氨基酸转运蛋白（EAAT$_s$）的新药，最近获得了批准。

• 多年来，运动员，特别是健美运动员和举重运动员一直认为，支链氨基酸（BCAAs，即亮氨酸、异亮氨酸和缬氨酸）能使他们产生更发达、更好的肌肉，提高运动成绩，现在科学研究也已经证实他们是正确的。因此，在全世界范围内促进了支链氨基酸的消费。支链氨基酸不仅能帮助运动员，而且还能防止年老时的肌肉痉挛。

• 颅电刺激（CES）是一种越来越受欢迎的治疗多种疾病的方法，已经发现它有促进氨基酸神经递质的功能。这是氨基酸疗法的一个重大突破。

目前，对氨基酸的大量研究和临床应用发现，医学不能再忽视和小看氨基酸的影响了。我们相信，以固体形式的氨基酸进行补充，会对疾病有实质性的治疗效益。任何人都可以在医生和医疗专业人员的指导下进行使用。氨基酸对疾病的预防和取得的效果是不容置疑的。

过去 15 年的研究表明，充足的营养状况代表着健康的身体，是支撑充沛精力的基础。每个人都应该注意自身的营养状况，因为营养缺乏是疾病的一部分，氨基酸的充足供应无疑是预防疾病的重要组成部分。我们希望这个新版本将继续为您带来帮助，使您了解最好的药房就存在于自己的身体中。

如何使用《氨基酸——营养和康复之源》

本书中讨论的 24 种氨基酸，根据它们的化学相似性分为 8 个部分。具有相似结构的氨基酸参与相同或相似的作用，并执行相同或相似的功能。在这些章节中，对每个氨基酸将分别进行讨论。

本书对每个单一氨基酸，描述了其独特的功能和在体内的代谢、食物中的来源，以及在临床综合征的治疗用途、形式和吸收、补充的方法，和超过 15 年的最新研究成果。并且在每个氨基酸章节的结尾都以摘要形式进行总结，浓缩了本章最重要的信息。

为读者的使用方便，在本书的最后部分，提供了有关"术语诠释"。这本书可以作为医生和营养学家在使用氨基酸治疗各种临床疾病时的指南，也可以作为本科教材。

最后，为了帮助您便于查找选定的主题，对每种氨基酸都提供了大量的参考文献，可以作为读者对氨基酸知识扩展的工具。

我们相信在未来的几年里，本书将成为读者对氨基酸认知的基础。

目　　录

第一部分

氨基酸简介

氨基酸的结构

C＝碳
O＝氧
N＝氮
H＝氢

$$CH_3-CH-COOH(羧基)$$
$$|$$
$$NH_2(氨基)$$

第一章 氨基酸是生命的基石

蛋白质是连在一起的氨基酸链。蛋白质（Protein）一词来源于希腊语"*protos*"，其意为"最初"，形容十分贴切，因为它是所有活细胞的最基本构成要素。*Protos* 也很可能是普罗透斯（Proteus）名字的根源，普罗透斯是希腊神话故事里能变形的海神，而食物蛋白被摄入后会变形为人体所需物质。我们从食物中所摄取的蛋白质，经过消化分解成为氨基酸（Amino Acid），再进入血液和细胞，然后重新构建人体所需要的特定蛋白质（Specific Proteins）。

蛋白质是我们身体里仅次于水的第二丰富的物质。它占大多数体细胞干重的四分之三。它参与基因、血液、组织、肌肉、胶原蛋白、皮肤、头发和指甲的生化结构，是体内许多激素、酶、营养载体、抗感染抗体、神经递质和其他化学信使的主要成分。这种生命所必需的连续的细胞构建和再生需要不间断的蛋白质供应。

所有蛋白质都是氨基酸的不同组合，简单的蛋白质是由两到三个氨基酸连接在一起的，称为肽。"肽"（Peptide）来自希腊语"*peptos*"，即"熟的"，或是"已经消化的"意思。肽通常就是消化后的蛋白质。许多短链肽可以直接进入血液被吸收利用，例如一些肽就可以作为神经递质——向大脑发送信息或者从大脑发出信息以帮助调节身体的化学物质，也可作为大脑中的天然物质缓解疼痛。

蛋白质的简单或复杂取决于氨基酸组合的数量、种类及其在结构链中的顺序。在一个蛋白质分子中，其氨基酸的数量少则几个，多则成百上千，它们由肽键连接成各种多样的形式，包括链、螺旋体、球体和分支结构。每种蛋白质都具有独特的功能，不能互换和替代。这些特定的蛋白质是按照细胞核中 DNA 遗传基因编码（DNA 即脱氧核糖核酸，Desoxvribose Nucleic Acid）的指令样本进行构筑的。

一、什么是氨基酸？

类似于碳水化合物和脂肪，"蛋白质"是由氢、氧和碳组成的，蛋白质中也含有氮，正是由于这种氮，所以蛋白质能够修复和构建人体组织。

蛋白质是我们熟知的词，切记氨基酸不要与蛋白质相混淆。氨基酸是由一个弱酸性的分子基团（包括碳、氢、氧）和一个具有强碱性分子基团（含有氮）组成的。氨基酸由于有多层保护性的酸碱平衡缓冲系统，所以无论是酸性氨基酸或是碱性氨基酸都不会影响人体的酸碱平衡。

更准确地说，氨基酸可以被认为是有用的"氨化醋"。例如，甘氨酸有一个更正确的化学名称是：α-氨基乙酸。因为"氨基"也意味着氨，乙酸是醋，所以我们可以称这种氨基酸为"氨化醋"。甘氨酸的这种基本结构是所有氨基酸都具有的。嗅盐（Smelling Salts）即碳酸铵，它可以用于唤醒昏厥的人并恢复知觉。当醋加入食物中可以使味道更加可口。同样有些氨基酸可以刺激大脑、控制抑郁症、调整睡眠以及改善生活的品质。

当酸或是乙酸（醋）从氨基酸中移除，碱性的胺就成为神经系统中的传递者（即神经递质）。当胺或是氨被移除，剩下的"酸"就成为能量以及用于身体的其他功能，如排毒等。

人们通常没有意识到身体对氨基酸的需要，因为我们不知道身体有多么忙碌。每一秒，骨髓要制造出 250 万个红细胞；每 4 天，大部分的胃肠道内壁和血小板将被更换一次；每 10 天大部分的白细胞被替换；每 24 天要更新一层皮肤；每间隔 30 年更换一次骨胶原。而这种繁忙、连续的机体修复工作都是依靠氨基酸完成的。

二、必需氨基酸和非必需氨基酸

氨基酸可分为两类：必需氨基酸和非必需氨基酸。在人体肝脏中可以合成大约 60%需要的氨基酸，剩下 40%的氨基酸是无法在体内合成的，需要从食物中获取，称为必需氨基酸，必需氨基酸有 9~11 种。其他的氨基酸被列为非必需氨基酸。尽管同样重要，这些非必需氨基酸可以由两个或更多的必需氨基酸在体内合成（注 1）。

必需氨基酸是在 20 世纪初确定的，这些必需氨基酸是赖氨酸、亮氨酸、异亮氨酸、缬氨酸、甲硫氨酸、苯丙氨酸、苏氨酸、色氨酸和酪氨酸。如果我们每日没有摄入这些必需氨基酸，尽管肠道菌群（细菌）能少量提供每种必需氨基酸，持续着低合成水平，最终还是会因为营养物质的缺乏而导致死亡。

注 1：英国剑桥大学 Rose 教授，确定人体 8 种必需氨基酸以后，被联合国粮农组织（FAO）和世界卫生组织（WHO）提出 8 种必需氨基酸模式标准（即赖氨酸、苏氨酸、甲硫氨酸、色氨酸、苯丙氨酸、亮氨酸、异亮氨酸及缬氨酸）衡量蛋白质质量，成为当今世界上两个权威性的"理想氨基酸模式"之一。这个模式是以各种氨基酸中含量最少的色氨酸为基数来确定其余 7 种氨基酸的比例。

组氨酸和牛磺酸也是早产儿和新生儿体内生长发育的必需氨基酸（一个月或以下的新生儿）。早产婴儿也需要半胱氨酸，因为胎儿肝脏不能将甲硫氨酸转换成半胱氨酸。

除了人体正常生产的必需氨基酸外，还有许多其他氨基酸。这些非必需氨基酸，或条件必需氨基酸对于患有先天性新陈代谢障碍（基因缺陷）的个体来说有可能是必需氨基酸。如果体内缺乏合成某种氨基酸的酶，则该氨基酸将是日常饮食的必需氨基酸。

必需氨基酸与非必需氨基酸也应视患者的需求而确定，如抢救烧伤或是处于应激状态的患者，需要增加各种氨基酸以支持身体的营养需求，这时所有的氨基酸就成为必需氨基酸；而患有神经分裂症的患者，因其先天性的代谢缺陷，需要减少小麦麸质或是丝氨酸的摄入；对于癌症患者，需要切断癌细胞的营养源，例如患有黑色素瘤的患者，要抑制苯丙氨酸和酪氨酸的摄入，以扼杀癌细胞的生长等。了解和控制饮食中所需的氨基酸对于维持健康和控制疾病是必不可少的。

表1.1列出必需氨基酸和非必需氨基酸。尚有许多其他的氨基酸，它们在人体中的数量较少，且对它们的认知也很少，预计在未来，这份必需氨基酸和非必需氨基酸的清单可能会扩展。

表 1.1　　　　　　　　　必需氨基酸和非必需氨基酸

必需氨基酸（Essential Amino Acids）	非必需氨基酸（Nonessential Amino Acids）
L-组氨酸（L-histidine）	L-丙氨酸（L-alanine）
L-异亮氨酸（L-isoleucine）	L-精氨酸（L-arginine）（对于婴儿是必需氨基酸）
L-亮氨酸（L-leucine）	L-天冬氨酸（L-aspartic Acid）
L-赖氨酸（L-lysine）	L-肉碱（L-carnitine）（对于婴儿是必需氨基酸）
L-甲硫氨酸（L-methionine）	L-半胱氨酸（L-cysteine）
L-苯丙氨酸（L-phenylalanine）	γ-氨基丁酸（γ-aminobutyric Acid）（GABA）
牛磺酸（Taurine）	L-谷氨酸（L-glutamic Acid）
L-苏氨酸（L-threonine）	L-谷氨酰胺（L-glutamine）
L-色氨酸（L-tryptophan）	甘氨酸（Glycine）
L-酪氨酸（L-tyrosine）	L-高半胱氨酸（L-homocysteine）
L-缬氨酸（L-valine）	L-羟脯氨酸（L-hydroxyproline）
	L-脯氨酸（L-proline）
	L-丝氨酸（L-serine）

三、对膳食中的氨基酸要求

在大饥荒期间以及在一些第三世界国家都非常明确地指出人体对饮食中蛋白质和氨基酸的需求。患有夸希奥科病（蛋白质缺乏引起的营养不良）的儿童腹部突出、肌肉萎缩和智力迟钝，这明确地展示了蛋白质和氨基酸的本质。

为了确定人体对必需氨基酸的需求，首先要确定人体对蛋白质的需求。一个健康成年人的最低蛋白质需求量是基于对 11 种必需氨基酸中每种氨基酸的需求量之和，再加上足够的氮摄入量，用于蛋白质合成和分解。在蛋白质代谢过程中尿液、粪便、皮肤、毛发、指甲、精液和月经排出物中都会失去氮。适当的蛋白质代谢需要身体在排出的氮量和吸收的氮量之间保持平衡。

对蛋白质没有公认的饮食要求，然而世界卫生组织（World Health Organization，WHO）推荐每千克体重每天摄入 0.3～0.4g 蛋白质，或对于体重约 70kg 的普通成年男性每天摄入 30～40g 蛋白质。这个数字假设消耗的大部分蛋白质是高质量的蛋白质，含有全部或大部分必需氨基酸。目前推荐的蛋白质摄入量由美国国家科学院食品和营养委员会（National Academy of Science's Food and Nutrition Board，NASFNB）提出，他们设定的推荐膳食补充（Recommended Dietary Allowance，RDAs）量是每天 44～56g。在美国，大多数人摄入的蛋白质量是 RDAs 设定量的 2～3 倍。即使是素食主义者每天也应摄入 80～100g 的蛋白质。

新生儿和儿童对氨基酸的需求更多。按百分比计算，WHO 建议，新生儿需要以必需氨基酸的形式摄入占其体重 37% 的蛋白质，而对于生长需要较低的成人来说，这一数字不到新生婴儿需求量的一半，即约 15%。

只要身体拥有含有必需氨基酸的膳食蛋白质的可靠来源，就可以充分满足其生产新蛋白质的大部分需求。蛋白质需求量也由年龄、压力程度、能量需求和健康状况来决定。考虑到所有这些因素，表 1.2 给出了不同年龄组必需氨基酸的最低每日需求量。记住，这些必需氨基酸的理想摄入量比它们的最低每日需求量更难确定。

表 1.2	每天最少的必需氨基酸需求	单位：mg/kg 体重	
氨基酸	4~6 个月的婴儿	10~12 岁的儿童	成人
L-组氨酸（L-histidine）	33	不需要	不需要
L-异亮氨酸（L-isoleucine）	83	28	12
L-亮氨酸（L-leucine）	135	42	16

续表

氨基酸	4~6 个月的婴儿	10~12 岁的儿童	成人
L-赖氨酸（L-lysine）	99	44	12
L-甲硫氨酸+L-半胱氨酸（L-methionine + L-cysteine）	49	22	10
L-苯丙氨酸+L-酪氨酸（L-phenylalanine + L-tyrosine）	141	22	16
牛磺酸（Taurine）	不需要	不需要	不需要
L-苏氨酸（L-threonine）	68	28	8
L-色氨酸（L-tryptophan）	21	4	3
L-缬氨酸（L-valine）	92	25	14

即使你摄入的是含有足够蛋白质的均衡饮食，许多因素还是会影响人体内氨基酸的平衡，并可能导致一种或多种必需氨基酸的缺乏。消化不良、感染、创伤、压力、吸毒、年龄、环境污染、加工食品和个人习惯如吸烟和饮酒等都是影响必需氨基酸利用率的因素。维生素和矿物质的缺乏，特别是维生素 C 和吡哆醇（维生素 B_6）的缺乏，它们分别对氨基酸的吸收和转运很重要，这可能会导致体内必需氨基酸的缺乏。

四、氨基酸来源于食物

每天应摄入足量的必需氨基酸。为了让身体产生需要的蛋白质，身体必须要有足够的氨基酸供应。即使从饮食中移除一种必需氨基酸，也会很快导致体内蛋白质合成水平降低，这迟早会导致某种类型的身体紊乱，并最终导致死亡。

动物和植物蛋白都含有已知的必需氨基酸。蛋白质中氨基酸的比例根据每种蛋白质的特性而不同。蛋白质含量高的食物通常富含氨基酸。来自动物源的蛋白质——家畜肉、鸡、鱼、奶和奶制品以及鸡蛋比来自植物源食品的蛋白质具有更高的营养价值。动物蛋白质被认为是"完整的"或"高质量的"蛋白质，因为它们含有所有的必需氨基酸，而且它们也含有非必需氨基酸。

每一种蛋白质的氨基酸构成模式是不同的，为了鉴别蛋白质中的氨基酸组成、比例以及可消化性等品质，常以"生物价"（Biological Value，BV）来表达，而蛋白质是可以被身体利用的，以净蛋白质利用率（Net Protein Utilization，NPU）表示。食物蛋白质的氨基酸组成不同，其满足人体需要的程度不同，其营养价值也不同，故以食物蛋白质的必需氨基酸组成能否满足人体对必需氨基酸需要的程度，来评定食物蛋白质的营养价值。1975 年由 WHO 和美国食品和药品监督管理局（Food and Drug Administration，FDA）提出的一种理想的营养价值的优良蛋白质，其所含氨基酸模式最符合人体需要，故称为参考蛋白质。因为鸡蛋蛋白质的氨基酸组成非常近似人体的氨基酸组成，所以鸡蛋是最佳的高品质蛋白质。高质量蛋白质能提供足够数量的且平衡的所有必需氨基酸，以满足人体需要而且又不过量。并将鸡蛋的生物价评定为100，作为衡量蛋白质品种的标准（请见"广受争议的鸡蛋——最佳的氨基酸食品"）。

广受争议的鸡蛋——最佳的氨基酸食品

心脏病通常是由胆固醇造成的，胆固醇与钙结合形成脂肪斑块，积累在血管壁上，阻塞了冠状动脉，使血液流通受阻，因此，术语称为"动脉硬化"。动脉硬化造成动脉容积减少，血压升高，心脏的负担加重。

减少饮食中胆固醇的摄入量是预防心脏病最好的策略，在过去的十年间，美国人的胆固醇摄入量从每天 800mg 降至每天不到 500mg；同时，"好的"不饱和脂肪和橄榄油的消费量增加了 60%。根据哥伦比亚大学罗伯特·利维的调查显示，这些饮食的变化降低了心脏病的发病率，其效果超过了所有医疗手段的总和。

胆固醇消费的变化主要来自肉类摄入量的减少，比 15 年前减少了40%。鸡蛋的消费量只下降了 12%，因此很明显，鸡蛋摄入的减少对心脏病发作的减少几乎没有任何影响。尽管由于鸡蛋的胆固醇含量很高，几乎普遍建议限量摄入鸡蛋，但我们认为吃鸡蛋是好的，因为鸡蛋是一种近乎完美的氨基酸食品。此外，鸡蛋由于其高卵磷脂含量和其他营养成分，血液中胆固醇水平的升高不会超过 2%。

作为蛋白质来源，大多数食物的质量都不如鸡蛋，鸡蛋是最均衡和最好的必需氨基酸来源。在每种食物中，只有一种或两种必需氨基酸缺乏或完全缺乏，这些氨基酸被称为该食物的"限制性氨基酸"。鸡蛋蛋白质因其优越的平衡性优于其他大多数食物。

通过鸡蛋蛋白对血浆中氨基酸影响的仔细研究发现，鸡蛋和牛排一样，能将赖氨酸、缬氨酸、苏氨酸和亮氨酸提高到极高的水平。然而，其他氨基酸的比例在鸡蛋中比在牛排中更均衡。例如，牛排会使血浆中缬氨酸与甲硫氨酸的比例增加到 5∶1 以上，而鸡蛋则只有 4∶1。鸡蛋的平衡性稍好，但不是完美平衡。氨基酸的配方目前正在研究中，这可能提出了实现血浆氨基酸更平衡增长的方法，这比食物本身所能提供的更好。

译者注：《中国居民膳食指南（2016）》取消了膳食胆固醇的限制。

以后的每一章总结了特定氨基酸含量最高的食物。通常不考虑植物性食品，因为它们的蛋白质含量可以忽略不计。植物性食品中的蛋白质被认为是"不完整的"，因为其中的一种或多种必需氨基酸的含量很低。

植物性食品中普遍缺乏必需氨基酸，如赖氨酸、色氨酸和甲硫氨酸。所有谷物都缺乏赖氨酸；玉米和大米中的色氨酸和苏氨酸含量也很低，大豆和（食用）油中甲硫氨酸含量低；豆类中甲硫氨酸和色氨酸含量低；花生中缺乏甲硫氨酸和赖氨酸。劣质肉类似乎含有较高浓度的不必要甚至有毒的氨基酸，如丝氨酸和脯氨酸。关于发酵食品、真菌和其他来源蛋白质的氨基酸概况还在研究之中（关于如何获得均衡的氨基酸摄入量的建议，请参见"最佳氨基酸饮食"）。

最佳氨基酸饮食

由于宗教、伦理和健康原因，世界各地的许多人都食用素食。解决这些问题超出了本书的范围，但我们认为在这里有些讨论是相关的，因为素食饮食可能会在充分的氨基酸摄入平衡方面带来问题。

素食者没有获得足够的核心蛋白，而这些核心蛋白提供了足够的、平衡的氨基酸摄入。流行病学家认为，由于缺乏营养优势，纯粹的素食者无法像荤食者那样适应压力。大多数植物蛋白都缺乏人体必需氨基酸，因此不能作为唯一的蛋白质来源。这些不足可以部分地通过补充其他富含人体必需氨基酸的蛋白质来克服。

素食饮食的一部分问题不在于蔬菜中的毒素，而在于它们引起的缺陷。素食主义者会出现维生素 B_{12} 缺乏和维生素 D 缺乏性佝偻病。两岁以下的素食儿童可能比其他儿童更矮、（体重）更轻。纯素食饮食远远低于女性推荐的钙需求量。吃鸡蛋和牛奶的素食主义者似乎缺乏锌、钙和维生素 D。肉、鱼、家禽和肝脏是维生素 E、维生素 A 和维生素 B 复合物的高含量来源。此外，动物性食品含有铁、锌和其他营养物质。

高蔬菜饮食的好处是增加的纤维和 β-胡萝卜素带来的，这可以预防癌症，特别是结肠癌。高蔬菜饮食无疑是健康的，但也不应该排除肉和其他蛋白质。我们降解纤维比高肉类饮食更快。牛肉蛋白含量高达 55% 的饮食不会提高正常人的胆固醇水平。高蛋白、高肉类饮食的真正危险在于，它们经常伴随着高精碳水化合物的摄入。富含蔬菜、全谷物和瘦肉的饮食可能是最佳健康饮食。素食主义的巨大贡献在于它使我们意识到有必要多吃蔬菜和水果，少吃精制碳水化合物和垃圾食品。

如果食用足够的蔬菜、全谷物和鱼类，那么肉类的危害就会降低。肉是抵抗压力所必需的，但是要避免摄入过量的肉类和脂肪，因为它们与癌症和心脏病有关。我们应该减少或消除那些肉类和鱼类供应的威胁因素，如类固醇、多氯联苯、抗生素或激素。因此需要补充半胱氨酸，以保护我们免受这些有毒害物质的伤害。肉类膳食应包含蔬菜、全麦、鱼类、家禽、鸡蛋和补充营养素。我们相信，这种饮食搭配会使大多数人获得均衡的氨基酸摄入和最佳的健康。

美国国家科学院对优质蛋白氨基酸推荐量见表1.3。

我们觉得表1.3所示的色氨酸的值太低，而赖氨酸的值过高。FDA已经考虑调整蛋白质来源的氨基酸模式，以确保适当的饮食质量。

表1.3　　　　　　　　　优质蛋白氨基酸模式　　　　单位：mg/g蛋白

氨基酸	含量	氨基酸	含量
组氨酸	17	苯丙氨酸+酪氨酸	73
异亮氨酸	42	苏氨酸	35
亮氨酸	70	色氨酸	11
赖氨酸	51	缬氨酸	48
甲硫氨酸+胱氨酸	26		

注：资料来源：Kirschmann, J. D. , and Dunne, L. J. Nutrition Almanac. Now York：McGraw-Hill Book Co. , 1984。

确定氨基酸值的另一个标准是计算可用蛋白质的百分比，即可用蛋白质与食物总重量的比例。肉类含有20%~30%的可用蛋白质，范围为从蛋白质含量最低的羊肉到最高的火鸡。大豆粉含有40%的蛋白质；大多数奶酪含有30%~35%的蛋白质；许多坚果和种子含有20%~30%的蛋白质；豌豆、扁豆和干豆含有20%~25%的蛋白质。全谷物含有相当少量的蛋白质（12%），但牛奶（4%）和鸡蛋（13%）也是如此。因此，在评估蛋白质来源的价值时，必须同时考虑质量和数量。本书下面的每一章都提供了有关特定氨基酸的信息，使非专业人士和营养师都能够做出复杂的饮食选择，以促进健康和减轻疾病。

五、氨基酸的代谢

蛋白质和氨基酸的代谢是与人体内碳水化合物和脂肪的代谢相结合的。

当食物在胃里，胃酸和酶（注2）开始分解连接氨基酸的肽键时，消化就开始了。这种消化分解膳食蛋白的过程一直在整个小肠中持续。一旦蛋白质被分解成单独的氨基酸，它们就会被吸收到血液中。

肝脏是氨基酸代谢的主要部位。它是从饮食中提取的氨基酸和从其他蛋白质中回收的氨基酸的主要贮存中心。

成人体内大约有75%的氨基酸被合成为人体需要的特定蛋白质、多肽及其他含氮物质；其余部分可通过脱氨、转氨的作用，联合脱氨或脱羧作用（注3、注4），分解成 α-酮酸、胺类和二氧化碳。氨基酸分解所生成的 α-酮酸可以转变成糖类、脂类或再合成某些非必需氨基酸，也可以经过三羧酸循环氧化成二氧化碳（注5）和水，并释放出能量。

分解为糖的氨基酸称为糖原氨基酸（又称生糖氨基酸）；被分解成脂肪的氨基酸称为酮原氨基酸（又称生酮氨基酸），所有的氨基酸都是宝贵的能源。

如表1.4所示，糖原氨基酸、酮原氨基酸与既是糖原又是酮原的氨基酸。

表1.4 糖原和酮原氨基酸

糖原氨基酸（Glycogenic）	酮原氨基酸（Ketogenic）	既是糖原又是酮原的氨基酸（Glycogenic and Ketogenic）
丙氨酸	亮氨酸	异亮氨酸
精氨酸		赖氨酸
天冬氨酸		苯丙氨酸
谷氨酸		酪氨酸

注2：酶（Enzyme），大多是蛋白质，体内的生化反应大都需要各种各样的酶，因为酶作为一种反应的催化剂，大大提高了反应的效率及速度。

注3：脱氨基作用（Deamination）是指氨基酸中的氨基在脱氨酶的作用下，将氨基脱下来成为氨（NH_3）。人类的肝脏中，氨基酸经由脱氨作用将被分解，当氨基酸的氨基被去除之后，会转变成氨。由碳及氢所组成的残余部分，则回收或氧化产生能量。

注4：氨基酸在氨基酸脱羧酶（Amino Acid Decarboxylase）催化下进行脱羧作用，生成二氧化碳和一个伯胺类化合物。这个反应除组氨酸外均需要磷酸吡哆醛作为辅酶。氨基酸脱羧后形成的胺类中，有一些是组成某些维生素或激素的成分，另一些则具有特殊的生理作用。

氨基酸脱羧酶是催化脱去某种氨基酸的羧基，生成对应胺的裂解酶的总称。

注5：三羧酸循环（Tricarboxylic Acid Cycle）是需氧生物体内普遍存在的代谢途径，因为在这个循环中几个主要的中间代谢产物是含有三个羧基的有机酸，所以称为三羧酸循环，又称为柠檬酸循环；三羧酸循环是三大营养素（糖类、脂类、氨基酸）的最终代谢通路，又是糖类、脂类、氨基酸代谢联系的枢纽。

续表

糖原氨基酸（Glycogenic）	酮原氨基酸（Ketogenic）	既是糖原又是酮原的氨基酸 （Glycogenic and Ketogenic）
甘氨酸		
组氨酸		
羟基脯氨酸		
甲硫氨酸		
鸟氨酸		
脯氨酸		
丝氨酸		
苏氨酸		
色氨酸		
缬氨酸		

六、氨基酸、维生素、矿物质之间的相互作用

氨基酸在体内的代谢及与营养相关的四大家族。

（1）矿物质和微量元素，包括锌、镁、钙、铁等，与乳类有关。

（2）必需脂肪酸，如亚麻酸和亚油酸，来自脂肪类。

（3）维生素，来自碳水化合物。

（4）氨基酸，来自蛋白质。

以上几种物质称为必需营养素，氨基酸与这些营养元素中的每一个相互作用。如果不了解营养素之间的关系，就无法获得完全营养。在以后的每一章中，都详细介绍了这些关系。

氨基酸和维生素以有趣和重要的方式相互作用（表1.5）。在所有维生素中，吡哆醇（维生素 B_6）是氨基酸代谢最重要的元素。吡哆醇是一种重要的酶——转氨酶（注6）的辅助因子（一种对酶的活性很重要的物质），是它将氨基从一种氨基酸转移到另一种氨基酸。吡哆醇有助于建立氨基酸（胺化）和移除氨基（脱氨基）。它还有助于氨基酸从肠道到血液的转运。体内缺乏吡

注6：转氨酶（Aminotransferase, Transaminase）是肝脏正常运转过程中必不可少的"催化剂"，是肝脏的一个"晴雨表"。转氨酶高不一定都是肝炎，转氨酶高只能作为肝脏受损的参考指标，正常情况下谷草转氨酶 AST 正常值是 8~40u/L，谷丙转氨酶 ALT 正常值是 5~40u/L。

哆醇会对氨基酸代谢产生巨大影响。

核黄素（维生素 B_2）和烟酸（维生素 B_3）也是氨基酸代谢所需的第二重要的维生素，它们有助于氨基酸的脱氨基作用。

表 1.5 列出氨基酸、维生素彼此间的互补及阻碍合成体内特定蛋白质的关系。这些相互作用的细节将在以后的各章中详细论述。

表 1.5　　　　　　　氨基酸与一些营养物质的相互作用关系

氨基酸 （Amino Acid）	互补的关系 （Complementary Relationship）	阻碍的关系 （Antagonistic Relationship）
精氨酸	天冬氨酸、瓜氨酸、鸟氨酸	赖氨酸
肉碱	赖氨酸、牛磺酸、烟酸	酪氨酸、钒
半胱氨酸	甲硫氨酸、牛磺酸	铜、赖氨酸、锌
苯丙氨酸	酪氨酸、甲硫氨酸、铜	色氨酸
牛磺酸	丙氨酸、γ-氨基丁酸、甘氨酸	天冬氨酸、谷氨酸
色氨酸	烟酸（注7）、维生素 B_6、锌	苯丙氨酸、酪氨酸
苏氨酸	精氨酸、甘氨酸、脯氨酸	铜

七、氨基酸的相互作用

由于许多氨基酸以相似的方式被吸收和代谢，分子之间存在着大量的竞争。有时，一种氨基酸可以抵消其他氨基酸的影响，这增加了使用氨基酸治疗疾病的整体复杂性。

通常氨基酸间的吸收竞争是在同一组氨基酸中出现。例如，芳香族氨基酸（色氨酸、酪氨酸和苯丙氨酸）可以抑制彼此进入大脑的通道。这种竞争通常发生在结构相似的氨基酸之间。各组氨基酸参与相同或相似的作用，发挥相同或相似的功能，而结构不相似的氨基酸吸收不同，发挥不同的功能。因此，我们根据它们的化学相似性，把这本书中的 20 种氨基酸分为 7 类。在后面每一章的开头，我们都画出了所描述的每个氨基酸的分子结构图。

八、氨基酸与药物的相互作用

一些氨基酸也与由其结构相关的氨基酸形成的药物具有互补或拮抗关系，如表 1.6 所示。例如，酪氨酸，其代谢受到镇静剂氟哌啶醇（Haldol）和抗高血压药物甲基多巴（Aldomet）的抑制。相反，药物左旋多巴/卡比多巴

（Sinemet）促进了酪氨酸的代谢，其成分左旋多巴和卡比多巴都是氨基酸。乙酰半胱氨酸（NAC），一种抗毒素和抗黏液剂，在体内转化为半胱氨酸。抗凝血剂氨基己酸（Amicar）是赖氨酸的正常分解产物，可用于泌尿外科。

表 1.6 氨基酸与药物的相互作用

药物 （Drug）	有类似作用的营养素 （Nutrient with Similar Action）	有拮抗作用的营养素 （Nutrient with Antagonistic Action）
合成代谢类固醇 （Anabolic Steroids）	丙氨酸、三支链氨基酸	天冬氨酸、谷氨酸
抗凝剂（如阿司匹林） ［Anticoagulants（for Example，Aspirin）］	肉碱、二十碳五烯酸（注8）、 维生素 E	—
抗惊厥药物 （Anticonvulsants）	丙氨酸、γ-氨基丁酸、甘氨酸、 牛磺酸、色氨酸	天冬氨酸
抗抑郁药物 （Antidepressants）	甲硫氨酸、酪氨酸、色氨酸	甘氨酸、组氨酸
抗心衰药物（强心药） ［Antiheart Failure （Inotropes）］	肉碱、牛磺酸、酪氨酸	烟酸、色氨酸
抗狂躁症药物 （Antimanias）	甘氨酸、牛磺酸、色氨酸	甲硫氨酸
抗精神病药物 （Antipsychotics）	异亮氨酸、色氨酸	亮氨酸、丝氨酸
抗毒素药物 （Antitoxins）	半胱氨酸、甘氨酸	—
抗病毒药物 （Antivirals）	赖氨酸、锌	精氨酸

氨基酸代谢的知识对于发现新药也至关重要。许多改变氨基酸结构的类似物已经并正在导致新的令人兴奋的药物的产生。例如，环丝氨酸（血清霉素），是一种氨基酸抗生素；硫脯氨酸，是一种氨基酸癌症疗法；加巴喷丁（神经素），是一种氨基酸镇静剂；甲状腺激素，是一种氨基酸激素。

九、先天性氨基酸代谢缺陷

许多有关氨基酸代谢的重要线索来自对先天性代谢缺陷患者的研究（注7）。本书所讨论的所有氨基酸都涉及数千种代谢途径，即从蛋白质、脂肪或碳水化合物中获取能量的方式，而蛋白质、脂肪或碳水化合物可能因遗传病而失效。氨基酸代谢的先天性缺陷通常涉及分解特定氨基酸所需的酶的缺陷或不足。不能正常代谢氨基酸通常会导致氨基酸含量过高，从而引起健康问题。两个常见的先天性氨基酸代谢缺陷是：哈特纳普病（Hartnup's disease）和苯丙酮尿症（PKU）。哈特纳普病是由于从肠道吸收色氨酸无效引起的；苯丙酮尿症是机体不能产生将苯丙氨酸转化为酪氨酸所需的酶。

十、氨基酸在脑中的代谢

对氨基酸的研究最关注的领域是氨基酸在脑中的代谢。中枢神经系统几乎完全是由氨基酸及其肽所调节的。大脑内部以及大脑和周围神经系统之间的交流是通过"化学语言"进行的，通过这些语言，脑细胞或神经元进行交流。大约有五十多条这样的通道。神经元传递信息是通过脑细胞或神经元的化学物质传递的，这种化学物质称为神经递质。神经递质用于将信息从一个神经元或神经细胞传递到一个特定的器官，如肌肉或释放激素的腺体。神经递质是一种强大的化学物质，可以调节机体和行为过程，包括认知和心理表现、情绪状态和疼痛反应。

许多神经递质由氨基酸组成，如表 1.7 至表 1.9 所示，氨基酸以神经递质前体、神经递质和肽的形式构成了这些化学语言的大部分。

表 1.7　　　　　　　　　　氨基酸作为神经递质前体

前体氨基酸	神经递质
半胱氨酸	磺基丙氨酸
谷氨酰胺	γ-氨基丁酸（GABA）、谷氨酸
组氨酸	组胺
赖氨酸	哌啶酸

注7：氨基酸代谢病，已知的大约有 70 多种，酶缺陷型的就有 10 多种，主要表现有严重的精神发育迟滞或多种神经系统的症状。

续表

前体氨基酸	神经递质
苯丙氨酸	苯乙胺加多巴胺、去甲肾上腺素、肾上腺素、酪胺
酪氨酸	多巴胺、去甲肾上腺素、肾上腺素、酪胺
色氨酸	血清素（5-羟色胺）、褪黑素、色胺

　　大脑中的氨基酸因其重要性而得到认可，氨基酸疗法正在彻底改变精神疾病的治疗方法。在下面的每一章中，我们将介绍氨基酸在精神病学中的治疗潜力和对大脑功能的调节。

表 1.8　　　　　　　　　　　氨基酸作为神经递质

氨基酸	功能
丙氨酸	抑制或镇静
天冬氨酸	兴奋
γ-氨基丁酸（GABA）	抑制或镇静
谷氨酸	兴奋
甘氨酸	抑制或镇静
牛磺酸	抑制或镇静

表 1.9　　　　　　　　　　　肽作为神经递质

脑肠肽	下丘脑释放的激素	其他
八肽胆囊收缩素（CCK-8）	促黄体生成激素释放激素（LHRH）	血管紧张素 2
胰高血糖素	垂体肽	蛙皮素（铃蟾肽）
胰岛素	-促肾上腺皮质激素（ACTH）	缓激肽
亮氨酸脑啡肽	-内啡肽（安多芬）	肌肽
甲硫氨酸脑啡肽	-黑素细胞刺激激素（MSH）	催产素
神经降压素	生长抑素（生长激素释放抑制因子，SRIF）	
神经肽 P 物质	促甲状腺激素释放激素（TRH）	
血管活性肠多肽（VIP）		

十一、氨基酸在身体中的代谢

除了大脑以外，氨基酸在整个身体中都存在并且很重要。例如，肌肉中的蛋白质和氨基酸含量都很高。心脏肌肉和其他器官的结构和功能主要来自氨基酸。当大脑和其他器官如肌肉相互"交谈"时，与氨基酸相关的神经递质再次成为主要语言。在整个身体中，氨基酸本身具有重要的功能，并作为制造其他重要物质（表1.10）的前体。

表 1.10　　　　　　　　　　氨基酸的前体功能

氨基酸	前　　体
精氨酸	精胺、亚精胺、盐酸丁二胺（腐胺）
天冬氨酸	嘧啶
谷氨酸	谷胱甘肽
甘氨酸	嘌呤、谷胱甘肽、肌酸、磷酸肌酸、四吡咯化合物
组氨酸	组胺、麦角硫因
赖氨酸	肉碱、1,5-戊二胺（尸胺）、氨基己酸
鸟氨酸	多胺（聚胺类）
丝氨酸	鞘胺醇（神经鞘氨醇）、磷酸丝氨酸
酪氨酸	肾上腺素、去甲肾上腺素、黑色素、甲状腺素、仙人球毒碱、酪胺、吗啡（细菌）、可待因（细菌）、罂粟碱（细菌）
色氨酸	烟酸、血清素、犬尿喹啉酸、吲哚、甲基吲哚、吲哚乙酸
甲硫氨酸	半胱氨酸、牛磺酸

十二、氨基酸在健康和康复中的作用

氨基酸在治疗疾病和保持健康中的应用（表1.11）。在本书各章中介绍了氨基酸的代谢及其在改善健康和治疗疾病中的作用。

表 1.11　　　　　　　　　　氨基酸在医学中的治疗作用

氨基酸	治疗作用
丙氨酸、天冬氨酸、半胱氨酸、甘氨酸、赖氨酸、苏氨酸	有助于构建免疫系统
丙氨酸、异亮氨酸、亮氨酸、缬氨酸、肉碱	构建肌肉组织

续表

氨基酸	治疗作用
丙氨酸、半胱氨酸、色氨酸	有助于控制糖尿病
丙氨酸，γ-氨基丁酸	控制低血糖
精氨酸、肉碱、γ-氨基丁酸、苯丙氨酸、色氨酸	抑制食欲
精氨酸、肉碱、甘氨酸、甲硫氨酸、牛磺酸	降低胆固醇和甘油三酯
精氨酸、甘氨酸、色氨酸、缬氨酸、鸟氨酸	促进释放生长激素、催乳素等激素
精氨酸、甲硫氨酸、半胱氨酸、脯氨酸、甘氨酸	加速伤口愈合
肉碱，二甲基甘氨酸（Dimethylglycine，DMG）	提高耐力
半胱氨酸、谷氨酰胺、甘氨酸、甲硫氨酸、牛磺酸、酪氨酸	促进解毒
半胱氨酸、甘氨酸、甲硫氨酸、二甲基甘氨酸、牛磺酸	提高抵御辐射的能力
γ-氨基丁酸、甘氨酸、色氨酸	有助预防失眠
γ-氨基丁酸、亮氨酸、缬氨酸、异亮氨酸	缓解亨廷顿舞蹈症和迟发性运动障碍
γ-氨基丁酸、牛磺酸、色氨酸	降低血压
γ-氨基丁酸、牛磺酸、色氨酸	镇定精神
甘氨酸、异亮氨酸、亮氨酸、甲硫氨酸、牛磺酸、缬氨酸	缓解胆囊疾病
异亮氨酸、亮氨酸、缬氨酸	有助于肝病患者的康复
异亮氨酸、亮氨酸、缬氨酸	应对手术压力
左旋多巴、γ-氨基丁酸、甲硫氨酸、色氨酸、酪氨酸、苏氨酸	控制帕金森病
赖氨酸	有助于抵抗病毒性疾病和骨质疏松症
甲硫氨酸（抑制海洛因成瘾），酪氨酸（抑制可卡因成瘾），谷氨酰胺/γ-氨基丁酸（抑制酒精成瘾）	帮助抑制药物滥用和成瘾
甲硫氨酸、色氨酸	缓解疼痛

十三、氨基酸治疗方法的运用

有许多关于氨基酸使用的理论和轶事报道。我们相信，我们是第一个用科学数据来证明补充氨基酸对血浆或血清（血液的流体部分）中的氨基酸谱的影响。我们测量了数百名接受氨基酸补充治疗的患者的血浆氨基酸含量，并研究了氨基酸治疗和氨基酸负荷量导致血液中氨基酸水平的变化（一种实验过程，其中一种营养素以极高的剂量给予，以使受试者的系统超负荷，然后研究其效果）。

在血浆和尿液中的氨基酸含量很小。正是它们在血浆中的检测让我们将某种特定氨基酸的浓度与缺乏这种氨基酸的某些疾病相关联，并监测治疗。这一科学进步对于治疗代谢和医学疾病的医生以及从事一般预防医学的医生来说是一个极其重要的工具。治疗后氨基酸水平会提高。某些氨基酸的高水平可能与成功的治疗有关，可能需要像监测药物水平一样进行氨基酸的监测。因此，可以建立氨基酸的治疗范围用于治疗特定病症。

关于哪种介质——血浆还是尿液——对研究氨基酸最有用的争论还在继续。我们强烈认为血浆是最好的。对 24h 尿液中的氨基酸研究往往显示不重要的氨基酸存在异常，这很难解释。此外，尿液受身体的影响比血液少，我们发现血浆中氨基酸的水平更可能提供关于主要氨基酸异常的有用信息。我们观测到血清氨基酸水平的增加经常与临床症状的改善密切相关，血液中氨基酸水平在监测补充氨基酸的治疗中是非常有用的。

现在测定正常血浆氨基酸水平很容易。我们通常测试空腹值，但一些临床医生建议测试 2~4h 的餐后值。氨基酸水平受饮食、地理、性别和昼夜节律的影响。此外，青年人的血浆氨基酸含量高于成年人。

十四、氨基酸的形式和吸收

有些氨基酸比其他氨基酸更容易从饮食和补充剂中吸收，有些更容易被身体吸收，而另一些更容易被大脑吸收。

氨基酸可以溶于水，大多数以两种形式出现，即 L 型和 D 型，"L"和"D"只是指氨基酸分子的旋光性，L 型氨基酸的（来自"Levorotary"左旋一词）即向左旋转的光学特性；D 型（来自"Dextrorotary"右旋一词）即向右旋转的光学特性。L 型氨基酸是天然的氨基酸，存在于活的动植物组织（蛋白质的膳食来源），并且被认为与人体的生化系统更相容。与 L 型氨基酸不同，D 型氨基酸被很慢地吸收到血液中，因为它们在使用之前必须被人体转化为 L 型，而且通常不被使用。在某些氨基酸中，D 型可能抑制抗生素功能，抑制免疫系统。偶尔，氨基酸也以 DL 的形式出现。DL 型氨基酸含有 50/50 的 D 型和 L 型氨基酸的混合物。对于某些氨基酸，如苯丙氨酸或甲硫氨酸，这种 DL 组合更好。

一般来说，我们提倡使用 L 型氨基酸补充剂。这种形式的氨基酸也称为自由或游离形式，这意味着氨基酸补充剂已经是以其最简单的形式，并且仅含有纯净形式的特定氨基酸，而不是较大蛋白质的一部分。游离氨基酸通常是身体和大脑吸收的最佳形式。

所有的氨基酸都能进入大脑，然而，有些氨基酸会比其他氨基酸更容易穿过血脑屏障——一种改变脑部毛细血管渗透性的生理机制，阻止某些物质从血液进入大脑。苯丙氨酸是最容易进入的，其次分别是亮氨酸、酪氨酸、异亮氨酸、甲硫氨酸、色氨酸、组氨酸、精氨酸、缬氨酸、赖氨酸、苏氨酸、丝氨酸、丙氨酸、瓜氨酸、脯氨酸、谷氨酸和天冬氨酸。一般来说，必需氨基酸比非必需氨基酸能更好地被大脑吸收。

在接下来的章节中，我们将讨论氨基酸毒性和治疗剂量范围。氨基酸的毒性往往只在 50~500 倍的治疗剂量内发生。

十五、正确补充氨基酸

在使用 B 族维生素补充剂的早期，医生认为整个 B 族维生素必须一起服用。从那时起，我们发现服用多种 B 族维生素并不总是一个好方法。例如，维生素 B_1 能使血压升高；维生素 B_5 导致关节疼痛；服用太多的叶酸对患有癫痫或是有过敏性疾病的患者是难以承受的。

补充氨基酸也是如此，补充氨基酸时，需要根据每个人的需求而进行选择使用。即使是相同的氨基酸在不同的人体中，吸收也是不同的。多氨基酸配方除了治疗广泛的氨基酸缺乏症之外很少用到。

如前所述，采用氨基酸疗法时应使用检测血液中氨基酸含量的方法，随时掌握身体内氨基酸的变化。在低剂量的氨基酸治疗过程中，由于体内平衡调节，人体各部分保持平衡趋势，血浆中的氨基酸通常不会发生变化。大剂量的氨基酸疗法，像药物疗法，会导致健康的改变，就像身体的管弦乐队对新乐器的加入很敏感一样。接受氨基酸治疗的人经常注意到自己的饮食选择发生了变化。有些个体的报告表明含有添加剂的精制食品对他们来说不再令人愉快。健康的身体更喜欢对它有益的东西。

十六、氨基酸天然疗法

氨基酸在疾病的治疗中起着重要作用。我们从检测血液中氨基酸含量而得知身体内某种氨基酸不足会明显表现出氨基酸的不平衡，而导致许多疾病的发生。

并且我们发现氨基酸有抑制疱疹、改善记忆、消除抑郁、缓解关节炎和精神压力，预防衰老和心脏疾病、控制过敏和改善睡眠、抑制酗酒、恢复头发生长以及改善健康状态的功能。

通常我们使用氨基酸是为了促进身体健康和防治疾病。如氨基酸用于疾病的治疗，实现天然治疗，就需要遵循医学的两个重要原则。

（1）适应人体的需求　如果我们在寻求一种药物能达到康复医疗的作用时，首先应该要顺从身体的自然规律，模仿人体的自然愈合机制。例如，当我们睡不着，我们首先需要提供给身体比平常更多的营养物质，以帮助启动身体的生化机制，达到入睡的目的。每种营养素在疾病治疗中至少有一种治疗用途。

（2）符合医学上的发否氏定律（Pfeiffer's Law）（注8）　我们已经了解到，如果能找到一种药物来完成医疗治疗的任务，那么就可以找到一种营养物质来进行同样的治疗，完成同样的任务。当我们了解药物的工作原理时，我们可以用氨基酸模仿其作用。例如，抗抑郁药通常是提高血清素和肾上腺素的作用，我们现在知道，如果服用色氨酸或酪氨酸，人体可以合成血清素和肾上腺素，从而达到同样的效果，甚至可以模仿或增强抗抑郁药的效果。

氨基酸在医疗中具有温和性，而且具有较少的副作用，它将掀起医药和医疗领域中崭新的篇章，未来的挑战是氨基酸取代药物，或有时将药物与这些自然疗法结合起来。氨基酸也称为"天然良药"。医生们所需要的良药就存在于身体之中，供后世的医生和科学家们去发现和收获。氨基酸就在这收获的范畴中。

我们现在重温犹太哲学家迈蒙尼德（Maimonides）在一千年前所说的"营养知识是医学领域中最有用的东西，因为无论是在健康还是在疾病期间，人们对食物的需求是不断的"。因为食品在我们生活中是最重要的，它是身体的主要成分和生化功能的基础。氨基酸，尤其是必需氨基酸，在治疗疾病方面比矿物质、脂肪或碳水化合物更有价值。氨基酸在医学上确实处于新的前沿。在本书中以我们的临床经验描述和报道了丰富的氨基酸疗法案例。

注8：发否氏定律即注射能抗某一疾病的免疫血清于另一动物体内，能破坏该病的病原菌。

第二部分

芳香族氨基酸

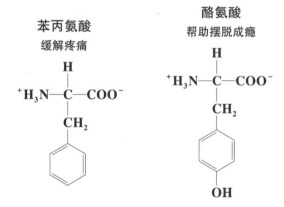

苯丙氨酸
缓解疼痛

酪氨酸
帮助摆脱成瘾

色氨酸
睡眠促进剂

第二章　苯丙氨酸：缓解疼痛

苯丙氨酸（L-phenylalaine）是必需氨基酸之一，它最有名的是为大脑中许多有效物质提供原料，也是许多蛋白质的前体，但最为重要的是，苯丙氨酸是酪氨酸的前体，酪氨酸是多巴胺、酪胺、肾上腺素和去肾上腺素的前体，这些都是重要的神经递质。因为苯丙氨酸可以轻易地穿过血脑屏障，所以它能直接影响大脑化学物质的构成。精神药物美卡林、吗啡、可待因和罂粟碱都含有苯丙氨酸。

一、苯丙氨酸的功能

苯丙氨酸高度集中在人的大脑和血浆中。研究表明，苯丙氨酸通过血脑屏障的速度比任何其他氨基酸都快。它在大脑蛋白质中大量存在（尽管比其他一些氨基酸少），并在白质和灰质中均匀分布。大脑皮质——覆盖大脑半球的皱纹状灰质，由神经细胞体及其树突组成。白质是大脑和脊髓的神经组织，主要由髓鞘神经纤维（轴突）组成，轴突连接大脑和脊髓的各个部分、同一半球的皮质区域以及两个半球。

苯丙氨酸是大脑中许多物质的成分，它们会影响情绪、疼痛、记忆和学习以及食欲等。它为重要的脑神经肽提供原料，包括生长激素抑制素（Somatostatin）、血管加压素（Vasopressin）、促黑素（Melanotropin）、促肾上腺皮质激素（Adrenocorticotropin，ACTH）、神经传递介质 P 物质、脑啡肽、血管活性肠肽、血管紧张素Ⅱ和胆囊收缩素。很多的肽都含有苯丙氨酸和甲硫氨酸的混合物。苯丙氨酸和酪氨酸一样，被转化为神经递质肾上腺素、去甲肾上腺素和多巴胺、肾上腺素类物质。然而，与酪氨酸不同的是，苯丙氨酸也被转化为重要的大脑化合物苯乙胺，苯乙胺也存在于巧克力中，可能会触发内啡肽的释放。

苯丙氨酸在肌肉中低于氨基酸含量平均值，不如丙氨酸、精氨酸、天冬氨酸、谷氨酸、赖氨酸、苏氨酸、丝氨酸、酪氨酸、缬氨酸、亮氨酸和异亮氨酸的含量，但是比色氨酸和组氨酸的含量高。

二、苯丙氨酸的代谢

苯丙氨酸主要通过苯丙氨酸羟化酶在肝脏中代谢，苯丙氨酸羟化酶是一种在肝脏和其他细胞如成纤维细胞（经常在新形成的组织中或处在修复过程的组织中发现的大细胞）中大量存在的酶。苯丙氨酸羟化酶在大脑中的含量很低，其活性有限。

苯丙氨酸羟化酶缺乏时，苯丙氨酸不能正常地转变成酪氨酸（注1），体内的苯丙氨酸堆积，并可经转氨基作用生成苯丙酮酸，尿中出现大量苯丙酮酸，称为苯丙酮尿症（Phenylketonuria，PKU）。苯丙酮尿症（PKU）是机体不能产生将苯丙氨酸转化为酪氨酸所用的酶而引起的一种疾病，而这一转化过程是正常蛋白质代谢的一部分。它是一种遗传性代谢疾病，有可能导致不同程度的智力迟钝，是最普遍的一种氨基酸尿症，即尿液中氨基酸的过量排泄（患有这种疾病的人必须严格限制对苯丙氨酸的摄入）。据报道，在美国每15000个新生儿中，就有一个患有此代谢缺陷。

苯丙氨酸的正常代谢需要生物蝶呤（叶酸的一种形式）、铁、铜、烟酸（维生素 B_3）、吡哆醇（维生素 B_6）和维生素 C。

三、人体对苯丙氨酸的需求量

苯丙氨酸是一种人体必需的氨基酸，它不能在人体内靠自身合成，需要从食品中摄取足够的量。

对于苯丙氨酸的每日摄取量，美国国家科学院尚未建立推荐的摄入量，但是他们公布了人体对苯丙氨酸和酪氨酸的需求量估计值，成年的男性每天正常摄入苯丙氨酸和酪氨酸的要求是 16mg/kg 体重，正常成年男子平均每天大约 1g。

也有一些科学家和卫生保健专业人士认为苯丙氨酸和酪氨酸可以互换，因此其中任何一种每天摄入 16mg/kg 体重就能满足需求。但事实上苯丙氨酸可以代替酪氨酸，酪氨酸不可以代替苯丙氨酸。例如，如果食物中含有足够的苯丙氨酸，就不需要酪氨酸了。然而，由于苯丙氨酸在代谢中还产生其他重要的副产物，而酪氨酸不能产生这些产物，无法满足人体的需求。

科拉斯金和他的同事们报告说，一个健康的人平均每天消耗 5g 的苯丙氨酸，甚至可能每天需要高达 8g。他们建议苯丙氨酸加上酪氨酸的理想日常需求量为 16g。

四、苯丙氨酸的食物来源

苯丙氨酸广泛存在于天然的食物中，如香蕉、牛油果、杏仁、鱼、奶酪、

注1：苯丙氨酸代谢转变成酪氨酸之后，也可以经脱羧基生成酪胺，它具有升高血压的作用，但也可被单胺氧化酶催化分解成氨、水和二氧化碳。

鸡蛋、玉米、青豆、花生、豆类、糙米和芝麻等。下表中列出的食物都富含苯丙氨酸，肉类和奶制品等高蛋白食品中苯丙氨酸的含量最丰富。

表　　　　　　　　　　苯丙氨酸在食物中的含量

食物	数量	含量/g
牛油果	1 个	0.15
奶酪	1oz	0.35
鸡肉	1lb	1.00
巧克力	1 杯	0.40
白干酪	1 杯	1.70
鸭肉	1lb	1.30
蛋	1 个	0.35
麦片	1 杯	0.65
午餐肉	1lb	2.10
燕麦粥	1 杯	0.50
猪肉	1lb	2.90
乳清干酪	1 杯	1.35
香肠	1lb	1.00
火鸡肉	1lb	1.30
麦芽	1 杯	1.35
全脂奶	1 杯	0.40
野味	1lb	3.30
酸奶酪	1 杯	0.40

注：1lb≈454g；1oz≈28.35g；1 杯≈250mL。后面各章节相同。

五、人工甜味剂

饮食中少量的苯丙氨酸可能来自含有阿斯巴甜（L-天冬氨酰苯丙氨酸甲酯）制成的合成甜味剂的食物。当苯丙氨酸与天冬氨酸结合时，就形成了阿斯巴甜，商业上称为 Nutrasweet（阿斯巴甜：纽特健康糖），一种添加到减肥饮料和食品中的合成甜味剂。摄入阿斯巴甜类似于补充苯丙氨酸和天冬氨酸。

根据美国公共利益科学中心（Center of Science in the Public Interest，CSPI），数以百计的消费者报告中显示，有苯丙氨酸代谢分解能力缺陷的人，如苯丙酮尿症的患者，在使用阿斯巴甜甜味剂后，会产生头痛的症状。

麻省理工学院的伍特曼（Wurtman）教授的实验表明，给老鼠摄入 200mg/kg 体重的大剂量阿斯巴甜时，会增加老鼠血浆内的苯丙氨酸和酪氨酸水平，导致老鼠的情绪变化。此外，再给老鼠以 3g/kg 体重的剂量做实验，发现胰岛素受体介导的中性氨基酸（亮氨酸、异亮氨酸、缬氨酸）减少，而苯丙氨酸和酪氨酸的含量增加了 1 倍。实验证明如此大的阿斯巴甜甜味剂的用量，除了患有肝硬化的患者外，是无法应用到正常人体的。

华盛顿大学的一位科学家奥尔尼（Olney），不赞成使用这种阿斯巴甜"综合营养食品"，然而，正常孕妇必须消耗 25L 的软饮料，或者服用 600 小包阿斯巴甜（不足 10g 的阿斯巴甜甜味素，注 2），才会提高宫内胎儿的血液毒性水平。然而，每年有部分妇女达到生育年龄，其血液中苯丙氨酸水平波动，对她们来说，小剂量的阿斯巴甜在理论上可能是危险的。谨慎和对病史的了解决定了医师建议孕妇不要使用人工甜味剂。

加利福尼亚州大学圣地亚哥分校的巴达（Bada）在研究中发现，在烹饪和热饮料中使用低热量的阿斯巴甜，都会因为过高的温度，而引起阿斯巴甜中的苯丙氨酸和天冬氨酸的结构变化。目前，食用这种改变形式的甜味剂，会对健康具有潜在影响。

在"营养和健康研究所"，我们建议阿斯巴甜不推荐使用在热饮料中，如茶和咖啡等，但因其基本的营养价值建议，可以作为甜味剂在食品添加剂中使用。较低剂量的阿斯巴甜对患有苯丙酮尿症患者（PKU）也是可以应用的。

六、苯丙氨酸的吸收

苯丙氨酸有 3 种形式：D、L 和 DL 型。L 型结构是苯丙氨酸在膳食中的蛋白质和食物补充中最常见的结构。D-苯丙氨酸和 D-甲硫氨酸是唯一已知可以在人体中利用的，因为在肝脏中的酶可以将其转化为自然的 L-苯丙氨酸，因此，人类可以使用 D 型和 L 型的苯丙氨酸。

在实验模型中发现苯丙氨酸、酪氨酸、色氨酸、亮氨酸和缬氨酸之间，在吸收上存在着相互竞争，但我们在应用于人体的研究中，以一个非常大的剂量进行实验，在大多数情况下不产生明显的拮抗。苯丙氨酸的吸收增加时，会与甘氨酸结合成二肽的形式。但是，其他的研究也表明，更多氨基酸也可以结合成肽。使用单一苯丙氨酸或二肽、三肽进行试验对其他氨基酸能够加强吸收利用。

注 2：在美国的餐馆里都备有甜味添加剂的小包，每一小包内有 10~15mg 的阿斯巴甜。

七、苯丙氨酸的临床应用

芳香族氨基酸在结构和功能上与安非他命（Amphetamines）是相似的，它们在体内是天然的兴奋剂。

八、苯丙氨酸与提高运动成绩

已有报道运动员空腹服用 0.15~2g L-苯丙氨酸，可以提高警觉，并能达到刺激兴奋的目的。截至目前，我们尚未确定苯丙氨酸在运动的体能和成绩中的具体作用。

九、苯丙氨酸改善儿童多动症及注意力不集中

在具有多动症和注意力不集中（Attention Deficit Disorder，ADD）的儿童中，发现他们血液中有高浓度的苯丙氨酸，对这些儿童进行控制色氨酸的治疗，使苯丙氨酸的水平下降和改善，于是这些儿童的注意力得到了提高和集中。苯丙氨酸对于治疗儿童多动症药物哌醋甲酯（Ritalin，利他林）有增效的作用。

十、苯丙氨酸与恶性肿瘤

对于患有各种癌症的患者，建议摄入苯丙氨酸含量低的食物。然而对患有黑色素瘤、皮肤癌、乳头状腺癌和浆液性囊肿的患者采用苯丙氨酸含量低的食物并不合理，似乎需要补充更多的苯丙氨酸。

另外一种方法是，大量使用中性氨基酸，如酪氨酸、色氨酸、亮氨酸、异亮氨酸和缬氨酸与吸收入脑的苯丙氨酸进行竞争，以降低脑中苯丙氨酸的含量。

苯丙氨酸衍生物，L-苯丙氨酸氮芥（L-phenylalanine Mustard）是一种抗癌剂，它可以抑制苯丙氨酸代谢。

十一、苯丙氨酸与抑郁症

我们发现10%~15%的抑郁症患者血浆中苯丙氨酸水平较低（这些患者的血浆酪氨酸含量也很低）。这种抑郁症的"低水平儿茶酚胺（Catecholamine）假说"或生化机理已被医学界接受超过二十年了（儿茶酚胺主要包括肾上腺素、去甲肾上腺素及多巴胺递质）。这个理论假设在大脑皮层和海马体的特定位置缺乏去甲肾上腺素递质，海马体是大脑的一个重要区域，是我们学习新

事物的发生地。纠正脑内儿茶酚胺不足的有效方法是增加与儿茶酚胺有关的合成前体——左旋多巴、酪氨酸和苯丙氨酸（苯丙氨酸又是这些前体物质的合成前体）。

D-苯丙氨酸已被评估用于抑郁症的几个研究中，报道的功效相当于每天使用 200mg 平均剂量的抗抑郁药丙咪嗪（托非拉尼）。曼恩和来自康奈尔大学医学院的同事发现，200mg/d 的 DL-苯丙氨酸摄入量对血液中的酪氨酸和苯丙氨酸水平没有影响，或者说对抑郁症没有影响。研究最终得出每天补充高达 6g 的苯丙氨酸，才能使抑郁症患者的血液中苯丙氨酸达到适当水平。

在抑郁症中发现苯乙胺［苯丙氨酸的脱羧基分解产物（注3）］的尿排泄率降低。这种排泄可以通过抗抑郁药治疗恢复正常；同样，苯丙氨酸代谢也会增加苯乙胺的浓度。这可能表明苯丙氨酸有效治疗抑郁症的机制，并且比酪氨酸更有用。

酪氨酸和苯丙氨酸都会升高去甲肾上腺素，在某些抑郁症患者中，去甲肾上腺素的含量较低。苯丙氨酸可能是比酪氨酸有更好的治疗效果，因为它更容易被吸收。服用 15g 苯丙氨酸会使血液水平升高 17 倍，而同样剂量的酪氨酸只会使血液水平升高 3 倍。

苯丙氨酸还能够增强常用的抗抑郁药咪多吡（商品名：Eldepryl）、安非他酮（商品名：Wellbutrin）、文拉法辛（商品名：Effexor）和莫达非尼（Modafinil）的药效。

抑郁症的病历

有一天，一个 20 岁的女孩子来到我们诊所，她的头发开始脱落、精神沮丧、无精打采，她介绍说：自己曾经服用过抗抑郁症的药物，但是没有效果，所以请求我们给予帮助。我们每天早晨在服药基础上给她补充 2g 苯丙氨酸，她的心情开始变化了，生活充满了热情，脱落的头发也渐渐恢复。关于她头发的恢复，我们将在第七章"半胱氨酸"中描述。

注3：脱羧反应是羧酸失去羧基放出二氧化碳的反应。例如，过氧化二苯甲酰的脱羧反应。过氧化二苯甲酰可由苯甲酰氯与过氧化氢反应制得，常用作游离基反应的引发剂。它分子中间的过氧键是非极性共价键。两边的苯甲酰基是吸电子基，所以温热时即发生均裂。

十二、苯丙氨酸在感染和应激状态中的变化

当机体受到创伤、严重感染、烧伤等疾病时，体内代谢处于高分解状态。而血液中酪氨酸浓度不变，但苯丙氨酸的浓度增加，使苯丙氨酸与酪氨酸的比值增加，这时体内其他氨基酸的浓度减少。

苯丙氨酸与酪氨酸比值的增加，也会发生在许多的炎症疾病中，如关节炎、斑疹热、病毒性脑炎、黄热病、肺炎和沙门菌感染。

应激状态下机体内减少对苯丙氨酸的羟基化和氧化的化学反应，大量的苯丙氨酸直接进入血液，体内代谢处于高分解状态。特别是肌肉蛋白质大量分解，作为维持机体能量的主要来源的支链氨基酸而被大量消耗，使血液出现支链氨基酸水平下降。

高浓度的苯丙氨酸与锌和铁结合，使血液中锌和铁水平下降，目前尚不清楚在应激状态下对机体的影响，而锌在感冒和其他病毒性疾病辅助治疗中是非常有用的。

十三、苯丙氨酸与肝病

长期的肝病患者肝脏纤维化，导致肝硬化，门静脉压力增高，阻碍了肝脏的正常工作。使苯丙氨酸和酪氨酸在血液中的浓度升高，而支链氨基酸（即亮氨酸、异亮氨酸和缬氨酸）的浓度下降。

十四、苯丙氨酸与偏头痛

偏头痛常常引起强烈心动过速、心悸、恶心、呕吐和视觉障碍。偏头痛患者血液中的苯丙氨酸水平升高。此时应该对患者采取补充 L-色氨酸的治疗，从而降低血液中苯丙氨酸的水平。

碳水化合物和脂肪的摄入，可以提高血浆中芳香族氨基酸（AAA——苯丙氨酸、酪氨酸、色氨酸）和降低大脑中的支链氨基酸（BCAA——缬氨酸、亮氨酸、异亮氨酸）浓度。相比之下，饮用咖啡因可以使血液中苯丙氨酸降低。

注意：苯丙氨酸和酪氨酸形成酪胺，它是一种可以触发偏头痛和引起高血压的单胺氧化酶抑制剂（Monoamine Oxidase Inhibitor, MAOI, 具有抗抑郁药性质)(注4)。

注4：单胺氧化酶抑制剂为最早发现的抗抑郁剂，曾广泛应用，经长期观察，疗效不很理想，且副作用大，故已少用。但对恐怖、焦虑状态可能有效，近年来似有复兴之势。它主要通过抑制单胺氧化酶的降解，使突触有效介质浓度升高而发挥作用。分为两类：一类为肼类单胺氧化酶抑制剂，以苯乙肼（Phenelzine Nareil, PN）为代表药物；另一类为非肼类，以超环苯丙胺（Tranylcypromine）为代表药物。

使高血压患者会出现一种极其危急的并发症状，在这种诱因影响下，血压骤然会升到 200/120mmHg 以上，并出现心、脑、肾急性损害的危急状况。

苯丙氨酸在转换为多巴（DOPA）或多巴胺（Dopamine）时，生成酪胺；另外，机体内直接合成酪氨酸时，也可以生成酪胺。所以患偏头痛的人，要避免食用富含酪胺的食品（请见以下介绍的"富含酪胺的食品"）。在一般情况下，所有的老年人应该尽量避免食用干货、腌制食品、果脯、发酵、熏制或是以奶酪精制的食品，因为这些食物在转化中需要的酶（包含细菌用酶），也可以将酪氨酸转化成酪胺。

富含酪胺的食品

以下食物含有大量酪胺，患有偏头痛、头痛和高血压患者禁止食用。食物中的酪胺含量是难以估算的。

- 陈年的奶酪（包括所有的奶酪、脱脂奶酪和奶油干酪）
- 香蕉及含香蕉成分的食品
- 啤酒
- 蚕豆和豆荚（青豆、意大利蚕豆、扁豆、豌豆）
- 任何形式的巧克力
- 加工的乳制品（酪乳、酸奶、奶油）
- 无花果（罐装）
- 发芽蔬菜
- 动物的肝脏
- 味精或含味精的食品（如酱油、水解植物蛋白等）
- 坚果类和任何含有坚果类的食品
- 腌制的青鱼和咸干鱼
- 菠萝和含有菠萝的食品
- 梅脯
- 葡萄干和含有葡萄干的食品
- 沙拉酱
- 含有香草和香草提取物的任何食品
- 葡萄酒、红葡萄酒和含有酵母提取物制成的酒
- 酵母提取物

十五、苯丙氨酸与疼痛

DL-苯丙氨酸可能具有阻断已知某些酶的独特能力，这种酶作为中枢神经系统中的脑啡肽酶用于分解称为内啡肽的天然类吗啡肽激素以及称为脑啡肽的多肽。内啡肽和脑啡肽作用温和，作为情绪"谷仓"，是有效的止痛物质，减轻疼痛（注5）。研究表明 DL-苯丙氨酸对慢性疼痛有效，如骨关节炎、类风湿关节炎、腰痛、关节痛、月经痉挛、鞭梢痛和偏头痛。在一项研究中，一例 70 岁的老人因为转移性前列腺癌引起严重骨痛。他的疼痛对止痛药和己烯雌酚（DES）有抵抗力（一种用于治疗癌症骨痛的雌激素，通常用于治疗这个病症）。给他早上和晚上补充 1.5g 苯丙氨酸，晚上患者的剧痛完全控制住了。

十六、苯丙氨酸与帕金森病（Parkinson's disease，又称震颤麻痹）

苯丙氨酸是 L-多巴的前体，L-多巴是最常见的修饰氨基酸，用于治疗帕金森病。当前它被认为是对于服用抗帕金森病药物——左旋多巴/卡比多巴的患者最有效的。

十七、苯丙氨酸与经前期综合征

苯丙氨酸已被证明能减轻各种各样在月经出现前的情感和生理症状。

十八、苯丙氨酸与成瘾物质

DL-苯丙氨酸可以抑制对碳水化合物、烟草、可卡因和其他上瘾物质的渴望。

十九、苯丙氨酸是兴奋强化剂

苯丙氨酸可以提高咖啡因和草药兴奋剂（如麻黄属植物、红景天、瓜拉那等萃取物）的作用。苯丙氨酸还能增强多巴胺和常用的抗抑郁药如司来吉兰（Selegiline，化学名丙炔苯丙胺）、安非他酮（Bupropion，化学名丁氨苯丙酮）、文拉法辛（Venlafaxine）、莫达非尼（Modafinil）的药效。

注5：脑啡肽（Enkephalin）是神经递质的一种，能改变神经元对经典神经递质的反应，起修饰经典神经递质的作用，也称为神经调质（Neuromodulator）。

二十、苯丙氨酸的使用剂量

我们对在治疗中口服苯丙氨酸与食用阿斯巴甜的使用量进行了研究试验。在这些试验中发现，一些人服用低剂量为 4g 的苯丙氨酸，即产生头痛的副作用。而另一些人服用 15g 或更多剂量的苯丙氨酸，依然感觉良好，只是有一些轻微的头痛。服用 15g 苯丙氨酸，在 2h 以后血液中的苯丙氨酸的水平为正常人的 6~7 倍，支链氨基酸的水平明显下降，苏氨酸和脯氨酸的水平没有变化。这样大剂量地补充苯丙氨酸没有剧烈地引起血液中芳香族氨基酸含量的变化。

二十一、3 种不同形式的苯丙氨酸的补充

苯丙氨酸是氨基酸中独一无二的，以 L 型、D 型和 DL 型 3 种不同的形式都能被机体吸收。D 型苯丙氨酸不同于 L 型苯丙氨酸，D 型苯丙氨酸需要转换成 DL 型或 L 型，才能缓慢进入血液被吸收利用。在通常情况下，L 型苯丙氨酸可以转化生成儿茶酚胺（类似肾上腺素的物质），在治疗中可以提高警觉性，可以增加药效，同时对食欲控制、帕金森病和经前期综合征都有一定的疗效。D 型苯丙氨酸和 DL-苯丙氨酸的组合，可以提高对疼痛的耐受性。

二十二、苯丙氨酸与发育不良

缺乏苯丙氨酸的症状包括肌肉退化、发育迟缓、冷漠无情及全身乏力。

二十三、苯丙氨酸的实用性

任何形式的 L-苯丙氨酸、D-苯丙氨酸或是 DL-苯丙氨酸（DLPA）500mg 的胶囊都可以在机体内被有效利用。如果将 DL-苯丙氨酸制成片剂，会影响 DL-苯丙氨酸的释放与吸收利用。

二十四、每天在治疗中的使用量

补充 L 型、D 型或 DL-苯丙氨酸在使用量上可能有很大的不同，一般在一天中使用量 0.5~4g，其用量取决于病症。

二十五、苯丙氨酸的最高使用安全极限

没有建立。

二十六、副作用和禁忌证

苯丙氨酸没有毒性，但过度摄入，会导致偏头痛和高血压发生；患有苯

丙酮酸代谢性疾病的人应避免补充各种形式的苯丙氨酸（L 型、D 型、DL型），苯丙氨酸在代谢中产生类似于单胺氧化酶抑制剂（MAOIs）的物质，它可以引起高血压危证。

二十七、对苯丙氨酸的总结

苯丙氨酸是人体必需氨基酸之一，是神经递质儿茶酚胺（Catecholamines）的前体，是肾上腺素样物质。苯丙氨酸在正常代谢中，需要生物蝶呤（Biopterin）、铁、烟酸、吡哆醇、铜和维生素 C。苯丙氨酸高度集中在人的大脑和血液中。成年人平均每天需要摄入 5g 的苯丙氨酸，最佳的需求可以每天多达 8g。

苯丙氨酸集中在高蛋白质的食物中，如肉类、奶酪和小麦胚芽中。阿斯巴甜是来自苯丙氨酸的新食品资源，食用安全并具有营养，但是不要在热饮料中添加，患有苯丙酮酸代谢性疾病的患者或孕妇应该避免使用。

我们发现，抑郁症患者血液中苯丙氨酸水平偏低，是正常水平的 10% ~ 50%，所以给抑郁症患者补充苯丙氨酸是一种有效的治疗方法。

苯丙氨酸水平升高发生在感染期间。当大脑摄入更多的苯丙氨酸时，摄入咖啡因会降低苯丙氨酸水平。

补充苯丙氨酸可能是最有效的治疗轻度抑郁症以及缓解疲劳的好办法。

DL-苯丙氨酸可以成为一种有效的止痛药。

对经前期综合征和帕金森病患者，采用针灸或以导电方法刺激经皮神经（Electric Transcutaneous Nerve Stimulation）治疗时，如果再配合补充 DL-苯丙氨酸，可以增强治疗的效果。

苯丙氨酸和酪氨酸在代谢过程中生成 L-多巴、儿茶酚胺、肾上腺素，可以缓解疼痛。

苯丙氨酸比酪氨酸更容易被机体吸收。

食用低苯丙氨酸食品，是控制癌细胞增殖的方法，对某些癌症的效果是好坏参半的，但是对于一些皮肤肿瘤（主要是黑色素瘤），可能会增加机体对苯丙氨酸的需求量，而最有效的治疗方法不是限制饮食，而是通过药物来减少苯丙氨酸的吸收。

总之，苯丙氨酸在抗抑郁药和止痛药应用中具有极大的潜在治疗作用。L-苯丙氨酸或 DL-苯丙氨酸补充剂的广泛应用，对医疗和健康起着重要的作用。

第三章 酪氨酸：帮助摆脱成瘾

酪氨酸（L-tyrosine）是一种必需氨基酸，它的水溶性很低，在 100mL，25℃的水中，溶解度只有 0.405g。但是酪氨酸容易通过血脑屏障进入大脑，它是多巴胺、去甲肾上腺素、肾上腺素神经递质的前体。这些神经递质是人体交感神经系统的重要组成部分，身体和大脑中酪氨酸主要依赖于从饮食中摄取。

酪氨酸具有很强的影响大脑中化学物质平衡的能力，近年来备受关注，特别是用于治疗对酒精和毒品戒断症状以及减弱对这些成瘾物的渴求。

一、酪氨酸的功能和作用

酪氨酸主要集中在脑细胞蛋白质中，是构成神经元的重要组成（注 1）。神经元通过发送脑电波，引起神经细胞释放出神经递质而实现信息的传递。

酪氨酸在脑白质中（大脑内部神经纤维聚集的地方）其含量小于谷氨酸、谷氨酰胺、天冬氨酸、胱硫醚（注 2）、丙氨酸、丝氨酸、牛磺酸。但应注意的是，当食用人造甜味剂阿斯巴甜时，因为其中包含苯丙氨酸，脑中的酪氨酸水平会增加。而酪氨酸在肌肉组织中的含量比较高，仅次于谷氨酸、赖氨酸、天冬氨酸、丙氨酸、缬氨酸、苏氨酸和亮氨酸。在脑脊液（Cerebrospinal fluid，CSF）中，酪氨酸的含量是很低的。只有新生儿在受感染时，酪氨酸像许多其他氨基酸一样含量会增加。

酪氨酸也是激素如甲状腺素、儿茶酚原（同时是雌激素和儿茶酚胺的化学物质）和人体的主要色素（黑色素）的前体。这些激素的合成是依赖于饮食中摄取的酪氨酸。酪氨酸也是体内肽类物质的重要组成部分，如具有止痛作用的脑啡肽。

此外，酪氨酸是蛋白中的氨基糖和氨基脂类成分，在体内都具有重要的

注 1：神经元（Neurone），又名神经原或神经细胞（Nerve cell），是神经系统的结构与功能单位之一（占神经系统约 10%，其他大部分由胶状细胞所构成）。

注 2：胱硫醚是由邻琥珀酰高丝氨酸与半胱氨酸作用生成。胱硫醚被胱硫醚 β-裂解酶作用脱去丙酮酸和 NH_3 后生成高半胱氨酸。

作用。

二、酪氨酸的代谢

酪氨酸是从苯丙氨酸代谢生成的，它在体内代谢非常迅速，所以在体内的含量比较低。酪氨酸代谢需要的多种营养物质，如生物蝶呤、还原型烟酰胺腺嘌呤二核苷酸磷酸、泛醌还原酶、铜、维生素 C 和叶酸衍生物。酪氨酸羟化酶担负着酪氨酸的分解。

三、机体对酪氨酸的需求

目前尚没有对酪氨酸推荐的日摄食量。但是，美国国家科学院预测，我们机体对酪氨酸和苯丙氨酸的需求应为 16mg/kg 体重，大约一位成年男性每日的正常需求为酪氨酸和苯丙氨酸各 1g 左右。

四、食物中的酪氨酸

酪氨酸主要存在于杏仁、牛油果、肉类、奶制品、鱼、豆类、南瓜和芝麻中，而谷物、蔬菜、水果、食用油中酪氨酸的含量是非常低的。见下表列出的"酪氨酸在食物中的含量"。

表　　　　　　　　　　　　酪氨酸在食物中的含量

食物	数量	含量/g
牛油果	1 个	0.10
奶酪	1oz	0.30
鸡肉	1lb	0.80
巧克力	1 杯	0.40
白色软奶酪	1 杯	1.70
鸭肉	1lb	1.10
蛋	1 个	0.25
麦片	1 杯	0.40
午餐肉	1lb	0.10
燕麦粥	1 杯	0.35
猪肉	1lb	2.50
乳清干酪	1 杯	1.50
香肠	1lb	0.05

续表

食物	数量	含量/g
火鸡肉	1lb	1.30
麦芽	1 杯	1.00
全脂奶	1 杯	0.40
酸奶	1 杯	0.40

五、酪氨酸的形式和吸收利用

机体内只能吸收 L 型酪氨酸，而 D 型酪氨酸在进行动物实验时发现是有毒害作用的，对生长和体重的增加有抑制作用。

大脑对酪氨酸的吸收是很有竞争性的，当与色氨酸、亮氨酸、异亮氨酸和氟-苯丙氨酸（注 3）（Fluoro-phenylalanine，苯丙氨酸的一种形式）在一起使用时，所有这些物质都能显著抑制大脑对酪氨酸的吸收。而当与谷氨酸、谷氨酰胺和许多其他氨基酸（缬氨酸、半胱氨酸、组氨酸、丙氨酸、丝氨酸、苏氨酸、精氨酸、赖氨酸、谷氨酸和谷氨酰胺）使用时不会抑制大脑对酪氨酸的吸收。

酪氨酸与色氨酸、苯丙氨酸，特别是支链氨基酸之间存在着竞争吸收和互补的作用，所有这些氨基酸不要在同一时间内进行补充。

六、酪氨酸的临床应用

芳香族氨基酸在结构和功能上与安非他命（Amphetamines）相类似，是人体内天然的兴奋剂。

七、酪氨酸可以抑制食欲

减肥者如果在一天内服用 20g 大剂量的酪氨酸，可以替代使用苯丙醇胺（Phenylpropanolamine，在中国严禁使用）或安非他命（Amphetamines）类刺激性药物（注：在中国为处方药，有严格使用要求），用于控制食欲。此外，苯丙醇胺对某些个体会有导致高血压的危险。

美国的李维斯和密苏里戴尔农业实验站研究发现，酪氨酸缺乏会增加食欲，而体内酪氨酸含量高会降低食欲。

注 3：氟-苯丙氨酸（Fluoro-phenylalanine）是一种抗菌素。

酪氨酸能促进减肥药的代谢，如服用芬特明家族的减肥药（Adipex、Fastin 和 Lonamin）和马吲哚（Sanorex）应同时补充酪氨酸，以达到最佳效果。补充大量的酪氨酸可以加速新陈代谢和降低大脑对食欲所需的肾上腺素，使这些药物发挥更大的作用。我们已经看到，所有年龄段的人在服用酪氨酸时，都能更快地减轻体重（注：以上药物在我国都是具有严格使用要求的）。

八、酪氨酸用于治疗注意力缺陷（多动症）

补充酪氨酸是一种有效的替代治疗注意力缺陷（Attention Deficit Disorder，ADD）药物的方法。

注意力缺陷是由于肾上腺素和多巴胺存在着代谢问题所致。所以我们设计了改善大脑能量模式的方案，以提高应对压力和疲劳的能力。这个方案同时也适用于健康人群，使大脑可以获得更多的能量（请见下页的"大脑能量胶囊配方"）。这种方法可以使 5%~10% 患有注意力缺陷患者恢复正常。

对注意力缺陷最显著的治疗方法是采用低电压、温和的颅电刺激法（Cranial Electrical Stimulation，CES）（详见第四节中的"色氨酸与脑部病变"颅电刺激的治疗方法），同时再配合服用抗抑郁药物安非他酮（Wellbutrin）有助于增加酪氨酸代谢。

对于一些患者，补充酪氨酸会比药物治疗更为有效，年轻的患者每天补充酪氨酸可以在 10g 左右，而老年患者补充酪氨酸应该在 5g 左右。

九、抑制酪氨酸的摄取，"饿死"癌细胞

采取"氨基酸饥饿治疗方法"是治疗癌症的新方法。某些肿瘤，如恶性黑色素瘤（黑色素是由酪氨酸构成的）或脑部肿瘤——多形性胶质母细胞瘤（注 4），研究发现酪氨酸是这些肿瘤细胞重要的培育物质。抑制酪氨酸的摄取，可以切断这些肿瘤细胞的营养源（酪氨酸和苯丙氨酸），同时再给患者补充与酪氨酸有竞争的色氨酸和支链氨基酸，使肿瘤细胞"饿死"，是精准的治疗方法。

十、酪氨酸与认知能力

酪氨酸衍生的神经递质 L-多巴胺、肾上腺素和去甲肾上腺素的缺陷是导

注 4：多形性胶质母细胞瘤简称为胶母细胞瘤，是最常见的脑胶质瘤，也是最恶性的一种。男性多于女性，大多发生于 30~50 岁。病程迅速进展，手术后常很快复发。

致阿尔茨海默病的原因。阿尔茨海默病（Alzheimer Disease，AD）是一种中枢神经系统变性疾病，起病隐袭（隐袭是指发展渐进且不明显而难以捉摸的病症），病程呈慢性进行性，是老年期痴呆最常见的一种类型。主要表现为渐进性记忆障碍、认知功能障碍、人格改变及语言障碍等神经性精神症状，严重影响社交、职业与生活功能。

随着年龄的增长，人体中的酪氨酸水平降低，大脑的电压降低是造成认知能力下降的原因。患者体内主要的两个神经递质系统——酪氨酸和胆碱系统基本上被损害，因此，补充的酪氨酸和胆碱作为神经递质前体，是预防和缓解阿尔茨海默相关病症的最好措施。

我们的诊所为一些患有阿尔茨海默病相关症状的患者提供了"大脑能量胶囊"，经过服用后症状都有显著的改善和好转。

"大脑能量胶囊"配方

在我们诊所，使用酪氨酸作为两类多种营养素组合的一部分。我们认为，酪氨酸与其他营养素［特别是苯丙氨酸、甲硫氨酸和二十八烷醇（一种天然来源的小麦胚芽油浓缩物）］的结合会增加其吸收和功效。首先，我们的"大脑能量配方"是为有压力和疲劳的个体，或者健康的人和需要更多能量的人们设计的。通常，我们建议每天服用1~3片。

大脑能量配方：
L-苯丙氨酸（L-phenylalanine）：300mg
红景天萃取物（Rhodiola rosea）：75mg
二十八烷醇（Octacosanol）：2mg
L-酪氨酸（L-tyrosine）：200mg
L-甲硫氨酸（L-methionine）：60mg

第二个酪氨酸组合是"救助配方"。我们在"大脑能量配方"中添加了多种维生素和矿物质，以供那些不希望服用许多不同胶囊和片剂的人使用。每天2次，每次2~3粒胶囊。
DL-苯丙氨酸（DL-phenylalanine）：133 mg
泛酸（Pantothenic Acid——vitamin B$_5$）：1mg
镁螯合物（Magnesium Chelate）：26mg
L-酪氨酸（L-tyrosine）：133mg

吡哆醇（Pyridoxine——Vitamin B_6）：6mg

锰螯合物（Manganese Chelate）：133μg

DL-甲硫氨酸（DL-methionine）：50mg

二十八烷醇（Octacosanol）：0.67mg

叶酸（Folate）：13μg

亚硒酸钠（Selenium——Sodium Selenite）：14μg

维生素 A（Vitamin A）：1100IU

生物素（Biotin）：20μg

锌螯合物（Zinc Chelate）：3 mg

维生素 B_1（Thiamine——Vitamin B_1）：1mg

维生素 B_{12}（Cyanocobalamin——Vitamin B_{12}）：2μg

钼螯合物（Molybdenum Chelate）：33μg

核黄素（Riboflavin——Vitamin B_2）：1mg

维生素 E（Vitamin E）：6IU

氯化铬（Chromium Chloride）：13mg

烟酸（Niacin——Vitamin B_3）：1mg

铁螯合物（Iron Chelate）：3mg

十一、酪氨酸与抑郁症

通常临床上对抑郁症患者采用给药与补充酪氨酸进行治疗，单纯补充酪氨酸对一些精神抑郁，有轻度抑郁的患者是有益的。

哈佛医学院的医生首先应用补充 1~6g L-酪氨酸治疗疑难的精神抑郁症，并取得良好的抗抑郁效果。美国纽约戈德堡药物研究所，在对两例抑郁症患者实施电休克（Electroconvulsive Therapy，ECT）治疗时，在每天早晨补充低剂量 1~2g 的 L-酪氨酸，也发现了同样的效果。研究结果表明，每天以 0.5mg/kg 体重补充 L-酪氨酸，就会增加大脑中儿茶酚胺、肾上腺素、去甲肾上腺素和多巴胺的水平，平均体重约为 70kg 的成年男子，一天需要补充 350mg 剂量的 L-酪氨酸。

在研究中发现，根据患者血液中酪氨酸的含量，可以选择所适用的抗抑郁药，以取得最好的疗效。当酪氨酸处于低水平时，可选择药物如哌醋甲酯（Methylphenidate）、安非他酮（Bupropion）和郁复伸（Venlafaxine）；进行治疗；研究还表明，色氨酸和酪氨酸的前体水平，对确定最有效的药物是有用的。当一个患者的酪氨酸水平极低时，我们推荐使用安非他酮。如果色氨酸水平低，我们倾向于选择使用百忧解（Fluoxetine）和选择性5-羟色胺再摄取抑制剂（Selective Serotonin Reuptake Inhibitor，SSRI）（注5）、单胺氧化酶抑制剂（MAO）也可以有助于提高酪氨酸的水平（注：以上药物在我国有严格的使用要求，应在医生指导下使用）。

酪氨酸是甲状腺激素、甲状腺素和三苯乙氨酸的前体。在体内碘化物充足的情况下，酪氨酸补充剂可能会增加甲状腺激素水平。甲状腺可以成为酪氨酸另一个辅助治疗抑郁症的机制。在相同的情况下，食物中的酪氨酸也与甲状腺激素的合成有着密切的关系。如果稍微增加酪氨酸在血液中的水平，会发现甲状腺功能亢进，甲状腺就会变得异常活跃，分泌过量的甲状腺激素；而略降低酪氨酸在血液中的水平，就会发现甲状腺功能减退，导致甲状腺激素分泌不足。目前对甲状腺激素能否影响酪氨酸在血液中的水平还不清楚。

酪氨酸能提升抑郁症患者的情绪，促进其健康。同时，酪氨酸还有利于心血管系统，提高心脏的功能。这些效果都是由于多巴胺相关的生化作用。由于抗抑郁药物的副作用，酪氨酸已经成为治疗抑郁症的一个非常有吸引力的选择。

补充酪氨酸以后，她又恢复了健康

一天，一位22岁的女孩死气沉沉地来到我们的诊所，她患有嗜睡、食欲不振；她的体重已经下降到40kg。她患有严重的抑郁症，被迫离开普林斯顿大学。

我们开始时每天给她补充多达6g的酪氨酸进行治疗，她的抑郁症逐渐好转。最终，我们给她维持补充酪氨酸的剂量为1500mg，每日3次。她的抑郁症渐渐地消退，并且又回到普林斯顿大学恢复她在护理专业的学习。

我们注意观察到这个患者血液中酪氨酸水平从低到高的变化，其酪氨酸的水平高达正常范围值16mg/L的两倍，同时苯丙氨酸的水平是正常范围值22mg/L的3倍，苯丙氨酸的增加是由于高酪氨酸摄入导致的。如此高水平的酪氨酸使她彻底远离了抑郁症。

注5：选择性血清素再吸收抑制剂（以下简称SSRIs）的基本药理是通过抑制神经突触细胞对神经递质血清素的再吸收以增加细胞外可以和突触后受体结合的血清素浓度。而对其他受体，如 α-肾上腺素受体、β-肾上腺素受体、5-羟色胺受体、多巴胺受体等，SSRIs则几乎没有结合力。

十二、酪氨酸帮助克服心情躁郁、慢性抑郁症

25%～50%的人都曾经在他们的生活中经历恶劣心境障碍（轻度抑郁症），补充酪氨酸有益于克服这种心情躁郁、性格反常的精神障碍。

50岁以上的人都经历过很多的慢性疾病和不愉快的事情，有些人试图使用抗抑郁药物，以抵消这种情感上的压力，致使大脑能量严重受损。但是补充服用酪氨酸的人群，由于高剂量的酪氨酸，躁郁的症状或是正在经历更年期反应的各种症状都得到了缓解，所以长期服用酪氨酸在促进健康和保持好心情方面是极为有效的，并且身体的老化普遍得到了放缓。

我们治疗了一位55岁的男性，他抱怨生活的压力，感觉非常疲倦和心情躁郁。我们给他服用复合维生素、矿物质、抗氧化剂、鱼油、琉璃苣油和烟酸（维生素 B_3）和我们的"大脑能量胶囊"后，他感到疲劳和疲惫消失了。不到四周他告诉我们，他的精力充沛，具有生命的活力，犹如回到年轻的时候。

在许多情况下，我们也使用脱氢表雄酮（Dehydroepiandrosterone，DHEA），丰富大脑和血液中的肾上腺类固醇激素。随着年龄的增长，DHEA浓度急剧下降，低水平的DHEA会产生许多有关衰老的症状。我们现在知道，卵巢和睾丸变成休眠状态，人就进入了更年期，肾上腺的活动也会减慢。酪氨酸能刺激肾上腺分泌激素。我们在临床经验中体会到，当一个人有较低水平的脱氢表雄酮时，添加补充肾上腺激素的营养元素的组合，使肾上腺激素脱氢表雄酮增加，患者会得到很好的治疗效果。

我们运用这个方法对更年期妇女增加体内的雌激素，以解决妇女更年期的痛苦。

对于年龄较大的男性和女性患者，在一个月内会得到明显的好转。即使是那些五十岁以下的患者，采用这种方法效果也是很好的。

酪氨酸缓解长期慢性抑郁症

1970年2月我们救治了一位61岁的推土机司机，每逢冬季不工作时，他就被慢性抑郁症所困扰。

虽然给他补充足够的锌、锰等微量元素和维生素，但是仍然不能使他摆脱慢性抑郁症。由于常年服用抗抑郁药物及单胺氧化酶抑制剂（MAO），导致他铅、铝、铜中毒。于是采用升高维生素 B_{12} 剂量进行静脉注射5d，结果出现严重的抑郁症反弹。为了抑制反弹给他服用6片单胺氧化酶抑制剂

（MAO）和异卡波肼（Marplan），抑郁症反弹变得轻微了，但副作用很严重，包括排尿无力、血压升高、严重的背部疼痛。

13 年来，他使用维生素、微量元素及每一种新的抗抑郁药物，都没有治愈慢性抑郁症。而他在使用每天 3 次，每次两粒 500mg 的 L-酪氨酸胶囊后，抑郁症彻底好转，并且停止服用抗抑郁药——异卡波肼。病情缓解后，他维持每天服用 4 粒 500mg L-酪氨酸胶囊。他和他的妻子称赞 "L-酪氨酸的奇迹" 是治疗慢性抑郁症的现代营养剂。

十三、酪氨酸用于心脏病的研究

一个惊人的研究中发现犬的心室颤动（威胁生命的心率失常）可通过立即实施酪氨酸静脉滴注 1~4mg 使犬的敏感性心室颤动减轻。

给失血的大鼠静脉注射 100mg/kg 剂量的酪氨酸时，血压升高 30%~50%。当剂量低至 25mg/kg 和 50mg/kg 时，大鼠的血压也有显著升高。另一项研究发现，酪氨酸能降低高血压大鼠的血压，增加脑干去甲肾上腺素代谢物的浓度。这些研究表明，在某些类型的高血压中，酪氨酸具有调节血压的功能。尽管目前酪氨酸在高血压危险期中的治疗作用仍然令人怀疑，当高血压患者出现危险期时，通常会使用常用处方药甲基多巴制剂（Aldomet），但此时仍不能忽视它会阻碍酪氨酸调整血压的作用。这些表明酪氨酸有可能会被添加到心脏病急诊医生的手册中。

十四、酪氨酸与低血糖

胰岛素分泌旺盛会出现低血糖，应提升各种氨基酸在血液中的含量，包括酪氨酸，可以使低血糖的人受益。然而，目前仍不清楚氨基酸通常以什么方式在胰岛中代谢。

类固醇强的松等能提高血糖水平，但是影响抑郁症患者对酪氨酸的需求。随着血糖水平的上升，血液中的酪氨酸的水平也会下降。

十五、酪氨酸与嗜睡症和多巴胺依赖的抑郁症

在法国进行的研究表明，患有嗜睡症患者（Dopamine-dependent Depression，DDD），其症状是无法控制的睡眠或突发的、没有时间间隔的睡眠，在帕金森病或抑郁症的某些患者中，血液中都存在着类似的氨基酸异常和多巴胺不足。这些研究结果表明，对于那些依赖多巴胺的抑郁症患者和嗜睡症患者中，酪氨酸的存在是很有意义的。研究者对嗜睡症患者在快速眼动（Rapid Eye

Movement，REM）睡眠障碍的描述（注6）：他们多是漠不关心、缺乏情感、精神上痛苦或自责等。这些患者经过服用吡贝地尔（Piribedil）药物，经过几个月的疗程，异常睡眠和抑郁状态迅速减退。

然后研究人员尝试给患者口服酪氨酸。他们推测嗜睡症患者是由于损失或减少了一些能释放多巴胺的神经元，而存活的神经元会异常活跃，因此转换酪氨酸和多巴胺的酪氨酸羟化酶就不会饱和。因此采用一天两次补充酪氨酸，每次为3.2g，一次在早晨，另一次或是在中午，或是在晚上。在纠正睡眠的过程中，需要观察脑电图是否存在异常的睡眠状态，这样的治疗可以达到长期缓解嗜睡和抑郁症，改善睡眠的目的。

研究人员发现嗜睡症患者都具有相同的多导睡眠脑电图。发作性嗜睡症患者，其中大多数有沮丧的经历，以64~120mg/kg体重补充酪氨酸，这相当于70kg体重的人，每天需要补充4.8~8.4g的酪氨酸。经过六个月的治疗后，所有患者的抑郁症得到了控制，睡眠均无猝倒（突然失去肌肉张力）、睡眠瘫痪、催眠幻觉和失眠。

在一项涉及非抑郁性嗜睡症患者的随访试验中，也获得了类似的阳性结果。研究人员评论说，反应最快的症状（几天内）是猝倒。他们补充说，某种程度的日间嗜睡可能会持续数月，尤其是那些服用了抗抑郁药、安非他命或抗精神病药的患者。

在我们的经验中，有发作性嗜睡症的患者在某种程度上可以受益于补充酪氨酸。对轻度嗜睡症，单独补充酪氨酸可达到50%~75%的治愈效果。严重的发作性嗜睡症的患者，单独补充酪氨酸可达到10%~25%的改善；一般来

注6：快速眼动睡眠：人的睡眠可分为快速眼动（REM）睡眠和非快速眼动（NREM）睡眠两大部分。快速眼动睡眠又称为快波睡眠或同步睡眠，快速眼动睡眠与非快速眼动睡眠相比，存在本质上的差异，尤其在脑活动方面极不相同。位于大脑根部的脑桥网状结构，在快速眼动睡眠中起到积极作用，向脊柱神经发出信号，使身体固定不动，并使眼球产生快速运动，快速眼动睡眠可直接转化为觉醒状态（指大脑皮层和整个机体所处的最清醒的意识状态），但觉醒状态却不能直接进入快速眼动睡眠。快速眼动睡眠的主要特点：①由于眼外肌的阵发性抽搐导致眼球快速地水平方向运动。在闭合的眼睑中可以看到眼球左右的移动。但人已进入熟睡中。②全身肌肉放松，尤其是维持姿态的肌群张力减退。③脑血流及代谢增加，引起心率加快，呼吸快而不规则，血压稍上升，体温升高。④脑电波状况与清醒时相似，呈低电压快波。⑤80%从快速眼动睡眠中醒来的人会认为自己在做梦。因为清晰的梦境在这时会出现。快速眼动睡眠是一种生物学需要。长期阻断人的快速眼动睡眠，会引起类似精神病患者那样的严重认知障碍。一般阻断快速眼动睡眠后，人体会有一种补偿机制，会自动延长快速眼动睡眠时间，以补充不足。快速眼动睡眠有时会突然中断，往往是某些疾病发作的信号，例如心绞痛、哮喘等。

说，这些人还是需要伴随着安非他命药物的治疗。

在我们的诊所，我们一次治疗严重发作性嗜睡症的患者（可以持续睡10~16h），我们采用每日补充"大脑能量胶囊"之后，产生了惊人的效果，过度睡眠减少了50%。然后我们又添加安非他酮，情况进一步好转。经过几年的持续治疗，这个病人现在一天睡眠在7~8h，并保持良好的精力和能量。

十六、酪氨酸是新生儿生长发育的营养源

酪氨酸被认为是新生儿必不可少的氨基酸（特别是新生儿不到一个月时）。它也是全肠外营养的一个组成部分。早产儿在生命的最初几周，由于他们不成熟和脆弱的肠道不能消化食物，为了避免和减少坏死性小肠结肠炎而导致肠损伤，应给早产儿补充全肠外营养。

十七、酪氨酸可以减轻精神药物的副作用

酪氨酸可以对精神病患者对药物产生的副作用具有解毒的功能，有些患者需要抗精神病药物抑制幻觉，但是在停药以后抑郁和幻觉更加恶化。在这些实例中发现酪氨酸可以帮助患者减轻氟哌啶醇（Haloperidol）和相关药物的副作用。

十八、酪氨酸可以预防和缓解帕金森病（Parkinson's disease）

帕金森病的特征是运动减少、僵硬、姿势反射障碍和震颤。它主要是由于大脑基底神经节纹状体区域（注7）多巴胺缺乏引起的。帕金森病的主要治疗药物左旋多巴是由酪氨酸制成的。补充酪氨酸可作为该疾病早期阶段的辅助治疗。

单纯使用补充酪氨酸治疗晚期帕金森病的效果欠佳。如果将酪氨酸与左旋多巴/卡比多帕（Sinemet，治疗帕金森病的药物）相结合，可以防止身体中L-多巴的分解，从而使更多的L-多巴进入大脑。典型的病例是一例70岁的老人，他在两个月内服用了酪氨酸和左旋多巴/卡比多帕，全身震颤消失。令人高兴的是，他能够在其专业要求的精细工程活动中恢复灵巧的工作状态。

注7：大脑基底神经节（Basal Ganglia）：存在于由大脑深层至脑干的灰质团块，由尾状核（Nucleus Caudatus）、核壳（Putamen）、苍白球（Globus Pallidus）、丘脑下核（Nucleus Subtha-micus）及黑质（Substantia Nigra）构成，也有把屏状核（Claustrum）加到这里的。这些核互相连成一个大的功能系统。

十九、酪氨酸在血液中的水平和临床综合征

血液中酪氨酸水平升高，常发生在服用镇静安眠药物水合三氯乙醛后；新生儿在生命的第一天酪氨酸的水平会升高；一些肝脏疾病患者，如肝炎和门腔静脉分流显示异常时，血液中的酪氨酸水平可能会增加 10 倍之多；甲状腺亢进患者服用高酪氨酸，会出现酪氨酸水平升高；患有慢性精神分裂症、偏头痛、高血压或抑郁症患者因服用色氨酸，也会出现血液中酪氨酸水平升高的症状。

酪氨酸水平的下降常发生在恶性营养不良，如夸希奥科病（Kwashiorkor）为所摄入的蛋白质热量、营养严重不足所致；血液中酪氨酸低也发生在患有慢性肾脏病的患者中；血液中酪氨酸偏低也常见于抑郁症和/或性功能障碍的患者，据我们的经验每天补充 2g 酪氨酸，可以提高血液中酪氨酸水平达到正常水平的两倍，这似乎与减轻抑郁症的做法相似。此外，长期补充酪氨酸前体——苯丙氨酸，也可以提高血液中的酪氨酸水平。

在我们已经治疗的 17 例低酪氨酸患者中，有 9 例患有抑郁症、2 例是长期住在精神病院的精神病患者、2 例患有严重的肾脏疾病、1 例是高血压、1 例有性功能障碍的患者、1 例患有细菌感染的毛囊炎和 1 名其他方面健康的患者。这些血液中酪氨酸低水平的患者，都采用了补充酪氨酸的治疗。同时，观察血液中的氨基酸的变化，再进行多种氨基酸的补充。

另外，美国韦恩州立大学的研究人员发现脑脊液中的酪氨酸含量低与各种成人的双相情感障碍和单相抑郁症有关（注 8），虽然在急性患者的治疗中，高剂量的酪氨酸不能很好地被吸收，但对慢性患者的治疗，有可能会导致血液中酪氨酸水平比正常值高出两到三倍。

注 8：单相抑郁症和双相情感障碍：如果一个人有严重的抑郁倾向，那他不是患有单相抑郁症就是患有双相情感障碍。两者的区别在于是否包含了躁狂症在里面。

躁狂症看起来是和抑郁症完全相反的心境。它的症状是异常亢奋、狂妄自大，不停地说话做事，夜不能眠，自尊心夸大。双相情感障碍通常含有躁狂症在里面。双相情感障碍比单相抑郁症更具有遗传性。双相情感障碍又称躁郁症，是身体失调的表现，需要应用药物治疗。双相情感障碍只进行心理分析，不加上药物或其他的辅助治疗是治不好的。

单相抑郁症比双相情感障碍更加普遍，它的患病人数是双相情感障碍的 10~20 倍。单相抑郁症是我们所熟知的一种疾病。滋养它的温床是那些不可避免的伤痛和失意。工作没了、股票跌了、爱人跑了、亲人死了，我们渐渐变老后，随之而来的结果是显而易见的，因此变得悲伤绝望。整天什么也不愿意干，闭门不出，以前那些有趣的事情变得索然无味。

平均而言，每天补充 2~3g 的酪氨酸会逐步提高大多数患者血液中的酪氨酸水平，在抑郁症患者中，提高血液中酪氨酸水平更为常见。

咖啡因可以降低血液中酪氨酸的水平。偏头痛和头疼的患者血液中往往具有较高的酪氨酸水平，可以采用补充色氨酸的治疗方法，效果会更好。

二十、酪氨酸与精神分裂症

长期以来人们一直推测，酪氨酸代谢产物——多巴胺会促使某些类型精神分裂症的发作，氟哌啶醇（Haloperido）和其他有效的抗精神病药物可以抑制酪氨酸羟化酶，减缓或是阻止了转化多巴胺的机制。

在治疗精神分裂症中经常使用的药物，如利培酮（Risperdal）、氯氮平（Clozaril）、氟哌啶醇（Haloperido）和氟奋乃静（Prolixin）往往会有导致疲劳和昏睡的副作用，在通常情况下，试图对抗这种低迷会使用一些咖啡因和尼古丁。但是我们发现，如果每天补充酪氨酸 1~3g，有助于消除抗精神分裂症药物的副作用。

二十一、酪氨酸与性欲

中药催春剂——壮阳碱（Yohimbine）通过延长酪氨酸转化多巴胺的时间而起到壮阳作用。大剂量补充 4g 或更多的酪氨酸，使大脑中的多巴胺增加，可以刺激性欲的驱动力，但是应该注意血压会升高。

一位 35 岁的患者来到我们的诊所，他经历了 7 年的性冷淡，逐渐发展到阳痿。当时，我们发现他情绪相当激烈、很紧张，但是能表达各种情感。他的血压有点偏低，血液中酪氨酸水平明显异常，是正常值的 50%。我们一开始给他在每天早上和晚上补充 1g 酪氨酸，一个月后增加到每天早上和晚上补充 2g 酪氨酸，渐渐他的性冲动恢复了。

二十二、酪氨酸缓解压力，释放紧张的情绪

麻省理工学院的科学家们报道，大鼠在接受酪氨酸丰富的饮食以后，在应激诱导下，没有导致去甲肾上腺素的缺乏，也没有行为性的抑郁。

酪氨酸具有帮助身体应对生理上的压力和存储身体的肾上腺素的作用，可以成为"缓解压力"的氨基酸。在压力和疲劳情况下，身体需要酪氨酸转化为多巴胺、去甲肾上腺素、肾上腺素和色胺。

根据麻省理工学院 Agharanya 的研究结果，压力和紧张会增加酪氨酸的利用，往往会导致大脑中酪氨酸的缺乏，这也就是补充酪氨酸的重要意义。

近年来，美国军方对酪氨酸在缓解持续性压力和疲劳的潜在能力感兴趣。最近，酪氨酸族的兴奋剂——莫达非尼（Provigil），用于供给参加阿富汗战役打击恐怖主义的战士作战中。在过去，冲突、紧张和疲劳的积累，往往造成人员、弹药严重的损失。由于疲劳作战或战斗的压力，使指战员和战士变得非常紧张、孤僻和茫然，或是害怕、激动、大声吼叫。

据预测，今后由于强化武器的杀伤力和战场的复杂性。给战斗员补充酪氨酸可能是提高战斗力最实用的方法。酪氨酸可以作为更强大的兴奋剂，代替安非他命等，无副作用，其有效性更高，并且酪氨酸将会增加人体的"自然能力"，即使在长时间压力下，心理和生理仍然保持高度稳定的性能。

动物和人类的试验证明，在压力的诱导下，对大鼠进行限制睡眠或限制行动，或是给以冷冻等，发现大鼠大脑中的去甲肾上腺素和多巴胺的水平存储耗尽。

应激诱导的消耗，与去甲肾上腺素的性能降低密切相关。我们也知道人类限制睡眠会导致情绪和机能下降。在实验室中，酪氨酸补充已被证明，可以减轻去甲肾上腺素和多巴胺的消耗。

最后，对照研究，对军事人员补充酪氨酸100mg/kg体重，进行双盲交叉试验。补充酪氨酸的人员，血液中的酪氨酸水平显著增加，有更高的认知表现和情绪。总体而言，血液中的酪氨酸水平在情绪、行为和压力的应对中都会有所下降。

二十三、酪氨酸帮助摆脱成瘾

许多的研究机构在使用酪氨酸和其他氨基酸减少可卡因和酒精欲望的研究报告中（已经由美国得克萨斯州大学圣安东尼奥分校药理学系与合著者布鲁姆共同发表）表明，含有酪氨酸或含有酪氨酸、苯丙氨酸等其他氨基酸的复合补充剂与药物配合，模拟鸦片的作用，能有效帮助许多沉迷于酒精和可卡因的瘾君子摆脱成瘾。随后许多主要的医疗中心都采用了这些补充剂对药物滥用者进行治疗。

在我们的诊所，也发现含氨基酸的补充剂在对酒精和可卡因依赖者的早期干预和预防或延缓复发方面是非常有用的。美国明尼苏达大学精神病学系的哈利克斯（Halikas）教授，报道了长期补充使用氨基酸，有预防成瘾复发的效果。

一个惊人的例子，有一位酒鬼，他没有意愿去寻求医疗或是其他手段，戒掉他有20年的酗酒习惯，他说过去的生活从来没有感觉好过。我们给他服用了"大脑能量胶囊"以及溴麦角环肽（Parlodel）药物，削弱他对酒精的渴望。

补充酪氨酸在高危人群中的应用更有价值。如果一个不满16岁的男孩，在酒鬼父亲的影响下，这个男孩会非常疲惫、辍学，一定会产生反社会行为，并有注意力缺陷的问题。他显然是朝着药物成瘾的方向发展，但是我们的"大脑能量胶囊"，能改善他消极和疲劳的精神状态，而且阻止他向着接触成瘾物方向发展。

许多瘾君子复发仍然是一个普遍的问题，这与大脑化学物质失衡和社会心理因素有关。在这种情况下，往往需要更换其他药物或是需要永久性依靠药物治疗。

作为多巴胺和去甲肾上腺素的前体，酪氨酸可以提供抗渴求的效果和应激的影响，它可以防止药物滥用。治疗和戒掉成瘾，补充酪氨酸的同时，常常也需要与哌醋甲酯（Methylphidate）或是哌醋甲酯替代药物配合。

无论酪氨酸单独使用，或配合药物治疗，酪氨酸似乎是一个非常重要的治疗成瘾的增效剂。

酪氨酸与戒烟

一位50岁的女性患有抑郁症和10年的烟瘾，但是戒烟失败。一天她嚼着尼古丁口香糖来到我们的诊所，我们给她每天早晨和傍晚各补充1g的酪氨酸，改变了她的习惯，她很惊讶。

可乐定（Catapres）也被报道是有效的戒烟药物，这种药物与酪氨酸的机理一样，都是通过影响儿茶酚胺代谢起到戒瘾效果。

二十四、酪氨酸的使用剂量

麻省理工学院（MIT）的Agharanya教授和他的同事们是第一个研究酪氨酸使用剂量的。他们在试验中发现，即使大剂量，约7g的酪氨酸使用剂量，只有约1%的酪氨酸没有被代谢，尿液中的酪氨酸增长了138%，其他氨基酸没有显著改变，血液中的组胺、铜、锌、铁和胆固醇也没有受到影响。此外，他们还表明，补充酪氨酸可以用于治疗缺乏儿茶酚胺（包括多巴胺、肾上腺素、去甲肾上腺素）引起的各种疾病。

二十五、酪氨酸的补充

酪氨酸容易穿过血脑屏障被大脑吸收。有证据表明，补充酪氨酸和富含蛋白质的食物对机体的健康是最有效的。口服 100mg 的酪氨酸时，受试者同时补充富含蛋白质的食品，大脑中的酪氨酸比率从 0.10 上升到 0.35，同时血液中酪氨酸水平也有所增加，单独补充更高剂量的酪氨酸也会达到同样的目的。

当补充酪氨酸时需要注意，因为进入大脑的酪氨酸数量与其他中性氨基酸（缬氨酸、异亮氨酸、色氨酸、亮氨酸、甲硫氨酸和苯丙氨酸）的总和成正比，这些中性氨基酸会干扰酪氨酸进入大脑。由于许多其他氨基酸的干扰，影响了酪氨酸的吸收和利用。所以，必须增加酪氨酸的数量和比例，当酪氨酸量低时，进入大脑的酪氨酸也会减少，因此，在补充 L-酪氨酸时应该与高碳水化合物一起食用，这样它就避免了与其他富含氨基酸的食品相竞争吸收了。

不能吸收酪氨酸者，可以使用 N-乙酰酪氨酸。它是改性的酪氨酸，溶解度比酪氨酸高，可能会更好地被吸收。

二十六、酪氨酸的缺乏症状

酪氨酸缺乏的标志和症状包括冷漠、血糖失衡、抑郁症、水肿、脂肪损失、乏力、肝功能损害、情绪障碍、肌肉流失以及儿童生长缓慢。

二十七、补充酪氨酸的剂量

任何形式的酪氨酸 500mg 的胶囊或片剂。

二十八、酪氨酸在治疗中的使用量

补充酪氨酸的正常范围是每日 7~30g，根据症状而定。

二十九、酪氨酸的最高使用安全极限

没有建立。

三十、副作用和禁忌证

酪氨酸与单胺氧化酶抑制剂（MAO）结合使用时，有时会出现高血压的危险。毒性副作用在酪氨酸治疗中很少或几乎不存在，L 型酪氨酸是公认的一种安全的物质，而 D 型酪氨酸可能会毒害和抑制生长，在动物实验中，发现 D 型酪氨酸会抑制生长和体重的增加。

三十一、对酪氨酸的总结

酪氨酸是一种重要的氨基酸，一旦进入大脑，它就很容易透过血脑屏障，它是神经递质多巴胺、去甲肾上腺素和肾上腺素的前体，这些神经递质是人体交感神经系统的重要组成部分。酪氨酸在身体和大脑中的浓度直接依赖于从饮食中摄取的酪氨酸的量。

酪氨酸在体内的浓度并不高，这可能是因为它的代谢速度很快。叶酸、铜和维生素 C 是代谢反应的辅助营养素。酪氨酸也是激素、甲状腺素、儿茶酚雌激素和人类主要色素——黑色素的前体。酪氨酸是一种重要的氨基酸，它存在于许多蛋白质和多肽中，甚至体内天然的止痛药脑啡肽中。支链氨基酸，可能还有色氨酸和苯丙氨酸会减少酪氨酸的吸收。

压力下需要更多的酪氨酸补充剂，以预防应激情况下去甲肾上腺素的损耗。酪氨酸可以治疗抑郁症，但是应该注意许多的抗精神病药物会抑制酪氨酸的代谢功能。

酪氨酸代谢产物——左旋多巴，可以直接用于治疗帕金森病。补充酪氨酸可作为帕金森病的辅助治疗。左旋多巴需要大剂量的酪氨酸代谢。帕金森病补充酪氨酸，再结合药物心宁美（Sinemet）治疗，其有效性增加。

壮阳药物——育亨宾，延长了酪氨酸转化为多巴胺的过程，补充大剂量的酪氨酸可以刺激性欲，但是会提高血压和儿茶酚胺水平。

酪氨酸和安非他命一样，在大剂量补充情况下，会降低食欲，但在低剂量时会刺激食欲。酪氨酸在药物成瘾的治疗中，可以取代可待因、安非他命、美沙酮对海洛因成瘾者的戒毒作用。

哈佛医学院的医生们使用 1~6g 的酪氨酸，起到抗抑郁症的有效治疗。酪氨酸在抗抑郁症使用中是安全的。补充 1000~2000mg 低剂量的酪氨酸已被有效地用于临床上。对酪氨酸加上其前体苯丙氨酸，成人每日最低的要求是 16mg/kg 体重，每次大约补充 1000mg，每天至少 6 次，总量为 6g，这是最低的需求。

酪氨酸可以作为一个安全的和持久的治疗药物，在各种临床情况下应用，如抑郁症、高血压、帕金森症、低性欲、食欲抑制和药物滥用。酪氨酸与支链氨基酸一样，可以对抗各种各样的压力，因为它是肾上腺素的前体，可以在压力和紧张的情况下起到有效的作用。

第四章 色氨酸：睡眠促进剂

色氨酸（L-tryptophan）是一种主要在中枢神经系统中的必需氨基酸。它转化成血清素；是必要的神经递质；将神经脉冲波从一个细胞传递到另一个细胞，是直接关系到生命健康的物质。因此，色氨酸对睡眠模式、饥饿模式、抑郁和焦虑、攻击行为、性行为、疼痛和温度的感觉、食欲具有控制能力。烟酸（维生素 B_3）、5-羟色氨酸（5-HTP）和褪黑素是色氨酸重要的代谢产物。

1989 年，由于美国有一批污染的色氨酸造成人员死亡，色氨酸被禁用（请参阅下面的"关于对色氨酸安全性的争议"）。1996 年，色氨酸再次被启用，但是只限于处方药。在被禁用的 6 年中，医生开始使用抗抑郁药——帕罗西汀（Paxil）和氟西汀（Prozac）等。然而，色氨酸在抗抑郁治疗中没有上述这些药物的副作用，因为它是一种天然物质，没有改变或破坏身体中正常生理机能。

一、关于对色氨酸安全性的争议

1989 年，色氨酸被牵扯到暴发的致命"嗜酸性粒细胞增多肌痛综合征"（Eosinophilia Myalgia Syndrome，EMS）中，这是一种罕见的自身免疫性疾病，严重的肌肉疼痛、痉挛和无力、胳膊和腿部水肿及麻木、发热、皮疹，在严重的情况下死亡。证据线索直指日本制造商，在开发一种新的色氨酸处理工艺中，使色氨酸受到污染所致。

1989 年之前色氨酸已安全使用多年，全球的消费者、医生和医学文献中，都没有因为色氨酸而导致发生过嗜酸性粒细胞增多肌痛综合征的记录。本书以充分的研究论证，表明使用色氨酸是安全和有效的。

此后，许多 EMS 患者自 1989 开始对日本制造商提出诉讼。他们中间有人试图通过投诉，甚至在症状消失后，仍以疾病和疼痛为由要求索赔。遗憾的是当时没有对大多数 EMS 病例进行研究和仔细的筛选。在日常的生活中引起肌肉疼痛的疾病也是很常见的，此外还有些人可能已经存在着色氨酸代谢异常的情况。

最近的研究已经发现了一些有缺陷的色氨酸代谢和与色氨酸的血液水平

升高相关的疾病，其中有近视、言语障碍、过敏、肌肉骨骼异常和遗传的色氨酸异常或固有的高血糖水平。更多的证据表明，色氨酸可能不是嗜酸性粒细胞增多肌痛综合征（EMS）的病因。

异常的脑脊髓液、5-羟吲哚乙酸和血清铁水平可能在一些 EMS 患者中发生，然而，没有专门的血液炎症，如血沉和 C 反应蛋白标记（注 1），并且 EMS 并不是很容易被诊断。辅助性 T 细胞和抑制性 T 细胞的比率检测（注 2），是免疫反应的一个指标，也是诊断的一部分。

禁止使用色氨酸之后，FDA 食品安全和应用营养中心，更加着重对补充氨基酸安全性的研究。健康检测中心，包括这本书为 FDA 的研究人员提供了丰富的文档和报告，这份报告的结论是色氨酸和其他氨基酸的使用在临床上是安全的（详见 FDA 报告的副本，副本出自坐落在 9650 Rockville Pike, Bethesda, MD 20814-3998 的美国实验生物学学会联合会、生命科学研究办公室，请参阅 FDA 合同编号 NO. 223-882124，任务订单编号 NO. 8）。最近的数据更加明确，氨基酸在临床应用中是安全的，色氨酸也是安全的。

随后大批媒体对 1989 年 EMS 爆发和 FDA 色氨酸销售的法规进行跟踪，记者和评论员未能再指出色氨酸的不安全记录。《纽约时报》上的一篇文章说，这一 EMS 事件，表明服用膳食补充剂导致 EMS 是"偶然发生的"。然而，膳食补充剂的偶然性是微不足道的。这"偶然性"在我们看来，是媒体对有关氨基酸营养补充态度的改变，也通常代表着主流医学的色彩，这也许将会积极研究出大量的氨基酸营养补充剂，用于营养和疾病的康复中。

研究人员和临床医生都在制剂中不加色氨酸，则一些人感受到的疼痛和失眠就会加重。同时也发现没有色氨酸也会发生肌肉疼痛或肌肉麻木等症状。

截至 1996 年底，色氨酸可以按照医生以及患者的需求，在明确的剂量范围内，使患者的身体达到最佳的健康效果。由于色氨酸是一种非专利的天然

注 1：C-反应蛋白（C-neactveprotein, CRP）：1930 年发现，是一种能与肺炎球菌 C 多糖体反应形成复合物的急性时相反应蛋白。CRP 可用于细菌和病毒感染的鉴别诊断：一旦发生炎症，CRP 水平即升高，而病毒性感染 CRP 大都正常。脓毒血症 CRP 迅速升高，而依赖血液培养则至少需要 48h，且其阳性率不高。又如 CRP 能快速有效地检测细菌性脑膜炎，其阳性率达 99%。

注 2：T 细胞是一种淋巴细胞，T 细胞在人体内发挥着免疫的作用。T 细胞按照功能的不同分为细胞毒性 T 细胞和辅助性 T 细胞，细胞毒性 T 细胞能够杀死靶细胞，比如病毒感染的细胞或者肿瘤细胞，辅助性 T 细胞能够分泌细胞因子，反馈调节各种免疫细胞的功能。人体的淋巴细胞分为 B 细胞和 T 细胞，B 细胞发挥的是体液免疫的作用，分泌抗体对抗细菌或者病毒，T 细胞执行的是细胞免疫的功能，就是分化为效应细胞执行免疫功能。

物质，它不会被任何一家医药公司或药房声称是专利的配方。

二、色氨酸的功能和作用

1971 年使用色氨酸疗法治疗精神疾病的研究是最热门的课题，研究最多的是营养与精神病的关系。麻省理工学院伍德曼（Wurtman）教授发现，大脑神经递质 5-羟色胺的浓度取决于从饮食中摄入的色氨酸数量。

伍德曼（Wurtman）进一步研究显示，大脑中血清素的浓度，与大脑和血液中的色氨酸浓度成正比。饮食摄入色氨酸的数量直接影响血液和大脑及全身的血清素。这是第一个被公认，证明由单一氨基酸对脑神经递质的直接控制。

这可能与色氨酸代谢的 5-羟色胺有关，使其能有效控制睡眠和帮助肥胖患者抑制碳水化合物的渴望，减少体内的脂肪，达到减肥的目的。

三、色氨酸的代谢

色氨酸的代谢是复杂的，有许多代谢途径。参与代谢的主要酶是色氨酸羟化酶，这种酶启动转换所有的芳香族氨基酸神经递质。它需要足够的生物蝶呤、吡哆醇（维生素 B_6）和镁来执行代谢功能。吡哆醇参与色氨酸转化为 5-羟色胺和其他色氨酸代谢产物的代谢。充分利用色氨酸特别依赖于可用的吡哆醇的数量。

正常的色氨酸代谢也需要烟酸、谷氨酰胺和辅助因子——烟酰胺腺嘌呤二核苷酸（NAD）。在这种情况下，烟酸和色氨酸之间的关系是很特殊的，通常烟酸是可以从饮食中的色氨酸合成，而这时色氨酸又是维生素和烟酸的代谢产物。

另外两个重要的色氨酸代谢产物是 5-羟色氨酸（5-HTP）和褪黑素（在本章后面详述）。有趣的是，当 5-HTP 和褪黑素突升后，5-HTP 会"命令"色氨酸，去制造具有抗衰老能力和促进睡眠的血清素和褪黑素。

另一个来自色氨酸的代谢产物是吡啶甲酸。吡啶甲酸是很重要的，因为它可以增加锌的吸收。根据美国农业部 G. W. 埃文斯（Evans）的研究发现，动物不能缺乏锌和维生素 B_6。患有 Pyroluria 症状（注 3）的人，体内缺乏锌和维生素 B_6，通常会焦虑和恐惧，甚至会导致严重的内心紧张，而这些人就需要大量补充色氨酸、锌和维生素 B_6 的营养组合。

先天性色氨酸代谢障碍可以产生精神症状，如幻觉、抑郁、焦虑、神志昏迷、极度兴奋、痴呆或歇斯底里；类癌综合征是一种疾病，其中小肠类癌

注 3：Pyroluria 症状，由于吡咯障碍，造成的一种化学失衡，涉及血红蛋白合成异常。

会增加色氨酸代谢物血清素的含量；Hartnup 病（注 4）对色氨酸，甚至其他的氨基酸都无法正常吸收；缺乏色氨酸的摄入会导致类似糙皮病、皮炎的症状，腹泻、痴呆；任何良性肿瘤都可能干扰色氨酸的代谢；血液中色氨酸代谢过剩的一些障碍，可能会导致精神发育迟滞。

四、机体对色氨酸的需求

尚没有建立色氨酸日摄入量的标准，但是成年人每天摄入 3g 色氨酸就可以满足机体健康的需求。因为色氨酸是人体必需氨基酸，体内不能合成，只能从食物中摄取。然而，色氨酸的要求似乎随着年龄的增长而减少。4~6 个月的婴儿每天需要 21g 色氨酸，而 4~12 岁的儿童每天需要 4g 色氨酸，而成人每天仅仅需要 3g 的色氨酸。

五、食物中的色氨酸

色氨酸是食物中存在比较丰富的必需氨基酸，在火腿、肉类、咸凤尾鱼、帕尔玛干酪、瑞士干酪、鸡蛋、杏仁中色氨酸相对比较丰富，见下表。

补充左旋色氨酸 1~2g，可以显著增加血液中色氨酸的水平。相比之下，其他氨基酸，如谷氨酰胺、谷氨酸和天冬氨酸必须补充 5~10g 大剂量才能影响血液中的水平。

表	色氨酸在食物中的含量	
食物	数量	含量/g
牛油果	1 个	0.40
奶酪	1oz	0.09
鸡肉	1lb	0.28
巧克力	1 杯	0.11
白软奶酪	1 杯	0.40

注 4：Hartnup 病是一种遗传性氨基酸代谢病，又称遗传性烟酸缺乏症，或色氨酸加氧酶缺乏症。最早在 1956 年由 Baron 等报道发现于一个 Hartnup 姓的家族中。本病是由于肠黏膜和肾小管上皮细胞转运中性氨基酸障碍，临床表现为糙皮病样皮疹、神经系统损害和氨基酸尿。该疾病发病率报道不一，美国麻省的调查发病率为 1：15000，澳大利亚威尔士州为 1：33000，而在英国威尔士地区的调查中 4 年中未发现一例（<1：112000），我国尚无正式报道。

续表

食物	数量	含量/g
鸭肉	1lb	0.40
蛋	1个	0.10
麦片	1杯	0.20
午餐肉	1lb	0.50
燕麦粥	1杯	0.20
猪肉	1lb	1.00
乳清干酪	1杯	—
香肠	1lb	0.30
火鸡肉	1lb	0.37
麦芽	1杯	0.40
全脂奶	1杯	0.11
酸奶酪	1杯	0.05

六、色氨酸的毒副作用

色氨酸衍生物，存在于烧烤和烧焦的食物中，是致癌物质。异常的色氨酸代谢产物会导致乳腺癌和膀胱癌等。

七、色氨酸的形式和吸收利用

L-色氨酸是理想的有利于健康的形式。色氨酸的代谢物中仅有烟酸具有一定副作用。D 型色氨酸不能被人类和动物代谢，摄取的 D 型色氨酸基本保持不变地被排出。

色氨酸在血液、大脑和全身的微小血管中以"不受拘束的"形式传输，这在氨基酸输送中是独一无二的。它在血液中与白蛋白（一种水溶性蛋白质，是血液中的主要蛋白质）结合，其他氨基酸是不能被白蛋白携带的。

酪氨酸、苯丙氨酸、缬氨酸、亮氨酸和异亮氨酸，与色氨酸互相竞争从血液透过血脑屏障进入大脑。所以大脑中色氨酸的可用性取决于这种竞争的吸收机制。血液中色氨酸水平变化，直接影响着大脑中的色氨酸和血清素浓度的变化。

在我们诊所，采用脑电图（见下框中的"P300 脑电波图谱仪"），我们相信通过脑电波——α、β、θ、δ（注5），可以通过频谱分析确定5-羟色胺代谢。当所有4个脑电波是平衡的，认为血液中的色氨酸或是5-羟色胺代谢也是平衡的。

P300 脑电波图谱仪

每当发生严重的生化紊乱和大脑化学物质不平衡时，大脑中的氨基酸可以帮助进行恢复。我们对患者大脑中的氨基酸进行了工作测试，这个测试方法称为脑电波图谱（Brain Electrical Activity Mapping，BEAM）。这种技术对评估精神疾病和退化性衰老的大脑是一个巨大的福音，并在应用营养补充的治疗中取得了令人兴奋的效果。BEAM是应用脑电波图仪P300进行的，以一种温和的、低电压刺激，对响应和听觉诱发反应，提供了可靠的α、β、θ、δ波频谱分析。这种技术称为颅电刺激（Cranial Electrical Stimulation，CES），它的评估可以告诉我们大脑电生理功能轻微或是严重的失衡。

P300是了解大脑退化过程特别突出的标志，它指的是在300ms内发生的脑波，这是脑电波图谱（BEAM）在测试期间生成的。异常低的脑电波，与注意力缺陷、精神分裂症、对毒品的渴求、滥用酒精或可卡因造成的生化紊乱有关，当产生低脑电波时，具有发生阿尔茨海默病、抑郁症、焦虑症和癌症的危险。脑电波也会随着年龄的增长而降低。

颅电刺激（CES）（温和的低压刺激）：提高P300电压和雄激素（如DHEA）和左旋多巴/卡比多巴（Sinemet）类多巴胺化合物作用一样，功能类似多巴胺。

在一般情况下，补充氨基酸营养剂对脑电波有很大的影响，尤其是酪氨酸、苯丙氨酸以及N-乙酰半胱氨酸对脑电波的影响最明显。我们认为如果患者脑电波的电位读数低于10以下，应该接受1~6g的酪氨酸补充剂。

注5：脑电波是大脑皮层大量神经元的突触后电位总和的表现。脑电波同步节律的形成与皮层丘脑非特异性投射系统的活动有关。

在脑电图上，大脑可产生4类脑电波。紧张状态下，大脑产生的是β波（beta）；当身体放松，大脑比较活跃，灵感不断的时候，就导出了α波（alpha）；当感到睡意时，脑电波就变成θ（theta）波；进入深睡时，变成δ（delta）波。

但为了利用右脑和潜意识的惊人力量，高效学习需要放松精神和提高注意力。最适于潜意识的脑电波活动是以8~12Hz进行的，也就是α波。

八、色氨酸的临床应用

色氨酸是芳香族氨基酸，它能起着兴奋剂的作用；然而，当它转换为一个"改性抗苯丙胺"（Antiamphetamine，注6），能够起到控制大脑肾上腺素分泌的作用。

九、色氨酸和老龄化

我们的诊所对慢性（长期或复发）和急性（快速或短期的）患者对色氨酸需求进行了比较，发现急性患者比慢性患者有显著的高需求。我们的研究表明，补充色氨酸也会提高血液中的其他氨基酸水平。这一点很重要，因为血液中的氨基酸随着年龄的增长而在逐渐地减少。

十、色氨酸与好斗和攻击性行为

好斗和攻击性行为与生化机制的研究才刚刚开始。但是证据表明，血清素（5-羟色胺）和色氨酸在实验动物和人类中可能会抑制攻击行为。

给大鼠食用含有色氨酸的饮食4~6d，发现减少了其对小鼠的残杀和伤害行为。研究证明，大鼠大脑中色氨酸的代谢产物减少25%~30%，是产生攻击行为的主要原因。

在动物实验中还发现缺乏摄入色氨酸能诱导易怒、搏斗和疼痛的敏感性。同时还发现好斗的儿童，往往是由于血液中的色氨酸水平过低，使得代谢产物5-羟吲哚乙酸处于低水平，这再次表明了血清素代谢功能的紊乱。有攻击行为倾向的智障患者身上会表现出极低的色氨酸含量，在智障儿童中发现血清素代谢障碍。

大部分的智障儿童色氨酸代谢异常，在对其色氨酸的摄入量代谢产物的监测中，发现口服补充30mg的维生素B_6可以纠正该缺陷和减少攻击性行为。

美国北拿索精神卫生中心的医生发现色氨酸可以用于治疗强迫症，并减少他们严重的攻击性行为。

流行病学研究表明，以玉米为主要食物的地区，因为蛋白质营养不良，色氨酸水平低下，因而增加了自杀发生的概率。莫森（Mawson）认为，蛋白质营养不良时会伴随犯罪行为的增加，这也是犯罪率升高的一个内在的原因。

注6：苯丙胺，又名苯异丙胺，俗称安非他命或安非他明，苯丙胺是一种中枢兴奋药及抗抑郁症药。因静脉注射或吸食具有成瘾性，而被大多数国家列为毒品，即使供药用时亦列为管制药品。

许多的数据表明，色氨酸的不正常代谢能引发攻击性行为。我们还发现，临床上低色胺、患妄想狂和好斗的人，在治疗中可以监测评估血液中的色氨酸水平，并可以通过补充色氨酸进行治疗。

十一、色氨酸与酒精中毒

对酗酒者测定血液中氨基酸时发现他们体内缺乏色氨酸。

十二、色氨酸与厌食症

在厌食症患者的血液和血清中常发现色氨酸水平低。目前对这一发现的意义尚不清楚，因为在这种情况下血液中的许多氨基酸往往都是比较低的。我们发现服用多种复合氨基酸治疗厌食症是很必要的。

十三、色氨酸与脑部病变

色氨酸用于治疗许多脑部疾病，包括情感障碍、强迫症、贪食、睡眠障碍、焦虑障碍、周期性情感障碍（Seasonal Affective Disorder，SAD）和注意力缺陷（ADD）、运动功能减退、精神综合病症、苯丙酮尿症（PKU）、阿尔茨海默病、偏头痛、疼痛、厌世自杀倾向、酗酒、吸毒和性功能障碍等，都取得了很好的疗效。

测量色氨酸在血液中的水平，可以提供与身体健康有关的有价值信息。我们可以测量血小板和脑脊液中的神经递质，以及尿液中的色氨酸分解产物水平。激素状态也是提供人体色氨酸水平的线索。例如，雌激素增加多巴胺，黄体酮增加色氨酸。此外，由于颈动脉循环不良导致的低血流量会导致色氨酸缺乏症。患有脑部疾病的人，尤其是老年人，应该进行颈动脉多普勒检查，以确定是否涉及血液循环问题。除此之外，血流量减少还会影响神经递质在血液中的运输，损害大脑和身体的正常交流能力，这些都是确定色氨酸状态的方法。

德尔加多（Delgado）博士和同事们发现，机体内的色氨酸迅速耗尽以致枯竭，会出现短期的抑郁症。这时采取药物治疗，如果药物中不含有色氨酸，给药后有67%的患者会出现5h左右的暂时好转，之后又会复发。受试的患者血液中色氨酸水平低下，这与抑郁症有直接的关系。我们还发现，血液中色氨酸的水平也可以帮助确定抑郁症所属的类别，以方便对症下药治疗。

在抗抑郁药物中色氨酸得到了有效的应用，如氟西汀（Prozac）、舍曲林（Zoloft）和帕罗西汀（Paxil），以上药物是选择性血清素再摄取抑制剂

（SSRIs），这些药物阻止了色氨酸被耗尽。在对抑郁症、焦虑症和强迫症患者的研究中发现，其中许多患者都是耗尽了血液中的血清素。在一些精神病学杂志中都称其为"色氨酸耗竭症"，有些患者甚至是达到了社交恐惧症的地步。

从此，无数的色氨酸和5-羟色胺受体被发现，使药物向针对特效的靶向药物发展。

- 氟苯丙胺（Pondimin）可以影响受体，被受体所接受。
- 帕罗西汀（Paroxetine）针对社交恐惧症的受体。
- 舍曲林（Sertraline）治疗强迫症的受体。
- 氟西汀（Fluoxetine）对抑郁症的受体是最好的。
- 恩丹西酮（Zofran）对恶心反应的受体有影响。
- 其他，如二氢麦角碱甲磺酸盐（Hydergine）可以影响记忆的控制受体和血清素。
- 卡马西平（Tegretol）与情绪的受体有关。

这些含有色氨酸的药物已被使用，从而取代了曲唑酮（Desyrel）和奈法唑酮（Serzone），它们是一类独特的、对睡眠的血清素受体有着影响作用的新药。

许多患者边缘人格异常，包括自恋和具有攻击性冲动障碍。轻度抑郁症和抑郁症患者，可以使用色氨酸或是色氨酸诱导药物和5-羟色胺再吸收抑制剂（SSRIs）。

血液中的色氨酸水平低会影响到人的心境。在这种情况下，大部分的患者会出现依赖他人、有"表演欲"、焦虑或是人格异常，此时使用颅电刺激能增加血液中的色氨酸含量，缓解病情（见下面的"颅电刺激"）。这些患者同时也都是适合使用左旋色氨酸疗法的群体。

色氨酸恢复情绪平衡

一天，有一位31岁的妇女抱着她的两岁大的婴儿走进我的办公室。开始叙述她的病情，她说："我要伤害我的孩子和我自己。"她继续讲述着她的故事，她曾患有数月不受控制的攻击行为病症。我们开始每天给病人服用3g的左旋色氨酸，之后又增加至每日6g（早上和晚上各3g），病人只是感到早上的剂量中有一些可容忍的恶心。她担心自己会伤害孩子，曾把孩子送给别人收养。一个月后，她的异常攻击行为消失了，并申请领回了自己的孩子。

吸毒成瘾的患者致使机体内的色氨酸和其他大脑化学物质耗尽。氯哌三唑酮（曲唑酮，Trazodone）和色氨酸能抑制吸毒者对甲基苯丙胺毒品（脱氧麻黄碱）及其衍生品的渴求。给吸毒者同时服用50mg的曲唑酮与1g的色氨酸，可以对具有攻击性行为的吸毒者有所控制。

越来越多的数据显示色氨酸与自杀行为有密切的关系，我们发现异常的5-羟色胺和色氨酸代谢与冲动的自杀行为有关。

对于这些脑部疾病与色氨酸作用的详细信息，请参阅本章中的具体障碍描述。

注意：色氨酸可增强或减弱单胺氧化酶抑制药物的作用，如苯丙嗪（纳地尔，Nardil）。色氨酸的抗衰老作用可能与单胺氧化酶-B抑制剂如司来吉兰（Selegiline）联合使用时得到增强。这些还需要更多的研究。

颅电刺激的治疗方法

在已经公布的研究报告以及我们的诊所临床中，都发现补充氨基酸结合颅电刺激（CES）的治疗，对吸毒、药物滥用和其他脑部病变性精神障碍患者的疗效是非常显著的。

颅电刺激（CES）这项技术是应用一个温和的、微弱的低电压刺激大脑。改善患者大脑的异常电生理参数，CES装置无论是在医院或是家庭中使用和操作都是很简单的。

CES是患者大脑的神经元有效地利用氨基酸前体物质，促进神经递质和激素的合成，改善患者大脑异常的电生理参数。

许多医学文献报道了颅电刺激疗法，在临床中治疗如抑郁、焦虑、失眠、精神分裂症、学习障碍、多动症、戒断酗酒和滥用药物综合征，甚至是胃酸过多症的效果显著。而且，我们还发现对感到疲劳和压力的患者，补充"大脑能量胶囊"和CES治疗，能对长期焦虑症和抑郁症进行有效的控制。同时，这种方法还可以减少对药物的需求。

CES已被广泛和安全地使用在医学临床中，它用于减缓心情和精神沮丧以及肌肉萎缩。每年都有成千上万的美国人使用颅电刺激的治疗方法，颅电刺激设备成本大约在500美元。

十四、色氨酸与萎靡不振或沮丧

抑郁症一直困扰着人类，以前人们总以为是中了邪灵。精神病学家的研究结果使我们知道了抑郁症是由于"内在的精神压力"引起机体内生化失衡造成的。

抑郁症可以细分为单相抑郁症和双相情感障碍、高组胺抑郁症和低组胺抑郁症，以及由于组胺、5-羟色胺和儿茶酚胺过量或是不足引发的抑郁症。单相抑郁症或是组胺含量高、5-羟色胺过剩，或是儿茶酚胺不足，是一种单纯的情感抑郁或是低精力的抑郁；而双相情感障碍是低组胺或儿茶酚胺过剩，它是一种激动的、焦虑的抑郁症。补充色氨酸可以调节机体内血液的代谢，控制抑郁症状的产生和发展。

三环类抗抑郁药，如咪普拉明（Tofranil）和去甲三嗪（Aventyl，Pamelor），通过抑制各种神经递质吸收，从而延长血清素、多巴胺和其他儿茶酚胺的寿命。三环类抗抑郁药可减少色氨酸代谢产物的分泌。发现使用 6g 的 L-色氨酸与 150~225mg 的丙米嗪，对医治急性抑郁症是有效的。

L-色氨酸（1.5g，一天 2 次），加上烟酰胺（250mg，一天 4 次），或是两周一次的电休克治疗（Electroconvulsive Therapy，ECT，注 7）已经被证明可以有效治疗单相抑郁症。戴里亚（D'Elia）和他的同事们还发现，采用两种方法同时使用会更有效。

福克斯（Farkas）和他的同事们发现 L-色氨酸在治疗双相情感障碍中显得更有效。其他的研究还表明，新的抑郁症患者，可能是双相情感障碍，每天补充使用 3~6g 的色氨酸和 1.5g 的烟酰胺。这是对新抑郁症患者更好的治疗方法。

哥本哈根的雷曼（Lehman）还发现，血液中的色氨酸如下降 0.5mg 或是

注 7：电休克疗法亦称电抽搐治疗，指以一定量电流通过患者头部，导致全身抽搐，而达到治疗疾病的目的，是一种很有效的疗法。做电抽搐治疗时，电量为 80~120V，在此电量下，电流直接通过人的大脑，导致全身抽搐，病人意识丧失，没有痛苦。治疗结束后，少部分患者会出现头痛、恶心及呕吐，轻者不必处理，重者对症治疗即可缓解。还有一小部分患者可出现意识模糊、反应迟钝，这取决于治疗次数的多少和间隔时间的长短，一般 7~10d 内逐渐消失。据资料表明，电抽搐治疗可引起脑电图谱的改变，导致记忆力下降，但这种情况持续时间很短。一般认为，电抽搐治疗后 1 月内可恢复正常。对有严重自杀行为的抑郁性精神病患者，经过药物治疗需 2~3 周才能获得最佳效果，如采用电抽搐治疗在一周内即可生效。国外有研究证明，经电抽搐治疗 100 次以上的病例，并无明显的脑功能影响，现一个疗程有 8~12 次，因此，可以说电抽搐治疗是一项安全有效的治疗方法。

更多，造成色氨酸缺乏就会导致抑郁症状的发作。我们测量了 18 例抑郁症患者血液氨基酸的水平，发现他们与健康的受试者对照比较时，抑郁组的色氨酸水平为（5.3±2.3），而对照组范围为（7.9±1.4），差异显著，而其他氨基酸的变化不显著。当色氨酸出现了极低水平时，苏氨酸、精氨酸和天冬酰胺也会出现一些变化。

对于血液中色氨酸的研究，尤其与其他中性氨基酸的比较，已被证明色氨酸在抑郁症治疗中的作用。我们发现许多患者血液中色氨酸水平低，对这些患者采用早晨和晚上补充小剂量 500mg 的色氨酸，显著地提高了血液中色氨酸的含量，是正常时的两倍以上。大多数人需要补充 3g 的色氨酸，可以获得显著的抗抑郁效果和提高血液中 100% 的色氨酸。在补充色氨酸时还应该注意的是，色氨酸可能在一天中的不同时间内，会有昼夜节律变化。

十五、色氨酸在治疗唐氏综合征（Down's syndrome, DS）方面的应用

唐氏综合征（注 8）患儿，是因为遗传基因异常，导致不同程度的身体和精神残疾。首先给他们连续补充三年的维生素 B_6 和色氨酸的代谢产物——5-羟色氨酸（5-HTP），提高他们社会交往和素养的能力。初步研究发现，使用吡哆醇（维生素 B_6）或是单独补充 5-羟色氨酸，都会提高血清中 5-羟色胺的水平。在唐氏综合征以及其他精神疾病患者的尿液中，发现色氨酸的代谢物很低，给智力障碍患者补充大剂量的维生素 B_6，可以提高色氨酸的代谢，患者会有很好的受益。

十六、色氨酸对癫痫的治疗

治疗癫痫（Epilepsy），通常使用抗癫痫药物——苯妥英（Phenytoin——大伦丁、二苯乙内酰脲），它能降低血液中的色氨酸水平；而使用另外一种癫痫药物——卡马西平（Carbamazepine）能提高血液中的色氨酸水平，由此可见治疗癫痫中，采用补充色氨酸的疗法应该会更有效。

注 8：唐氏综合征就是 21 三体综合征，也称作：先天愚型、伸舌样痴呆等。唐氏综合征是常见的一种染色体病，它是由于细胞内多了一条 21 号染色体所致。不论国家、种族和性别是否相同，患者的面部特点都非常相似，称为"国际脸"，具有特殊的呆傻面容、智力发育不全、生长发育迟缓是唐氏综合征最突出的表现。

十七、色氨酸可以增加运动的耐受性

研究表明，补充色氨酸可以延长运动时间，色氨酸可能有助于肌肉放松。在《国际运动医学杂志》上的一篇文章介绍，色氨酸可以增加对运动疼痛的耐受性，并建议每天在早晨和晚上补充色氨酸600mg，全天为1200mg。

色氨酸对抑郁症的治疗

最近，有一位45岁的男子患有重度慢性抑郁症。他的血液中色氨酸水平是健康者的一半。最初给他补充1g的L-色氨酸，血液中的色氨酸水平只有微弱的改善。之后，我们给他增加补充3g的色氨酸。这样，他每天都能一觉睡到天亮，为他提供了一个非常舒适的睡眠，并逐步解除了他的抑郁症。

十八、色氨酸与女性

女性在下列条件下补充色氨酸是很有效的。

经前期综合征：最近的研究发现，在治疗经前期综合征（Premenstrual syndrome，PMS）时，使用一种治疗抑郁症、强迫症以及神经性贪食症的药物——氟西汀（Fluoxetine，又称为"百忧解"），它可以提高有经前期综合征的女性的精力、工作效率、生活中的互动，更少的抑郁、紧张、烦躁、疼痛、压力、对食物的渴望、情绪波动、焦虑和水肿。以上这些类似于色氨酸的缺乏症。毫无疑问，色氨酸和氟西汀对黄体酮（女性卵巢的激素）都是有益的。剂量为3g的色氨酸有助于提高20mg氟西汀的效果，并且对饮食也有显著的影响。

严后和绝经期抑郁：本德（Bender）医生建议：雌激素使色氨酸转化为烟酸的量增加，而黄体酮和皮质醇（一种类固醇）则使之减少。雌激素水平相对较高的产后妇女，血清中色氨酸水平较低；绝经后服用雌激素的妇女可能因色氨酸水平降低，产生抑郁。

避孕：服用避孕药的健康女性，如果血液中的色氨酸水平有所降低，可以补充维生素 B_6 和色氨酸。在使用避孕药时最少需要补充20mg的维生素 B_6，促进色氨酸代谢的正常。

十九、色氨酸与生长激素和催乳素

通过静脉注射 2g 的色氨酸，可以增加产妇血液中的生长激素和催乳素，这是一种天然的激素，它可以刺激新手妈妈产奶。缺少维生素 B_6 和色氨酸会导致生长激素和催乳素缺乏。补充色氨酸可以有助于治疗生长激素和催乳素的缺乏。然而，我们经过口服补充左旋色氨酸制剂，增加血液中的生长激素，其补充量必须达到 5g 才会有所影响。

二十、色氨酸与心脏病

理奈特（Lehnart）与他同事的研究报告中显示，色氨酸对心脏有重大影响，血液中高水平的色氨酸能降低心脏病发作的风险。

二十一、色氨酸与艾滋病毒（HIV）

在艾滋病患者（又称人类免疫缺陷病毒，Human Immunodeficiency Virus，HIV）中发现其血液中色氨酸、甲硫氨酸、半胱氨酸水平低。HIV 干扰大脑中神经递质的代谢，并破坏了机体的免疫系统。研究发现血液中的高色氨酸水平，可以降低患者免疫系统疾病发生的概率。较低的色氨酸水平会使免疫功能减退。

艾滋病患者的机体内建立起高色氨酸水平，其抗感染和维持机体免疫力的能力增强。相反，他们在使用抗抑郁药后，病情出现再次反弹，色氨酸及其他氨基酸大量消耗，最后造成免疫系统综合征，最终死亡。

二十二、色氨酸与不育症

提高血清素和雌激素的敏感性与不育症、继发性输卵管痉挛、痛经、习惯性流产有关。原则上不孕症患者慎用补充色氨酸。然而，色氨酸已被证明对人类精子的活力有绝对影响。

二十三、色氨酸与失眠

色氨酸能促进睡眠，这是当今在医药界被广泛应用的。1996 年，虽然色氨酸还只是处方药，但是我们认为，色氨酸是最可靠的天然化合物，褪黑素是色氨酸的重要代谢产物，具有催眠的效果（见后面的"重要的代谢产物"）。它促进睡眠的作用最近受到极大的关注。然而，对一些特别的个体，在使用中过量，会产生镇静作用，应该引起注意。

美国波士顿公立医院和塔夫斯大学（Tufts University）的哈特曼（Hartmann）医生发现，人们在入睡开始期间（又称睡眠潜伏期），色氨酸可以明显减少入睡时间。服用 1g 剂量的色氨酸，大约可以减少 50%的睡眠潜伏期（1g 的色氨酸，近似等于在 500g 猪肉中的含量）。睡眠周期（注 9）的脑电图谱中并没有显示出 1~5g 的 L-色氨酸对睡眠的影响，但显著的影响是在补充一个很高剂量（10~15g）的色氨酸时，达到快速化睡眠，增加慢波、快速眼动（REM）睡眠。在波士顿睡眠和梦的实验室的哈特曼（Hartmann）和思品维堡（Spinweber）进一步的研究发现，补充 25g 的色氨酸是失眠患者的有效剂量，轻度失眠患者应该补充 1~2g L-色氨酸，可以达到睡着的目的，因为 1~2g 的色氨酸是提高血液中色氨酸水平的最小量。补充色氨酸的剂量与血液中的色氨酸水平成正比。

哈特曼多项研究数据证明，色氨酸不像安眠药，不会产生扭曲睡眠的生理状态，经过长期补充色氨酸之后，在停止补充后没有副作用，因为它是身体内的自然生物化学物质，而催眠药物则不同，一旦停药将不能忍受失眠的痛苦。

库珀（Cooper）教授的研究证明，色氨酸的镇静作用似乎与时间有关。在晚上其代谢产物（5-HTP）水平在一个峰值，这可能是睡眠的关键决定因素。

克里斯蒂安（Christian）和佩格勒姆（Pegram）的研究发现，色氨酸代谢产物烟酸或烟酰胺的降低，对失眠症患者也是有效的，可以增加快速眼动期睡眠期。在临床上还发现色氨酸和烟酸的代谢中产生维生素 B_6（吡哆醇），也可以增加快速眼动睡眠期。

哈特曼和思品维堡在对外伤性失眠病例的研究中发现他们在快速眼动睡

注 9：睡眠状态指人在睡眠时表现出来的形态，与清醒状态相对。人睡觉有 4 个阶段，分别是：入睡、浅睡、深睡、延续深睡，每一周期的睡眠过程也可由浅至深分为 4 个睡眠阶段。

睡眠问题涉及面广，其中关于睡眠有快波睡眠及慢波睡眠之分。

快波睡眠——与脑的生长发育、人的认知心理活动有关；漫波睡眠——与躯体的生长等有关。两者轮番交替。

所需要的睡眠时间，受各种因素的影响有很大差异，如强体力劳动能增加睡眠量，尤其是慢波睡眠，体力劳动者能享受那种躺倒就睡的乐趣；强脑力劳动则增加快波睡眠，因此，做的梦也多。脑力劳动者若不增加体育锻炼，不但享受不到慢波睡眠给人带来的好处，而且会受到失眠的困感，使睡眠质量越来越差。所以，我们应该通过各方面的调节，来养成良好的睡眠习惯，学会控制睡眠。

眠阶段，给他们补充 3g 5-羟色胺（5-HTP）均能实现正常睡眠。哈特曼指出，增加补充色氨酸的数量，可以延长第四期的睡眠状态——快速眼动睡眠的时间。

色氨酸对睡眠的所有阶段的影响尚不清楚。在睡眠前大约 1h 之前，喜欢吃富含碳水化合物的小吃，会增加入睡的困难。我们对几百例失眠患者，补充色氨酸诱导睡眠，如果补充的量不足，是不能达到目的的，同时也发现，有个别的人可能也需要补充烟酸或烟酰胺，以支持诱导睡眠。

色氨酸可以延长和加深睡眠

一位 70 岁的女性，她饱受严重失眠的痛苦，她曾经服用过巴比妥酸盐（Darvon，达尔丰）、抗组胺药、甲硫哒嗪（Mellaril）和地西泮（Valium，安定），来到我们的诊所寻求帮助。我们给她补充服用 500～1000mg 的色氨酸，没有副作用之后，我们开始给她补充 3g 的色氨酸，并在睡前半小时到一个小时服用。这样使她睡着了大约四个小时，大约在一半的时间里，她血液中的色氨酸水平正常，之后我们又给她增加补充 3g 色氨酸，这 6g 的色氨酸延长了她的睡眠时间。补充色氨酸提高她血液中色氨酸的水平，使她延长了深度睡眠。之后，色氨酸的剂量再逐步减少，最终，消除了过度的睡眠和白天嗜睡的睡眠模式。

二十四、色氨酸与肾衰竭

马林格（Modlinger）等在美国新泽西州东奥兰治医院进行大白鼠的研究中发现，每日给大白鼠补充 2～10mg 的 L-色氨酸可以刺激肾上腺，可产生甾体激素醛固酮（注 10）、肾素和皮质醇，以调节动物体内的水盐代谢和糖代谢。另外，以低剂量 25～100mg/kg 的 L-色氨酸，给部分肾切除的大白鼠进行补充，能降低血压 10～15 个点数，这种降压作用机制，可以防止大白鼠肾功能衰竭。肾脏损伤的尿毒症患者，是由于血液中废物的积累造成的，同时，由于尿毒症患者的吸收差，所以需要补充更多的色氨酸，才能实现治疗的目的。对于高血压和/或尿毒症的患者，补充 L-色氨酸是有益的。

注 10：醛固酮是一种类固醇类激素（属于盐皮质激素族），主要作用于肾脏，进行钠离子及水分的再吸收。整体来说，醛固酮为一种增进肾脏对于离子及水分再吸收作用的一种激素，为肾素-血管紧张素系统的一部分。

有一位 27 岁的青年，他是每天需要吸 5 包香烟的顽固性吸烟者，具有营养不良和高血压，血液中色氨酸处于低水平。我们应用补充色氨酸的疗法，在每天早上和晚上给他补充 1g 的色氨酸，并减少了吸烟量，他的血压也从 140/100mmHg 降到 130/80mmHg。进一步的研究表明，我们使用色氨酸可以作为一个辅助治疗高血压患者的营养补充剂。

二十五、色氨酸与狂躁症

在治疗狂躁症（抑郁症的一种表现形式）时，加拿大麦吉尔大学的 Chouinard 认为 L - 色氨酸和锂一样有效，甚至比抗精神病药氯丙嗪（Thorazine）更有效。锂的作用机制之一是促进血清素在神经元中的传递，我们采用在晚上将锂治疗与补充 1~3g 的 L-色氨酸相结合进行治疗，患者主观上告诉我们，这种剂量的色氨酸增强了锂治疗的效果。最近一项研究中发现，使用以 12g L-色氨酸单独治疗狂躁症是非常有效的。

二十六、色氨酸与疼痛

色氨酸可以缓解或减轻某些头痛、牙痛和癌症的疼痛。色氨酸的代谢产物 5-羟色胺，是构筑神经元细胞的来源，它在大脑中缝大核区域富集（注 11），这里是主要抑制疼痛的中心。

美国天普大学的萨尔茨（Seltzer）和同事们对慢性鼻窦炎引起头痛的患者，进行每天补充 3g 色氨酸组与补充低脂肪的高碳水化合物组进行对照试验。4 周后，报告结果是，补充色氨酸组，比补充低脂肪的高碳水化合物的安慰组，减少了对疼痛的感觉，并更大限度地提高了对疼痛的耐受能力。

牙科医生曾经使用电子止痛仪刺激机体，使色氨酸转化为 5-羟色胺，从而达到治疗目的。但是这些仪器设备不能长时间使用，最好的方法是给予患者补充大剂量的 L 色氨酸，这也是最有效的。

减少色氨酸摄入的大鼠，表现出对疼痛刺激的敏感性，并且产生互相攻击的行为。显然，色氨酸缺乏的饮食可以导致对疼痛的敏感，以及产生好斗和攻击行为。

美国麻省理工学院的利伯曼（Lieberman）和伍德曼（Wurtman）教授，对疼痛进行了双盲研究，以 50mg/kg 体重的剂量向疼痛的患者补充色氨酸

注 11：中缝大核是延脑腹侧中缝处的一个重要核团，在针刺镇痛、心血管活动及呼吸运动调节等方面具有重要作用。

（大约70kg体重的成年男性，补充3.5g的色氨酸），发现对疼痛的敏感性降低，并出现了主动嗜睡状态，并伴有疲劳的感觉。但是色氨酸不像安眠药会损害感官性能，所以色氨酸除了具有催眠作用，还明显具有消除焦虑的功能。

二十七、色氨酸对帕金森病和运动失调症的治疗

5-羟色胺的代谢产物卡比多巴（Carbidopa，又称甲基多巴肼）已被用来增强抑制肌肉阵挛以及许多与神经系统疾病相关的肌肉痉挛的治疗。研究发现帕金森病患者补充左旋色氨酸也可以减少震颤。这两个事实进一步证明了血清素与神经递质的抑制剂作用是一致的。此外，根据莱曼（Lehmann）和他同事的发现，帕金森病患者，同时还表现出痴呆，补充5-羟色胺可以改善患者的精神行为。

渐进性肌阵挛性癫痫（Progressive Myoclonus Epilepsy，PME），是一种罕见的遗传性疾病，表现形式是癫痫伴随肌阵挛（注12）。从患者的尿液中发现含有过多的色氨酸代谢产物，血液中存在着低量的游离色氨酸。在通常情况下，渐进性肌阵挛性癫痫多出现在青春期或成年的早期，并且抽搐发作的频率和严重程度不断加剧，并最终发展为痴呆。镇静药丙戊酸钠（Epilim）已被用于治疗渐进性肌阵挛性癫痫，并取得了成功。色氨酸可能在治疗渐进性肌阵挛性癫痫中，也会起到很好的辅助作用。

使用10g L-色氨酸可以成功治疗帕金森病震颤的传闻，还没有得到充分的科学评估。

二十八、补充色氨酸与蛋白质的摄入

给大鼠喂50mg/kg剂量的色氨酸，相当于70kg的成年男性补充3.5g的色氨酸，这时就需要多吃蛋白质食物，以平衡血液中酪氨酸、组氨酸和苏氨酸的水平，机体内的色氨酸过剩，就需要摄入更多的蛋白质，弥补其他氨基酸的不足，机体内的氨基酸平衡是非常重要的。缺乏色氨酸的饮食，会导致对蛋白质需求的减少。所以在补充色氨酸时，必须给患者也要增加膳食蛋白质的摄入量。

注12：肌阵挛是一单块肌肉或肌肉群突发的、振动样收缩，可发生在各种各样的神经系统病变中，可预示癫痫发作。这些收缩可以是单独的或重复的、有节律的或无节律的、对称的或不对称的、全身的或局部的。肌阵挛可被闪烁的强光、较大的声音或意想不到的身体接触所诱发。有一种类型的肌阵挛（意向性肌阵挛）可被有意的活动所诱发。

二十九、色氨酸与精神疾病

色氨酸代谢产物甲基色胺（Psychopharmacologically）是精神药理学上活跃的致幻剂，是在大脑中天然形成的，其作用与精神药物 LSD（Lysergic Acid Diethylamide，麦角酸二乙基酰胺，一种麻醉药）相似。LSD 会影响血清素激活的机制。在精神分裂症患者的尿液中发现了甲基色胺。关于色氨酸代谢，目前在精神分裂症课题领域中仍存在着很多研究和争议。

在昏迷的精神分裂症患者的胰岛素治疗中（利用胰岛素在患者导致休克后，限制葡萄糖进入大脑的一种普通治疗方法，目前已被电休克疗法取代），血液中的色氨酸含量增加。色氨酸酶抑制剂苄丝肼（Benserazine），是常见的精神分裂症处方药物，也是一种弱安定剂。然而，研究发现，一些精神分裂症患者的行为没有得到改变，失败的原因是限制了代谢过程中色氨酸的转化且没有进入大脑所致，应该给患者补充大剂量的 L-色氨酸及其代谢产物 5-羟色胺。

各种研究发现色氨酸在脑脊液中的含量和精神分裂症之间没有关联性，从脑电波图谱（EEG）的研究发现，色氨酸引起的诱发电位波幅在下降。

对于精神分裂症的研究和争论仍在继续，其是由于多种生化缺陷而导致的。在英国伦敦米德尔塞克斯医院附属医学院发生争议，他们认为精神分裂症是由于过度或不足的 5-羟色胺激活的机制，而导致的精神异常行为。我们发现，精神分裂症是复杂的、多样的精神疾病，是许多原因导致的一种疾病。

吉尔卡（Gilka）综述精神分裂和精神分裂症亚型（注 13）为一种色氨酸代谢紊乱的症状。他确定了色氨酸、烟酸缺乏的精神分裂症患者，常常伴随着糙皮病和烟酸缺乏症。已经表明，色氨酸、烟酸缺乏可能是由于肠道吸收受损，是营养吸收不良的综合征，如腹腔疾病等，导致偶尔的、次要的精神病症状。吉尔卡确定代谢因素可能会导致精神病，例如，维生素 B₆ 和核黄素缺乏、微量元素铜过量、肝病、卟啉症（Porphyria）和威尔逊症（Wilson's）（一种遗传性疾病，特点是铜在大脑和其他器官中的积累增加，影响肠道的吸收功能）。色氨酸吸收不良或是色氨酸摄入不足，会出现思维混乱、痴呆和抑郁等精神分裂症亚型症状。

精神分裂症患者在压力状况下，会增加烟酸和色氨酸的代谢和消耗。这

注 13：精神分裂症亚型，为最常见的精神分裂症类型之一。经常性幻听、幻觉为主，情感、意志和言语障碍以及紧张症状不突出。

些压力包括兴奋剂、咖啡因、安非他命、身体发热、甲状腺功能亢进、环境压力、哺乳期、怀孕和青春期。

吉尔卡综述了在肝硬化状况下，色氨酸在血液中过剩，是造成肝昏迷和肝性脑病的原因。

在探索精神分裂症色氨酸过量的过程中，他发现肠道中过量的色氨酸被细菌转化为甲基色氨酸。菌群活性增强之后，便秘、憩室症（肠道薄弱部位的小囊）、吸收不良综合征、Hartnup 病和口炎性腹泻这些症状都会出现。而这些症状有时会产生精神病症状。血清和大脑中色氨酸代谢物的含量也有所增加；色氨酸的代谢物也可能是肝性脑病的一个因素。

毫无疑问，色氨酸代谢异常与精神分裂症的某种形式有关。给精神分裂症患者添加 2g 的色氨酸，进行补充色氨酸试验，帮助了许多精神分裂症患者诊断鉴定出色氨酸代谢异常现象。该缺陷模型类似肢体硬化症患者，主要以手脚僵硬、皮肤紧绷和手部骨质疏松为特征。这些发现对证实精神分裂症人群中可能存在色氨酸代谢异常具有重大意义。

在过去，我们发现色氨酸的补充在低组胺精神分裂症和 Pyroluria 精神分裂症，例如，在多巴胺过量和/或认知改变的患者病例中是有帮助的。

色氨酸替代抗精神病药物

一名 32 岁，肥胖并患有慢性精神分裂症的妇女，来到我们的诊所。她向我们叙述"已经使用了十多年的抗精神病药物治疗，结果都失败了"。我们开始给她每日补充 2g 的色氨酸，当检测她血液中的色氨酸水平几近为 0 时，再增加剂量至每日 4g。在这个剂量下，她的幻听、幻觉已经消失了，在两个月里，她的体重也下降了 9kg 左右，并且停止服用三氟拉嗪（Stelazine），身体和精神接近于完全恢复。

事实证明，补充含有丰富色氨酸的补充剂，对于治疗慢性精神分裂症是有很好疗效的。

三十、色氨酸与自杀行为

对有自杀倾向的患者研究发现，他们血液中 5-羟色胺代谢产物、5-羟吲哚乙酸（5-HIAA）水平低和脑脊液中的 5-羟色胺水平低，表明这些患者的大脑血清素代谢受损。

我们应用色氨酸治疗具有冲动型自杀行为的患者。有一位 16 岁的男孩来到诊所，他具有破坏、暴力和侵略的历史。我们开始给他在每天的早上和晚上各补充 2g L-色氨酸。经过几天的试验显示，他依然存在着低度暴躁，但是一个月以后，患者恢复了，他的脾气也像"从一个狼转化为羔羊"。之后，接下来的两个月，我们给他减少了色氨酸的补充剂量至每日 2g，就再也没有出现暴躁症状。

三十一、色氨酸与体重控制

DL-芬氟拉明（DL-fenfluramine）又称芬特明（Fastin），是一种模仿血清素的药物，对控制体重有很好的作用。吡哆醇（维生素 B_6）和铬可以增强DL-苯氟拉明的效果，氟西汀（Fluoxetine）、舍曲林（Sertraline）、帕罗西汀（Paroxetine）和奈法唑酮（Nefazodone）与血清素平和地结合也可以帮助减肥。然而，这些药物都还不如刺激肾上腺素分泌的药物，即芬特明（Phentermines）、马吲哚（Mazindol）和二乙胺（Tenuate）。据研究，芬特明和二乙胺的组合是特别有效的减肥制剂。

以上介绍的减肥药物都不能有效控制食欲，然而 L-色氨酸控制食欲的作用是明显的，对于减肥者需要补充色氨酸，其剂量可以为 1~15g，是控制食欲、实现减肥的一个重要措施。褪黑素在减肥中也是有用的，因为褪黑素似乎可以间接地提高色氨酸水平。

当今，5-HTP 已经成为一种"自然的"非处方药物，其剂量为 300mg，每日 3 次，具有减少食欲的作用。研究发现，许多肥胖的患者使用芬特明和5-HTP 减肥的效果不明显，而使用 5-羟色胺与芬特明和二乙胺的组合时，5-羟色胺会提高它们的减肥效果，一般在 1~6 个月内，可以达到正常的体重。对于一些多年使用减肥药物以保持正常体重者，还应当同时服用抗氧化剂、鱼油、烟酸补充剂，以减少减肥药物的副作用。如果不补充这些营养素，芬特明有可能会毒害大脑，并可能增加中风的风险。

色氨酸和 5-HTP 有助于抑制暴饮暴食，暴饮暴食大量消耗体内的色氨酸，并且也会导致体内的 5-HTP 水平的下降。在一项研究中发现，大鼠下丘脑腺异常，食欲过盛而引起暴食和肥胖。而停止暴食之后，大鼠体内的色氨酸和血清素水平也升高了。

由于色氨酸可抑制胰岛素的释放，提高血糖，降低食欲，麻省理工学院的伍德曼（Wurtman）教授和他的同事们申请了专利，使用 0.5~15.0g L-色氨酸和酪氨酸可以辅助抑制食欲。通过增加蛋白质热量来源，减少对碳水化合物的需求，我们发现，对于青少年只需要补充 1g 的色氨酸，他们就完全失去了对碳水化合物的胃口。高剂量的色氨酸对成人是必要的，但是应该根据对食欲的控制进行调整变化。当评估色氨酸的作用时，也有助于了解引起厌食症的原因，达到治疗厌食症的目的。以下列出增加色氨酸的物质。

- α-肾上腺素受体拮抗剂
- β-肾上腺素受体激动剂（安非他明）
- 铃蟾肽（蛙皮素）
- 降钙素
- 雨蛙肽
- 胆囊收缩素
- 肠抑胃素
- 雌性激素
- 促胃液素释放肽
- 胰高血糖素
- 甘油（丙三醇）
- 乳酸盐
- 烯丙羟吗啡酮

此外，色氨酸的控制与减少抑郁症患者的食欲有关。色氨酸补充剂可以抑制糖异生作用，提高血糖，供给大脑使用，并能降低食欲。因此，它也可以用于辅助治疗低血糖。

三十二、色氨酸的重要代谢产物

产生在色氨酸的代谢过程中的两个最重要的物质是：5-HTP 和褪黑素。

三十三、5-羟色氨酸（5-Hydroxytryptophan，5-HTP）

在人们研究和关注色氨酸代谢产物 5-羟色氨酸的时候，色氨酸在市场上被禁止了。5-羟色氨酸是一种体内自然产生的色氨酸的代谢物质，是单胺型神经递质，是神经元的重要组成，补充 5-羟色氨酸经常被用来作为一种抗抑郁的使用方法。其来源是极其昂贵的，它是由一种原产于非洲西部的植物——狮鹫（*Griffonia simplicifoiia*）的种子提取的。

5-HTP 常以 150~200mg 的剂量，采取静脉给药方式，抑郁症患者在 3h 内，一些躁动的情绪得到了改变，感知能力也有所提高。但是对有些抑郁症患者的治疗是无效的，因为缺乏健康对照者，难以寻求适当的剂量。而对于具有强烈焦虑的抑郁症患者，会有一定的治疗效果。

5-HTP 每天 3 次，每次 100mg 与抗抑郁症的药物，如卡比多巴（Carbido-pa）每天大约 150mg 同用，已被发现要优于安慰剂组治疗抑郁症。5-HTP 与药物氯米帕明（Anafranil）结合的疗效也优于与其他药物的单独治疗。

注意：拉科斯特（Lacoste）的研究表明，男性口服 100mg/kg 体重剂量的 5-HTP 可能会引起胃部刺激、呕吐、抽搐、头痛的反应，而引起的副作用女性比男性要小。

三十四、褪黑素（Melatonin）

褪黑素（Melatonin，N-acetyl-5-methoxytryptamine）既是氨基酸又是激素。它是色氨酸在松果体两种酶的作用下生成的。松果体是一种小型的光敏结构，位于大脑的中心，有时称为人体的"第三只眼"。摄入体内的色氨酸转化为 5-羟色胺（血清素），然后通过 N-乙酰转移酶和羟基吲哚-O-甲基转移酶，转化为褪黑素。

褪黑素是一种主要的神经递质和神经激素，在体内参与调节情绪和睡眠。事实上，它是一个修饰的氨基酸，并拥有激素的功能。如脂肪酸是鱼油和前列腺素的前体物，同时也是神经激素。维生素、类固醇、维生素 D 也是一种激素。一种神经递质的功能，就是从一个神经元传到另一个神经元；一种激素在体内的运行就是从一个腺体到另一个腺体的。

褪黑素的抗衰老和促进睡眠的作用，在一夜之间成为大批美国老年人和那些患有失眠症患者欣喜若狂的特大新闻。

褪黑素的分泌对人体的昼夜节律起身体内 24h 的主要调控作用，控制睡眠、苏醒的周期。人体分泌生成褪黑素开始时在晚上，有时在黄昏后，有时会在 20 点左右，在大约午夜形成高峰；另一个峰值是在凌晨 4 点左右，在大约 2 小时后减弱。早上褪黑素水平是最低的。当我们睡觉时，它最重要的贡献是介入体温的控制、激素分泌物的再生；在青春期后，睡眠帮助身体的修复和再生。

异常的褪黑素分泌发生在许多低色氨酸的疾病中，如厌食症（夜间只产生低水平的褪黑素）、高血压、躁狂抑郁症（抑郁症阶段）、精神分裂症与银屑病（前期的糙皮病）。应用褪黑素治疗的好处建立在这种营养补充剂的重要组成就是氨基酸的代谢物。我们相信在使用时与色氨酸组合会有更大的治疗潜力。以下我们进行有关的简述。

（一）衰老及老化

褪黑素的分泌是随着年龄的增长而下降的。所以补充褪黑素是非常必要的，使机体内褪黑素水平达到 30 或 40 岁的水平，以"哄骗"我们的机体进入了年轻的模式，这样可以增强机体的修复功能。补充褪黑素可以使大脑中的松果体振作起来，并帮助维持胸腺的重量和功能，从而缓解或是阻止机体的萎缩和衰老。褪黑素还可以温和地刺激胰腺，促进生长激素的分泌。

最引人注目的是皮尔鲍莉（Pierpaoli）和里格尔森（Regelson）使用褪黑素进行的动物研究。他们在大鼠的饮用水中添加了褪黑素，其结果使得这些大鼠活得很健康、长寿。如果折算成我们人类的年龄，它们已经多活了30 年。

在进行动物实验时，所有的条件都是经过仔细控制的，而我们现在的人类生活所处的条件，存在着许多的变量，如有毒有害的环境，紧张和压力以及不良的生活方式。单独补充褪黑素是不能补偿所有因为不良的环境和生活方式对身体造成的伤害。

褪黑素是现代医学发现在我们机体中的一个重要组成部分，同时它帮助我们揭示了机体的衰老之谜。褪黑素给我们带来的收益，就像其他的营养素和激素一样，如维生素 E 保护心脏、雌激素保护卵巢、脱氢表雄酮保护肾上腺、生长激素保护胰腺、甲状腺激素保护甲状腺和抗氧化剂保护整个身体。我们的诊所把所有这些以及其他技术融合在一起，帮助许多患者恢复了健康。

（二）癌症

有越来越多的证据表明，褪黑素可能会减慢癌细胞的生长。动物和人类的研究表明，低剂量的白细胞介素 2（一种细胞因子，负责组织免疫系统的中性粒细胞和淋巴细胞）结合高剂量（40~200mg）的褪黑素，甚至对晚期患者也可能有益。褪黑素具有抗雌激素作用，可以抑制乳腺肿瘤细胞的生长，可以提高三苯氧胺（Nolvadex）的药效——常用于治疗乳腺癌的雌性激素药物——能产生影响和提高抗氧化代谢的调节作用。

（三）精神压抑

光对人体中的褪黑素有抑制作用。在冬天，当自然光减少，褪黑素的产生就增加。其结果是，一些人在这个季节里就会患上季节性的抑郁症，称为季节性情感障碍（Seasonal Affective Disorder，SAD）。有趣的是，褪黑素可以用来改善睡眠，进而可以缓解抑郁症。但是应该谨慎，因为太多的褪黑素可能会恶化季节性抑郁症。我们也曾经见过这样的病例。

在清晨多晒晒太阳，或是在 2500~10000lx 全谱光线下照射，也可以防止或减轻这种季节性的情感悲伤。

在冬季，抑郁症患者可能会出现颞叶障碍，或是非典型的双相情感障碍

Ⅱ型，这种情况表明大脑中的化学物质失衡，这时，在一些老年人的尿液中会发现有比较低的褪黑素分泌物的代谢。

服用 5 – 羟色胺与抗抑郁药如氟西汀（Fluoxetine）、帕罗西汀（Paroxetine）、舍曲林（Sertraline），同时再补充 3mg 少量的褪黑素，会对季节性情感障碍有更好的疗效。此时应该注意镇静的效果。如果镇静作用强烈，应该降低褪黑素的补充，其补充剂量在 1~1.5mg。

（四）电磁场的辐射

越来越多的科学证明，在极低频率的电磁领域（Electromagnetic Fields，ELF-EMF）会导致各种健康问题。更大的电磁场被认为具有增加患白血病和儿童脑肿瘤的风险，改变激素的产生，影响中枢神经系统，降低免疫系统和抑制松果体。

现在我们的生活被电脑屏幕、电线、电子和电器设备包围着，我们经常遭受不同程度电磁场的辐射伤害。我们建议尽可能将个人居所、办公室、家庭和教室的有关设备调整好放置，把辐射伤害的风险降到最低。通过脑电图（Brain Electrical Activity Mapping，BEAM）进行检查，和随后的 CES 治疗，纠正大脑因为受电磁场辐射的伤害所产生的异常节律。

研究还发现，电磁场影响松果体对褪黑素的分泌。我们建议在治疗受电磁辐射的患者时，采用 CES 及补充 500mg 低量的 N–乙酰半胱氨酸，作为抗氧化剂，这样会减少辐射的影响。另外我们还建议，在 40 岁以后为了满足身体的需要，应该适当补充褪黑素。

（五）高血压（HBP）

虽然我们目前还没有确定相关的生化机制，但是褪黑素确实具有降低血压的作用。褪黑素抗高血压的效应，可能是由于使情绪放松，减轻紧张、压力以及帮助改善睡眠，同时也有助于预防中风。然而，这一切还需要进行更多的研究。

（六）失眠症

褪黑素是一种天然物质，是不致瘾的药剂，可以帮助很多失眠患者睡上一个好觉。《英国医学杂志》报道了一项研究，发现老年人睡眠的节律异常与褪黑素障碍有关，褪黑素缺乏在失眠症患者中似乎是一个关键因素。

我们建议补充褪黑素，应该是在上床准备睡觉的前半小时到两个小时服用。对许多人来说，褪黑素可能需要一段时间才能开始工作。我们自身的褪黑素分泌增加的时间是在晚上 8 点开始的，如果可能的话，你需要与自身分泌褪黑素同步，这样才更容易入睡和进入深度睡眠。服用褪黑素之后，可能会发现自己像醉酒一样地睡觉，犹如早上4点钟那样，睡得香甜。补充褪黑素能改变整个睡眠阶段。

自发现褪黑素可以帮助睡眠以后，许多患有严重失眠症的患者，都开始拒绝再使用安眠药物，而采取补充褪黑素的方案。有一位70岁的妇女，她患有失眠症，因为长期服用镇静剂，导致她的肌肉无力。当她停用镇静剂，而补充10mg的褪黑素时，她说自己"睡得像个婴儿"。很多这样的病例，补充10~20mg的褪黑素，成功地解决了他们的失眠。在改善睡眠的同时，对患有其他严重的焦虑、抑郁、精神障碍和幻听、幻觉时，通常需要补充更大剂量的褪黑素。

许多病人睡前补充3mg的褪黑素，都觉得睡得很深。有一位50岁的病人告诉我们："褪黑素恢复了我美好的深度睡眠。"许多患者也反应，早晨起床后觉得精力非常充沛。

患有"24h的睡眠循环综合征"的患者一般睡觉的时间都在每晚的后半夜，常常是在午夜上床睡一会，凌晨2点起床，之后又在凌晨4点再睡一会……这样陷入了错误的睡觉模式，往往这些症状发生在具有精神分裂症的患者中。褪黑素可以帮助其恢复正常的睡眠模式，有助于减轻症状。

褪黑素是一种天然物质，安全可靠而且容易补充。我们建议从40岁开始，每日补充1mg的褪黑素，之后每10年增加1mg，5~10mg的褪黑素对于无精神障碍的人通常是有效的。而对于患有严重的疾病、慢性和严重的睡眠障碍、焦虑、抑郁或其他精神问题的患者，将需要补充更高剂量的褪黑素。在一些研究的报道中，以及在我们诊所的使用中，褪黑素补充剂量可以达到200mg或以上，并在补充高剂量的褪黑素时，可以看到实质性的疗效。

（七）倒时差

在跨时区旅行时，睡觉前服用3~5mg的褪黑素后，可以有助于减少时差和相关症状。如果夜间醒来时，另外再服用3~5mg的褪黑素，这样可以促进睡意。这种方法可以使用几天，协助人体生物钟的调整和重置。有一位年轻人，去了一个非常遥远的地方，他服用了褪黑素后，第一天晚上就睡了18个小时。他说，他的时差反应在同行人中是最小的。但是褪黑素用于倒时差还需要更多的研究。有些人反映，使用3~5mg褪黑素的感觉胜过于镇静药物。

（八）经期

褪黑素水平可能与月经性偏头痛相关。在一项研究中，褪黑素在低水平时，就会发生头痛。这表明，在一些人中患有与月经周期相关的偏头痛，补充褪黑素可能是受益的。已被发现在患有经前期综合征的妇女中褪黑素的水平偏低。褪黑素是一种天然补充剂，可以很好地解决经前综合征。

（九）精神有缺陷的患儿

在对 15 例具有神经功能残疾患儿的研究中，使用 1~6g 褪黑素进行补充，发现在这些患儿中，他们的健康、行为和社会技能都有所提高和改进。虽然研究结果是初步的，但是褪黑素确实可以治疗受伤或残疾患儿的大脑。

（十）精神疾病

使用褪黑素在精神疾病的治疗中得到了全面评估，研究发现使用 1mg 的褪黑素，可以与所有的 5-羟色胺及抗抑郁药物（如氟西汀、舍曲林和帕罗西汀）具有同样的效果。

（十一）补充褪黑素

我们建议应该在卫生专业人员的监督下使用褪黑素。褪黑素的催眠作用具有时间依赖性。这种物质能使你昏昏欲睡，取决于你对它的需要。不同的人需要不同的作息时间，所以应谨慎使用，因为褪黑素如果在错误的时间使用，有时可以导致抑郁、头痛、睡眠等问题。

市场上提供的褪黑素有各种形式。我们不赞成使用来自动物的松果体萃取的褪黑素。因为动物的所有腺体，都含有微生物和杂质，具有潜在的毒性。我们建议使用纯合成形式的褪黑素。

随着褪黑素的使用，我们通常建议患者同时每天补充 30~90mg 的锌。锌可以最大化提高褪黑素的效果，虽然这还有待研究证实。但是，褪黑素的代谢是依赖锌在松果体中贮存的。

我们经常将补充褪黑素与 CES 相配合，CES 是一个安全而温和的低电压对大脑的刺激。CES 促进和提高氨基酸神经递质活动。我们应用 CES 设备在第三眼（松果体，前额的中间）地区激发自然褪黑素的分泌。我们相信这可以帮助松果体活跃而产生褪黑素，CES 和补充褪黑素在治疗中可以取得最大的效益。我们已经应用 CES 和补充褪黑素，在治疗失眠、焦虑、抑郁中已有非常成功的先例。

三十五、色氨酸的使用剂量

补充色氨酸可使健康人血清色氨酸水平提高 6~10 倍，无明显副作用。口服 4g 色氨酸的健康对照组可以在 2h 内将血液中氨基酸水平提高到正常水平的 4 倍。狂躁症患者每天补充 12g 可使血液中的水平维持在正常水平的 3 倍。在一项研究中，我们补充 5g（70kg 体重）的 L-色氨酸，给 5 名健康对照受试者测量了他们血液中的氨基酸、微量金属、多胺类和生长激素水平，血液中的 L-色氨酸水平在 2h 内几乎翻了一番，在 4h 内增至正常水平的 4 倍——这是一个显著的变化。在另一项研究中，给 7 名患者平均服用 2g（70kg 体重）L-色氨酸，持续 6 周，这些患者的平均色氨酸水平几乎是对照组 96 例患者的两倍——这又是一个显著差异。

三十六、色氨酸的补充

色氨酸在医疗中是一种重要的治疗剂，但不应该未经医生建议或是未经生物医学测试，自行补充。除烟酸以外，所有的色氨酸代谢物都有着一定的副作用。

三十七、色氨酸缺乏的症状

缺乏色氨酸的表现和症状包括：冷漠、肝损伤、肌肉萎缩、皮肤病变、虚弱和儿童的发育缓慢。

三十八、色氨酸的补充

色氨酸目前是处方药，色氨酸的代谢产物 5-羟色胺是非处方药，是色氨酸的替代品，但是价格比较昂贵，市场上有供应 50mg 的 5-羟色胺（5-HTP）胶囊。

三十九、色氨酸每天的治疗使用量

色氨酸的使用剂量一般 50mg 至 3g。需要根据症状决定使用量。色氨酸与营养素如维生素 B_6 和烟酸合用可以提高治疗作用。5-HTP 的使用剂量是 $300 \sim 600mg$，这取决于接受治疗的条件。

四十、色氨酸的最高使用安全极限

没有建立。

四十一、色氨酸的副作用和禁忌证

在服用 3g 高剂量的色氨酸时，偶尔会出现恶心症状，但通常在使用高剂量色氨酸时应该通过几天的时间逐渐增加剂量，以避免上述症状。在服用单胺氧化酶抑制剂（MAOLs）或是选择性 5-羟色胺再摄取抑制剂（Selective Serotonin Reuptake Inhibitors，SSRIs）时，应谨慎服用 L-色氨酸或 5-羟色胺，它们可以增加中枢神经系统兴奋的风险。

四十二、对色氨酸的总结

色氨酸是一种必需氨基酸，是 5-羟色胺（血清素）的前体。血清素是一种大脑神经递质、血小板凝血因子和神经激素，存在于全身各个器官中。色氨酸对血清素的代谢需要营养物质，如吡哆醇、烟酸和谷胱甘肽。烟酸是色氨酸的重要代谢产物。以食用玉米为主的地区或其他缺乏色氨酸饮食的地区可导致糙皮病（注14），这是一种烟酸-色氨酸缺乏疾病，症状为皮炎、腹泻和痴呆。

先天性的色氨酸代谢缺陷，造成血清素过剩，致使产生脑部良性类肿瘤。哈特纳普疾病（Hartnup's）是一种不能正常吸收色氨酸和其他氨基酸的障碍性疾病。补充色氨酸，可以解除营养物质被肿瘤过度代谢的影响。血液中色氨酸过剩，可能会导致精神发育迟滞。

可以通过检测尿液或是血液中色氨酸的代谢产物的含量评估色氨酸是否缺乏，由于色氨酸独特的单向传输方式，所以在血液中的测试最为敏感。尿液中的色氨酸片段与色氨酸降解增加相关，口服避孕药、抑郁、精神发育迟滞、高血压和焦虑状态会增加尿液中色氨酸片段和色氨酸的降解。

机体对色氨酸和蛋白质的需求会随着年龄的增长而减少。成人每天最低对色氨酸的需求是 3mg/kg 体重，大约每天 200mg 的色氨酸，这是最低的评估。因为一杯小麦胚芽中含有 400mg 的色氨酸，一杯低脂奶酪中含有 300mg 的色氨酸，而 1 磅（1 磅=453.59237g）的火鸡肉中就含有 600mg 的色氨酸。

每天补充 3g 的色氨酸可以用来控制在各种情形下棘手的疼痛。此外，色氨酸补充剂可以减少好斗的攻击性行为。色氨酸代谢异常，也可以激发起智障患者的攻击性。以玉米为主要食物的地区，因为色氨酸不足或是匮乏，会增加暴力犯罪的发生率。维生素 B_6 和色氨酸补充剂可以纠正一些相关的生化紊乱而引起的精神病患者的攻击行为。抗抑郁药物苯乙肼以及抗震颤麻痹药物溴隐亭，可以增加神经递质多巴胺，同时也可以产生愤怒的反应。又如抗结核药物异烟肼，抑制了维生素 B_6 和烟酸的代谢，从而也影响了色氨酸的代谢。

注14：糙皮病又称癞皮病，又称为烟酸缺乏症，主要是人体烟酸类维生素缺乏所引起的。临床的表现主要有 3 种：皮炎、腹泻、痴呆。各个年龄组都可以发生，男性多于女性，夏秋季比较好发，典型的三联症就是皮炎、腹泻和精神障碍等，可以依次出现也可以同时存在，但是同时存在的比较少。也有单纯精神障碍的情况。烟酸主要存在于肉类、鱼类和小麦中，患者可能是长期节食或者绝食的人。

色氨酸可以有效地治疗失眠，大大缩短入睡时间。有效剂量 500 ~ 2000mg。快速眼动睡眠障碍的患者，可能需要 3~15g 剂量的色氨酸。

有自杀倾向的患者以及烦躁、抑郁症患者都有明显的血清素水平降低，可以补充色氨酸营养制剂。多数的抗抑郁药物延长了 5-羟色胺的代谢，影响或阻止神经递质、儿茶酚胺的摄取。早上和晚上补充色氨酸和酪氨酸，具有模拟多种抗抑郁药物的效果。神经递质依赖于所摄入色氨酸和其他氨基酸的水平。

色氨酸补充剂可以减少对碳水化合物摄取，降低血糖。它还可以刺激生长激素和催乳素，这是色氨酸的一些治疗效果。

色氨酸能控制多巴胺过量失衡，有益于某些形式的精神分裂症。对于帕金森病，色氨酸能抑制震颤，也可控制肌阵挛、癫痫。肾功能衰竭患者、正在服用避孕药或唐氏综合征患者可能需要更多的色氨酸。

随着年龄的增长，血液中的氨基酸水平会降低，每日补充 2g（最低量）的色氨酸，会发现血液中的各种氨基酸的水平都会提升，这是令人非常兴奋的。

第三部分

含硫氨基酸

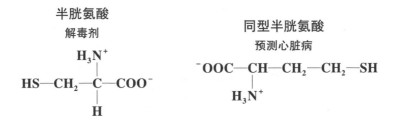

半胱氨酸
解毒剂

$$H_3N^+$$
$$HS{-}CH_2{-}\overset{|}{C}{-}COO^-$$
$$|$$
$$H$$

同型半胱氨酸
预测心脏病

$$^-OOC{-}CH{-}CH_2{-}CH_2{-}SH$$
$$|$$
$$H_3N^+$$

牛磺酸
抗癫痫斗士

$$NH_3{-}CH_2{-}CH_2SO_3H$$

甲硫氨酸
抗抑郁药

$$H_3N^+$$
$$CH_3{-}S{-}CH_2{-}CH_2{-}\overset{|}{C}{-}COO^-$$
$$|$$
$$H$$

第五章　甲硫氨酸：抗抑郁药

甲硫氨酸（L-methionine）是必需氨基酸，甲硫氨酸是一种至关重要的氨基酸，它能将甲基和硫带入体内，因此是第一个合成蛋白质的氨基酸。它作为一个密码破译器，破解脱氧核糖核酸（DNA）的转录，启动携带着人体新蛋白质制造指令的信使核糖核酸（RNA）来传递基因蓝图。它是人体组织必需氨基酸并具有抗氧化和解毒作用。

甲基硫是最早出现在地球上的有机物质，是生命的象征。1953 年，在研究生命的起源及原始地球出现生物的实验中，美国芝加哥大学的研究生米勒（S·L·Miller）模拟原始地球还原性大气中，进行闪电雷鸣能产生的有机物实验中，首先发现了甲烷（CH_4）、氮（N_2）、氨（NH_3）、氧（O_2）、水（H_2O）、二氧化硫（SO_2）和硫氢甲烷（CH_3SH），并合成了生命必需的氨基酸，特别是含硫氨基酸。另外，在研究海洋与人类起源时，也发现所有的海洋生物细菌群中广泛存在着甲基硫。

但是，我们人类不同于细菌，不能吸收利用甲基硫，也不能将其直接转化为甲硫氨酸，因此，人类必须依赖于从食物中摄取甲硫氨酸。

一、甲硫氨酸的功能和作用

甲硫氨酸在体内的代谢过程中起着重要的催化剂作用，在体内的浓度并不高，虽然甲硫氨酸也是容易透过血脑屏障的，但是它在大脑中的浓度低于谷氨酸、谷氨酰胺、天冬氨酸、丙氨酸、甘氨酸、丝氨酸和牛磺酸。甲硫氨酸在脑脊液中的浓度也不高，在肌肉组织中低于其他氨基酸的平均值。

甲硫氨酸在机体内执行着三个主要角色：一是提供机体所需的硫；二是提供机体所需的甲基；三是作为含硫氨基酸，是半胱氨酸、谷胱甘肽和牛磺酸的前体物质。

甲硫氨酸是最丰富的含硫氨基酸，它是机体所需硫的主要供应者。由于它的这种化学性质，甲硫氨酸根据从脱氧核糖核酸（DNA）得到的翻译指令，对 50000 多种机体特定氨基酸进行重组。

甲硫氨酸在体内可以合成缓解自身疼痛的肽，如脑啡肽和内啡肽。同时，甲硫氨酸有助于抗抑郁的作用。甲硫氨酸的含硫量高，可以满足人体对酸性物质的需要，保持机体内的酸碱平衡，避免慢性疾病的发生。

甲硫氨酸作为甲基的供体，与人体的能量分子三磷酸腺苷（ATP）结合，形成激活的甲硫氨酸。这种生物合成的化合物甲基基团，有助于其他一些重要含硫化合物的合成。在表 5.1 中列出了其中的一些物质。

表 5.1 　　　　　　　　一些和甲硫氨酸有关的重要化合物

甲基 （Methyl group）		硫基 （Sulfur group）
肌肽 （Anserine）	肾上腺素 （Epinephrine）	半胱氨酸 （Cysteine）
甜菜碱 （Betaine）	免疫蛋白 （Ergosterol）	谷胱甘肽 （Glutathione）
肉碱 （Carnitine）	褪黑素 （Melatonin）	脑啡肽 （Enkephalins）
胆碱 （Choline）	吗啡 （Morphine）	内啡肽 （Endorphins）
钴胺素 （Vitamin B_{12} -cobalamin）	烟碱 （Nicotine）	牛磺酸 （Taurine）
可待因 （Codeine）	果胶 （Pectin）	
肌酸酐 （Creatinine）	S - 腺苷 - L - 甲硫氨酸 （S -adenosyl-L-methionine，SAMe）	

另外一种产生转甲基作用（添加甲基基团化合物的化学过程）更重要的物质是抗抑郁剂——腺苷甲硫氨酸（SAMe）。研究发现，它是一种比氯丙咪嗪（Anafranil）和阿米替林（Elavil）更为有效的抗抑郁症药物。腺苷甲硫氨酸同样也可以作为甲基供体，类似于甲硫氨酸作为甲基供体时发生的甲基化反应。甲基化会使正常的大脑成分变成可产生幻觉的物质。所以过度甲基化会涉及精神分裂症、精神病、与抑郁症有关的疾病，缺乏甲基化也会与抑郁症有关。请详见"甲硫氨酸与抑郁症"中论述。

从甲硫氨酸转化合成为半胱氨酸、谷胱甘肽、牛磺酸，成为人体最强大的抗氧化剂和解毒剂。甲硫氨酸也被认为是促进提高体内所有氨基酸水平的氨基酸；同时也促进硒和锌等重要矿物质的吸收和传输以及胆碱的形成；构筑 B 族维生素和卵磷脂；是乙酰胆碱形成神经递质的重要物质。

二、甲硫氨酸的代谢

所有的含硫氨基酸都需要适量的吡哆醇（维生素 B_6）、维生素 B_{12} （Cyanocobalamin）和叶酸（Folic Acid）等营养物质支持它们的正常代谢，甲硫氨酸是含硫的氨基酸，当然它也不例外。甲硫氨酸代谢的结果是产生重要的含硫营养物质，提供给心血管、辅酶 A、骨骼和神经系统以保持最佳的功能。

如果甲硫氨酸代谢遇到许多障碍，其中同型半胱氨酸也会发生代谢故障。同型半胱氨酸会经过再次的甲基化，并能回转成甲硫氨酸，或经过转硫途径而回转为半胱氨酸或牛磺酸。

少量的同型半胱氨酸对身体不会产生有毒作用。然而，由于甲硫氨酸代谢的故障，而引发的同型半胱氨酸代谢故障，消耗了过量甲硫氨酸，导致维生素 B_6、维生素 B_{12} 和叶酸的不足。然后，没有被转化的同型半胱氨酸继续在机体内循环，这样就形成对机体有毒的物质。

同型半胱氨酸继续在机体内的这种循环，加速了对上皮细胞的损伤，在循环中螯合了沉积的脂肪和细胞碎片，形成纤维斑块，缩小了血液可以流通的空间。这样就会增加冠心病和动脉硬化的风险。我们将在第六章同型半胱氨酸中进一步讨论。

充足的维生素 B_6、维生素 B_{12} 和叶酸是甲硫氨酸代谢的关键。如果这些营养物质耗尽，会影响尿素、精氨酸和鸟氨酸循环的平衡，导致产生多胺（注1）类酸性化合物，会促使癌细胞的增长。

三、机体对甲硫氨酸的需求

美国国家科学院对甲硫氨酸和半胱氨酸的每日推荐最低要求是：4~6 个月的婴儿为 49mg/kg 体重，1~12 岁的儿童为 22mg/kg 体重，而成人需要为 10mg/kg 体重。阿拉巴马大学的科拉斯金（Cheraskin）和同事们虽然同意这个每日推荐最低要求的建议，但是他们指出，这还可能不是最佳剂量。

根据对含硫氨基酸最低需求的调查，每日服用高达 1400mg！世界卫生组织（WHO）拟定了对含硫氨基酸（主要是甲硫氨酸）的人体需求的初步要求，对于体重 70kg 的成年男性，应该是 13mg/（kg 体重·d）的剂量，大约每天需要摄入甲硫氨酸在 910mg 左右。但是，膳食中的甲硫氨酸水平差异很大，同时每一个人的吸收和利用也是不同的。而同型半胱氨酸和细菌群落产生的硫，可以代替一些人的需求。

注1：多胺是一类含有两个或更多氨基的化合物，其合成的原料为鸟氨酸，关键酶是鸟氨酸脱羧酶。最普遍也是有重要生理功能的多胺是腐胺、尸胺、亚精胺、精胺等。多胺有促进某些组织生长的作用，对于膜的正常维持也起着重要的作用。

四、食物中的甲硫氨酸

鸡蛋、鱼、葵花籽、牛奶和肉类是富含甲硫氨酸的食品（表5.2）。相比之下，大豆所含甲硫氨酸比它们低。福蒙（Fomon）和同事们认为，市场上最受欢迎的基于大豆的婴儿配方豆奶粉中，以大豆的营养模式虽然添加了甲硫氨酸，制作的这种配方的豆奶粉并不同于人类母乳的营养成分，而另一种流行的婴儿食品，是以燕麦片的营养模式制作的，也缺乏含硫氨基酸。

表5.2 　　　　　　　　　　　　　甲硫氨酸在食物中的含量

食物	数量	含量/g
牛油果	1个	0.70
奶酪	1oz	0.17
鸡肉	1lb	0.65
巧克力	1杯	0.20
白软奶酪	1杯	0.20
鸭肉	1lb	0.85
蛋	1个	0.20
麦片	1杯	0.20
午餐肉	1lb	1.30
燕麦粥	1杯	0.20
猪肉	1lb	1.80
乳清干酪	1杯	0.70
香肠	1lb	0.90
火鸡肉	1lb	0.90
麦芽	1杯	0.63
全脂奶	1杯	0.20
酸奶酪	1杯	0.23

一个蛋黄中平均含有0.165%的硫，这意味着100g的蛋黄具有165mg的硫，在蛋黄中甲硫氨酸和半胱氨酸的含硫量为91%。而人体每天需要850mg的硫，而一个鸡蛋只含有67mg的硫，是人体每日需要硫的8%。所以说，在日常的食品中硫是很不容易获得的。

虽然我们才刚刚开始了解甲硫氨酸对人类的影响，同时在使用猴子进行动物研究中发现，饮食中缺乏甲硫氨酸会造成过早的动脉粥样硬化。研究还发现，过量甲硫氨酸会使得维生素 B_6 缺乏，也会增加动脉硬化和升高甘油三酯。

给大鼠食用缺乏甲硫氨酸的饲料，在 7~14d 以后，血液中亚精胺的浓度增加，具有类似于修复再生过程的多胺（增加亚精胺），在肝脏中并无明显改变，这是缺乏甲硫氨酸造成的氮的滞留，导致分解代谢破坏蛋白质的后果。

根据柯林（Colin）的实验，只给大鼠喂缺乏甲硫氨酸饮食，会表现出生长障碍。所以在哺乳类动物含硫的氨基酸饲料中，必须要添加 6.5% 的甲硫氨酸，使饲料有更好的利用能量的效率，达到均衡。

五、甲硫氨酸的形式和吸收利用

甲硫氨酸也和苯丙氨酸一样，L 型和 DL 型的形式都能吸收利用，这是它们在氨基酸中独特的性质。同时，L-甲硫氨酸和 S-腺苷-L-甲硫氨酸可以互换使用，口服给药或是静脉注射补充 L-甲硫氨酸和 DL-甲硫氨酸已被证明都会提升 S-腺苷-L-甲硫氨酸在大脑中的水平。这是因为甲硫氨酸比其他氨基酸更容易透过血脑屏障。此外，甲硫氨酸可以结合酪氨酸和苯丙氨酸，使大脑更好地吸收这两种芳香族氨基酸，有助于提高大脑中血清素的代谢。

在进行甲硫氨酸的动物实验时，常常是利用猫，而几乎不使用猴子，因为使用猴子做实验时，所输入的甲硫氨酸基本上没有本质的变化，就从尿液中排出。值得注意的是，在对 L 型、D 型与 DL 型 3 种甲硫氨酸的比较中发现，DL 型甲硫氨酸在神经系统中，更容易有效地影响巴比妥类药物，同时，DL-甲硫氨酸有明显降低组胺的作用，因为组胺在过敏反应中是起主要作用的一种物质。DL-甲硫氨酸是异构体，更适宜脂溶，根据红外光谱研究，DL-甲硫氨酸可以更好地被大脑吸收。

另外，甲硫氨酸的硒螯合物是有效驱除动物体内寄生虫的药物。

甲硫氨酸维持体内叶酸正常水平是保持身体健康的关键

甲硫氨酸和叶酸缺乏之间的关系多年来是一直在争议的问题。当身体缺乏甲硫氨酸时，肝脏只代谢组氨酸，形成多聚谷氨酸盐，一种不完整形式的叶酸，聚集在肝脏。叶酸存在于天然的绿色食品（也是丰富钙质的来源）中，由于缺乏甲硫氨酸，就使得叶酸代谢障碍，导致叶酸的缺乏。

斯佩克特（Spector）的研究发现，当甲硫氨酸含量低，叶酸只能被困在肝脏中，同时也发生氰钴胺（维生素 B_{12}）缺乏症。他进一步确定了甲硫氨酸、维生素 B$_{12}$ 和大脑中叶酸之间的代谢关系。因此，由于甲硫氨酸缺乏，会导致叶酸不能使用，可能引起暂时性的叶酸缺乏症。

由此看来，膳食蛋白质中限制甲硫氨酸和其他氨基酸会改变叶酸与甲硫氨酸的代谢途径和酶的活性。在这种情况下首先受到影响的是肾脏和脾脏，其次是肝脏和大脑，而其他器官组织在营养不良的情况下也受到影响。

六、甲硫氨酸的毒副作用

米切尔（Mitchell）和伯尼维格（Benevenga）声称甲硫氨酸是最有毒的氨基酸。在膳食蛋白质中加入 5%~50% 的甲硫氨酸，可以使大鼠有中毒的迹象。以 70kg 体重的成年男性计，每天补充 25g 甲硫氨酸的剂量为参考并折算给大鼠喂食，会引起多动症，大鼠脾脏中的铁积累增长，可能降低红细胞堆积（注 2）。人类每天大约补充 5g 的甲硫氨酸补充剂，可能会增加铁的吸收，但是对于其他方面的影响正在研究调查中。

阿纳诺斯敦（Anagnostou）发现甲硫氨酸可以刺激红细胞生成素，在一定条件下能促进红细胞的生成。

爱克佩金（Ekperigin）在给肉仔鸡的饲料中添加 1.5% 的甲硫氨酸，发现肉仔鸡进食减少、体重减轻、血红蛋白减少、血细胞比容下降，铁的含量增加，在肝脾中铁的含量增加，胰腺受损，引起了肌肉和运动协调能力的损失。

生长缓慢常常发生在酪氨酸过量。过多的氨基酸在合成蛋白质时产生了不平衡，导致停止进食的自我防御信号。甲硫氨酸和苏氨酸具有完全改变酪氨酸有害作用的功能，根据山本（Yamamoto）的研究发现甲硫氨酸和苏氨酸在逆转酪氨酸毒物方面特别有效，胱氨酸、甘氨酸、色氨酸、支链氨基酸混合物也会得到有益的效果。补充任何一种氨基酸都可以纠正另一个过量的氨基酸补充。例如，甘氨酸和丝氨酸也可以逆转甲硫氨酸的有害作用，而在这种情况下所需要的甘氨酸、丝氨酸的数量是甲硫氨酸的两倍，在低蛋白饮食中需要达到 3~5 倍的要求。

女性在没有足够的钙补充的情况下，高剂量的甲硫氨酸会增加尿钙排泄，会有出现骨质疏松症的危险。

补充甲硫氨酸的剂量在 1~3g 的水平，几乎完全没有副作用。研究报告还

注2：红细胞压积又称红细胞比容，即红细胞在血液中所占容积的比值。红细胞比容可以反映红细胞的增多或减少，但受血浆容量改变的影响，同时也受红细胞体积大小的影响。

指出，在一些有特异体质人群中，如补充甲硫氨酸会产生肠道气体（肚子感到胀痛者）可以补充低剂量 500mg 的甲硫氨酸。长期补充 DL-甲硫氨酸，每天的剂量在 8~12g，已经被证明能够影响凝血因子（血小板）的升高。服用 20g 大剂量的甲硫氨酸，会在某些精神分裂症患者中产生幻觉。

七、甲硫氨酸的临床应用

甲硫氨酸的化学结构不同于其他的氨基酸，因为它含有硫分子。硫与氢分子结合成为一个强大的抗氧化基团，在整个身体中起着对抗自由基的作用。在所有情况下 L 型 DL 型甲硫氨酸以及腺苷甲硫氨酸都可以交替使用。

八、甲硫氨酸与肠道性肢端皮炎

甲硫氨酸有助于预防和治疗头发、皮肤和指甲的疾病。

肠道性肢端皮炎是一种极为罕见的家族性遗传病。可以采用静脉注射甲硫氨酸和/或静脉注射复合氨基酸，暂时扭转肠道性肢端皮炎。这种病通常在婴儿的第四个月开始发作，被认为是一种基因遗传的锌代谢紊乱造成的。最常见的症状是嘴里、指甲、眼睑、肛门、生殖器部位、手肘、膝盖和脚踝周围的皮肤糜烂。

严重的甲沟炎（指甲床的分离和炎症）在这种情况下可能导致指甲的损失、脱发和鹅口疮（一种口腔真菌的感染），这些都是经常受到损伤的地区。呼吸道感染、腹泻和吸收不良也是常见的疾病，常常是由于锌缺乏引起的，如果锌与甲硫氨酸组合使用，是更有效的治疗方法。

九、甲硫氨酸与阿尔茨海默病（Alzheimer's disease）

最近的研究表明，甲硫氨酸可以预防阿尔茨海默病和各种形式的严重抑郁症。

十、甲硫氨酸与癌症

最近的研究表明甲硫氨酸和叶酸可以预防癌症，饮食中含有甲硫氨酸会阻止在结肠息肉基础上发展成癌症的可能。

癌症患者与健康人在甲硫氨酸代谢中有极大的差别，其需要更多的营养支持。癌症患者似乎需要更多的甲硫氨酸转移甲基化和合成多胺，提高了有毒的多胺水平却是肿瘤生长和诱发的因素之一。因此，给癌症患者补充甲硫氨酸应该谨慎。

十一、甲硫氨酸与冠心病

维生素 B_6 缺乏是产生心血管疾病的一个重要的因素。在同型半胱氨酸的代谢中，甲硫氨酸和维生素 B_6 是必不可少的，具有降低胆固醇的作用。高剂量的维生素 B_6 对血管没有副作用。同型半胱氨酸可以在血管中积聚，损害血管内膜，与脱离的血管斑块积累在血管中，造成血液流动的障碍，甚至血管阻塞，产生冠心病，有足够的维生素 B_6 就可以避免这样的风险。

十二、甲硫氨酸与抑郁症

在进行了大多数抑郁症的研究后，发现甲硫氨酸的修饰形式 S-腺苷甲硫氨酸比甲硫氨酸和其他含硫氨基酸显得更有效。

爱格诺丽（Agnoli）在研究中发现，每日肌肉注射 45mg 的 S-腺苷甲硫氨酸，可以控制对抑郁情绪的影响、自杀倾向和迟缓的表现。当这种情况发生时，给药 4~6d，大约有 80% 的患者情况得到了改善。根据萨克特（Sacchetti）对这些有上述疾病患者的生物周期节律和性行为的观察，他们的 S-腺苷甲硫氨酸的水平都有所改变。

英国国王学院的雷诺兹（Reynolds）总结了许多数据，他们得出的结论是 S-腺苷甲硫氨酸是一种比氯丙咪嗪（Anafranil）和阿米替林（Elavil）更有效的主要抗抑郁药。

我们在使用低剂量 S-腺苷甲硫氨酸治疗抑郁症时，经常使用所熟悉的 DL-甲硫氨酸与我们的"大脑能量胶囊"，它包含酪氨酸和苯丙氨酸以提高甲硫氨酸的吸收，酪氨酸和苯丙氨酸是通过提高去甲肾上腺素的水平帮助缓解抑郁。

我们的诊所通过对病人甲硫氨酸水平进行监控，在 1~2 个月里给高血组胺抑郁症患者服用 1~2g L-甲硫氨酸，L-甲硫氨酸的水平会是正常值的 2~4 倍，这可能就是甲硫氨酸治疗效果的基础，但是这个水平的升高，并无副作用。甚至是 500mg 最小剂量的 L-甲硫氨酸，通常也会提高血液中 L-甲硫氨酸水平 1.5~3 倍。

甲硫氨酸控制高血组胺抑郁症

一位 61 岁有 3 个孩子的妇女来到我们的诊所请求帮助，她患有高血组胺抑郁症，具有酗酒的历史，她介绍说，她遍体鳞伤的皮肤是被普通阳光照射造成的；她没有理想和回忆，还有厌食症，一天只是吃一次晚饭，她对动物皮毛过敏。她每天早上和晚上服用 200mg 氯丙嗪（Thorazine）和 2mg 比哌立登（Biperiden），还尝试使用过镇静剂。她回忆，在 51 岁时曾经出现过连续了 3 年的更年期抑郁症，也没有得到医治，病情逐渐恶化。

我们对她进行了 3 次验血检查，她的组胺水平分别是：138，140，155（正常水平应该在 40~70）；她的血清铜含量测定是：133，152，144；她的血清锌含量是：81，144，219。验血的结果说明患者缺乏维生素 B_6 和锌，需要进行锌、锰和维生素 B_6 的纠正治疗。

根据这个方案的治疗，她的抑郁症得到了一些缓解。随后又给她每天早上和晚上补充 500mg 的 L-甲硫氨酸和 500mg 的钙，并且停止服用氯丙嗪，她终于摆脱了抑郁症。患者也获得了在学校食堂就业的机会，她仍然坚持服用抗抑郁药苯妥英钠（Dilantin），进一步降低了她的高血组胺水平（注 3）。

十三、甲硫氨酸在戒毒中的应用

戴·麦（De Maio）的研究发现，甲硫氨酸可以用于减少吸毒者在海洛因戒断期的抑郁症状。菲佛（Pfeiffer）认为吸毒者往往是高组胺的患者，他们为了寻求缓解痛苦的状态，所以继续使用毒品如海洛因等。L-甲硫氨酸具有降低组胺的能力，可以用于吸食海洛因成瘾者的戒毒。给大鼠静脉注射 DL-甲硫氨酸，其剂量为 1mg/kg，可以有 50% 的大鼠摆脱对镇静剂戊巴比妥钠（注 4）的诱惑。泰勒（Taylor）的研究也发现给大鼠补充甲硫氨酸，可以降低大鼠对安非他命的依赖。

我们发现甲硫氨酸结合抗氧化剂，控制多巴胺和酪氨酸可以有效地治疗毒品上瘾，这个方案对于酒精上瘾也很有用。

注 3：组胺也称组织胺，广泛存在于动植物组织中。能提高胃酸分泌，并使各种平滑肌发生痉挛，毛细血管扩张，通透性增加。它是一种活性胺化合物，作为身体内的一种化学传导物质，可以影响许多细胞的反应，包括过敏、发炎反应等，也可以影响脑部神经传导，造成嗜睡等效果。组胺存在于肥大细胞内，亦存在于肺、肝及胃的黏膜组织内。它在过敏与发炎的调节上扮演一个很重要的角色。组胺属于一种化学讯息，亦是神经递质，参与中枢与周边神经的多重生理功能。

注 4：戊巴比妥用于动物麻醉实验，仅供科研使用，类似催眠药，作用时间可维持 4~6h，显效较快。用作催眠和麻醉前给药，亦可用于治疗癫痫和破伤风的痉挛。

十四、甲硫氨酸和帕金森病

甲硫氨酸在大脑中被吸收，被转换成 S-腺苷-L-甲硫氨酸，可以增加肾上腺素神经递质。斯查曼特纳里（Stramentinoli）发现补充 L-甲硫氨酸，可以使神经递质多巴胺、去肾上腺素和血清素有显著变化，特别是血清素在脑前端区域有显著提高。

S-腺苷-L-甲硫氨酸是在身体内的一个甲基化物质，它是左旋多巴转化为多巴胺的甲基供体。彼得（Bidard）的研究发现 S-腺苷-L-甲硫氨酸可以控制多巴胺在尿液中的比例变化。所以他建议，利用 S-腺苷-L-甲硫氨酸可以增加左旋多巴的外围代谢的功能，给实验动物体内补充 100mg/kg 的左旋多巴，可以减少大脑中的 S-腺苷-L-甲硫氨酸 76%，肾上腺素可以减少 51%，在肝脏中的水平保持不变。彼得认为，S-腺苷-L-甲硫氨酸的亲和多巴胺作用，使甲硫氨酸可能会成为治疗帕金森病的辅助疗法。

十五、甲硫氨酸的水平和临床症状

大约有 15% 的患者来到我们的诊所，他们血液中的甲硫氨酸水平都比较低。这些人中有抑郁症的占 50%。此外，这些患者中至少有两例患有肾脏疾病，两例患有长期疾病，两例具有习惯性的癫痫，一例患有精神分裂症和一个嗜睡症患者。而其中一例患有抑郁症的患者在检测中显示血液中没有甲硫氨酸。

十六、甲硫氨酸的抗氧化和抗辐射作用

甲硫氨酸像其他含硫氨基酸一样，具有防辐射及防重金属毒害的作用。如重金属砷、铬、铅、铁、钼、钴等与甲硫氨酸的甲基结合，使得甲硫氨酸转换为谷胱甘肽，谷胱甘肽成为一种主要的抗氧化剂和抗辐射的复合化合物。

十七、甲硫氨酸与精神分裂症

我们已经成功地使用甲硫氨酸用于治疗精神分裂症。因为甲硫氨酸可以降低血组胺，也可能会影响大脑中的组胺代谢。甲硫氨酸在治疗具有抑郁性的精神分裂症最为成功，通常抑郁性的精神分裂症大约占精神分裂症患者 20%。

法伊弗（Pfeiffer）和爱丽夫（Iliev）研究发现补充 1.2g 的 L-甲硫氨酸，

或是 1.5g 的 DL-甲硫氨酸会有明显降低组胺的作用。甲基化是组胺降解并从体内清除的途径之一。甲硫氨酸可以减少肠道细胞对组氨酸的吸收，在进行大鼠实验时，在规定大鼠饲料摄入量 10% 的蛋白质中加入大约 1% 的甲硫氨酸，就会使血清中铜的浓度增加。铜可以激活二胺氧化酶，导致组胺的降低。

十八、甲硫氨酸与胆汁淤积症

弗雷扎（Frezza）研究发现，妇女患有胆汁淤积症（一种胆囊病症），采用每天补充 800mg 的腺苷甲硫氨酸可以治愈。同时，腺苷甲硫氨酸也可以用于妊娠妇女胆汁淤积症和改善胆囊功能，并没有雌激素的副作用。

十九、甲硫氨酸与泌尿系统疾病

甲硫氨酸可以通过调节氨和防止细菌附着在膀胱壁，起到保护尿路的作用。另据报道，每日补充 1~2g 的甲硫氨酸预防尖锐湿疣、阴道疣和喉乳头状瘤有帮助。每天大约 5g 高剂量的甲硫氨酸可以酸化尿液，有助于治疗顽固性尿路的感染。

二十、甲硫氨酸的使用剂量

在给 70kg 体重的成人补充 5g 甲硫氨酸（可以分为 2h 6 次，或是 4h 5 次进行补充），此后再缓慢减少补充量。其副作用有时会增加排尿和心悸，可能发生在连续补充甲硫氨酸 500~2000mg 的某些个体中。

在补充这个剂量甲硫氨酸的同时，可能会降低其他氨基酸的含量，例如，亮氨酸、异亮氨酸、缬氨酸、苯丙氨酸、酪氨酸和色氨酸。

在急性状况下，补充高剂量的甲硫氨酸会使铁的水平略有下降。但是，每日进行营养补充 500~2000mg 甲硫氨酸是不会发生的。

补充任意剂量的甲硫氨酸几乎都有副作用。

血浆中甲硫氨酸水平，在评估甲硫氨酸缺乏和治疗效果方面，既有用又准确，因为随着治疗的进行，血浆中甲硫氨酸水平往往会迅速上升。

二十一、甲硫氨酸的补充

在决定采用补充 L-甲硫氨酸、DL-甲硫氨酸或是 *S*-腺苷-L-甲硫氨酸时，主要取决于所处理的病症。甲硫氨酸的补充，例如，提升大脑中的 *S*-腺苷-L-甲硫氨酸水平，就应当补充 *S*-腺苷-L-甲硫氨酸。一般情况下，L-甲硫氨酸、DL-甲硫氨酸这些形式是可以互换使用的。

二十二、甲硫氨酸缺乏症

甲硫氨酸缺乏症的表现为头发焦脆、水肿、嗜睡、肝脏损伤、肌肉和脂肪的损失，以及色素沉着、皮肤病变和儿童生长缓慢。

二十三、补充甲硫氨酸的实用性

补充甲硫氨酸可以选择 L-甲硫氨酸、DL-甲硫氨酸或是 S-腺苷-L-甲硫氨酸，市场上有 DL-甲硫氨酸 500mg 的胶囊和 25mg 的 S-腺苷-L-甲硫氨酸的片剂，都是适用的。

二十四、每天甲硫氨酸的治疗用量

L-甲硫氨酸和 DL-甲硫氨酸的使用在 1~3g，其剂量取决于接受治疗的条件；S-腺苷甲硫氨酸的典型治疗剂量为 400mg，每天 3~4 次。

二十五、甲硫氨酸的最高安全剂量范围

目前没有建立，但应规定最高安全剂量。

二十六、甲硫氨酸的副作用及禁忌证

在补充甲硫氨酸时，关键是要求有足够量的吡哆醇（维生素 B_6）的供应。否则，如果维生素 B_6 缺乏，一些甲硫氨酸将转换成有毒的同型半胱氨酸，甲硫氨酸也可以导致生成多胺及氨基酸的化合物，有助于促进细胞的生长，也包括癌细胞的生长。

二十七、对甲硫氨酸的总结

1970 年，阿德尔·戴维斯（Adelle Davis）医生建议使用甲硫氨酸治疗因甲硫氨酸缺乏引起的妊娠毒血症、儿童风湿热和脱发。今天，我们看到是一个更明确的作用，甲硫氨酸为抑郁症、某些形式的精神分裂症和帕金森病提供了治疗。

甲硫氨酸是人体和高等动物的必需氨基酸之一；细菌可以从天冬氨酸转化成甲硫氨酸。甲硫氨酸在一定条件下可以被一些肠道中饥饿的细菌吸收。普通人按 10mg/kg 的标准补充甲硫氨酸和半胱氨酸，每天大约需要补充高达 700mg 的甲硫氨酸，从一般食物中摄取是很难达到这个要求的。

实验动物的饲料中缺乏甲硫氨酸会导致生长障碍和高血亚精胺；正常的

甲硫氨酸代谢取决于甲硫氨酸缺乏患者血清中的叶酸的利用。一些食物富含甲硫氨酸，如一杯低脂奶酪最多可包含 1g 的甲硫氨酸，一般在 30g 的奶酪中含有 100~200mg 的甲硫氨酸。

甲硫氨酸补充剂可以通过增加组胺的分解，降低血液中的组胺。甲硫氨酸具有治疗铜中毒和降低血清铜的作用。甲硫氨酸在代谢中的 3 大角色：①是甲基的供体；②是硫的供体；③是其他含硫氨基酸，如半胱氨酸和牛磺酸等的前体。

DL-甲硫氨酸补充剂可能比 L-甲硫氨酸补充剂更有效，这可能是因为 DL-甲硫氨酸是成盐的形式，甲硫氨酸在大脑中吸收转化成 S-腺苷-L-甲硫氨酸，可以增加大脑中肾上腺素的神经递质。甲硫氨酸作为甲基供体，具有产生作为大脑血液中的兴奋剂和降解组胺的作用。在治疗抑郁症中，甲硫氨酸是一种比单胺氧化酶抑制剂（MAO）更有效的药物。

甲硫氨酸可以辅助治疗帕金森病，因为甲硫氨酸会刺激多巴胺的产生；甲硫氨酸治疗肠道性肢端皮炎是有价值的，这是种罕见的遗传性锌缺乏的疾病；同时，甲硫氨酸也像其他含硫氨基酸一样，能预防辐射的影响。

补充甲硫氨酸可以帮助摆脱海洛因成瘾；甲硫氨酸也可以用于解毒以及对巴比妥类或安非他命等药物的戒断；甲硫氨酸也可用于慢性疼痛患者以及降低对疼痛的等级；同时，甲硫氨酸还具有降低血液中胆固醇的作用。

目前，我们使用甲硫氨酸对高血压、高组胺、抑郁症、血液中高铜症、高胆固醇症、慢性疼痛、过敏以及哮喘患者的治疗，测量血液中甲硫氨酸的水平有助于指导治疗。补充剂量为 1~2g 的甲硫氨酸，可以提高血液中甲硫氨酸含量，使其高于正常值的 2~4 倍。

在补充甲硫氨酸时，会出现其他氨基酸水平的下降，而牛磺酸的水平有所升高，因为牛磺酸是甲硫氨酸的代谢产物，这些升高可能是甲硫氨酸治疗作用的结果。

第六章　同型半胱氨酸：预测心脏病

同型半胱氨酸（Homocysteine）又称高半胱氨酸和巯基丁氨酸，它是甲硫氨酸在机体内的代谢产物。这种含硫氨基酸只是甲硫氨酸在转换成半胱氨酸的一刹那产生的，在转化为同型半胱氨酸的过程中，受到吡哆醇（维生素 B_6）、氰钴胺（维生素 B_{12}）和叶酸酶系统的制约。少量的同型半胱氨酸对机体是无害的。然而，当维生素 B_6、维生素 B_{12} 和叶酸水平不足，机体无法处理同型半胱氨酸时，其存在于机体内就有毒。

这种毒性为在血液循环中促进上皮细胞的损伤，加速纤维斑块的形成，使脂肪和细胞碎片沉积在血管中，缩小了血液的流动面积，从而增加许多心血管疾病的风险，包括动脉硬化、冠心病、中风、动脉粥样硬化和周围血管的疾病。

同型半胱氨酸的危险性已经超越了胆固醇，它是预测心血管疾病一个重要的指标。许多患有早产症、动脉硬化和急性心血管疾病的患者，都与同型半胱氨酸水平升高有关。高同型半胱氨酸血症，现在被认为是动脉硬化的一个主要的危险因素。高同型半胱氨酸血症已经被列入高脂血症、高血压症、高血糖症和吸烟高危害疾病的行列。

一、同型半胱氨酸的功能

半胱氨酸和谷胱甘肽是我们机体中两个最强大的天然抗氧化剂。它们是由甲硫氨酸转换成的，在这个代谢过程中，同型半胱氨酸扮演着重要的化学联系物质。如果维生素 B_6、维生素 B_{12} 和叶酸摄入足够，可以防止同型半胱氨酸在机体里的过量累积。

同型半胱氨酸是很容易在血液中检测的，其中大部分被氧化成二聚体的形式。自人们发现高水平的同型半胱氨酸会增加心脏堵塞、心脏病发作、中风和许多其他疾病的风险，目前已经将同型半胱氨酸列为关系到健康的最重要的生物指标。

二、同型半胱氨酸的代谢

同型半胱氨酸的代谢，与其他的含硫氨基酸一样，取决于维生素 B_6、维

生素 B_{12} 和叶酸。只要进食含甲硫氨酸的食物都会在体内产生同型半胱氨酸，而甲硫氨酸又是在动物性蛋白质中最常见的。充足的维生素 B_6、维生素 B_{12} 和叶酸是预防同型半胱氨酸毒性的物质。然而，根据调查，多数美国人在饮食中对摄取这些营养素是严重不足的，缺乏食用含丰富叶酸的深绿色蔬菜和富含维生素 B_6、维生素 B_{12} 的全谷物产品。

营养物质吡哆醇调节同型半胱氨酸的代谢。在同型半胱氨酸合成的自动调节过程中，它可能是起着"开关"作用的重要成分。在这个假设中，过量吡哆醇的加入，会使同型半胱氨酸—吡哆醇复合物关闭负责激活同型半胱氨酸合成的有缺陷的调节基因。

维生素 B_6 连接的酶中，特别是胱硫醚合成酶，在参与含硫氨基酸代谢中起着有效的刺激作用。在广泛的研究中发现，至少有10%的人患有（许多人是不知不觉地）先天性的胱硫醚合成酶不足，影响了同型半胱氨酸的代谢，或伴有高胱氨酸尿症。这时肝酶与同型半胱氨酸、胱硫醚，进一步在肝脏中生成半胱氨酸。有这种基因缺陷的人，他们的血液中的同型半胱氨酸是正常值的 $50\sim100$ 倍，同时还患有高胱氨酸尿症。除了引起广泛动脉损伤外，由于这种酶的缺陷会导致眼睛异位或近视、骨质疏松症以及中枢神经系统的疾病，如智力缺陷等。

同型半胱氨酸的高水平也常出现在有家族史的心脏病患者中，以及吸烟、50岁以上的更年期、缺乏锻炼或其他不良的生活方式中。

三、同型半胱氨酸的需求量

人和单胃动物（那些不反刍的动物）机体中的同型半胱氨酸只来自甲硫氨酸，同型半胱氨酸是所有膳食蛋白质的组成成分。一些研究人员称，同型半胱氨酸可以部分替代日常膳食中的甲硫氨酸。

四、同型半胱氨酸在食物中的来源

同型半胱氨酸是摄入含甲硫氨酸食物时的正常分解产物。甲硫氨酸在所有的动物蛋白，如肉和奶制品中大量发现（请见第五章中的表5.2）。另外，在饮食中的糖、新鲜的水果和蔬菜中也有存在增加同型半胱氨酸水平的成分。

五、同型半胱氨酸在临床上的应用

临床上，血液中的同型半胱氨酸升高具有重要的指导意义，它不仅作为心脏阻塞、心脏病、中风的指标，而且对精神病、抑郁症、糖尿病、肾衰竭、心血管缺陷、镰状细胞疾病、宫颈不典型增生、艾滋病、认知功能障碍，甚至可以对某些癌症的进展、低抗氧化水平、血液中的铜过量、叶酸缺乏症和甲硫氨酸先天性代谢缺陷进行判断。

六、同型半胱氨酸和心血管疾病

同型半胱氨酸代谢可能引起动脉硬化是在 1964 年由贝尔法斯特女王大学（Queens University of Belfast）的吉布森（Gibson）首次发现的，当时他们注意到高胱氨酸尿症患者的血管病变中，检测到有类似马方综合征（Marfan′s syndrome，注1）的主动脉和动脉形成血栓。有科学研究描述冠状动脉和颈动脉出现栓塞和肾动脉硬化，以及皮肤出现网状紫色斑点的青斑，高胱氨酸尿症这种循环衰竭的征兆与马方综合征极为相似。最终导致血小板的黏性增加，这是常见的死亡原因。

同型半胱氨酸导致动脉内膜组织和内侧动脉细胞的加速增长，引起血管失去弹性，流通面积缩小，动脉硬化、钙化以及形成血栓。

同型半胱氨酸在血液中存在最多的形式是双聚合体，在静脉注射 30min，可以诱导动脉循环的内皮细胞数量增加。但是，血小板抑制药物或维生素 B_6，可以防止内皮细胞的损伤和平滑肌细胞增殖。

动物实验中给狒狒连续输注同型半胱氨酸，发现血管内皮剥脱，血小板的消耗也增加了 3 倍，最终导致狒狒的动脉硬化。

同型半胱氨酸类似于药物青霉胺（Penicillamine，N，N-二甲基半胱氨酸），它们都会破坏交联（如硫键），这些化合物是半胱氨酸和谷胱甘肽的前体。

从高同型半胱氨酸患者的皮肤活检中发现，在其交叉链接上有显著下降。他们的动脉胶原蛋白也具有相同的缺陷。这是因为赖氨酰氧化酶利用了铜和维生素 B_6，导致这两种营养素缺乏，引起主动脉交叉链接的缺陷。由于生活条件的原因，在美国几乎不存在铜的缺乏症。

在动脉硬化的治疗中，可以通过减少同型半胱氨酸降低胆固醇。同型半胱氨酸过剩与维生素 B_6 缺乏和微量元素锌的缺乏有关，补充维生素 B_6 和锌可以增强机体对细胞的修复能力。维生素和锌缺乏症患者，在农村等边缘地区普遍存在。

注1：马方综合征亦称为先天性中胚层发育不良、Marchesani 综合征、蜘蛛指征、肢体细长征。主要表现为周围结缔组织营养不良、骨骼异常、内眼疾病和心血管异常，是一种以结缔组织为基本缺陷的遗传性疾病。

即使是健康人，如果维生素 B_6 缺乏也会导致同型半胱氨酸的积累，在我们日常的饮食中肉类和奶制品中都含有较高的甲硫氨酸，而日常的食物中又含有较少的维生素 B_6，所以补充维生素 B_6 是非常必要的。

同型半胱氨酸水平升高除了引发心脏病外，还会有下列的情况。

七、同型半胱氨酸与精神病

同型半胱氨酸和谷氨酸是两个在人类大脑中最兴奋的氨基酸。精神病症状与高胱氨酸尿有因果联系，因为在几百名由于胱硫醚合成酶缺乏患有同型半胱氨酸血症和高胱氨酸尿的患者中，均出现有精神病的报告。

弗里曼（Freeman）在马里兰州的约翰·霍普金斯医院（Johns Hopkins Hospital）的研究中，发现精神分裂症患者体内甲基四氢叶酸是缺乏的。我们的诊所对数以千计的"精神分裂症"进行了叶酸、维生素 B_6 和甲硫氨酸的临床反应，发现甲硫氨酸具有类似于甜菜碱的药理特性，已成功地应用于治疗高胱氨酸尿症。

八、同型半胱氨酸与精神分裂症

同型半胱氨酸的衍生物 S-腺苷-L-高半胱氨酸（S-adenosyl-L-homocysteine，SAH），是能量分子 ATP 与同型半胱氨酸的衍生物。它可以抑制精神病患者的幻觉和抑郁相关的反应。密歇根大学的沙茨（Schatz）在研究中发现，甲基化反应对精神病患者，可能是一个治疗的方法，他给患者补充 200mg/kg 体重水平的腺苷和 DL-高半胱氨酸硫内酯的有效剂量。在患者的大脑中 S-腺苷-L-高半胱氨酸（SAH）明显升高，大脑中的一些甲基化反应减少。S-腺苷-L-甲硫氨酸没有受到影响，但甲基供体的酶、组胺-N-甲基转移酶（HMT）和儿茶酚-O-甲基转移酶（COMT）都有所降低。这表明该化合物可能对高多巴胺、低组胺的精神分裂症患者有效。同时，S-腺苷-L-高半胱氨酸也能抑制精胺合成酶、N-甲基四氢叶酸和甲基转移酶。

沙茨（Schatz）还表明，S-腺苷-L-高半胱氨酸可以降低脑磷脂甲基化的 N，N-二甲基乙醇胺（类似于二甲基乙醇胺）和磷脂（卵磷脂的成分）的含量。

国家精神卫生研究所（National Institutes of Mental Health，NIMH）的斯齐门特（Stritmatter）发现 β-肾上腺素受体含有甲基化磷脂酰胆碱，可能会诱发某种形式的精神分裂症。由于该机构推荐儿茶酚胺受体的 S-腺苷-L-高半胱氨酸是一种有效的甲基转移酶抑制剂，可能对某种形式的精神分裂症是有用的。

九、高同型半胱氨酸的诊断和治疗

在我们诊所，为每位患有心脏病或糖尿病历史的患者，在测量同型半胱氨酸、维生素 B_6、叶酸、甲硫氨酸和半胱氨酸水平时，发现在十多位老年患者中患有同型半胱氨酸升高的同时往往也有高胆固醇症状。

已知的甲基供体酶

- 乙酰羟色胺甲基转移酶（Acetyl Serotonin Methyltransferase，ASMT）
- 儿茶酚-O-甲基转移酶（Catechol-O-methyltransferase，COMT）
- DNA 甲基转移酶（DNA Methyltransferase，DMT）
- 组胺 N 甲基转移酶（Histamine N Methyltransferase，HMT）
- 组蛋白甲基转移酶（Histone Methyltransferase，HOMT）
- 苯乙醇胺甲基转移酶（Phenylethanolamine Methyltransferase，PEMT）
- 磷脂酰乙醇胺甲基转移酶（Phosphatidyl Ethanolamine Methyltransferase，PEMT）
- 蛋白甲基转移酶（Protein Methyltransferase I-III，PMT）
- S-腺苷-L-甲硫氨酸（S-adenosyl-L-Methionine，SAMe）
- 酪胺-N-甲基转移酶（Tyramine-N-methyltransferase，TMT）
- T RNA 甲基转移酶（T RNA Methyltransferase，RMT）

摄入足够的叶酸、维生素 B_{12}，特别是维生素 B_6，可帮助体内的同型半胱氨酸及时分解。我们通常建议每日补充 $400\mu g$ 的叶酸、100mg 的维生素 B_6 和 9mg 的维生素 B_{12}，进行一次性注射（或鼻滴维生素 B_{12}），很快就能够通过这些补充，使高同型半胱氨酸水平得到降低。

在日常生活中增加膳食水果和蔬菜的食用，而不是服用补充剂来补充。食物中通常具有高的维生素 B_6 和叶酸含量，也可以维持机体内的维生素 B_6 和叶酸的水平。

注意：在补充 N-乙酰半胱氨酸（NAC）、半胱氨酸或甲硫氨酸时，身体内必须要有足够充足的维生素 B_6，否则在体内产生过剩的同型半胱氨酸，是具有高风险的。

十、对同型半胱氨酸的总结

同型半胱氨酸是一种含硫氨基酸，参与甲硫氨酸代谢。少量的同型半胱氨酸对身体是没有毒害作用的。然而，当甲硫氨酸过度消耗了维生素 B_6、维生素 B_{12} 和叶酸，造成代谢中维生素 B_6、维生素 B_{12} 和叶酸不足，使同型半胱氨酸不能代谢，在机体内积累就会产生毒害作用。

有几种类型的同型半胱氨酸先天性的代谢缺陷。其中最普遍的是胱硫醚合成酶缺乏，它是由肝酶胱硫醚合成酶基因缺陷引起的，这种酶通常将同型半胱氨酸转化为胱硫原醚，之后在肝脏中，进一步转化为半胱氨酸，最终转化为牛磺酸和谷胱甘肽。

研究表明机体内过多的同型半胱氨酸会加速血管内膜、内侧动脉的细胞和组织的增长，最终导致血管失去弹性，血液流通面积缩小，动脉硬化和钙化，形成动脉内血栓。同型半胱氨酸现在被认为是心血管疾病重要的危险因素，同时被列入高脂血症、高血压、高血糖和吸烟的重要伤害疾病类型内。

同型半胱氨酸是很容易在血液中测量的，同型半胱氨酸是双键的形式，其中大部分被氧化为胱氨酸。在临床上其在血液中升高，不仅是使得心脏传导阻滞以及导致血液流通障碍，也是心脏病发作和中风的一个重要指标，而且还会促使糖尿病、肾功能衰竭、神经系统缺陷、镰状细胞病、宫颈不典型增生、艾滋病、微量元素铜过剩和叶酸缺乏、低抗氧化的水平、认知障碍以及某些癌症的发展，同型半胱氨酸水平的升高，还是关系到身体健康的一个警示信号。

同时甲硫氨酸先天性代谢缺陷都会使得同型半胱氨酸水平升高。

S-腺苷高半胱氨酸是能量分子 ATP 和同型半胱氨酸的合成物，可以用于治疗某些形式的精神病，如占精神病患者大约 30% 的吡咯障碍型（Pyroluria）精神病。

同型半胱氨酸的高水平也出现在有家族史的心脏病，同时具有吸烟习惯或 50 岁以上处于更年期，以及缺乏锻炼或其他不良的生活方式的群体中。

通过饮食来源或是补充叶酸、维生素 B_{12}，特别重要的是必须补充维生素 B_6，可以及时分解体内同型半胱氨酸，避免造成伤害。

第七章　半胱氨酸：解毒剂

半胱氨酸（L-cysteine）是一种非必需氨基酸，但是具有超强的生化作用。它的基本化学结构包括氨基、氮、碳、氧和氢再加上含硫的巯基。巯基在常见的抗菌剂乙汞硫水杨酸钠（硫柳汞）（注1）中也有，表明这个化合物含有结合在一起的硫和氢原子。自古大蒜就被古希腊人应用在医疗上，硫元素已被用来治疗各种各样的疾病。半胱氨酸是一种比大蒜更高质量的硫源。事实证明，在许多曾经使用过硫的情况下其被证明是有用的。

由于半胱氨酸分子末端的巯基基团的特殊性质，半胱氨酸在体内许多不同的情况下都具有活性。巯基化合物不仅能帮助防止敏感组织的氧化，而且还能帮助身体处理并使有毒化学物质和致癌物质成为无害物质（敏感组织会导致衰老和癌症）。正是它使半胱氨酸及其众所周知的重要衍生物 N-乙酰半胱氨酸和谷胱甘肽成为极其强大的化合物。

一、半胱氨酸的功能和作用

半胱氨酸最重要的功能是自由基破坏剂、抗氧化剂、循环铜螯合剂和一般代谢增强剂。半胱氨酸是一种高活性、多功能的氨基酸。一旦进入体内，它会迅速地转化为胱氨酸，胱氨酸是这种富硫氨基酸的稳定形式。

每个胱氨酸分子是由两个半胱氨酸分子结合在一起组成的。它的稳定性来自于蛋白质链内和蛋白质链之间形成的被称为双硫键或双键的极其牢固的桥。每个胱氨酸分子由两个连接在一起的半胱氨酸分子组成。这种超稳定的胱氨酸有助于蛋白质在体内被运输时保持其结构。它在分子纵横交错的链结构中的关键位置充当"焊料"，并帮助确定许多动植物蛋白的形式和机械性能。以下是胱氨酸含量很高的物质，如赋予小麦面团弹性的纤维蛋白面筋，

注1：硫柳汞是一种含有乙基汞的化合物，用于防止细菌和真菌在以多剂量瓶提供的某些灭活（即病毒已经被杀死）疫苗中生长。它也用于疫苗生产过程，包括灭活特定的生物和毒素及协助保持生产线的无菌状态。自20世纪30年代以来，硫柳汞一直用于某些疫苗和其他医疗产品的生产。硫柳汞的制造在人类主要汞的暴露源中占不足0.1%的很小部分。

以及使乌龟壳变硬和使人的头发卷曲或直的角蛋白。

人体将胱氨酸转化为乙酰半胱氨酸（NAC），乙酰半胱氨酸是当今医学上最有据可查和最有效的营养剂之一。半胱氨酸的这种"稍微修饰一下"的形式被认为是半胱氨酸解毒机制的中介物。也就是说，在半胱氨酸用于清除细胞毒素的过程中，它可能会暂时转化为乙酰半胱氨酸。半胱氨酸作为一种解毒剂，比体内的任何其他物质都能够清除更多的毒素，甚至维生素 C 也无法和其解毒范围媲美。它用于急诊室以应对有毒物质的过量使用，通常被用于处理对乙酰氨基酚（泰诺）的过量使用。半胱氨酸的很多医学功能还有待研究开发，它仍然是临床医生们治疗肺癌、其他癌症和心脏病用药中保存得最完好的"秘密"之一。与半胱氨酸一样，乙酰半胱氨酸也有增加体内谷胱甘肽的作用。

半胱氨酸对机体有着重要且令人振奋的作用，它协助谷胱甘肽对肝脏中的致癌物质和其他毒素进行解毒；半胱氨酸作为主要的解毒剂，同样在人体其他所有细胞中发挥作用。没有它的存在，氧化过程会破坏机体的细胞，并且其中的毒素水平会破坏机体的肝脏。机体将无法抵抗细菌、病毒或癌症。

激素通常由10、20或50个氨基酸构成，由此可见，在激素复杂多变的调节和生理平衡功能中，每种氨基酸都只扮演一些小角色，谷胱甘肽的作用也是有限的。谷胱甘肽是个三肽——是由三个氨基酸（半胱氨酸、谷氨酸和甘氨酸）组成的蛋白质——它是人体内有毒有害物质的中和剂，为所有细胞提供源源不断的天然抗氧化剂。半胱氨酸是这三个氨基酸中最重要的，它决定了人体产生谷胱甘肽的数量，谷胱甘肽功能也是来自于半胱氨酸的巯基。

谷胱甘肽除了具有强大的抗氧化能力外，还有助于循环利用其他抗氧化剂，如维生素 C、维生素 E 和硫辛酸。我们会在这一章后面讲到谷胱甘肽。

半胱氨酸除了可以转化为乙酰半胱氨酸和谷胱甘肽而产生解毒功能外，它在能量代谢中也起着重要作用。像许多其他氨基酸一样，它可以在必要时作为燃料。首先，它被转化成葡萄糖，葡萄糖可以被氧化为能量，也可以被贮存为淀粉。为了将氨基酸转化为简单的酸，然后是糖，身体必须从氨基酸中去除氮，并以尿素的形式在尿液中排泄。在同样的过程中，半胱氨酸的硫转化为硫酸盐，可以导致食用高蛋白饮食的人缺钙。

另一个重要的能量系统酶是脂肪酸合成酶（机体细胞合成脂肪酸所必需的酶），其活性成分就是半胱氨酸。此酶在合成每种脂肪酸时，利用半胱氨酸的高活性巯基，可以一次固定两个碳原子、延长肽链。

半胱氨酸在大脑中的作用尚不清楚。与芳香族氨基酸（苯丙氨酸、酪氨酸和色氨酸）不同，芳香族氨基酸在健康的大脑功能中起着至关重要的作用，半胱氨酸亚磺酸（半胱氨酸的一种形式）和谷胱甘肽被认为是神经递质，但它们在大脑中的作用却鲜为人知。有时在精神病患者中发现半胱氨酸缺乏，这表明半胱氨酸可能在正常的心理功能中具有重要的作用，但尚不清楚。

二、半胱氨酸的代谢

人体内半胱氨酸的合成只能来源于必需氨基酸——甲硫氨酸。半胱氨酸是高度不稳定的分子，可迅速被转化为半胱氨酸的二聚体形式即胱氨酸。半胱氨酸与所有含硫氨基酸一样，需要足够量的吡哆醇（维生素 B_6）、氰钴胺（维生素 B_{12}）和叶酸才能从一种氨基酸转换为另一种氨基酸。半胱氨酸可以转化为细胞所需的乙酰半胱氨酸（NAC）、甲硫氨酸、牛磺酸、硫胺素、辅酶 A 等许多其他有机硫分子。

半胱氨酸在转化的过程中，高剂量的维生素 B_6 对肾肿瘤、甲状腺和半乳糖血症具有疗效；如果维生素 B_6 缺乏，会引起甲硫氨酸在转换半胱氨酸中出现错误，引发胱硫醚尿症。如果不纠正维生素 B_6 缺乏，会导致精神发育迟滞、血小板减少和身体内的酸碱度（pH）水平的失衡。

三、身体对半胱氨酸的需求

美国国家科学院尚未建立半胱氨酸的每日建议摄入量。但是，由于甲硫氨酸和半胱氨酸都可以提高谷胱甘肽水平，因此他们将这两种氨基酸的合计最低每日摄入量做了评估。

甲硫氨酸加半胱氨酸每日最低的摄入量要求：儿童为 22mg/kg 体重，成人为 10mg/kg 体重。一些研究人员认为，只要 5mg/kg 体重的半胱氨酸就能满足日常的需要，这相当于是每天补充 350mg 的半胱氨酸。研究人员报告总含硫氨基酸（牛磺酸、半胱氨酸和甲硫氨酸）的最低要求高达 1400mg/d。世界卫生组织（WHO）建立了一个初步的对含硫氨基酸（主要是甲硫氨酸）的要求，每天要补充 13mg/kg 体重的含硫氨基酸，也就是对于 70kg 的成年男性，每天需要补充 910mg 的含硫氨基酸，这个要求也需要根据性别、年龄及饮食而定。

四、半胱氨酸在食物中的来源

半胱氨酸最好的食物来源是鸡蛋、肉类、奶制品、谷物和豆类。然而，食物中的半胱氨酸水平很难像体液中那样被检测出来。一般说，胱氨酸含量高的食物其半胱氨酸含量也高。低蛋白饮食的素食者可导致半胱氨酸缺乏。

五、半胱氨酸的形式和吸收

大量研究表明，半胱氨酸的乙酰化形式——乙酰半胱氨酸是人体最好的吸收形式。D-胱氨酸和D-半胱氨酸具有毒害作用，不适合人类使用。

人体中半胱氨酸要与其他氨基酸的水平保持平衡，当体内的苯丙氨酸和色氨酸水平高时，应该警惕半胱氨酸水平会有减少的可能性。若半胱氨酸水平下降，机体内的抗氧化能力也会降低，会导致免疫力的下降和机体的老化。血液中氨基酸、维生素、微量元素和脂肪酸的水平，应该由医生经常测量和监控，优化机体的状态，并满足身体的需求。半胱氨酸在食物中的含量见下表。

表　　　　　　　　　　半胱氨酸在食物中的含量

食物	数量	含量/g
牛油果	1个	—
奶酪	1oz	0.03
鸡肉	1lb	0.40
巧克力	1杯	—
白软奶酪	1杯	0.30
鸭肉	1lb	1.20
蛋	1个	0.07
麦片	1杯	0.30
午餐肉	1lb	0.29
燕麦粥	1杯	0.20
猪肉	1lb	0.64
乳清干酪	1杯	0.25
香肠	1lb	0.35
火鸡肉	1lb	0.50
麦芽	1杯	0.70
全脂奶	1杯	0.07
酸奶酪	1杯	0.93

六、维生素与半胱氨酸的相互关系

半胱氨酸在体内与维生素 C 和其他抗氧化剂有协同作用，保护细胞膜免受脂质氧化的危险，并且帮助身体排毒，将农药、除草剂、塑料，其他碳氢化合物和各种药物毒素排出体外。此外，半胱氨酸像维生素 C 一样，可以帮助杀死细菌，并且作为谷胱甘肽分子的一部分，是免疫系统中许多部分必不可少的元素。维生素 C 与谷胱甘肽之间存在进一步的关系。这一发现表明，像豚鼠一样，人类无法自身生产维生素 C，并且所产生的谷胱甘肽比大鼠、小鼠和仓鼠少。

七、半胱氨酸的副作用

当半胱氨酸没有转换成左旋胱氨酸，积累在体内是有害的，以致导致肾脏功能障碍和肾结石。这种症状常常发生在具有一种遗传性胱氨酸病患者中（或称为范科尼综合征）。患此病的儿童常常是在 10 岁左右死于肾衰竭，积累的成千上万的胱氨酸微小结晶体，嵌入在许多器官中，体内的胱氨酸水平大约是正常值的 100 倍。虽然胱氨酸的结晶没有办法清除，但是，半胱氨酸衍生品半胱胺（又称巯基乙胺，Mercaptoethylamine）可以快速消除细胞中过度的左旋胱氨酸。过度的左旋胱氨酸会引起消化道溃疡、发烧、皮疹、嗜睡、降低中性粒细胞的计数（中性粒细胞是白细胞的主要组成细胞，白细胞具有重要的免疫功能）。

因为过多的胱氨酸会对患有胱氨酸疾病的儿童造成伤害，我们对 L-胱氨酸的临床应用持怀疑态度（虽然有些医生用它来治疗脱发和降低极低密度脂蛋白，或是"坏"形式的胆固醇）。通常，胱氨酸疗法是用来提供一个化学还原或是抗氧化的环境，使用 L-胱氨酸却破坏了半胱氨酸的抗氧化治疗的效果。

八、半胱氨酸的临床应用

含硫氨基酸的化学结构不同于其他氨基酸，因为它们含有硫元素。硫与氢原子结合成为一个强大的抗氧化剂，可以对抗整个身体中的自由基。

由于半胱氨酸是一种天然的营养物，也是一种安全和有效的化合物，不需要医药企业设专项课题进行研究、申请专利或是临床使用等。目前已有几十项有关使用 L-半胱氨酸作为一种辅助治疗用于许多类型的疾病状况的有价值报道。

半胱氨酸难溶于水，在25℃时的溶解度为 0.11g/L，进行乙酰化后，其形式为 N-乙酰-L-半胱氨酸（N-acety-L-cysteine），又简称为乙酰半胱氨酸，它易溶于水，在饮料、输液等液体中使用。N-乙酰-L-半胱氨酸到体内再转化为半胱氨酸。

半胱氨酸是谷胱甘肽的前体。在这里介绍的半胱氨酸的缺乏，通常也包括谷胱甘肽的缺乏（半胱氨酸的水平影响着谷胱甘肽的产量）。

九、细菌感染与半胱氨酸

在动物实验中，补充半胱氨酸或谷胱甘肽已经证明，可以像维生素 C 一样，对细菌感染有辅助抵抗的作用。另外，通常在使用抗生素后使用乙酰半胱氨酸，可以控制发生在结肠的梭菌毒素感染，并且实验动物的生存时间都得到了显著的改善。

十、半胱氨酸与癌症

N-乙酰-L-半胱氨酸可应用于癌症的治疗。在广泛的研究中，N-乙酰-L-半胱氨酸能提高白细胞白介素 Ⅱ 水平，参与抗肿瘤免疫反应。还有一些动物实验已经显示，相当于人体每日使用 70g 的 N-乙酰半胱氨酸，对人类肿瘤的抑制是有效的。

乙酰半胱氨酸可以降低用于癌症治疗的各种剧毒物质的毒性。例如，阿霉素（Adriamycin）是一种常用的化疗药物，它能造成心脏损害。给犬每天补充乙酰半胱氨酸的剂量为 12mg/kg 体重，进行了 8 周，这相当于 70kg 体重的成年男子，每天补充 1g 乙酰半胱氨酸，成功减少了对心脏的毒性。

根据摩根（Morgan）等的研究报告，半胱氨酸、半胱氨酸衍生物、半胱胺（巯基乙胺，Cysteamine-mercaptoethylamine）以及 D-青霉胺（D-penicilla-mine，半胱氨酸与两个甲基的化合物）都会抵抗阿霉素的毒性，阿霉素在身体代谢中产生有毒的化学物质——丙烯醛和氯乙酸，它们会严重损害肝脏。丙烯醛具有非常激烈的刺激性，它被用于化学战争；氯乙酸是乙酸氯化的代谢产物，会严重损害肝脏。

在一项研究中显示，N-乙酰半胱氨酸具有预防在化疗中对肝脏和心脏有毒性的物质伤害，但是 N-乙酰半胱氨酸在转换成半胱氨酸时有损失，因此我们可以设想，半胱氨酸本身在预防毒性物质伤害方面也是有效的。

谷胱甘肽可以有效对抗阿霉素分解产生的有害物质，但是谷胱甘肽产量低，价格昂贵；半胱氨酸可以制成片剂或胶囊；乙酰半胱氨酸可以制成液体形式。它们在使用阿霉素治疗或是所有化疗中对抗毒副作用是最有效的。

乙酰半胱氨酸对另一种治疗癌症的药物——环磷酰胺（Cyclophosphamide，CPS）也有解毒作用。在使用环磷酰胺的半小时之前，施以四倍于环磷酰胺的乙酰半胱氨酸剂量，可以防止环磷酰胺诱发的一种极痛苦的膀胱和尿道出血性炎症，并且可以延长癌症患者的生存时间。欧洲研究使用一种改进的环磷酰胺，即异环磷酰胺（Ifosfamide，IFX），依然对尿路的内壁有伤害。但是每日对胰腺癌及睾丸癌患者提供 8g 的乙酰半胱氨酸，可以减轻化疗痛苦的副作用。

乙酰半胱氨酸不仅有助于防止化疗的副作用，它还可以应用在放射的治疗中。乙酰半胱氨酸可以制成药膏，以预防癌细胞在皮肤上蔓延、减少皮肤反应、防止脱发和保护眼睛的黏膜。胱氨酸和乙酰半胱氨酸还可以预防在放射治疗中，射线对肠道黏膜所致损害而出现的肠道炎症。

几年前也有使用 5~7g 大剂量的乙酰半胱氨酸治疗肝癌的报道，并且每天的使用剂量高达 7g，也很少有副作用。我们的诊所在治疗严重的转移性癌症时，也曾经使用过 5~7g 的乙酰半胱氨酸，大多数患者都能接受，只是有一些患者产生肠道气体。一些研究表明，在危重情况下，每天可以使用高达 20~30g 的乙酰半胱氨酸，但是必须要有维生素 C 的协同。

每天补充 10g 大剂量的乙酰半胱氨酸是安全的，甚至在怀孕期间服用也是安全的。服用乙酰半胱氨酸有一种令人恶心的味道和气味，会引起呕吐。但是，服用半胱氨酸就没有这种不良反应。

十一、半胱氨酸与蛀牙

半胱氨酸或谷胱甘肽的巯基基团与金属银、锡或是锌结合成盐，增强杀菌性能，可以抑制牙菌在牙龈上形成牙菌斑块，以防止蛀牙。同时，在半胱氨酸或谷胱甘肽中加入锌，制成含片可以在治疗咽喉痛和感冒上都具有一定的功效。

十二、半胱氨酸与糖尿病

潘伯恩（Pangborn）的实验室对糖尿病和癫痫患者尿液中的半胱氨酸水平进行了研究，他认为，这两种疾病都是由于损坏了胱氨酸的代谢。胱氨酸的代谢产物——半胱氨酸转化为牛磺酸有助于预防癫痫发作，这一发现还需进一步的调查研究。

有糖尿病的患者需要增加半胱氨酸、牛磺酸和含硫氨基酸，特别是在酮中毒期间（酮类异常的积聚）患者体内含硫氨基酸的排泄量增加时。同时，还发现半胱氨酸和甲硫氨酸，对亚油酸和硫辛酸的合成是非常重要的。硫辛酸可以减弱糖尿病患者对胰岛素的依赖，它一直被认为是有益于糖尿病的。

一位 60 岁的妇女患有慢性糖尿病，患者肾脏严重受损，似乎需要进行透析。我们每天早上和晚上补充 1g 的半胱氨酸，挽救了她的肾功能衰竭。

肾脏损害也常常与服用吲哚美辛（Indomethacin，Indocin）和其他非甾体类抗炎药物（Nonsteroidal），如苯基丁氮酮和舒林酸（Clinoril）有关，因为谷胱甘肽参与这些药物的解毒，使得谷胱甘肽大量损耗。由于半胱氨酸是能够提高谷胱甘肽水平的，谷胱甘肽大量损耗，也导致半胱氨酸的大量消耗，以致妨碍半胱氨酸在其他功能中的作用。

十三、半胱氨酸与脱发

美国人每年为了恢复脱发，都要消费几百万美元，购买乳霜、凝胶和膳食补充剂，但是都不能解决问题，FDA 正在打击这些夸大的宣传。

所有的皮肤角质层、头发和指甲的角蛋白中，胱氨酸的含量是很高的，一般占 12% 左右。研究发现，当机体遇到异常，含硫的蛋白流失，就会造成脱发。经过动物实验，补充含硫氨基酸，如提高膳食中胱氨酸高硫蛋白质的比例，有益于人类头发的增生。调查中还显示，每日补充半胱氨酸或乙酰半胱氨酸，可以增加头发的直径，对于秃顶或是脱发的患者，能有效促进头发的生长和头发的密度。

补充半胱氨酸停止异常的脱发

有一位 27 岁的女性，忍受不了她的严重脱发，来到了我们的诊所。一般头发每天正常的脱落在 70 根左右，而她每天的脱落达到几百根以上。经过对她的血液中氨基酸的分析，检测显示血液中的胱氨酸和牛磺酸水平很低。我们开始在每天早晨和晚上补充 1g 的左旋半胱氨酸，但是她的头发脱落没有得到改善。当我们增加补充左旋半胱氨酸达到 5g 剂量后，一个月以后她的头发脱落停止了。

在另一起病例中，一位 35 岁的女性在抑郁期间，发生了过度的脱发，我们给她每天两次补充 1.5g 的左旋半胱氨酸，两周以后她的头发停止了脱落。

十四、半胱氨酸与心脏病

大量的研究已经发现，通过静脉注射 2g 的乙酰半胱氨酸，可以提高硝酸甘油治疗心绞痛和冠状动脉疾病的使用效果。我们推荐使用单硝酸异山梨酯（Isosorbide Mononitrate，ISMO）或硝酸异山梨酯（Isosorbide Dinitrate）（注2）的患者，应该同时补充服用乙酰半胱氨酸。因为乙酰半胱氨酸可以阻止这些药物的分解，同时能提高这些药物的效应，补充的剂量为 2g。乙酰半胱氨酸还可清除机体内有害的胆固醇。

十五、半胱氨酸与重金属毒素

当一些有毒的微量元素在机体内超标，补充半胱氨酸能减轻毒性微量元素对机体的伤害。

钴和钼：半胱氨酸补充剂已经被证明，可以缓解由钴和钼产生的毒性对机体的伤害。多明戈（Domingo）等发现，大鼠体内钴过量，会影响生长速度、发育不良和引起红血细胞过多。猪体内受到钴毒性的伤害，会影响甲硫氨酸转换成半胱氨酸和谷胱甘肽。从上述动物实验中可以得出，我们补充半胱氨酸可以减缓汞、铅、铝、铜、镉、钼等重金属对机体的毒性伤害。

砷：N–乙酰半胱氨酸是一个极强的砷解毒剂。据报道，曾经有一人服了 900mg 致死剂量的砷酸钠之后，进行静脉注射 N–乙酰半胱氨酸及时抢救，24h 后脱离了危险期，并恢复了健康。

铜：血液中过剩累积的铜会对脾脏、肝脏和胆造成危害，同时还会造成精神错乱和其他精神障碍，在对许多精神病患者进行血液检测中发现，他们血液中铜的水平升高。甲硫氨酸、半胱氨酸可以与过剩的铜结合，并排出体外（注3）。

注2：单硝酸异山梨酯和硝酸异山梨酯均用于冠心病的长期治疗，作为心绞痛的预防和心肌梗死后持续心绞痛的治疗药物。

注3：目前还没有关于半胱氨酸用于治疗遗传性的威尔逊症（Wilson's disease）的报道，这种遗传性疾病也称为肝豆状核变性疾病，是一种少见的、并不断严重的遗传疾病。大多为隐性遗传疾病，患者带有一条基因缺陷的染色体，也有些患者是自己的基因突变。这种疾病会导致无法正常代谢体内的铜元素，进而堆积在肝脏和其他器官，产生毒性，以肝脏和大脑基底节受疾病的伤害最为严重。盐酸青霉胺（D–penicillamine）又称为二甲基半胱氨酸，它是铜的黏结剂，目前是治疗威尔逊症的首选药物，但是有 1/3 的患者会出现急性中毒反应。如果采用补充半胱氨酸治疗，可能会避免盐酸青霉胺出现的副作用。

十六、人类免疫缺陷病毒（艾滋病病毒，Human Immunodeficiency Virus，HIV）

据有关研究发现，造成人类免疫缺陷病毒（HIV）易感染的主要原因是机体内 N-乙酰半胱氨酸的储备枯竭。免疫系统对缺乏 N-乙酰半胱氨酸极其敏感。免疫缺陷致使 CD_4 抗艾滋病的白细胞（Cluster of Differentiation 4）的数量下降了 30%。

斯坦福大学的研究表明，N-乙酰半胱氨酸有益于艾滋病患者，难以解决的问题是如何提高血液中的免疫水平。我们认为，给患者补充 3~7g 剂量的 N-乙酰半胱氨酸是治疗艾滋病的关键辅助手段，艾滋病是一种可治疗的疾病，但是在治疗上必须给予患者大量的营养和补充 N-乙酰半胱氨酸。

十七、乙酰半胱氨酸治疗肾结石

每天服用 1.5~2g 的乙酰半胱氨酸可以有效治疗肾结石，或是由于使用盐酸青霉胺药物造成的胱氨酸结石症（在一定程度上盐酸青霉胺可以抑制胱氨酸的代谢，但不会影响半胱氨酸的代谢）。

在我们的诊所对数百例肾结石患者，每天补充镁（500~1000mg）、维生素 B_6（100mg）、柠檬酸钾（75mg），乙酰半胱氨酸（1g）和纤维素（10g 的麸皮），都得到了有效治疗，并且可以预防肾结石的复发。使用这个补充方法治疗肾结石，很少再出现复发。

十八、乙酰半胱氨酸与肺部疾病

我们的诊所在几年里记录了使用乙酰半胱氨酸对几十例慢性支气管炎、哮喘、肺气肿以及肺癌的预防，证明乙酰半胱氨酸是对肺部疾病最基本的治疗和营养补充剂。

（一）对吸烟导致的肺损伤的治疗

卷烟或是雪茄的烟气中具有数百种化学物质，它对肺表面脆弱的微小液囊组织进行伤害，削弱了肺泡清除剂的作用和巨噬细胞吞噬、杀灭细菌的能力。半胱氨酸或是谷胱甘肽，它们能提高这些细胞的杀菌效果。所有的吸烟者应补充半胱氨酸或是谷胱甘肽、维生素 A 和维生素 C，以及微量元素硒和锌。

烟雾中主要的毒性物质是丙烯醛、甲醛、乙醛、尼古丁，这些毒性物质伤害着肺部表面的细胞。日常必须补充半胱氨酸和维生素 C，可以预防这些致命物质对肺的伤害，同时再添加硫胺素（Thiamine，即维生素 B_1），以提高半胱氨酸和维生素 C 的治疗效果。

乙酰半胱氨酸还可以治疗吸烟者的咳嗽和咽喉黏膜充血。建议服用的剂量为 500mg，每天 2 次，或 200mg，每日 3 次。也可以适用于所有肺部疾病的患者。

（二）哮喘和支气管疾病的治疗

使用 N-乙酰半胱氨酸的气雾剂，可以使阻塞在肺和支气管中的黏痰液化而被排出。N-乙酰半胱氨酸气雾剂适用于慢性支气管炎、哮喘、囊性纤维化、支气管扩张、肺气肿、肺脓疡和慢性阻塞性肺疾病。

N-乙酰半胱氨酸的片剂，在早上和晚上，服用 200mg，可用于治疗慢性支气管炎。N-乙酰半胱氨酸在体内转化成半胱氨酸，N-乙酰半胱氨酸可以提高半胱氨酸的溶解度，增强半胱氨酸的药效。

我们的诊所有两例哮喘患者，第一位是 60 岁患有哮喘的妇女，她使用了十多年的沙丁胺醇 [Albuterol，药品名为喘乐宁（Proventil）] 和支气管扩张剂无水茶碱（茶碱缓释片）。我们给她每日早上和晚上补充 500mg 的半胱氨酸，经过两个月的治疗，她的病情得到好转，并且停止了以前所使用的哮喘药物。第二位病人是 14 岁的男孩，也是患有哮喘，一直在使用支气管扩张剂无水茶碱，我们给他补充 L-半胱氨酸和维生素 C，并停止使用所有的药物，病情也得到了好转。

十九、光敏症

研究表明 N-乙酰半胱氨酸可以减轻对光的过敏性。我们建议，有光敏症的人可以补充 N-乙酰半胱氨酸，同时再添加 β-胡萝卜素，提高抗氧化作用。

二十、N-乙酰半胱氨酸治疗溃疡

现在我们知道，随着吸烟、不良的生活习惯和紧张压力，幽门螺旋杆菌进入胃肠道中，同时由于缺乏胃酸，这些微生物大量消耗了半胱氨酸和谷胱甘肽，引起肠胃的溃疡。

研究表明，N-乙酰半胱氨酸可以提高奥美拉唑（Omeprazole，商品名 Prilosec）和阿莫西林（Amoxil、Augmentin、Polymox 等）抗生素的药效。在其他治疗胃溃疡的疗法中，使用水杨酸亚铋（Pepto-Bismol，胃药，商品名佩托比斯摩）、磺胺甲噁唑（Sulfamethoxazole，商品名为新诺明）以及甲氧苄氨嘧啶（商品名：复方新诺明）的同时，再补充 N-乙酰半胱氨酸，治疗效果是最好的。

在我们的诊所，利用 N-乙酰半胱氨酸与碳酸钙和糖精钠咀嚼片抗酸药（Titralac）治疗溃疡症。使许多溃疡患者停止使用西咪替丁（Tagamet，商品名泰胃美）和雷尼替丁（Zantac，商品名善胃得），而是每天 4 次，每次使用两片碳酸钙和糖精钠咀嚼片和 1g N-乙酰半胱氨酸，同时补充镁和锌 30mg，提高肠道的耐受性。如果有便秘发生，可以再多补充一些镁。这些患者都取得很好的治疗效果。

二十一、半胱氨酸可以促进伤口愈合、保护皮肤

由于 L-半胱氨酸在保护皮肤组织和皮肤伤口的愈合方面具有重要的作用。我们已经应用它成功地治疗了多例银屑病。这与以前研究的硫化合物可以对抗银屑病的报道相一致。

目前正在研究使用半胱氨酸预防皮肤出现的皱纹。

二十二、谷胱甘肽：半胱氨酸最重要的代谢物

我们地球上的一切生物体的细胞中都含有谷胱甘肽（GSH），也是我们生命中至关重要的物质。

在十亿年前，地球上开始出现生命，生态环境的气体中，就存在着对生命有毒害的物质。大气是由氢、一氧化碳、氨和甲烷组成的。而生命体为了保护自己，避免毁灭于这些毒害物质，于是生命体中的酸性细胞必须合成一种抗氧化剂，进入细胞质里。从目前的推断，其中首要的抗氧化剂就是无处不在的谷胱甘肽。

首先谷胱甘肽有助于防止植物在氧化还原中产生的毒性作用。早期的单细胞植物就开始使用谷胱甘肽作为一种抗氧化剂，以防止在氧化过程中被毁灭。很久以后，动物细胞也合成了谷胱甘肽这一化合物，来帮助他们控制氧化产生的废弃物。

在今天，谷胱甘肽仍然对所有细胞起着保护的作用，是细胞中主要的抗氧化剂。无论何时，地球都充满着含硫和含碳气体，谷胱甘肽也帮助对各种碳化合物的解毒。当今地球处处都有含硫和含碳的气体污染，而谷胱甘肽有助于各种碳化合物的解毒。借助于谷胱甘肽、半胱氨酸的这一化学特性，被污染的环境同样可以修复如初。

二十三、我们身体中的谷胱甘肽

谷胱甘肽是一种化合物，由半胱氨酸及其他氨基酸合成，它存在于几乎所

有的活细胞中。它在动物体内比在植物体内浓度高，人类更需要谷胱甘肽，可能它在人体内的浓度高于其他动物。谷胱甘肽在体内的存在量随着器官和组织而变化。肝、脾、肾、胰腺中谷胱甘肽的含量最高；眼睛和角膜也含有丰富的谷胱甘肽。

随着年龄的增长，体内谷胱甘肽的含量会降低。根据海泽顿（Hazelton）和朗（Lang）的研究总结，在组织中谷胱甘肽逐渐、稳定地下降是衰老的一个总的特点。在对大鼠的实验研究中发现，存在于每个器官组织和细胞中的谷胱甘肽量会随着大鼠的年龄增长而损失。例如，一个 31 个月的大鼠（相当于约 70 岁的人类）体内的谷胱甘肽在心脏、肝脏和肾脏中的含量比年轻的大鼠减少了 20%~35%。

对大鼠广泛的研究发现胃黏膜中也存在着大量的谷胱甘肽。胃的谷胱甘肽水平，有时甚至超过肝脏中的水平，这取决于取样时间。上午胃的谷胱甘肽水平最高，晚上最低。这可能是高浓度的谷胱甘肽，在盐酸高氧化作用时保护胃的内壁，因为在早上胃酸水平是最高的。

二十四、谷胱甘肽的功能

谷胱甘肽在体内有 4 个主要角色：①保护身体免受强大的自然和人为的氧化。②帮助肝脏对有毒的化学物质进行解毒作用。③促进血红细胞的增殖，提高免疫功能，这也是它至关重要的作用。④最后，谷胱甘肽还是一种神经递质。

二十五、谷胱甘肽是抗氧化剂

谷胱甘肽和半胱氨酸一样，包含关键的巯基（硫醇基），使其成为有效的抗氧化剂。自然界和人为的有毒化学物质，在体内可以通过氧化脂肪对机体造成损害。这种危险的过程称为过氧化。脂质过氧化作用破坏了人体的细胞膜，严重损害细胞膜功能和结构，影响细胞膜的流动性，甚至是破坏染色体结构。许多工业化学物质都是有毒物质，如四氯化碳、苯、塑料、染料、除草剂和杀虫剂。他们会影响肝脏的代谢，这样的有毒过氧化物可以造成脂肪肝、肝硬化甚至肝癌。

但是，谷胱甘肽或是半胱氨酸酶的复合物形式，称为谷胱甘肽过氧化物酶，它的目的是减少过氧化物。这种谷胱甘肽过氧化物酶的抗氧化系统包括谷胱甘肽过氧化物酶和谷胱甘肽还原酶，它们都来自谷胱甘肽。这个酶系统的功能是清除脂质过氧化物和防止其他自由基的产生。谷胱甘肽过氧化物酶提供一个自由电子，转化过氧化氢而被代谢，并不断地连续工作。

第二个复合酶，是谷胱甘肽在肝脏中的谷胱甘肽-S-转移酶（Glutathione-S-transferases），在这里，谷胱甘肽有助于将许多异质的化合物转化为毒性低的物质，然后通过肝脏、胆汁、结肠排出体外。

许多的谷胱甘肽、谷胱甘肽-S-转移酶和肝酶的其他功能仍在调查中。但是在另一项研究中发现了所有这些抑制化学物致癌的物质，都具有增加大鼠的肝脏和小肠中的谷胱甘肽-S-转移酶化活性的作用。

谷胱甘肽是不可缺少的营养物质，当制造谷胱甘肽的酶缺乏时，就会影响到机体的生存。谷胱甘肽也是许多代谢产物之一，更确切地说，缺乏半胱氨酸就会影响谷胱甘肽产生的数量，所以半胱氨酸是非常重要的。当身体处于有毒素的环境和状态中，饮食中要有足够的半胱氨酸和谷胱甘肽。

（一）谷胱甘肽与增强免疫力

谷胱甘肽被认为有助于穿过细胞膜，运输 L-丙氨酸、L-苏氨酸用于白细胞的产生，它是淋巴细胞必不可少的。如前所述，人类对谷胱甘肽的需求，高于其他动物。因为人类的淋巴细胞比大鼠的淋巴细胞中的谷胱甘肽含量要高出 3 倍以上。

免疫系统依赖谷胱甘肽。在正常人血清蛋白中补充谷胱甘肽，可以提高巨噬细胞对入侵细胞膜的细菌的摧毁能力。谷胱甘肽也在胸腺中具有较高的水平，因为胸腺在免疫系统中起着重要的作用。

巨噬细胞的能力：它能及时清除外来的细菌，从而保护组织和器官。当谷胱甘肽耗尽，会影响巨噬细胞的产生，因此对于脾脏、肺和肝脏等组织和器官，会失去保护的能力。在谷胱甘肽含量低的时候，巨噬细胞的产生受到前列腺素、白三烯 C 的抑制（注 4）。白三烯 C 在免疫系统中，可以预防外来的微生物对细胞的入侵，这是免疫系统中的另一个重要点。

使用谷胱甘肽代谢抑制剂，研究人员发现，谷胱甘肽前体与花生四烯酸结合（一种必需非饱和脂肪酸），最少可以形成一个前列腺素 E-2，参与抵抗炎症和有免疫功能。

（二）谷胱甘肽承担氧的运输

谷胱甘肽参与红细胞的产生，但具体机制目前尚不清楚，红细胞含有血红蛋白，承担着整个身体氧气和二氧化碳的运输工作。大量的研究已经证明，妇女服用避孕药时，她们的血红细胞中产生额外的谷胱甘肽过氧化物酶。这

注 4：前列腺素（Prostaglandin）与白三烯（Leukotriene）是一组强烈的生物活性物质，它们在炎症，过敏以及机体的很多功能与反应中具有重要的作用。

可能由于口服避孕药提高了血脂，身体为防止红细胞被过氧化的危险而产生的应激行为。

一种抑制半胱氨酸代谢的药物，使谷胱甘肽转化成 S-甲基半胱氨酸。S-甲基半胱氨酸对红细胞有着不良影响。塔克（Tucker）发现，这种抑制剂会造成了严重的贫血，同时使得红细胞变得很脆弱，并降低了血红细胞的寿命。这也证明了谷胱甘肽在红细胞中的重要作用。

在对大鼠的动物实验中发现，哺乳期乳腺组织吸收谷胱甘肽，红细胞中高水平的谷胱甘肽会增加奶的产量。在分娩后，谷胱甘肽（或其他巯基）可能是一个辅助因子，刺激甲状腺激活，而使奶的产量增加。但是这还需要更多的研究，验证谷胱甘肽的催乳作用能否应用于人体，以解决在哺乳期中的女性没有乳汁的问题。

（三）谷胱甘肽是一种神经递质

谷胱甘肽和半胱氨酸一样，已被确认为它是一种神经递质。但是在大脑中确切的作用，仍然知之甚少。有时在精神病患者中发现半胱氨酸和谷胱甘肽的不足，对于半胱氨酸和谷胱甘肽在正常的心理功能中的重要性目前尚不清楚。

二十六、谷胱甘肽的代谢

谷胱甘肽是由半胱氨酸、谷氨酸和甘氨酸 3 个氨基酸组成的三肽。它在进入细胞膜之前，需要减少本身的组成，进入细胞内再进行重新组合使用。谷胱甘肽是依赖于维生素 B_6、维生素 B_2 和叶酸进行转化的。

维生素 E 是另外一种重要的抗氧化剂，参与谷胱甘肽代谢。大鼠体内缺乏维生素 E，使谷胱甘肽过氧化物酶的活性降低，此酶是一种保护细胞避免受自由基的氧化损坏和保护过氧化物的酶。

在我们的诊所，当给病人补充半胱氨酸、谷胱甘肽时，我们几乎总是补充矿物质硒，以增加谷胱甘肽过氧化物酶的活性。缺少矿物质锌，也会导致血液中谷胱甘肽含量的降低。矿物质镁、锌、钒在特定条件下也可能增强谷胱甘肽合成。

谷胱甘肽（GSH）帮助机体清除人为的毒害物

谷胱甘肽有助于缓解毒素对机体的损害，我们每天生活在广泛以及人为的化工毒素污染中，以下是常见的人为毒素的列表。

● 烯丙化合物、芳香胺、芳香羟胺、氨基甲酸盐和相关的化合物（酚类化合物）

- 细菌性毒素（梭状芽孢杆菌）
- 药物（类固醇/ 酚醛树脂、醌类、儿茶酚类）
- 染料和洗涤剂
- 环境毒素（汽车排气、吸烟的烟雾、污染物）
- 杀菌剂
- 重金属（铅、汞、砷，颜料中的镉、金属罐、银汞合金、电池、金属镀层）
- 除草剂
- 杀虫剂（有机磷化合物）
- 异硫氰酸盐（异氰酸甲酯）
- 非处方药（多为由肝脏解毒的药品）
- 农药
- 塑料/氯化乙烯
- 溶剂和调味料

谷胱甘肽帮助肝脏清除这些化学物质，清洁我们的身体。而更重要的是要清理环境本身，应该将谷胱甘肽投入被污染的湖泊和化学灾害区，改善我们的生存条件。

二十七、谷胱甘肽的食物来源

体内充足的谷胱甘肽水平取决于足够的、可用的半胱氨酸、甘氨酸和谷氨酸。其中，只有半胱氨酸似乎是供不应求。甘氨酸和谷氨酸在饮食中非常丰富，它们可能永远不是谷胱甘肽不足的一个原因。然而，半胱氨酸需要由甲硫氨酸转化。同样，当缺乏甲硫氨酸和半胱氨酸时，谷胱甘肽的水平也会降低。

如果饮食中含有足够的甲硫氨酸和半胱氨酸，谷胱甘肽水平可能是足够的。只有婴儿是例外，因为婴儿的身体还不能将甲硫氨酸转化为半胱氨酸，所以他们需要从母乳中提供半胱氨酸（牛奶中的半胱氨酸是不足的）。

含甲硫氨酸和半胱氨酸丰富的食物，包括蛋黄、红辣椒、肌肉蛋白，大蒜、洋葱、芦笋；卷心菜、甘蓝、菜花、芥菜、山葵也是很好的硫源，蛋清和牛奶蛋白中也含有一些硫（更多富含甲硫氨酸和胱氨酸的食物，请见第五章表5.2和第七章表）。

世界上许多地区的土壤缺硫，植物依赖吸收土壤中硫酸盐离子的形式补充硫元素；而许多动物是依赖吸收有机硫化合物的形式再进行转化。土壤冻结成冰的地区失去了硫、硒、碘、锌，在这些地区必须补充甲硫氨酸和半胱氨酸。

二十八、谷胱甘肽的临床应用

在多数情况下，谷胱甘肽的临床应用是以补充 N-乙酰半胱氨酸实现的。N-乙酰半胱氨酸在体内进行转化，再提升谷胱甘肽水平。谷胱甘肽是一个小分子的三肽蛋白质，它用于应激的压力状态，如疾病、剧烈的运动或是过度的疲劳，通过补充谷胱甘肽提高和维持其在血液中的水平和能力。为此，使用口服或是静脉注射乙酰半胱氨酸是提高谷胱甘肽水平的最好方法。

（一）谷胱甘肽与酗酒

谷胱甘肽在肝细胞中的浓度高，它除了可以防止由硫代酰胺类的药物和四氯化碳等化学物质以及清洗剂诱发的脂肪肝，还可以有助于预防甚至逆转酒精中毒所导致的脂肪肝、肝硬化、肝炎以及肝肿瘤。

（二）谷胱甘肽与癌症

现在大家普遍认为，谷胱甘肽和其他抗氧化剂能抑制化学物质诱发的癌症，但是一些抗氧化剂只是用于在癌症之前的预防。我们在一项研究中惊奇地发现：给老鼠以极大量的致癌物黄曲霉毒素 B_1，一年内每只大鼠都患上了肝肿瘤，随后在 4~16 个月内，给患有肝肿瘤的大鼠，每天静脉滴注 100mg 的谷胱甘肽。令人吃惊地发现，有 81% 的大鼠，肝肿瘤无论是消失或是存在，它们依然活着。

（三）谷胱甘肽与白内障

谷胱甘肽在眼睛的角膜和晶状体中具有很高的浓度，它有助于保持晶状体的透明，保护视力，预防白内障。维生素 B_2 缺乏是白内障形成的一个因素，但是维生素 B_2 必须依赖谷胱甘肽还原酶才能存在，谷胱甘肽还原酶的生成降低，会引起维生素 B_2 的缺乏，这是 25% 的白内障患者致病的原因。所以补充 N-乙酰半胱氨酸，预防维生素 B_2 的缺乏，同时每日还要补充一些微量元素硒，以避免遭受患白内障的风险。

患有半乳糖血症（注5）遗传疾病患者，体内的半乳糖不能正常代谢并

注5：半乳糖血症（Galactosemia）为血半乳糖增高的中毒性临床代谢综合征。半乳糖主要来源于乳糖，后者来源于乳液，经乳糖酶水解后成为半乳糖和葡萄糖，再经肠道吸收进入血循环。半乳糖需通过勒卢瓦尔（Leloir）代谢途径转变为葡萄糖后才能加以利用，其相关酶的缺乏则导致半乳糖代谢障碍。

积聚在体内，特别容易诱发白内障。用大量的半乳糖诱导，可以使实验动物患上白内障。这时发现动物体内的谷胱甘肽不足，提高动物体内的谷胱甘肽后，白内障得到了改善。

在进行动物实验时发现，X 射线或萘诱导可以诱发白内障，同时也显示在晶状体中的谷胱甘肽水平降低。补充谷胱甘肽或 N-乙酰半胱氨酸可以在某些情况下避免白内障的形成。

（四）谷胱甘肽与药物过量

在医院经常应用乙酰半胱氨酸以及活性炭和柠檬酸镁结合灌洗，给那些使用过量的剧毒品"天使粉（一种强烈迷幻药）"或苯环己哌啶（Phencyclidine，PCP）——一种麻醉药和致幻剂或是其他滥用药物者，进行解毒和防止对肝脏的损伤。以上的"天使粉"和苯环己哌啶，是非常危险的致幻剂，能引起像精神病一样的幻觉和永久性脑损伤。

在实验室中，用高剂量的苯环己哌啶进行动物实验，其中 80% 的实验动物致死，只有 20% 的实验动物，采用 N-乙酰半胱氨酸治疗得到幸存。提高 N-乙酰半胱氨酸和谷胱甘肽含量可以防止这些毒素进入肝脏。N-乙酰半胱氨酸转化成半胱氨酸再合成谷胱甘肽，然后帮助组织器官进行排毒。

研究还发现，服用过量的对乙酰氨基酚（Acetaminophen，扑热息痛）者，可以每间隔 4h，每次多达 5～10g，补充 N-乙酰半胱氨酸，避免毒性伤害肝脏。

（五）谷胱甘肽与情绪障碍

近几十年中，引起许多学者极为关注的是，谷胱甘肽作为一种神经递质，在临时性的心情和情绪出现障碍时，血液中的谷胱甘肽水平会出现降低。阿尔库里（Altschule）回顾这些研究发现，抑郁症和狂躁精神分裂症患者，他们的血液中谷胱甘肽都出现了低水平。他建议采用电击或补充松果体提取物进行治疗的方案（在第四章"色氨酸：促进睡眠剂"的精神药物中有介绍）可以增加患者血液中的谷胱甘肽水平。

在我们的诊所，给所有患抑郁症或狂躁精神分裂症的患者，补充乙酰半胱氨酸，以降低精神药物治疗的副作用，并有助于稳定大脑和情绪。

（六）谷胱甘肽应对环境污染

谷胱甘肽可以保护肝脏和肺免于汽车尾气污染的影响，但是不同个体的肝脏和肺在污染的情况下，对谷胱甘肽生成的增加也是不同的。卡哈瑞（Chaudhari）和杜塔（Dutta）表示，肺部细胞在废气的影响下，机体内许多酶发生异常，如血管紧张素转换酶被提高，造成血压升高。特别是在上下班时间，道路拥挤，交通行走缓慢时，这些污染的毒性物质更为严重，为了预防这些异常高密度的毒性物质对肺部和肝脏的伤害，最明智的办法就是在每天的早晨和晚上，补充半胱氨酸 500mg，这样可以提供机体生成谷胱甘肽的原料。吸食香烟者，每天至少应该补充 500mg 的半胱氨酸，保护肺部少受损失。

（七）谷胱甘肽与重金属毒性

谷胱甘肽是在临床上使用于身体解毒最重要的药物。谷胱甘肽与其他化学解毒物质相比较，它是没有毒害的，它也可以防止重金属过量对身体造成的伤害。在铅毒性的情况下，机体中会产生大量的谷胱甘肽以应对铅中毒。铅过量致使肝脏中谷胱甘肽的贮存降低 28%，这时补充谷胱甘肽可以治疗铅中毒，谷胱甘肽与铅和镉形成螯合物，使之从血液中排出。

谷胱甘肽还可以治疗汞中毒。汞中毒可以导致头发脱落，心脏和精神方面的疾病。人类自出生 2~4 周，身体就能够通过胆汁排泄汞，这与肝脏分泌谷胱甘肽的能力增加密切相关。机体内的谷胱甘肽不足，也常常与遗传有关。

水俣病（Minamata Disease，MD）（注 6）是一种由于环境原因造成的汞中毒，机体内如果没有充足的谷胱甘肽是不能将体内的汞排出体外的。

谷胱甘肽可以减轻重金属砷的中毒。动物实验中，给它们食用 40d 受砷污染的牛奶，之后再给予补充 100mg/kg 剂量的谷胱甘肽，在 10d 内它们血液中的砷含量恢复到正常水平。由于砷中毒的发热症状在 20d 内也减弱了，贫血、白细胞减少症状也改善了，皮肤上的色素也减少了，其他砷中毒的临床症状都得到了改善。谷胱甘肽还可以替代二巯基丙醇（Dimercaprol）治疗砷中毒。

（八）谷胱甘肽与氧中毒（注 7）

谷胱甘肽在高压氧治疗中，它的功能是起着抗氧化剂的作用。高压氧这种治疗方法用于脑卒中患者，但是它对肺部和其他脆弱的组织有损害的风险，

注 6：水俣病是指人或其他动物食用了含有机水银污染的鱼贝类，使有机水银侵入脑神经细胞而引起的一种综合性疾病，是世界上最典型的公害病之一。水俣病于 1953 年首次在日本九州熊本县水俣镇发生，当时由于病因不明，故称之为水俣病。

注 7：氧，是需氧型生物维持生命不可缺少的物质，但超过一定压力和时间的氧气吸入，会对机体起有害作用。"氧中毒"是指机体吸入高于一定压力的氧一定时间后，某些系统或器官的功能与结构发生病理性变化而表现的病症。

所谓的"氧中毒"是在使用密闭式呼吸面罩下吸入高浓度的氧气（浓度>70%），且超过 24h；或在高压氧环境下，超过 5h 有可能发生氧中毒。

同时，还需要取决于诸多因素，如年龄、营养和内分泌状态等。在动物实验中，给大鼠施加氧气压力在 $1.52×10^5$ Pa 时，大鼠体内产生轻微氧中毒，当氧气压力增加到 $6.62×10^5$ Pa 时，氧气就造成大鼠各器官广泛的损害，这时给大鼠补充谷胱甘肽，会达到良好的还原保护作用。

（九）谷胱甘肽与帕金森病

抗氧化剂谷胱甘肽和乙酰半胱氨酸，显示出在保护大脑和缓解帕金森病中具有巨大的潜力。有一些传闻，静脉注射谷胱甘肽或 N-乙酰半胱氨酸对治疗帕金森病取得了很好的效果（而不是口服谷胱甘肽和 N-乙酰半胱氨酸）。

（十）谷胱甘肽与防护辐射伤害

谷胱甘肽和几个巯基化合物（含硫和氢的化合物）可以保护细胞免受电离伤害。这些物质作为解毒的还原剂，可以从自身释放出一个氢原子，这个氢原子与自由基相结合而变成水。

库纳（Kuna）等研究发现，在一次核事故之后，治疗辐射损伤，谷胱甘肽发挥了有价值的应用。实验动物在受到 2MeV 的 X 射线的伤害后，以 400mg/kg 体重的剂量补充谷胱甘肽，可以增加白细胞的数量，恢复体重并降低死亡的风险。

含硫氨基酸或是半胱氨酸是最强大的天然防辐射化合物。在癌症患者辐射治疗之前应该补充谷胱甘肽或半胱氨酸等。

（十一）谷胱甘肽与脑卒中的损伤

已经被证明，谷胱甘肽的水平可以预测脑卒中。弗里茨（Fritz）等指出，脑卒中后患者脑脊液中的谷胱甘肽水平要比脑卒中前低。将来谷胱甘肽、半胱氨酸会被列入医院的急救药物中，或是像糖、盐一样在生活中使用，以避免谷胱甘肽的水平低下所导致的脑卒中等疾病。

（十二）谷胱甘肽与溃疡

有许多病例已经证明，谷胱甘肽可以保护胃黏膜，免受胃酸的损害。博伊德（Boyd）等在动物实验中，给以大鼠寒冷、饥饿、约束行动，以及在饲养中食用导致溃疡的化学品等，在各种应力的情况下使大鼠出现溃疡，胃中的谷胱甘肽水平下降。同时，也发现如阿司匹林（Aspirin）、苯基丁氮酮（Phenylbutazone，止痛、退烧药物，商品名保泰松）和其他类似的非甾体抗炎药物会引起溃疡，并导致体内谷胱甘肽水平的下降。这时给实验的大鼠控制保泰松或吡罗昔康（Piroxicam，阿司匹林的衍生物）的使用，同时在大鼠的腹部注射谷胱甘肽或半胱氨酸，提高大鼠体内谷胱甘肽的水平，可预防胃癌。

半胱胺（又称巯基乙胺）虽然化学结构与半胱氨酸非常相似，但它会刺激溃疡的产生。与半胱氨酸的不同之处在于——半胱胺是通过引发组胺的释放，从而增加胃液分泌量。溶血磷脂是卵磷脂的一种形式，可以预防由半胱胺引起的溃疡。

二十九、半胱氨酸和胱氨酸的使用剂量

L-半胱氨酸和 L-胱氨酸都是不容易吸收的形式。补充 6g 的胱氨酸不会提升血液中的胱氨酸水平。而半胱氨酸的氧化形式可以分解蛋白质，导致羟基赖氨酸（Hydroxylysines）的增加，它是一种有毒的赖氨酸形式。口服胱氨酸对机体各种生物参数没有显著的影响。但是，L-半胱氨酸进行乙酰化以后，成为 N-乙酰半胱氨酸（N-acetylcysteine），是最好的吸收形式。

三十、半胱氨酸的补充

最有效的方法是口服乙酰半胱氨酸补充剂，以提高谷胱甘肽的水平。谷胱甘肽是一个三肽小分子的蛋白质，价格昂贵，口服谷胱甘肽不经济实用。谷胱甘肽的作用迅速，常常是应用在应激的紧张和压力状态，如疾病救护、强烈的运动或是过度的疲劳等。

提高机体的谷胱甘肽水平，更好地为机体提供原料。补充使用半胱氨酸，也可以达到提高机体谷胱甘肽水平的目的，以补充乙酰半胱氨酸的效果尤为最佳。乙酰半胱氨酸也是一个核心的抗氧化剂，对于长期处于高污染物水平、有吸烟习惯者、有肝脏疾病的患者以及身体开始老化的人，应该每天与维生素 C、维生素 E、微量元素硒、β-胡萝卜素以及硫辛酸一起服用，以保护身体在最好的健康状态。

三十一、半胱氨酸缺乏的症状

没有已知的因为半胱氨酸不足的表现症状。

三十二、补充半胱氨酸的方法

单一的半胱氨酸 500mg 胶囊；或是乙酰半胱氨酸 600mg 胶囊。也可以使用静脉注射乙酰半胱氨酸或谷胱甘肽。

三十三、每天的治疗用量

对于大多数人作为日常健康维护，每天补充 2g 乙酰半胱氨酸或是每天补

充半胱氨酸两次，每次 500mg 就足够了。在应用于治疗中，乙酰半胱氨酸的剂量差异很大，每日可以从 2g 开始，有时可能高达 20~30g，其用量需要根据接受治疗的病情和条件而定。

三十四、半胱氨酸的最高使用安全极限

最高使用剂量没有规定。补充半胱氨酸和乙酰半胱氨酸，甚至在高剂量下都是非常安全的。

三十五、半胱氨酸的毒副作用及禁忌证

在严重的情况下，使用 7g 乙酰半胱氨酸没有显著的副作用。半胱氨酸的建议限量是 500mg，如果每天使用半胱氨酸在 1000mg，应该在医生监督下实施。大剂量的半胱氨酸会导致消化不良，同时大剂量的半胱氨酸必须与大剂量的维生素 C 一起进行补充，防止半胱氨酸转换为胱氨酸，而形成肾结石。

半胱氨酸的使用剂量超过 7g，可能对身体是有害的。胱氨酸尿症（Cystinuria）是一种遗传疾病，尿液中存在大量的胱氨酸和其他氨基酸，增加形成胱氨酸结石的风险。半胱氨酸摄取过多也会导致肝脏损伤，甚至会出现某种形式的精神分裂症状。

三十六、对半胱氨酸的总结

胱氨酸是许多组织结构和激素的组成成分，而半胱氨酸在能量代谢中起着非常重要的作用，半胱氨酸也是一种无处不在的三肽——谷胱甘肽的前体，所以它将乙酰半胱氨酸（半胱氨酸的化学异变体）、青霉胺（D-peniciliamine）、γ-谷酰基（γ-glutamyl）、胱氨酸和半胱胺（Cysteamine）变得非常活跃。

谷胱甘肽在机体内担当着很多角色，它是促使各种酶反应中的辅酶，其中最重要的是氧化还原反应，半胱氨酸的巯基聚集在细胞膜上，防止与氧结合产生过氧化，谷胱甘肽（尤其是在肝脏）可以锁定有毒的化学物质并进行解毒。谷胱甘肽在血红细胞和白细胞中构成了机体的免疫系统。

当我们在接触到有毒害的铅、汞、杀虫剂、除草剂、杀菌剂、辐射、塑料制品、硝酸盐、香烟烟雾、避孕药和药物污染物时，谷胱甘肽可以防止这些有毒物质的伤害。此时，半胱氨酸也可以快速转换成谷胱甘肽，帮助进行机体的解毒。

谷胱甘肽的临床应用包括在超高压氧治疗中的氧中毒的预防，铅和其他

重金属中毒的治疗，降低在肿瘤治疗中化疗和放疗的毒性，以及对光敏症、白内障的治疗。在一项研究中，发现口服谷胱甘肽可以扭转晚期肝癌。

半胱氨酸本身除了具有排毒功能，还能增加机体内的谷胱甘肽的水平。临床中使用半胱氨酸可以治疗秃顶、脱发，预防和治疗银屑病以及预防吸烟者的咳嗽。乙酰半胱氨酸的液态或喷雾形式，可以清除阻塞在支气管中的黏液。口服半胱氨酸适合哮喘的治疗，同时，还可以使哮喘患者停止使用茶碱及其他用于治疗哮喘的药物。

半胱氨酸的巯基与银、锡和锌结合成盐可以预防龋齿。将来，半胱氨酸有可能会发展使用在治疗钴中毒、糖尿病、精神疾病、癌症以及癫痫的发作上。

机体血液中的半胱氨酸水平，是随着年龄的增长而下降的。补充半胱氨酸是采用最容易吸收的 N-乙酰半胱氨酸的形式，是提高机体内谷胱甘肽水平的首选方式。在我们的诊所，对大多数人而言，每天补充 2g 的乙酰半胱氨酸就可以满足健康的需要。而对于治疗严重疾病的患者，每天的使用量高达 7g，并没有明显的副作用。科学的方法是测量血液中含硫氨基酸的水平，在补充乙酰半胱氨酸等含硫氨基酸治疗中至关重要的。

第八章　牛磺酸：阻止癫痫的发作

牛磺酸（Taurine）是一种鲜为人知的必需氨基酸，但是多年来，它被认为是一种非必需氨基酸，因为它不被包含在蛋白质结构中。然而，牛磺酸对于人类，特别是婴儿、早产婴儿以及许多的物种是维持正常生长和发育所必需的关键物质。

最近的研究表明，牛磺酸对增强免疫系统、中枢神经系统、大脑、心脏、视网膜、肌肉以及组织兴奋都起着重要作用。虽然机体可以将半胱氨酸转化为牛磺酸，但是，从半胱氨酸转化的牛磺酸，常常是不能满足机体各方面需求的。

一、牛磺酸的功能

牛磺酸分布在全身的每一个细胞中，它具有许多不同的生物功能。目前已确定的是牛磺酸集中在中枢神经系统、心脏、血液的白细胞、肌肉、视网膜、肾脏、肝脏、垂体、胸腺、肾上腺、鼻黏膜、唾液腺以及消化道黏膜的内衬中，其最重要的功能是通过矿物质钠、钾、钙、镁离子，促进细胞和细胞膜的电稳定性。

二、大脑和中枢神经系统

牛磺酸在成年人的大脑中是最丰富的，仅次于谷氨酸，居第二位。牛磺酸在大脑中，主要集中在嗅球（Olfactory bulb，注1）中，这是味觉和嗅觉神经细胞集中的地方；它还集中在海马（Hippocampus，注2）中，这是记忆的

注1：嗅球在大脑额叶中，来自许多（人约26000个）嗅细胞的神经纤维缠集在一起，形成线球状的部分。在这里，纤维与多个次级神经元——僧帽细胞的树突相连接，进而由这里伸出神经纤维形成嗅囊，终止于额叶下方。虽然这是来自嗅细胞的神经信息（脉冲）在次级神经元的中继站，但信息的模式可能在这里变换后向中枢传递。一般认为它在嗅味的辨别中具有重要的功能。

注2：大脑海马是位于脑颞叶内的一个部位的名称，人有两个海马，分别位于左右脑半球。它是组成大脑边缘系统的一部分，担当着关于记忆以及空间定位的作用。名字来源于这个部位的弯曲形状貌似海马。在阿尔茨海默病中，海马是首先受到损伤的区域：表现症状为记忆力衰退以及方向知觉的丧失。大脑缺氧（缺氧症）以及脑炎等也可导致海马损伤。

中心；在松果体中也有大量的牛磺酸，这是一个微小的区域，参与人体对光明与黑暗的反应，被称作人体中的"第三只眼睛"。此外，牛磺酸还起着保护和稳定脆弱的大脑膜以及作为神经递质。

牛磺酸似乎在结构上和对其他氨基酸神经递质的作用中，均与 γ-氨基丁酸（GABA）和甘氨酸的代谢密切相关。它同 γ-氨基丁酸一样，都可以抑制去甲肾上腺素和乙酰胆碱兴奋性神经递质的释放。牛磺酸在海马中是参与记忆的神经递质，它是通过增加组胺和乙酰胆碱的内在浓度而发挥作用的。在大脑中牛磺酸还参与钙的代谢，在对神经递质的释放中起着重要的作用。

三、牛磺酸在心脏中的作用

牛磺酸在心脏中是最重要和最丰富的游离氨基酸，它在心脏中的数量超过其他氨基酸的总量。它调节心脏肌肉组织中的重要酶的活性，有助于心肌的收缩。牛磺酸在心脏钙的代谢中发挥着重要的作用，可能会影响钙离子进入心肌细胞和神经冲动的传递，产生至关重要的作用。

四、牛磺酸在眼睛中的作用

研究发现，在每一个物种的视网膜中，牛磺酸是最丰富的氨基酸。如果给猫的食物中缺少牛磺酸、半胱氨酸或甲硫氨酸，猫将会致盲，人也是如此。这种失明是由于眼睛中的感光细胞退化，如果发现及时，在饮食中补充牛磺酸是可以逆转的。

虽然还没有关于在人类中，因为牛磺酸缺乏导致失明的报道，但是瓦丁（Voaden）等发现，患有色素性视网膜炎（注3）的患者，表现出视网膜变性，血液中出现异常的牛磺酸低水平，在这种疾病中牛磺酸含量在眼睛内也出现了降低，还发现牛磺酸对保护眼睛和机体免受各种毒素起着重要的作用。

五、牛磺酸的代谢

牛磺酸主要由半胱氨酸形成。吡哆醇（维生素 B_6）是支持人体内产生牛磺酸的最重要的营养素。尿硫作为仅次于含硫最丰富的硫酸盐代谢物，它是

注3：色素性视网膜炎又称为原发性视网膜色素变性病，是一种以进行性感光细胞及色素上皮细胞功能丧失为共同表现的遗传性视网膜变性疾病，是一种比较常见的视网膜变性疾病，以夜盲、进行性视野损害、眼底色素沉着和视网膜电图异常或无波为其主要临床特征，也是世界范围内常见的致盲性眼病。视网膜色素变性多为单发性眼病，部分患者可伴有全身性其他部位的异常以综合征的形式出现。

硫的一种改性形式，一些牛磺酸可以直接从硫酸盐中生成，从而绕过了对半胱氨酸的需要。

六、机体对牛磺酸的需求

美国国家科学院尚未建立牛磺酸的每日需求量，婴儿对于含硫氨基酸（牛磺酸、半胱氨酸、甲硫氨酸）的最低要求是 49mg/kg 体重。牛磺酸是新生儿一种必不可少的氨基酸，它协助新生儿的正常生长和发育。随着新生儿的成长，他们开始自己合成牛磺酸，到 10 岁时含硫氨基酸的估计需求在 22mg/kg 体重。

成年人通常自身能转化产生并合成牛磺酸，但是能否满足自身的需要尚不清楚。对于成年人来说，体重为 70kg 的成年男性，估计一天对含硫基氨基酸的最低需求量为 13mg/kg 体重，大约为 910mg。但是，根据有关的初步估计，每天对含硫基氨基酸的需求，可能高达 1400mg。

根据高尔（Gaull）等的研究，从半胱氨酸转化为牛磺酸，需要半胱氨酸亚磺酸脱羧酶。但是，我们的机体内还没有发现高水平的半胱氨酸亚磺酸脱羧酶，所以人类只能依赖从膳食中补充机体的牛磺酸。在动物体内还发现，雄性比雌性需要更高水平的半胱氨酸亚磺酸脱羧酶，用以合成牛磺酸，所以饲料中如果缺乏牛磺酸，对雄性动物比雌性动物的影响更大。

同时，当人类在高应力条件下或疾病状态下，如高血压、癫痫以及心脏疾病等，身体会增加对牛磺酸代谢的需求，增加机体中的牛磺酸，以弥补疾病对身体的损害。同时，在这些情况下，牛磺酸还起着重要的药理作用和营养作用。

在食肉的宠物中，也需要在它们的饲料中添加牛磺酸。对于猫，它自身能合成一些牛磺酸，而狗体内不能合成牛磺酸，必须完全依赖于饲料中补充的牛磺酸。对于草食动物，草中不含有牛磺酸，也必须从饲料中进行补充，以满足它们生长的需要。我们人类和灵长类动物是既吃肉又吃蔬菜食物的，也应补充牛磺酸以弥补自身合成的不足和供给身体的需求。

宠物狗和猫会因为体内的牛磺酸不足，导致眼睛的视网膜变性并最终失明。在宠物食品中添加牛磺酸，同时还可以喂它们喜欢吃的肉或鱼，以及含有丰富牛磺酸的动物内脏，如肾、脑、心脏和肝脏，这是解决它们体内牛磺酸不足的好办法。

七、牛磺酸在食物中的来源

肉类以及器官，特别是肉食中的脑，都是食物中牛磺酸极好的来源。然而，这些肉类食物中的器官等是不健康的，我们不建议食用这些食品。牛磺酸在食物中找不到明显的含量，因此疾病状态中，机体内的牛磺酸耗尽或自身产生不足时，单独依赖于食物的来源，是难以提供足够的牛磺酸的，所以补充剂是必要的。

八、牛磺酸的形式和吸收

牛磺酸是一种很容易吸收的氨基酸。机体对它的吸收强或弱，会影响其他营养物质的作用。丙氨酸和谷氨酸以及泛酸（维生素 B_5）对牛磺酸吸收有抑制的作用，而维生素 A、吡哆醇（维生素 B_6）和矿物质锌和锰对牛磺酸吸收有增强的作用。味精（即谷氨酸钠盐，MSG）和酗酒，往往会降低机体中牛磺酸的水平。

牛磺酸有益于哺乳期的妇女

新生儿合成牛磺酸的能力非常低，他们依赖母亲提供最佳的营养。母乳非常重要的一个功能，就是为新生儿的大脑提供正常发育所需的牛磺酸。

喂养婴儿的配方奶或牛奶缺乏母乳的免疫能力，而且营养不充分，喂养的婴儿体重比较轻。食用配方奶喂养的婴儿容易缺乏牛磺酸，从喂养的婴儿的血液和尿液中，发现他们的血液和尿液中牛磺酸含量逐渐降低。

增加母亲体内的牛磺酸水平，能刺激母体的催乳激素，从而可以提高哺乳期母亲产奶的能力。因此，哺乳期的母亲补充牛磺酸或 N-乙酰半胱氨酸（因为 N-乙酰半胱氨酸可以转换成牛磺酸）对提高母乳是很有益的。

对 3 组大鼠的鼠崽进行研究发现，给 3 组鼠崽以高的、正常的、低的蛋白饮食，但在母鼠的饮水中添加了牛磺酸，母鼠的奶水增加，使鼠崽的成活率提高。未能健康成长的鼠崽，发现它们体内缺乏牛磺酸是第一个标志。当鼠崽能从食物中获取牛磺酸时，鼠崽体内的牛磺酸水平开始提高，而母鼠乳的牛磺酸水平也逐步下降。

在一些新生儿出生时会产生黄疸，黄疸并不意味着新生儿的肝胆功能故障，而是由于出生的压力。当给新生儿喂配方奶，通常会使这些有黄疸的新生儿，产生比较高水平的胆红素。高水平胆红素的主要危险是造成这些新生儿的脑损伤。以母乳喂养的新生儿，或是婴儿配方奶粉中添加了足够的牛磺酸，就可以避免上述危害。

我们建议在婴儿食品，尤其是婴幼儿的配方奶粉中，应补充牛磺酸，这对婴儿神经系统的发育很重要。

九、牛磺酸的临床应用

含硫氨基酸与其他氨基酸的化学结构不同，它的结构中包括一个巯基基团，巯基中的硫与氢原子相结合，成为一个强大的抗氧化剂，对抗机体中的自由基。牛磺酸在其转化的过程中，有助于提高谷胱甘肽的水平，因此可以抗氧化、清除体内的自由基以及预防衰老。次氯酸盐（Hypochlorite）是一种自由基，会导致机体产生许多免疫性疾病和感染，而牛磺酸对清除次氯酸盐特别有效。

十、牛磺酸可以有助于戒断酒精成瘾

池田（Ikeda）在预防和治疗酒精成瘾中，给患者连续 7d，每天补充 3g牛磺酸，取得了很好的效果。牛磺酸与谷胱甘肽和 N-乙酰半胱氨酸一样，可以减少酒精毒性对肝脏的损伤。

印第安纳大学医学中心的立木（Tachiki）等发现，牛磺酸可以对酒精有很强的抑制作用，同时还发现在抑郁症患者和遗传性精神抑郁症患者的机体中的牛磺酸水平显著下降或缺乏。

十一、牛磺酸在心血管疾病中的应用

慢性心脏病患者应该增加机体中牛磺酸的含量，可以减少应激状态的发生。心脏在供氧不足时的缺血或是心脏病发作时，机体中的牛磺酸水平低至正常值的 1/3。

目前，在日本已经广泛使用牛磺酸用于治疗各种类型的心脏病。日本人在治疗急性缺血性心脏病时，采用每天服用 5g 的牛磺酸，三个星期以后病情得到了好转。虽然这种治疗可能产生消化道溃疡的副作用，但是有关这些副作用还没有报道。此外牛磺酸可以预防在缺血性心脏病发作时大脑的损伤。

十二、牛磺酸治疗心律失常

当机体内的牛磺酸和镁被耗尽，就会产生心律失常或是不正常的心跳。赛百灵（Sebring）和赫克斯特布尔（Huxtable）在治疗这些类型的心脏疾病时，使用静脉注射牛磺酸预防由于使用洋地黄（Digitalis）而引起的心律失常，常用于治疗心力衰竭。

牛磺酸还可以抑制心脏细胞内的钾含量下降，稳定心脏细胞的电解质，预防室上心律失常。这种方法是从非洲部落治疗由于箭头上的毒药（乌本苷）

导致的中毒时，利用夹竹桃治疗心力衰竭中发现的。同时，夹竹桃也是一种草药利尿剂。

关于牛磺酸在其他类型心律失常中的作用，研究结果不一。它被发现可以预防由肾上腺素、静脉注射钾和心脏刺激剂（比如洋地黄）引起的室上性心动过速和心律失常。

根据日本的一项研究中发现，牛磺酸还可以促进心脏的泵血能力。对于治疗充血性心脏病（注4），使用牛磺酸可能会比使用低剂量的辅酶 Q_{10} 的效果好。在我们的诊所，推荐每日补充牛磺酸在几克时，应该同时补充 30mg 的辅酶 Q_{10}。

十三、牛磺酸可以防止心肌病的恶化

心肌病是一种严重的慢性心脏病（注5），心脏的泵血功能降低，出现全身相的供血不足。给实验动物补充牛磺酸，可以防止心肌病的发展，同时还发现牛磺酸有助于降低血压和防止心肌病的恶化。

十四、牛磺酸在治疗充血性心力衰竭中的应用

阿祖马（Azuma）等的研究对心脏病的治疗产生重大影响。他们在日本做了一个使用牛磺酸治疗充血性心力衰竭双盲实验，发现给患者每天补充 4g 的牛磺酸，4 个星期以后，19%~24% 患者的病情得到了好转。在心脏衰竭时，机体内的牛磺酸含量会自然增加，这被认为是机体在试图校正自身的代谢所致。

每天 2g 大剂量地补充牛磺酸，作为一种利尿剂可以帮助充血性心力衰竭患者，使钠和水能排出体外。牛磺酸也可以像洋地黄一样，作为心脏的兴奋剂，这样会滋养心脏肌肉，比常规的治疗方法更安全。

十五、牛磺酸与二尖瓣脱垂

二尖瓣脱垂是一种先天的缺陷，是因为二尖瓣生长得较为冗长，所以当心室收缩时，左心房与心室的压力差太大，导致瓣膜往心房的方向移动，有 10%~20% 的人存在这种现象，但是绝大部分的人都无症状，只有一部分的人

注4：充血性心力衰竭是心脏不能够泵出足够的氧合血以满足身体其他器官需要的一种病症。

注5：心肌病是一组由于心脏下部分腔室（即心室）的结构改变和心肌壁功能受损所导致的心脏功能进行性障碍的病变。

会有如心悸、胸闷、呼吸不顺畅，有时会有胸痛的情况，甚至有人会有晕厥。

二尖瓣脱垂患者（Mitral Valve Prolapse, MVP），二尖瓣脱垂过长，会阻碍从左心房回流到心脏泵室的血液流量。已经发现二尖瓣脱垂患者具有心肌中牛磺酸处于低水平的状态。这种先天性二尖瓣脱垂的缺陷，表明牛磺酸在这些患者身体中的重要性，也表明二尖瓣脱垂患者应该采用补充牛磺酸的治疗。

十六、牛磺酸与降低胆固醇

高胆固醇水平经常伴随着心血管疾病。由矢森（Yamori）和他的同事们的研究表明，补充牛磺酸能刺激胆汁中形成一种牛磺胆酸钠的物质，能增加胆固醇的排泄。在动物实验中，大鼠的饲料中缺乏牛磺酸等含硫氨基酸，就会出现血液中的胆固醇升高，当饲料中增加牛磺酸或胱氨酸，大鼠的胆固醇水平恢复正常。

牛磺酸也能提高肝脏的脂肪代谢，可以加速血管内动脉粥样硬化斑块的退化。牛磺酸应与卵磷脂和橄榄油一起使用，这是降低胆固醇最好的组合，同时也可以防止牛磺酸增加胃酸的副作用。

十七、牛磺酸与糖尿病

使用牛磺酸在胰岛素依赖型糖尿病的实验研究表明牛磺酸能抵消氧化应激（注6）和提高神经生长因子，延缓糖尿病神经病变（神经损伤）。胰岛素依赖型糖尿病补充牛磺酸的目的是提高葡萄糖的利用和增强胰岛素的作用。但是应该注意，由于胰岛素有降血糖作用，糖尿病患者在补充牛磺酸时，应谨慎观察患者的血糖变化。

十八、牛磺酸与癫痫

由于牛磺酸主要在大脑的高电位区域活动，对于抗惊厥具有强大和持久的作用，所以牛磺酸在治疗癫痫、脑外伤以及各种形式的脑病中显示了巨大的潜力。

牛磺酸最重要的功能是稳定神经细胞膜，使得钠、钾、钙和其他离子不

注6：氧化应激是机体活性氧成分与抗氧化系统之间的平衡失调，引起的一系列适应性的反应。对人类而言，氧化应激涉及许多疾病，如动脉硬化、帕金森病和阿尔茨海默病。活性氧有一定的好处，因为它们可以通过免疫系统杀死病原体。活性氧也应用于细胞信号。

断来回穿过神经细胞膜，接收和传送着电脉冲信号。如果神经细胞膜的电位不稳定，神经细胞可能会触发过快和不稳定，这可能是某些形式癫痫发作的原因。通过补充牛磺酸，可以使神经细胞膜具有稳定的电位，以防止触发过激和不稳定。

癫痫是由脑中大量异常的谷氨酸而引起的。根据这一理论，牛磺酸的作用是使得大脑中的谷氨酸水平正常化。动物实验显示，对出生的鼠仔在最初的两周中，饲料中缺乏蛋白质或牛磺酸，会终生影响鼠仔大脑中的一些氨基酸水平。这只成长后的鼠仔（现在是大鼠）在压力的状况下，如身体发生高烧、过度刺激、外伤、饮食的改变、脑损伤或遗传因素，又遇上大脑的谷氨酸水平增加，可能会更容易使癫痫发作。

鲍豪斯（Bonhaus）和赫克斯特布尔（Huxtable）的研究表明，一种特别的易患癫痫的老鼠对牛磺酸的吸收只是正常对照老鼠的一半。牛磺酸能提高谷氨酸脱羧酶的作用速度，这是一种分解谷氨酸的酶。如果癫痫是由大脑中过量的谷氨酸引起的，牛磺酸的抗惊厥作用一定是由于它能降低大脑中谷氨酸的水平。

牛磺酸在大脑以及视网膜上的感光细胞中，都是与锌和锰紧密结合在一起的，这些矿物质和维生素 B_6 是牛磺酸和所有其他神经递质合成的必要物质，并有助于预防癫痫的发作。因为在压力的状况下，可以耗尽机体内的锌和维生素 B_6，也会出现较低的牛磺酸水平，导致某些类型癫痫的恶化发作。

在抗惊厥和癫痫的模型实验研究中发现，癫痫患者大脑中牛磺酸减少是癫痫发作的重要原因。试验的证据表明，大脑中牛磺酸不足，可以通过口服牛磺酸的治疗进行纠正。虽然也有其他的数据表明，口服牛磺酸难以吸收，因为它进入大脑的渗透性低，同时牛磺酸在癫痫患者体内的输送也会受损削弱。贝尔加米尼（Bergamini）等是首先采用牛磺酸治疗癫痫的，他给 70kg 的成年男子，每日补充牛磺酸高达 10~15g，或是每日静脉滴注 3.5~7g 的牛磺酸，对这种无法治愈的病例，取得了良好的效果。

最近的研究表明，牛磺酸还具有像 γ-氨基丁酸（GABA）能稳定大脑细胞膜的能力。在高剂量使用牛磺酸时，它有类似于温和的抗焦虑剂——锂的功能。

牛磺酸有助于避免癫痫的发作

我们的诊所成功地使用牛磺酸，控制许多患者癫痫的发作。一位 66 岁的老人有癫痫发作史，他来到我们的诊所请求帮助。他已经服用了二苯乙内酰脲（Phenytoin，苯妥英，商品名 Dilantin，狄兰汀），但是未能控制癫痫的发作。我们建议他保持苯妥英的剂量，同时给他每日补充牛磺酸 4g、锰100mg、锌 60mg。6 个月后，他再没有发作癫痫，并且苯妥英也减少了服用的剂量。

十九、牛磺酸与眼病

牛磺酸在保护视网膜的健康中发挥着重要的作用，动物实验表明缺乏牛磺酸会产生感光细胞的变性。眼睛的视网膜，就像照相机镜头的滤光片，但是由于常年地暴露于高水平的自由基中，以及紫外线辐射、空气污染、烟雾和其他环境污染的毒素等，由于自由基的氧化，使视网膜中的蛋白质损失，可能导致白内障。牛磺酸与锌结合，可以抑制白内障的发展。研究还发现，在遗传性障碍色素性视网膜炎患者中，机体内的牛磺酸水平低下。

二十、牛磺酸与胆囊功能

牛磺酸、甘氨酸和甲硫氨酸这 3 个氨基酸在健康的胆囊中是必不可少的。牛磺酸能形成牛磺胆酸，牛磺胆酸是构成胆汁酸（注 7）的主要成分，它在小肠中承担着分解脂肪的功能。补充牛磺酸可以增加胆汁酸和排泄脂肪的能力。

男性机体内产生牛磺酸的能力比女性强，所以女性需要从膳食中更多地摄取牛磺酸。女性牛磺酸摄取不足是比男性有较高的胆囊疾病发病率的原因之一。有胆囊疾病的妇女每天应该补充 1000mg 的牛磺酸，这对身体是有益的。

二十一、牛磺酸与高血压

日本人认为牛磺酸在心脏疾病中，可以充当天然的血管紧张素拮抗剂，用于高血压的治疗。

小桥（Kohashi）等发现，原发性高血压（一种来历不明的高血压）患者尿液中的牛磺酸水平低下，这表明机体中的牛磺酸被耗尽，致使牛磺酸水平偏低。但是目前尚不清楚高血压患者，是什么原因引起的机体中牛磺酸水平低。

注 7：胆汁酸（Bile Acid）：是由甘氨胆酸及牛磺胆酸构成的。

当血液和尿液中牛磺酸含量下降，激活肾素（又称高血压蛋白原酶），形成血管紧张素，产生收缩血管的效果和释放一种激素——醛固酮，从而使血压升高。而牛磺酸可以抑制肾素，当给老鼠注射牛磺酸，显示血压急剧下降后逐渐恢复正常；给猫的大脑中直接注射牛磺酸，其血压会快速降低。临床发现牛磺酸可以保护高血压患者的中枢神经系统。

Yamori 等在研究开发高血压治疗药物时，发现给这些老鼠的饮食中补充甲硫氨酸、牛磺酸和赖氨酸，脑卒中的发病率由 90% 下降到 20%。因为脑卒中常常是高血压患者的并发症，高血压患者要补充这些氨基酸和蛋白含量高的鱼类食品，其中包括高含量的甲硫氨酸食品，因为甲硫氨酸是牛磺酸的前体。

还发现牛磺酸可以减少肺动脉高压的发病率。

二十二、牛磺酸与免疫刺激

在白细胞中具有高浓度的牛磺酸。白细胞的功能是承担机体免疫能力，以对抗感染和修复伤口。增强免疫系统是通过白细胞中的牛磺酸刺激巨噬细胞和中性粒细胞而增加它们活性。牛磺酸一直也被用于治疗相关的病毒性肺炎。

二十三、牛磺酸在血液中的水平和临床症状

在我们诊所，很多患者血液中的牛磺酸水平都是较低的。其中水平最低的是一位年轻女性，她患有抑郁症；另一位是 11 岁的男孩，他患有组织细胞增生症和慢性精神分裂症。将低牛磺酸水平的患者按组分为：其中 3 位是高血压患者，4 位是抑郁症患者，其他是肥胖、肾功能衰竭、高甘油三酯、痛风、精神发育迟滞、不孕各 1 位。应用牛磺酸治疗高血压是特别有效的。

在给病人应用牛磺酸提升血液中的对应水平，比其他氨基酸显得温和、适度，升高的幅度可以在正常值的 25%~200%。使用 500mg 的牛磺酸，通常可以提高正常值的 25%~50%，使用 1g 的牛磺酸，可以提高到高于正常值 50%~100%。在长时间的治疗中，水平可能继续上升。增加牛磺酸的水平，是正常值的 3 倍，血液中不会产生不良影响。监测牛磺酸提升的水平也是对治疗方法的反应。

二十四、牛磺酸与吗啡戒断

山本（Yamamoto）等发现，牛磺酸、γ-氨基丁酸（GABA）和甘氨酸是

中枢神经内的克制性神经递质，具有吗啡一样的止痛效果。孔特拉斯（Conteras）和塔玛约（Tamayo）表示，牛磺酸可以减轻吗啡戒断中的不适。牛磺酸也可能增加鸦片受体拮抗剂纳洛酮（Naloxone）的影响，这可以阻止吸毒者对鸦片类药物，如吗啡和海洛因的愉悦"效应"。为获得最佳效果，牛磺酸应该在给予纳洛酮之前的 30min 使用。

二十五、牛磺酸与溃疡

早期已发现，牛磺酸和甘氨酸具有增强阿司匹林、镁、水杨酸及水杨酸衍生物治疗溃疡的效果。然而，最近木村（Kimura）等研究又发现，牛磺酸在某些情况下，可以保护胃和肝脏对阿司匹林诱发的刺激。

二十六、牛磺酸的使用剂量

牛磺酸是吸收很好并且副作用很少的氨基酸。我们给健康的受试者补充 5g 的牛磺酸。在 2h，血液中的牛磺酸水平增加到正常值的 20 多倍，在 4h，血液中的牛磺酸水平回落至正常值的 10 倍。牛磺酸对血压、脉搏、体内的微量元素铜、锌、铁、锰及多胺，或是常规化学检查变量均无显著影响。只有一些患者有增加胃酸的痛苦。每天补充 500mg 的牛磺酸，将会提高血液中牛磺酸的水平为正常值的 1.5 倍，这可能对某些疾病有治疗的作用。

二十七、牛磺酸的补充

牛磺酸是吸收很好，而且副作用小的氨基酸，补充牛磺酸是很容易被人们接受的。

二十八、牛磺酸缺乏的症状

牛磺酸缺乏的症状包括癫痫、焦虑、多动症和大脑功能受损。

二十九、补充牛磺酸的方法

可以选用 500mg 的牛磺酸胶囊。

三十、牛磺酸每天的治疗用量

我们目前尚缺乏牛磺酸使用剂量的范围，对双盲受控研究也缺乏实用性。然而，那些正在寻求高血压、糖尿病、动脉硬化、动脉粥样硬化、神经病变和焦虑症的自然疗法人群，每天可以使用 1~5g 的牛磺酸，并不会有重大的风险。高剂量 15~20g，目前也已用于静脉注射。

（一） 牛磺酸的最高使用安全极限

没有建立。

（二） 牛磺酸的副作用和禁忌证

牛磺酸可增加胃酸造成溃疡的风险，但是增加胃酸只是个别的倾向。在服用牛磺酸时，可以与牛奶，或含镁的牛奶一起食用，可以缓解增加的胃酸。牛磺酸绝不可与阿司匹林同时使用。过量的牛磺酸可能会导致抑郁症，但这是非常罕见的。

三十一、对牛磺酸的总结

牛磺酸是一种含硫氨基酸，半胱氨酸和甲硫氨酸也含硫。这是一个鲜为人知的氨基酸，因为它属于非蛋白质氨基酸。它存在于人类和一切的物种中，牛磺酸对早产儿和新生儿是必需氨基酸。成人可以自身合成牛磺酸，但有一部分需要依赖于从膳食中摄取。牛磺酸在大脑、心脏、乳房、胆囊和肾脏中有着丰富的存在，这些器官在健康的身体中和疾病治疗中都起着重要的作用。

牛磺酸具有许多不同的生物功能，作为一种神经递质在大脑中穿梭，具有稳定细胞膜的功能和促进矿物质如钠、钾、钙和镁的输送。牛磺酸高度集中在肉和鱼类食品中，它们是很好的牛磺酸来源。牛磺酸可以从身体中的半胱氨酸通过维生素 B_6 合成。缺乏牛磺酸，发生在早产儿、新生儿和喂养配方奶粉的婴儿中，在各种疾病状态中均缺乏牛磺酸。

天生二尖瓣脱垂缺陷阻碍了心脏血液的流量。具有二尖瓣脱垂的人，尿液中的牛磺酸水平升高和心肌中的牛磺酸水平低下。

牛磺酸在大脑中是第二个最重要的抑制性神经递质，仅次于 γ-氨基丁酸（GABA），可以抑制癫痫发作和抗焦虑症。它还可降低大脑中的谷氨酸水平，初步临床试验表明，牛磺酸可能是用于阻止某些形式的癫痫发作。牛磺酸在大脑中通常与锌或锰相关联。丙氨酸和谷氨酸、维生素 B_5 抑制牛磺酸的代谢，而维生素 A、维生素 B_6、矿物质锌和锰帮助增强牛磺酸的作用。半胱氨酸和维生素 B_6 是最直接参与牛磺酸合成的营养素。牛磺酸水平明显降低，发生在许多抑郁症患者中。色素性视网膜炎也显示牛磺酸水平低。在动物实验中发现，缺乏牛磺酸会产生感光细胞的变性。应用牛磺酸治疗眼科疾病是非常可行的。

牛磺酸具有许多重要的代谢作用。补充牛磺酸可以刺激催乳素和胰岛素释放。甲状旁腺（注8）的肽激素称为Glutataurine（是由谷氨酸和牛磺酸等组成的肽），这进一步证明了牛磺酸在内分泌中的作用。牛磺酸增加胆红素和胆固醇在胆汁中的排泄，牛磺酸是胆囊功能正常的关键。牛磺酸还是中枢神经内的克制性神经递质，具有阻止吸毒者被吗啡类毒品引诱的效应。

在许多疾病中发现，如抑郁症、高血压、甲状腺功能减退症、痛风、不孕症、肥胖和肾功能衰竭患者血液中的牛磺酸水平低。

大剂量地补充牛磺酸，在治疗心肌梗死、充血性心力衰竭、高胆固醇及室上性心律失常是有用的。心肌失去活力会迅速耗尽牛磺酸。牛磺酸可以用于癫痫、胆结石、二尖瓣脱垂、高血压、高胆红素血症、色素性视网膜炎、光敏性和糖尿病的治疗。口服牛磺酸的有效补充剂量0.001~5g。补充的剂量可以以测定血液中氨基酸水平作为指导。牛磺酸是很容易吸收的，通常在治疗期间牛磺酸的水平可以增加至正常值的5倍，并不会产生不良影响。

注8：甲状旁腺（Parathyroid Gland）很小，位于甲状腺侧叶的后面，有时藏于甲状腺实质内。

第四部分

尿素氨基酸

精氨酸　　　　鸟氨酸
血管清道夫

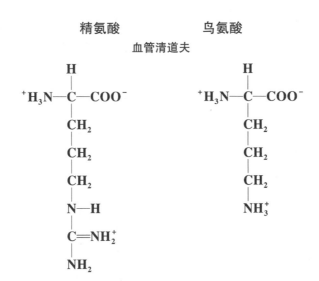

第九章　精氨酸及其代谢产物：血管清道夫

精氨酸（L-arginine）是一种非必需的氨基酸，人体可以在肝脏中自行合成，其合成的速度能满足机体健康的需求。但是由于在长期的压力、疾病、感染或创伤的情况下，精氨酸的自给能力降低，在这些时候精氨酸被认为是至关重要的。

精氨酸参与蛋白质代谢或含氮化合物最终产物的传送，蛋白质、脂肪和碳水化合物在代谢中所产生的不能用于重新组建机体蛋白质的废物被排泄掉。在这些废物还没有成为毒性物质之前，身体主要依靠尿液把它们排泄出去。这步最后的分解蛋白质的生化途径称为尿素循环（Urea Cycle）。

精氨酸最引人注目的是它为神经递质一氧化氮（NO）的前体。NO 只含有一个氮原子和一个氧原子，是最小的、最轻的分子，也是目前已知的第一个，在人体和哺乳动物中以气体形式作为生物信使的。它可以调节血管的扩张和收缩，一氧化氮贯穿于微血管、心血管以及身体的全部血管。同时它还有助于对心血管疾病的治疗。

一、精氨酸的功能

精氨酸在尿素循环中的主要功能是通过运输、贮存和排泄过剩的氮来维持适当的氮平衡。尿素是尿液中主要的含氮成分，是蛋白质代谢的最终产物。在氮之后，第二个含量丰富的废物是氨。氨是在脱氨作用（代谢是将氨基酸中的氮部分去除）过程中从肠道细菌中产生的，主要（尽管是间接的）来自谷氨酸、天冬氨酸、嘌呤、腺嘌呤和鸟嘌呤的代谢。一定量的氨有助于身体保持酸碱平衡。但是，因为氨很容易穿过血脑屏障，大脑中高浓度的氨会造成无法修复的神经和细胞损伤，所以氨需要被中和变成尿素。

参与尿素循环的有 5 个主要的酶，精氨酸激发的第一个活性酶是氨甲酰磷酸合成酶（Carbamyl Phosphate，CP）。肝脏包含所有以适当比例参与尿素循环中的酶。肾脏是尿素循环最重要的器官，也包含所有尿素循环酶，但是只有少量的精氨酸经过肾脏循环。除了肝脏和肾脏，在其他的组织和细胞中经检测，发现都缺乏一个或是一个以上的尿素循环酶。

尿素循环的活性取决于饮食中蛋白质的摄入量。给大鼠喂食缺乏精氨酸的饲料，在尿素中发现参与精氨酸生物合成的酶的活性增加一倍。因此，在机体中大约有一半精氨酸是参与尿素循环的。精氨酸也激活乙酰谷氨酸合成酶，这有助于谷氨酸和其他氨基酸合成的激发。

精氨酸不仅在尿素循环中起作用，在一系列的反应中也起作用。在尿素循环的初期，鸟氨酸、谷氨酸和天冬氨酸（谷氨酸族氨基酸的衍生物）刺激尿素的形成；在循环的后期，瓜氨酸可以帮助排泄过量的氨，保护机体免受毒素的伤害。

鸟氨酸、瓜氨酸主要是在肝脏中产生的。精氨酸在尿素循环中产生了鸟氨酸。鸟氨酸又与谷氨酸、脯氨酸、氨和二氧化碳相结合产生了瓜氨酸。鸟氨酸可以再生成精氨酸，从而使尿素循环能持续进行。瓜氨酸与天冬氨酸结合，产生精氨琥珀酸（Arginosuccinic），可以进一步代谢为精氨酸。虽然鸟氨酸、瓜氨酸与精氨酸的生物活性相似，在治疗应用中有时可以互换使用，但是鸟氨酸和瓜氨酸，又称为非蛋白质氨基酸，它们不能纳入人体蛋白。事实上，瓜氨酸是少数氨基酸，不属于任何主要的蛋白质或酶系统的一部分。

虽然鸟氨酸、瓜氨酸、谷氨酸和天冬氨酸在尿素循环中是氮代谢的关键，但在一些临床情况下，它们在血液和组织中的含量低，因此，它们在循环中的作用并不是很明显。

当机体内必需氨基酸不足或失衡，将会导致尿素的增加和排泄。因此，任何氨基酸的缺乏都会增加对精氨酸的需求。有人认为缺乏精氨酸时就会增加尿素的合成。尿素合成增加，就会造成氨基酸的脱氨基作用增加，但是由于自身的合成及从饮食中摄取的精氨酸是有限的，因此，精氨酸具有调节整个身体蛋白质代谢的关键作用，是在生长中不可缺少的氨基酸。

精氨酸还充当氮在肌肉内运输、贮存和排泄的作用。胍基磷酸盐、磷酸精氨酸、肌酸是肌肉中需要的高能量化合物，它们都是来自精氨酸的衍生物。过量的氮与精氨酸促进包围血管的肌肉内皮细胞产生一氧化氮。一氧化氮可以使得周围血管放松和保持血管弹性，其将成为治疗心血管疾病，如高血压、心绞痛、充血性心脏衰竭、大脑缺氧、男性勃起功能障碍和高胆固醇的药物替代剂。

精氨酸是多胺和胍乙酸合成中的重要物质（作为细胞增殖标记的物质）。它有助于提高精子和胶原蛋白的产生，并提示释放胰岛素、葡萄糖、胰高血糖素（Glucagons，帮助维持血液中葡萄糖的正常浓度），并可以提高葡萄糖的利用率。精氨酸还能刺激脑垂体，释放生长激素。

精氨酸在皮肤和结缔组织中的含量最高，影响着体内几乎所有的系统。

肝脏疾病的患者应谨慎补充精氨酸

因为肝脏是蛋白质代谢的主要器官，当肝脏出现状况时，比如肝脏损伤、肝硬化、脂肪肝退变，肝脏会丧失尿素代谢的能力。这导致了过多的氨，达到了中毒水平，从而引起了严重的身体问题，包括肝性脑病和肝昏迷，当精氨酸缺乏时，补充精氨酸疗法对肝脏只能是暂时有效的。

当精氨酸缺乏时，补充精氨酸治疗只在某些时候起作用。由于氨基酸在肝脏中代谢时，它对氮的处理方式使得补充精氨酸可能有毒副作用。精氨酸治疗的成功取决于肝脏内原本有一些天然的精氨酸储备。如果有肝脏储备，精氨酸可以帮助肝脏恢复。如果没有储备，补充精氨酸只会加速已经发生的衰竭。

二、精氨酸的代谢

精氨酸在肝脏中的代谢产物为鸟氨酸和瓜氨酸，并形成尿素循环。精氨酸是由精氨酸水解酶作用，产生了鸟氨酸；鸟氨酸之后又成为瓜氨酸和精氨酸的前体。鸟氨酸和瓜氨酸又都可以再生为精氨酸，被用于尿素循环。鸟氨酸是精氨酸代谢的终端主要产物，所以补充精氨酸之后，即会转换成鸟氨酸。

赖氨酸拮抗精氨酸的分解，它通过抑制精氨酸酶的活性而影响精氨酸正常代谢的必要条件。

最常见的无法延续尿素循环和无法正常代谢精氨酸，与精氨酸酶缺乏症（Arginemia）、精氨琥珀酸裂解酶缺乏症（Argininosuccinic Aciduria，又称精氨酸尿症）和精氨琥珀酸合成酶缺乏症（Citrullinemia，又称瓜氨酸血症）有关，所有这3个精氨酸酶障碍的特点都是缺乏鸟氨酸和过量的氨造成的。

三、机体对精氨酸的需求

目前尚没有对精氨酸的日需求量的规定，精氨酸对于鸟类是必需氨基酸，而对于人类和大多数哺乳类动物是半必需氨基酸。

如果在24h内，猫的食物中缺乏精氨酸会造成严重的伤害，在猫的血液和组织中精氨酸的浓度会迅速下降，因为猫体内不能合成精氨酸或是鸟氨酸，但是补充鸟氨酸基本上可以替代精氨酸作为猫的食物。精氨酸代谢产生的鸟氨酸和瓜氨酸的数量，足以满足成人在尿素循环中的需求。在给大鼠的饲料中，有14%的饲料缺乏精氨酸，发现大鼠的生长速度降低。美国营养学会的波（Pau）和米尔纳（Milner）发现大鼠的食物中缺乏精氨酸，会延迟大鼠进入青春期和成熟期。

精氨酸可以在人体内合成。然而，对于新生儿和儿童，精氨酸被认为是必需氨基酸，因为在他们发育期间，体内精氨酸产生的数量是不能满足生长需要的。对于成年人，精氨酸在代谢中产生的鸟氨酸和瓜氨酸，其数量足以满足在尿素循环中的需求。

为了保持身体健康，体内必须有足够数量的精氨酸。因为精氨酸缺乏会在许多种情况下发生，如过量的氨、过量的赖氨酸、生长迅速、妊娠妇女、创伤、缺乏蛋白质或是营养不良等，都会造成精氨酸的缺乏。

四、精氨酸在食物中的来源

精氨酸含量高的食品如鱼、家禽、肉类、燕麦、花生、大豆、核桃、乳制品、豆角、巧克力、糙米、小麦、小麦胚芽、葡萄干和葵花籽。在燕麦、小麦、水稻中，含量比其他氨基酸高，但是在水果、蔬菜和油类中精氨酸含量较少。

饮食中精氨酸含量低，可能最终导致乳清酸（Orotic Acid，OA）缺乏。其明显的特点是：乳清酸在尿液中被过量地排泄，称为乳清酸尿症。乳清酸是合成嘧啶的中间化合物，它是脱氧核糖核酸（DNA）的重要非蛋白含氮成分之一。哈山（Hassan）和米尔纳（Milner）表明精氨酸不足，会导致各种核苷酸和核酸的不足。在饮食中赖氨酸的含量相对高于精氨酸，会导致尿液中高乳清酸的排泄。因此，保持足够的精氨酸的摄入是很重要的，见下表。

表　　　　　　　　　　　　精氨酸在食物中的含量

食物	数量	含量/g
牛油果	1 个	0.70
奶酪	1oz	0.17
鸡肉	1lb	0.65
巧克力	1 杯	0.30
白软奶酪	1 杯	1.40

续表

食物	数量	含量/g
鸭肉	1lb	2.20
蛋	1 个	0.40
麦片	1 杯	0.90
午餐肉	1lb	3.20
燕麦粥	1 杯	0.60
猪肉	1lb	5.24
乳清干酪	1 杯	1.60
香肠	1lb	1.70

五、精氨酸的形式和吸收

精氨酸是一种很难吸收的氨基酸，其有效性依赖于有足够的鸟氨酸，或是以高剂量（4~5）g 或更高剂量地补充精氨酸。在膳食蛋白质中或是在补充 L-精氨酸时，其吸收受到 L-赖氨酸的抑制。

目前正在进行对 D 型精氨酸用于止痛和抗菌方面的研究。

六、精氨酸的毒副作用

高剂量（5g 以上）补充精氨酸时，可能会产生腹泻。极高剂量（40~60g）补充精氨酸，可以使有严重肝脏疾病和中度肾功能不全的患者，诱发成危及生命的肾功能衰竭，由此表明补充精氨酸大于 40g 可能是危险的口服剂量。

精氨酸、瓜氨酸、鸟氨酸，在多数情况下有着非常类似的不良影响。过量的鸟氨酸、瓜氨酸或精氨酸琥珀酸可产生运动失调，哈特纳普（Hartnup）病的特征就是步态和协调障碍，并且色氨酸的水平升高。

注意：肾衰竭的患者当血液中精氨酸处于低水平时，补充适量精氨酸，对患者是有益的。

七、精氨酸的临床应用

尿素氨基酸的独特之处，在于含有尿素氮。它们可以转换和消除氨基酸在代谢中的废物，控制血液中一氧化氮含量。几乎所有关于精氨酸的治疗用途都适用于鸟氨酸，因为鸟氨酸比精氨酸更容易进入线粒体受限制（注1）的杆状结构中，对细胞产生影响。这可能是补充鸟氨酸比补充精氨酸更容易吸收的原因。

（一）精氨酸加压素

精氨酸是垂体后叶加压素的组成部分，垂体后叶加压素是一种天然激素，具有抗利尿和升高血压的作用。血管加压素的一种肽形式，含有精氨酸（作为9种氨基酸之一），被称为精氨酸抗利尿激素（AVP）。虽然精氨酸可能间接促进这些作用（因为AVP含有少量的精氨酸），但值得怀疑的是这种激素能否单独以精氨酸补充剂进行诱导。

（二）精氨酸与细菌感染

长期患病的人可以依赖于含精氨酸的食物，免受传染性强和致命的假单胞菌属细菌引起的疾病。高含量的精氨酸食物有助于控制这种感染。

（三）精氨酸与癌症

精氨酸已被发现能抑制肿瘤的生长。威斯伯格（Weisburger）报道，给大鼠一种特殊致癌物质——乙酰胺，之后补充精氨酸取得良好的癌变抑制效果。武田（Takeda）发现，在日常的食物中添加精氨酸，有显著抑制乳腺肿瘤生长的作用。另有证据表明，精氨酸具有治疗肿瘤的作用，它比其他采用化学治疗的方法更有益。

美国伊利诺伊大学（University of Illinois）的米尔纳（Milner）和斯捷潘诺维奇（Stepanovich）曾仔细研究了精氨酸对癌症的影响。他们的研究表明，以某种方式给大鼠复制埃利希腹水癌细胞（注2），之后在大鼠的饲料中添加5%的精氨酸，可以抑制癌细胞的增殖，添加3%的精氨酸也发现是有效的。无论在饲料中添加3%，还是5%都可以抑制大鼠体内癌细胞的增长。

注1：线粒体与ATP

线粒体：在细胞生物学中线粒体是存在于大多数真核生物细胞中的细胞器。通常一个细胞中有成百上千个线粒体。细胞中线粒体的具体数目取决于细胞的代谢水平，代谢活动越旺盛，线粒体越多。线粒体可占到细胞质体积的25%。可看作是"细胞能量的工厂"，因其主要功能是将有机物氧化产生的能量转化为ATP。

ATP：在生物化学中，三磷酸腺苷（Adenosinetriphosphate，ATP）是一种核苷酸，作为细胞内能量传递的"分子通货"，贮存和传递化学能。ATP在核酸合成中具有重要作用。三磷酸腺苷，也称作腺苷三磷酸、腺嘌呤核苷三磷酸。

注2：埃利希腹水癌，即指罗旺塔尔将埃利希所发现的大鼠移植性乳癌转变为腹水型。这是与吉田肉瘤同样的恶性腹水瘤。在移植于腹腔后第14d，出现腹水，而肿瘤细胞亦明显增殖。

癌细胞似乎与鸟氨酸脱羧酶活性增加呈正比关系，鸟氨酸脱羧酶是一种有助于分解鸟氨酸的酶，补充精氨酸可使鸟氨酸脱羧酶的活性降低，可以抑制和影响肿瘤的生长。从而延缓肿瘤的增殖和减少鸟氨酸合成多胺（多胺是癌细胞增殖的标记物质）。根据舒贝尔（Schuber）和兰伯特（Lambert）对植物的研究发现，鸟氨酸可能引起多胺的增加，而精氨酸会降低多胺。该途径是否也在人类中存在，尚不清楚。

精氨酸缺乏症与嘧啶生物合成的增强有关。因此补充精氨酸，可以减少嘧啶的生物合成，引起核酸对肿瘤细胞生长的抑制。在减少嘧啶的合成中，反过来又导致多胺生物合成的复原。多胺在癌症患者的血液和尿液中通常含量高。

在精氨酸正常代谢中分解得到的药物，如 L-刀豆氨酸，可引起低血细胞计数和产生狼疮样皮肤刺激，这些同型类似物都具有抗肿瘤的活性。

巴尔布尔（Barbul）等在阿尔伯特·爱因斯坦医学院（Albert Einstein College of Medicine）的研究中发现，膳食中的精氨酸，能抑制大鼠体内肿瘤的体积、发病率和促进肿瘤的退化。这些影响可能是由于精氨酸阻断多胺和精胺（一种类似的多元胺，又称聚胺）的合成。我们发现补充 6g 的精氨酸，可以降低血液中 25% 的精胺，而亚精胺（多胺的一种）保持不变。血液中的高精胺也是各种癌症的特征。

在大鼠的饲料中添加 1% 精氨酸，可以对胸腺萎缩和损伤的大鼠进行保护。胸腺是一个小器官，位于胸骨，是重要的产生免疫激素反应的组织。这种效应可能是由于生长激素的刺激。

在大鼠的饲料中补充 5% 的精氨酸，可以明显抑制 7，12-二甲基苯并蒽对肿瘤的化学诱导和沃克（Walker）256 肉瘤株的肿瘤移植。精氨酸和谷氨酰胺可以防止乙酰胺对大鼠的致癌作用。另一方面，根据尼尔森（Nielson）的研究，砷是一种有毒的金属，它可以抑制精氨酸和锌代谢，并引发肿瘤的形成。

精氨酸能刺激 T 淋巴细胞，这是一类白细胞，是免疫系统的重要组成部分，通过增加它们的数量和响应，有助于鉴别有丝分裂原（注 3），或有害的物质。

注 3：有丝分裂是细胞分裂的基本形式，也称间接分裂或核分裂。在这种分裂过程中出现由许多纺锤丝构成的纺锤体，染色质集缩成棒状的染色体。有丝分裂原是淋巴细胞多克隆激活剂。不同有丝分裂原可选择活化某一类别的淋巴细胞，T 细胞或 B 细胞。通常用于 T 和 B 淋巴细胞的鉴别；计数 T 和 B 淋巴细胞的数量，以间接判定细胞免疫或体液免疫的功能。

鸟氨酸和精氨酸能抑制实验动物的肿瘤生长，并增加接种肿瘤细胞的大鼠的生存时间，L-精氨酸与维生素同时使用，可以降低肿瘤发病率30%。

（四）精氨酸控制胆固醇

在动物研究中发现，精氨酸比甲硫氨酸、牛磺酸或是甘氨酸在降低血液中胆固醇方面更为有效。饮食中富含18%的精氨酸会产生降低胆固醇的作用，因为精氨酸能抑制脂肪的吸收。高比例的精氨酸与赖氨酸，可以降低胆固醇的水平。而肉类蛋白比植物蛋白含有更多的赖氨酸，赖氨酸抑制了精氨酸酶的活性和精氨酸的分解。

高比例的赖氨酸与精氨酸饮食会导致动脉粥样硬化更易发生。富含精氨酸的载脂蛋白，例如，载脂蛋白E，是一种运输血液中脂肪和胆固醇的蛋白质。赖氨酸与精氨酸的比例，具有控制血液中胆固醇的重要意义。在动物研究中，添加大豆蛋白会引起赖氨酸与精氨酸的比例增加，导致更严重的动脉粥样硬化。

乔治·华盛顿大学医学院（George Washington University School of Medicine）的万胡尼（Vahouny）等，研究证明减少大豆饮食，可以增加对脂肪的吸收。

瓜氨酸是可以降低胆固醇的，如洋葱、大葱、大蒜和西瓜等食物可以降低胆固醇，因为瓜氨酸可以转化为精氨酸。

（五）精氨酸可以促进血液循环

已经有几十项的研究表明，精氨酸是一氧化氮的前体，促进整个身体的血液循环。一氧化氮是精氨酸在内皮细胞和血管肌肉围带中产生的。它作为神经递质的信使，使这些血管和相邻的平滑肌细胞舒张。一氧化氮被认为能够提高动脉循环、免疫系统、肝脏、胰腺、子宫、阴茎、肺、大脑以及周围神经的性能。

（六）减少脂肪和提高肌肉的质量

精氨酸有助于减少身体脂肪和提高肌肉的质量。精氨酸是形成肌酸的基石，肌酸是一种蛋白质，可提供肌肉能量和肌肉生长的需要。许多健身人士认为，补充精氨酸有助于减少身体脂肪，增加肌肉的质量。这一观点是基于使用30g的L-精氨酸进行静脉注射刺激生长激素的研究 [详见精氨酸（七）"刺激生长激素"]。

（七）刺激生长激素

以30g的L-精氨酸进行静脉注射时，观察到血液中的葡萄糖、胰岛素、胰高血糖素、生长激素水平迅速增加。老年人的反应是葡萄糖和生长激素有较大的提升。

韦尔登（Weldon）等的研究发现，使用 125~500mg 的 L-多巴和以 0.5g L-精氨酸/kg 体重的剂量（相当于 70kg 体重的成年男子使用 30~40g 的精氨酸）实施静脉注射，可以帮助先天性和因为营养不良造成矮小的儿童释放生长激素。还发现多巴和精氨酸这两种物质，对 40% 生长激素缺乏的儿童也是有帮助的。

生长激素可以刺激骨骼和软骨组织的生长，有助于保护机体蛋白质和脂肪酸。在实验动物的大脑中发现，生长激素还可以增加儿茶酚胺及 5-羟色胺衍生物。生长激素通过释放精氨酸从而有益于骨折的治疗和伤口的愈合。

精氨酸缺乏会导致肌无力，这是一种类似于肌肉萎缩症，可能是由于缺乏生长激素或胰高糖素（注 4）导致的。精氨酸缺陷还会造成大鼠体内的雌性激素不足。

精氨酸只有通过静脉注射给药途径，才能刺激生长激素的释放。低剂量的精氨酸是不可能刺激生长激素释放的。口服 6g 精氨酸在正常对照组中，没有发现有提高生长激素的迹象。以正常精氨酸水平的 4~6 倍最大剂量，口服精氨酸才能刺激生长激素的释放（这意味着 70kg 体重的人大约口服 30g 的精氨酸，才能刺激生长激素的释放）。其他氨基酸，如甘氨酸，可能是生长激素更有效的释放剂。在溃疡状况下，精氨酸也会增加血清胃泌素的释放，这与口服精氨酸有关。采取静脉注射生长激素抑制素，可以增加精氨酸对生长激素的影响。

现在很多人选择直接注射处方药生长激素，而不是自然地刺激生长激素的产生。虽然注射生长激素所释放的能力优于精氨酸，但是补充精氨酸是自然刺激产生生长激素的。

（八）精氨酸与高血压

一些研究表明，精氨酸可以增加一氧化氮的产生。血压高的人可能因为血管壁的一氧化氮不足，或一氧化氮的消耗迅速，使得血管缺乏足够的放松，导致慢性动脉变窄。

（九）精氨酸与肾脏疾病

精氨酸可以缓解肾脏疾病和肾损伤。缺乏精氨酸可能会引起碱中毒和尿氨增多。补充精氨酸对于部分肝脏切除的患者和甲、乙、丙 3 种肝脏疾病造成的肝损伤进行修复，可以显著降低乳清酸的排泄。肾脏疾病患者，补充精

注 4：胰高糖素又称为胰高血糖素或升血糖素，它是由胰腺细胞分泌的一种多肽激素。其作用与胰岛素相反，胰高糖素是一种促进分解代谢的激素，它具有很强的促进糖原分解和糖异生的作用，使血糖明显升高。

氨酸会及时降低尿液中柠檬酸盐的浓度。

（十）精氨酸与男性不育症

有许多使用精氨酸治疗男性不育症的研究和报道。沙克特（Schacter）等研究发现，在给 42 只雄性黑猩猩补充精氨酸之后，发现它们的精子数量增加了 100%，精子的活力也增加了。在治疗前，精子数量显著下降，经精氨酸治疗之后，精子的数量立即发生了改善。精氨酸不足会引起组织中的代谢紊乱，其中有丝分裂（细胞分裂）频繁发生，如发生在睾丸中的细胞分裂。精氨酸治疗不仅提高精子产生的数量，而且可以重新建立起正常精子所必需的能动性。

然而，普赖尔（Pryor）等在英国发现，补充精氨酸没有改善精子数量、密度和能动性。这可能是因为没有对患者进行足够长时间的实验研究（一般应该在三个月）和过低剂量的补充（每天的补充低于 4g）。在试管研究中发现 L-精氨酸、L-赖氨酸、D-精氨酸的不同，L-精氨酸和 L-赖氨酸可以刺激人类精子的能动性。在试管研究中还表明，L-鸟氨酸和 L-天冬氨酸也和精氨酸一样，对精子的能动性有积极的影响作用。

波（Pau）和米尔纳（Milner）在伊利诺伊大学的研究中发现精氨酸缺乏症影响生殖功能和延迟青春期的到来。当饮食中轻度缺乏精氨酸，就会导致卵巢重量降低和推迟第一次排卵。

（十一）精氨酸在血液中的水平及临床综合征

我们已经发现了 13 例血液中精氨酸水平低，其中 4 例是长期慢性病患者，并且大多数是妇女；还有 4 例是抑郁症患者；另外 5 例患者分别患有精神障碍、思维障碍、苯丙酮尿症、严重过敏症和哮喘。一般情况下，他们都是瘦弱的慢性病患者。值得注意的是，血液中精氨酸水平较低的患者，血液中鸟氨酸的水平也较低。

我们没有发现精氨酸水平高的患者。含量最高的患者曾经补充过氨基酸。长期大剂量的氨基酸疗法，会同时提高血液中的多种氨基酸水平，值得注意的是，青少年比成年人血液中具有较高的氨基酸水平，而随着身体的老化，血液中氨基酸水平会下降，这是正常的现象。

尿素循环的副产物是由精氨酸在一定程度上控制的。血液中的尿素水平是类似于精氨酸水平的。一般女性血液中的尿素水平低于男性。血液中尿素水平升高的患者，通常伴随有一些慢性的疾病，如关节炎、心力衰竭、高血压。

（十二）精氨酸与伤口愈合

动物研究中发现，在大鼠手术前 3~4d，手术后 3~10d，每天给它补充 4.3g 的 L-精氨酸，切口能很快愈合，并且有充足的胶原蛋白合成。胶原蛋白是皮肤、腱、骨、软骨和结缔组织的主要支持蛋白质。精氨酸通过转化为鸟氨酸及脯氨酸，再导致脯氨酸转化为胶原蛋白（补充脯氨酸可以减少食物中对精氨酸的需求）。比较精氨酸与谷氨酸在转化胶原蛋白的好处时，其结果是好坏参半。巴布尔（Barbul）等在动物实验中发现，精氨酸缺乏的大鼠，胶原蛋白合成缓慢，皮肤切口愈合能力也较弱。

酶可以分解胶原蛋白，已知的如胶原酶的活性依赖于锌。大剂量以 6g 的 L-精氨酸进行补充，可以显著降低血液中锌含量致原来的 75% 以下。

李（Lee）和费舍尔（Fisher）在新泽西州罗格斯大学（Rutgers University，New Jersey）的研究中发现，增加 2% 的精氨酸有助于大鼠创伤后的恢复。在控制癌症和伤口愈合中，精氨酸作用的基础可能会涉及胸腺产生的激素，胸腺是免疫反应的重要器官，每天 3~5g 的 L-精氨酸可以对促甲状腺或胸腺起到刺激作用。饲料中添加 1% 的精氨酸，可以保护小鼠和大鼠抗胸腺退化（胸腺萎缩），也包括正常老化或损伤。这种保护可能是由于生长激素的刺激。鸟氨酸具有促甲状腺作用，而瓜氨酸虽然也起到免疫反应，但它没有促甲状腺的作用。

八、精氨酸的两个重要代谢产物

（一）瓜氨酸

瓜氨酸（L-citrulline）不是主要的蛋白质氨基酸，也不是酶系统的一部分，它是由二氧化碳、氨和鸟氨酸在肝脏中合成的产物。如果瓜氨酸与天冬氨酸结合，它会生成精氨琥珀酸，其进一步代谢成精氨酸。其作用机制是参与尿素循环，排泄机体内过量的氨，清除体内的毒素。

瓜氨酸具有利尿、振奋精神和增强免疫系统的功能。研究还发现瓜氨酸在类风湿性关节炎和与其相关的炎症中发挥作用，它还具有调节血压和保护心肺的作用，以及对提高学习能力可能有影响。

如果具有罕见的遗传缺陷，不能将瓜氨酸正确转换为精氨酸。结果造成瓜氨酸在血液中水平增高而在循环中精氨酸的水平会降低，这种情况会出现烦躁情绪和精神错乱的症状，这与机体内氨的积累有关。适当的锌和维生素 B$_6$ 可以帮助瓜氨酸转换成精氨酸。

瓜氨酸在食物中的主要来源是瓜类，如西瓜、甜瓜、黄瓜等，而其他如柑橘类等水果不含有瓜氨酸。瓜氨酸有助于慢性疲劳患者的营养补充。关于瓜氨酸在治疗中的用途，还需要进一步的研究。

（二）鸟氨酸

鸟氨酸（L-ornithine）是尿素循环中最重要的组成部分。由于它能增强肝脏功能，常用于治疗肝脏疾病的危急状态。鸟氨酸也是瓜氨酸、脯氨酸和谷氨酸的前体物质。精氨酸经精氨酸水解酶的作用，生成鸟氨酸。

鸟氨酸与多胺的增加有关。鸟氨酸脱羧酶是多胺合成中的限速酶。鸟氨酸脱羧酶的活性与组织生长和分化有关，可作为癌症活性的标记。肾上腺素 β 受体（注5）在酶的活性刺激作用下，所占的比重增加。因此，β 受体激动剂可以提高多胺水平，而 β 受体阻滞剂可以人为地降低多胺水平。

鸟氨酸的脱羧作用是多胺合成最重要的一步，因此，补充鸟氨酸可以提高多胺的水平。

许多的药品开发企业试图抑制鸟氨酸脱羧酶的活性，以达到阻止肿瘤生长的目的，因此对鸟氨酸代谢的研究是值得关注的。

鸟氨酸可以提高免疫力，刺激生长激素的释放，并抑制肿瘤活性。同时还发现鸟氨酸在皮肤中的浓度很高，它能帮助伤口愈合，以及有修复受损组织的能力。

鸟氨酸在健美中的作用：鸟氨酸与精氨酸结合，可以促进肌肉的构筑，以及提高肌肉质量和强度。

临床中研究已经发现鸟氨酸不同的用途。例如，在 1994 年完成的重病患者的研究中指出，补充鸟氨酸能改善患者的食欲，使体重增加，并提高了重病患者的整体生活质量。在 1998 年，对一项严重烧伤患者的研究表明，补充鸟氨酸的 α-酮戊二酸制剂，提高了伤口的愈合能力，并减少了患者的住院时间。

一种罕见的、交叉的、隐性遗传疾病标记是，鸟氨酸和转氨甲酰磷酸盐

注5：肾上腺素能受体是一组能与肾上腺素（配体）结合，表现类似肾上腺素生理功能的受体。根据它分别与去甲肾上腺素和肾上腺素反应的情况，以及对某些阻断剂和激动剂的反应情况而分为 α 肾上腺素能受体（简称 α 受体）和 β 肾上腺素能受体（简称 β 受体）两种。α 受体能与去甲肾上腺素以及诸如苯氧苄胺、酚妥拉明（α 受体阻断剂）等阻断剂起反应，主要作用于心血管系统。β 受体能与肾上腺素以及诸如普萘洛尔等阻断剂起反应，根据 β 受体效应的不同，又分为 β_1 肾上腺素受体（简称 β_1 受体，可受相应激动剂的作用而起到分解脂肪和刺激心脏的作用）和 β_2 肾上腺素受体（简称 β_2 受体，受相应激动剂的作用而起到舒张支气管和血管的作用）。

（Carbamyl phosphate，CP）被阻止转化为瓜氨酸，被称为鸟氨酸氨甲酰基转移酶缺乏症。它的标志是，血液中存在过量的氨和高水平的乳清酸，但是瓜氨酸、精氨琥珀酸和精氨酸的水平是正常的。

鸟氨酸含量低的患者被发现是由于生长缺陷所致。目前我们在治疗中的两例患者，一例是发育迟缓，另一例是精子计数低，他们都是血液中的鸟氨酸显著低水平的患者。在试管研究中发现鸟氨酸可以增加人类精子的蠕动能力。

在大多数患者中，鸟氨酸是低水平的，同时机体内氨基酸水平的总量也是较低的，如住院患者、肾脏疾病患者、先天性遗传病患者（如苯丙酮尿症）、抑郁症患者和慢性疾病女性患者（通常妇女血液中氨基酸水平较低）。在我们的诊所中发现，有 3 例低鸟氨酸水平的患者，他们都具有高血压。这是一件不寻常的发现，其意义尚不清楚，有待研究。

高水平鸟氨酸的患者，其中 8 例是抑郁沮丧的患者，2 例是腿部水肿患者，1 例是甲状腺功能减退患者。这些结果的意义尚不清楚。

鸟氨酸是机体中自然形成的，但也可以在肉、鱼、乳制品和蛋中摄取。每日正常饮食约提供 5g 的鸟氨酸。

研究表明，确保鸟氨酸的产生和在代谢中的畅通，可以避免脱发和阻止肿瘤细胞的生长。鸟氨酸目前已经成为一种外用毛发生长制剂的商品。

几乎是一致地认为，精氨酸用于的治疗均适用于鸟氨酸。因为鸟氨酸比精氨酸更容易进入线粒体，补充鸟氨酸胜于补充精氨酸，且精氨酸的代谢产物是鸟氨酸，更便于吸收。

没有盐的"盐"——咸味肽

　　首先是阿斯巴甜作为氨基酸甜味剂，随后研究人员创造了一个新的咸味肽（Ornithyltaurine），它也是由氨基酸组合的，味道咸而不含钠。日本最近开发的这个新的营养盐，可以大量地提供给人类含鸟氨酸的饮食。我们还需要进一步研究鸟氨酸的补充剂量。

九、精氨酸的使用剂量

精氨酸是吸收比较差的氨基酸之一。给 80kg 体重的男子补充 6g 的精氨酸，血液中的水平在 2~4h，仅略超过 100%，这可能是因为精氨酸被迅速地利用。鸟氨酸水平与此同时上升。在研究中发现精氨酸转化为鸟氨酸的速度是最快的，而赖氨酸转化为肉碱需要 6h 才有比较显著的变化。

在补充精氨酸时会影响到其他氨基酸，它可以提高含硫氨基酸并减少色氨酸和甘氨酸在血液中的水平。其他生物参数，如生长激素以及以大多数化学物质显示的参数，如微量金属和多胺都很少或是没有变化。

(一) 精氨酸的补充

几乎所有使用精氨酸治疗的患者，均可以使用 L-鸟氨酸替代。L-鸟氨酸可能比精氨酸更容易进入线粒体。

(二) 精氨酸缺乏的症状

精氨酸缺乏症的体征和症状包括皮疹、脱发、皮肤裂口、伤口愈合不佳、肌肉无力、便秘、精子数量减少、脂肪肝、肝硬化、肝性昏迷等。

(三) 补充精氨酸实用性

单一的游离精氨酸或 L-鸟氨酸 500mg 胶囊。也可以使用精氨酸和鸟氨酸的复合模式，使用 500mg 的精氨酸和 250g 的鸟氨酸的复合制剂。精氨酸和 L-赖氨酸不能复合使用，因为赖氨酸与精氨酸有拮抗作用。

(四) 每天的使用量

常规的精氨酸剂量或鸟氨酸的剂量是每天两次，每次 3g。用于治疗则应该在 5g 或是更大剂量的精氨酸，方能达到期望的效果，治疗时应该监测血液中精氨酸水平作为指导和治疗。

(五) 精氨酸最高使用极限

没有建立。

(六) 精氨酸的副作用和禁忌证

补充精氨酸和 L-鸟氨酸辅助治疗时，应该对精神分裂症要非常小心，补充精氨酸和 L-鸟氨酸会使精神分裂症状加重。应该注意，当每日的补充量超过 10g 时，会产生恶心、呕吐和失眠的副作用。

十、对精氨酸的总结

精氨酸是半必需氨基酸，它的主要作用是参与尿素循环和将机体中多余的氨排泄，它还是合成脱氧核糖核酸（DNA）和肌酸的原料。精氨酸在猫、老鼠和其他哺乳动物中是一种重要的营养物质。对于人类来说，精氨酸只有在某些情况下是必要的。当精氨酸不足时，机体内会存在过量的氨和过量的赖氨酸，造成氨基酸失衡，对于生长发育、妊娠期间、创伤或应激状况会出现蛋白质缺乏或是酶缺乏。补充高达 20g 的精氨酸可用于治疗先天性尿素循环中酶缺陷的症状。精氨酸不足会出现皮疹、头发脱落、皮肤裂口、伤口难以愈合、便秘以及脂肪肝、肝硬化、肝昏迷。

　　静脉注射补充高剂量（20~35g）的精氨酸会对释放生长激素、胰高血糖素、胰岛素有影响。关于补充低于 1g 的精氨酸可以刺激生长激素释放的说法，暂时是没有根据的。给大鼠补充大剂量的精氨酸可以使胶原的合成迅速增加，促进伤口愈合，并且呈现正氮平衡。在大鼠的饲料中增加 1% 以上的精氨酸，可以防止大鼠的胸腺退化，并且具有抗癌的效果。同时还发现补充大剂量的精氨酸可以降低多胺及预防各种癌症。如果精氨酸、鸟氨酸和天冬氨酸对精子的生存能力和活性有着积极的影响，这有利于治疗男性不育症。

　　从血液、脑脊液、乳清酸或排泄尿液中可以测得是否患有精氨酸缺乏症。许多癌症患者都显示血液中的精氨酸不足。我们在治疗的一位妇女因为患有慢性疾病，体内蛋白质的含量低下，经补充精氨酸和多种氨基酸，身体得到好转并减少了住院治疗的时间。许多这样的患者有多种氨基酸不足的表现，应采用对应的多种氨基酸配方进行补充。补充精氨酸可以预防癌症，体内过多精氨酸也常发生在先天性代谢缺陷的患者中。

　　每日补充精氨酸的剂量超过 40g，对肾衰竭、肝脏疾病或肾脏疾病的患者是有危险的。

　　精氨酸、甲硫氨酸、牛磺酸、甘氨酸可以降低胆固醇。我们发现补充 6g 的精氨酸可以减少胆固醇高达 10%。饮食中应有富含精氨酸和低赖氨酸含量的食品，如全谷物、燕麦等和肉类蛋白质。

　　补充精氨酸适应于许多疾病，同时精氨酸对于维护身体健康也非常重要。

第五部分

谷氨酸族氨基酸

谷氨酸、γ-氨基丁酸、谷氨酰胺
大脑中的三剑客

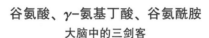

脯氨酸和羟脯氨酸
胶原蛋白的组分

天冬氨酸和天冬酰胺
情绪兴奋剂

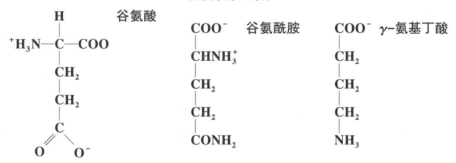

第十章 谷氨酸、γ-氨基丁酸、谷氨酰胺：大脑中的"三剑客"

谷氨酸（L-glutamic acid，GA）、γ-氨基丁酸（γ-aminobutyric acid，GABA）和谷氨酰胺（L-glutamine，GAM）是3个密切相关的非必需氨基酸。它们错综复杂地参与维持适当的脑功能及脑力活动，并组成一个强大的"三位一体"，每一个在脑信息传递系统中依赖着另一个而起作用，且贯穿于大脑的中枢神经系统，以确保神经信号的畅通。谷氨酸可被转化为谷氨酰胺或γ-氨基丁酸，反之亦然，谷氨酸也可由谷氨酰胺或是γ-氨基丁酸形成。

谷氨酸是一种兴奋性神经递质，它通过增加神经元的放电而刺激大脑；γ-氨基丁酸是一种抑制性神经递质，通过降低神经元和神经细胞的活性而起到镇静的作用；谷氨酰胺可以很容易地通过血-脑屏障，是大脑的主要能量来源以及谷氨酸和γ-氨基丁酸活性的介体。因为它们形成新陈代谢的反应团队，所以我们称它们为大脑中的"三剑客"。

一、谷氨酸、γ-氨基丁酸、谷氨酰胺的功能

谷氨酸是以盐的形式存在，是最丰富的神经递质，广泛存在于机体和几乎所有的神经细胞中。在颅神经和海马（大脑的记忆中心）的神经中，谷氨酸是主要的兴奋性神经递质，它参与所有的脑细胞活动，并且承担着视网膜的感光传递。在大脑中除天冬氨酸外，谷氨酸是含量最丰富的氨基酸。

谷氨酸在涉及大脑的疾病中，都起着重要的作用，如精神分裂症、帕金森病和癫痫，以及有助于纠正儿童行为障碍，还可以用于治疗高血压、舞蹈症、运动障碍和酗酒，并且还作用于糖和脂肪的代谢。

大脑发挥最佳的功能需要激励与抑制的平衡。20世纪50年代，γ-氨基丁酸（GABA）被发现在中枢神经系统中具有最普遍的抑制神经递质的作用。在许多神经性的、精神性的、冲动障碍性的、成瘾性的以及伴有狂躁行为或高度焦虑的相关神经症状，如帕金森病、癫痫、酗酒、毒品成瘾、睡眠紊乱、慢性疼痛综合征等，甚至长期焦虑和慢性病等都是受γ-氨基丁酸受体的影响。γ-氨基丁酸是通过占据受体位点，从而阻断与紧张和焦虑相关的信号传

到大脑运动中心。

γ-氨基丁酸在人体中的作用与苯甲二氮（Diazepam，一种镇静安眠药，又称地西泮或是安定）、甲氨二氮䓬（Chlordiazepoxide，利眠宁）以及巴比妥等镇静药物制剂的作用方式相同，但是没有不良的副作用或成瘾的可能性。γ-氨基丁酸是通过激活脑中的神经元和受体，从而产生类似的镇静抑制作用。近些年，医药开发企业也增强了对γ-氨基丁酸在控制癫痫发作和情绪波动的新药研究开发。

医学技术和营养科学相结合的两个最好的例子：药物加巴喷丁（Gabapentin，商品名为镇顽癫）和替加滨（Gabitril），它们都具有γ-氨基丁酸的化学结构，这是医学上的最大突破之一，它可以帮助患者保持冷静，而不必再使用麻醉剂。同时，γ-氨基丁酸在下丘脑中浓度特别高，下丘脑是大脑调节脑垂体激素功能的区域，脑垂体有促进释放催乳素的分泌腺体；它在控制交感神经系统腺体如胰腺、十二指肠和胸腺的作用中也很突出。

谷氨酰胺是大脑和免疫系统中各种细胞主要能量的来源。它同时又是肌肉和血液中含量最丰富的氨基酸。谷氨酰胺在血液中的浓度比所有其他氨基酸的总和要多3~4倍，并且谷氨酰胺在脑脊液中的浓度比在血液中还要高，是其他氨基酸总和的10~15倍。

谷氨酰胺是构成骨骼肌、肌肉蛋白质的重要组成，它有助于保持和增强肌肉，对于某些疾病，如癌症、艾滋病、肌肉创伤或因压力造成的肌肉萎缩也有效果。同时它也是伤口修复的重要原料。

谷氨酰胺独特之处，在于它的分子中含有两个氮原子，而其他的氨基酸只含有一个。谷氨酰胺的这种特殊结构，使得它成为从一个地方到另一个地方运输氮的重要载体。在细胞里，它在合成嘌呤和嘧啶（DNA 的主要成分）的过程中提供氮原子，从而扮演着一个重要的角色。在形成烟酸（维生素B_3）过程中，谷氨酰胺也释放其中的一个氮原子，从而参与了精氨酸的代谢。它有助于机体内的脱氨（特别是在大脑里的脱氨），以保持体内适当的酸/碱平衡。

谷氨酰胺可以转化为谷氨酸，同时也可以提高大脑中γ-氨基丁酸的水平，以保持中枢神经系统的平衡。谷氨酸、γ-氨基丁酸、谷氨酰胺的组合，在大脑中是含量最丰富的氨基酸基团。它们的座右铭是"人人为我，我为人人"。

二、"三剑客"的代谢

虽然谷氨酸族的神经递质主要由谷氨酰胺和γ-氨基丁酸产生，但是它可以从许多不同的来源合成出来。谷氨酸也可以从天冬氨酸、鸟氨酸、精氨酸、脯氨酸和 α-酮戊二酸（α-ketoglutarate，一种参与谷胱甘肽代谢的碳水化合物）转化生成。

　　过去曾经认为，谷氨酸是大脑代谢的主要来源，但是现在已经得知，许多的物质在代谢过程中都有显著作用。尤其是精氨酸在脑中形成一氧化氮的作用最为突出，而谷氨酰胺、天冬氨酸和 α-酮戊二酸在刺激性氨基酸的形成中发挥重要作用。γ-氨基丁酸的代谢衍生物有 γ-羟基丁酸酯（γ-hydroxybu-tyrate，GHB）和 γ-丁内酯（γ-butyroplactone），是一种天然的诱发睡眠、起镇静作用的化合物，这两种物质在脑中都少量存在，并起到抑制性神经递质的作用。

　　"三剑客"与所有氨基酸的正常代谢一样，都需要有充足的维生素 B_6 作为支持。

三、机体对谷氨酸、γ-氨基丁酸、谷氨酰胺的需求

　　对谷氨酸没有每日摄入量的要求。它广泛存在于体内，并且可以从体内许多不同的来源中进行合成。谷氨酸也是食品中含量比较丰富的氨基酸之一，但是其水平很容易受疾病的影响。

四、食物中的来源

　　食物中谷氨酸含量丰富，但却缺乏谷氨酰胺和 γ-氨基丁酸。谷氨酸在小麦面筋蛋白中占 43%，在酪蛋白中占 23%，在明胶蛋白中占 12%。肉、禽、鱼、蛋和奶制品都是谷氨酸的丰富来源。

五、谷氨酸、γ-氨基丁酸、谷氨酰胺的补充形式和吸收路径

　　从膳食中补充谷氨酸、γ-氨基丁酸和谷氨酰胺是最好的形式，因为它们在膳食中是以 L 型存在的。三者中谷氨酰胺和 γ-氨基丁酸比谷氨酸更易被吸收，但效果也因人而异，因为一些人以 γ-氨基丁酸（以加巴喷丁的形式，注1）吸收得更好，而另一些人则以谷氨酰胺吸收得更好。

　　天冬氨酸是一种兴奋性的神经递质，在传递中与谷氨酸具有竞争性，同时对谷氨酸具有阻碍其吸收的作用。抑制性神经递质牛磺酸、甘氨酸与 γ-氨

注1：加巴喷丁是一种新颖的抗癫痫药，它是 γ-氨基丁酸（GABA）的衍生物，其药理作用与现有的抗癫痫药不同，最近研究表明加巴喷丁的作用是改变 GABA 代谢而产生的。

基丁酸具有在传递中的竞争性，同时也可以阻止 γ-氨基丁酸的吸收。然而赖氨酸，它的代谢产物哌啶酸，似乎在大脑中有增强 γ-氨基丁酸的作用。

谷氨酸在食物中的含量见表 10.1 。

表 10.1   谷氨酸在食物中的含量

食物	数量	含量/g
牛油果	1 个	0.40
培根	1lb	6.00
奶酪	1oz	1.51
鸡肉	1lb	0.65
巧克力	1 杯	1.70
白软奶酪	1 杯	6.70
鸭肉	1lb	4.50
蛋	1 个	0.80
麦片	1 杯	2.60
火腿	1lb	13.00
午餐肉	1lb	10.00
燕麦粥	1 杯	1.40
桃	1 个	0.14
猪肉	1lb	5.24
乳清干酪	1 杯	6.00
碎麦片	1 杯	2.00
香肠	1lb	1.70
火鸡肉	1lb	6.00
麦芽	1 杯	5.60
全脂奶	1 杯	0.30
酸奶酪	1 杯	2.30

六、营养间的相互作用

谷氨酰胺合成酶是一种含锰的酶，锰在谷氨酰胺合成和谷氨酸的代谢中起着重要的作用。在我们的诊所中发现，有许多患者因为不良的饮食习惯和较差的食品质量造成微量元素锰的缺乏。

从维生素 C 与"三剑客"之间的关系分析，发现 γ-氨基丁酸在大鼠纹状体组织中能刺激维生素 C 的释放，并能促进 γ-氨基丁酸的利用和代谢。

七、毒副作用

一些酸性氨基酸，如谷氨酸、天冬氨酸、半胱氨酸、半胱亚磺酸（Cysteine Sulfinic Acid）和高半胱氨酸，是兴奋性的神经递质，并会损害到大脑。大剂量的谷氨酸在动物实验中会产生脑损伤。提供含 2.5%～5%谷氨酸（谷氨酸盐形式）或天冬氨酸（天冬氨酸盐形式）的饮用水，给实验动物饮用，会导致这些实验动物丘脑损伤。法伊弗（Pfeiffer）在芝加哥大学的研究报告中提出，以 2g/kg 体重的谷氨酸剂量（相当于成年男性使用 140g 的谷氨酸），就会产生毒性症状，主要是恶心和呕吐。其血液中谷氨酸的含量是正常水平的 20 倍，显示为毒性。

在动物实验中的研究发现，非常低水平的谷氨酸，尤其对年幼的实验动物（它们缺乏一个发育成熟的血-脑屏障），会导致急性脑神经的损耗。谷氨酸钠（即味精）在 0.75g/kg 体重剂量时会变得有毒（相当于成年男性一天内食用 55g 的味精）。谷氨酸在 1g/kg 体重剂量时会造成大脑的下丘脑神经元组织的严重坏死（相当于成年男性一天内食用 70g 的谷氨酸）。而 3g/kg 体重剂量的半胱氨酸，会减少实验动物的下丘脑神经元（相当于成年男性一天内食用 200g 的半胱氨酸）。

值得注意的是，甘氨酸、丝氨酸、丙氨酸、DL-甲硫氨酸、亮氨酸、苯丙氨酸、脯氨酸和精氨酸，即使在 3g/kg 体重如此高剂量时，并未发现对实验动物产生任何可观察到的对神经的毒副作用。在 70～280g/kg 体重高剂量谷氨酸时，会发生严重的视网膜病变和退变。

在实验中还发现，鸡能承受含有 15%的 L-谷氨酰胺的饲料，但是喂养仅含 5%D-谷氨酰胺的饲料时，就会发现有 40%以上的鸡，在两周内产生沮丧和抑郁。D 型氨基酸通常是具有毒性的。在动物实验中还发现，相当于 70kg 以上体重的成年人中，补充最小剂量至 3g 的谷氨酸，可以降低癫痫发作的次数。

八、"三剑客"的临床应用

谷氨酸基团主要是用来修饰 γ-氨基丁酸在中枢神经系统中支配的抑制性

作用。（谷氨酸属于兴奋性神经递质，γ-氨基丁酸属于抑制性神经递质）它们通过开启和关闭谷氨酸和 γ-氨基丁酸的代谢途径，起到控制大脑的兴奋和放松的作用。谷氨酸和谷氨酰胺具有一定的治疗用途，而 γ-氨基丁酸在"三剑客"中是最具有治疗潜力的氨基酸。

九、衰老和心理表现

老化大大改变了大脑的新陈代谢。衰老过程中，催化谷氨酸形成 γ-氨基丁酸的谷氨酸脱羧酶显著减少。补充微量元素锰营养剂，可以纠正衰老大脑中 γ-氨基丁酸合成能力的降低。

智商（Intelligence Quotient，IQ）也会随年龄老化而衰退，曾报道过使用大剂量的 γ-氨基丁酸和谷氨酸可提高老年人智商。"三剑客"已用于有效治疗各种形式与年龄有关的心理性能的下降。

每日给一组受试者口服 12g 剂量的谷氨酸，虽然他们抱怨胃部不适，但是谷氨酸提高了他们在智力、警觉性和注意力方面的表现。

在另一项研究中，给予实验的大鼠低剂量的谷氨酸（相当于人类剂量约 6g），发现它们学会走迷宫和其他任务的能力都有提高。

在人体进行剂量为 20g 谷氨酸静脉给药时，会产生恶心和呕吐。经实验总结，人体静脉注射谷氨酸在 10g 以下的剂量可能是安全的。

是否对智力有长期的好处，尚未有充分的研究，但是很有可能给低智商的患者带来治疗希望。在一项对智力障碍患者使用 1~3g 的 γ-氨基丁酸化合物进行治疗的研究中发现，在 106 例患者中，有 63 例患者表现出智商显著改善。

谷氨酰胺合成抑制剂称为甲硫氨酸亚砜，一种甲硫氨酸的副产物，在实验中动物产生抽搐，类似于阿尔茨海默病一样的变化。这进一步使我们认识到"三剑客"的重要作用。

十、对酗酒的治疗

谷氨酸和谷氨酰胺可治疗酒瘾。在一项研究中，给酗酒者每日 3 次，每次服用 2g 的 L-谷氨酰胺，或是每日一次服用 6g 的 L-谷氨酰胺，服用一个月；之后再在第二个月，每天服用 12g 的 L-谷氨酰胺；然后第三和第四个月，剂量增加至每日 15g。与服用安慰剂组进行比较，有 75%的酗酒者有明显的改善，控制或降低了酒瘾。

在另一项研究中，酗酒者服用大量的谷氨酸钠（大约每天 7g 或 8g）及维生素，这些酗酒者中有 70%都有所改善。然而，在之后的研究中，只是服用 10g 谷氨酸钠的酗酒者，没有得到改善。

一些营养学家继续使用 L-谷氨酰胺，在治疗酒精中毒方面取得了很好的效果。显然，对于长期习惯性的酗酒者，仍有进一步研究的必要。每天给这些酗酒者服用 6~15g 的 L-谷氨酰胺的试验是合理的。谷氨酰胺作用的理论基础可能与糖代谢有关，谷氨酰胺可为大脑在缺乏葡萄糖时提供足够的能量。

γ-氨基丁酸对酒精中毒，尚未发现有明显作用。在紧张和压力的情况下似乎可以增加脑中的 γ-氨基丁酸；而酒精、苯甲二氮或其他苯二氮平类药物似乎会耗尽脑中的 γ-氨基丁酸，因为酒精中毒会引起硫胺素缺乏的脑病，也会减少脑中的 γ-氨基丁酸。而谷氨酸、天冬氨酸和利眠宁，对控制酒瘾是有效的，因为它们能增加脑中的 γ-氨基丁酸。

十一、阿尔茨海默病

阿尔茨海默病患者中发现谷氨酸水平增高，这一发现的意义尚不清楚，但这些水平无疑与丧失记忆后，癫痫会频繁发作有关。

十二、焦虑忧虑症

γ-氨基丁酸（GABA）的水平，如谷胱甘肽一样，会随着慢性疾病而降低，当遭受到长期且持续的压力和/或疾病时会变得焦虑和过度劳累，可以导致焦虑或忧虑的症状，继而出现 γ-氨基丁酸缺乏症。这种生理变化的压力，可能会出现慢性背痛到严重的身体或精神创伤等。

抗焦虑的药物刺激 γ-氨基丁酸（GABA）受体，因为 γ-氨基丁酸（GABA）对中枢神经系统有抑制的作用，能减缓神经元对信息的传递，有助于防止神经细胞放电的速度过快而造成的神经系统过载，使得中枢神经系统处于镇静占主导的地位。

一位 40 多岁的妇女患有严重的焦虑症，来到我们的诊所请求帮助。过去她每天都服用以苯甲二氮唑和氯羟去甲安定（Lorazepam，Ativan，劳拉西泮，安定文）。之后，我们开始给她每天补充 4 次 200mg 的 γ-氨基丁酸。很快她能够停止服用苯甲二氮唑安定剂，氯羟去甲安定的剂量也减少了。唯一的副作用是她感到疲劳，这可能是由于 γ-氨基丁酸在转换成肌醇时带来的影响。

我们在给患者补充 γ-氨基丁酸时，也有不一致的结果。多年来，许多焦虑症的患者愿意接受补充 2~4g 大剂量的 γ-氨基丁酸，他们觉得这样的剂量很适合。也有的患者在补充 γ-氨基丁酸的同时，还服用阿普唑仑（Alprazolam，商品名 Xanax，赞安诺），他们感到这样可以帮助睡眠和放松。还有一些觉得补充低剂量的 γ-氨基丁酸效果好，这可能是一些患者可以单独增强 γ-氨基丁酸的灵敏度；或是对于一些人来说，可能存在安慰剂效应。我们认为 γ-氨基丁酸的改进型，如加巴喷丁（Gabapentin）或噻加宾（Tiagabine）更有效，不仅可以治疗焦虑症，也可用于控制冲动障碍、成瘾行为和许多其他心理障碍。

γ-氨基丁酸有一种令人恶心的副作用，而加巴喷丁和噻加宾就可以减少这种副作用，同时还可以替代抗癫痫药物氯硝西泮（Clonazepam），商品名克诺平（Klonopin）或是利福全（Rivotril），并可以避免 γ-氨基丁酸的副作用。我们相信，γ-氨基丁酸作为抗焦虑剂是值得一些患有严重焦虑症，并依赖苯二氮䓬药物的患者进行尝试的。

十三、γ-氨基丁酸对食欲的抑制作用

一些研究已经分析了 γ-氨基丁酸在饮食习惯中的作用。γ-氨基丁酸能抑制实验动物的胰岛素，控制它的食欲。或降低进食，或增加进食。常常由于摄食过度，超出机体对能量需求，就会导致垂体激素的异常调节。关于 γ-氨基丁酸在饮食中的其他作用也在研究中。

十四、谷氨酸与良性前列腺增生

谷氨酸可以在前列腺的功能中发挥作用。前列腺分泌的液体中明显含有谷氨酸，这一发现使许多科学家推测，谷氨酸会降低良性前列腺的增生（前列腺肥大，而没有癌症迹象）。

十五、用于癌症的治疗

谷氨酰胺可以为正常细胞的生长提供能量。但是，有大量的证据表明，谷氨酰胺也同样为肿瘤细胞的增生提供能量。基于此，分解谷氨酰胺的谷氨酰胺酶和分解天冬酰胺的天冬酰胺酶，已作为治疗癌症的有效药物成分用于临床，例如天冬酰胺酶（Asparaginase，商品名：爱施巴，Elspar），对治疗急性白血病和淋巴细胞性恶性病变有效——因为这些恶性细胞必需依赖于这种酰胺酶生长，而正常细胞则无此需求。谷氨酸和谷氨酰胺主要来源于动物蛋白质，因此素食习惯对癌症治疗有一定的辅助作用（素食习惯抑制了体内上述酰胺酶的产生，因此肿瘤细胞也就失去了能量的来源——译者注）。

从谷氨酰胺酶转化为谷氨酰胺，主要副作用是损伤肾或肝、不孕不育、

胰腺炎、体温升高、抑郁症、凝血因子升高、腹部绞痛、头痛、消瘦、烦躁、厌食，恶心、呕吐、寒战、血氨升高和伴有严重的帕金森症样的震颤和肌张力罕见的衰退，但是没有发现有其他的重大精神异常。

根据实验发现，γ-氨基丁酸及其类似物对肉瘤，以及与化疗剂组合对抗癌症都具有一定的疗效。

十六、γ-氨基丁酸对抑郁症的影响作用

抑郁症患者可能伴随着γ-氨基丁酸的代谢异常。许多抑郁症患者，他们都具有与焦虑或紧张压力有关的诱因，γ-氨基丁酸可以占用大脑运动中枢的受体点，防止焦虑相关信息的传递。同时，γ-氨基丁酸还可以与单胺氧化酶抑制剂（Monoamine Oxidase Inhibiter，MAOI），丙戊酸钠（Sodium Valproate商品名 Depakene）和苯妥英钠（Phenytoin Sodium，商品名 Dilantin，大仑丁）结合，对增强这些抗抑郁药物的药效是非常有用的。γ-氨基丁酸对于治疗由于压力诱发的精神分裂症和酗酒等都有很好的效果。

十七、γ-氨基丁酸与糖尿病和低血糖

给 50 例高血糖患者补充 2~4g 的 γ-氨基丁酸，大约有半数的患者血糖出现明显下降。因为 γ-氨基丁酸能刺激胰岛素的分泌，因此可以降低血糖。γ-氨基丁酸有益于糖尿病的治疗，但是低血糖患者应该注意避免使用。

十八、对肝性脑病的治疗

肝脏和肾脏是谷氨酸族氨基酸主要的代谢器官，但是由于酗酒或是肝脏疾病造成了肝损伤，出现肝功能异常，谷氨酸代谢受阻，谷氨酰胺在脑脊液中大量增加，使得大脑中毒素积累，形成肝性脑病。大脑功能下降，其表现为言语表达困难、睡眠障碍和明显的震颤。

经过血液透析治疗脑病，γ-氨基丁酸在大脑中有显著降低，脑脊液中的γ-氨基丁酸趋于正常或是下降。对这些患者补充使用谷氨酰胺和谷氨酸应该谨慎，而补充 γ-氨基丁酸可能是一个重要的治疗手段。

十九、对高血压的治疗

γ-氨基丁酸可以帮助调节心血管机制与高血压。被修饰的 γ-氨基丁酸药物，通过刺激大脑受体因子，具有明显调节血压的重要作用。当谷氨酸注入大脑的某些地区，特别是海马，会产生降低心率和降低血压的作用，但是口

服谷氨酸降低血压的效果是不能确定的。口服 3g 的 γ-氨基丁酸已被证明是一种有效的降低血压的治疗方法。

γ-氨基丁酸的许多类似物能增强其活性，也可以降低血压。钙通道阻滞剂维拉帕米［Verapamil，商品名：卡兰（Calan）］是通过 γ-氨基丁酸类似物的机制降低血压。

二十、对不由自主的肌肉运动综合征的治疗

不由自主的肌肉运动综合症患者的特征是他们的脑脊液或大脑中的 γ-氨基丁酸通常处于低水平。γ-氨基丁酸在肌肉运动失调症中的情况如表 10.2 所示。

表 10.2　　　　　γ-氨基丁酸在肌肉运动失调症中的情况

症状	γ-氨基丁酸在脑脊液中	γ-氨基丁酸在大脑中
震抖动作症（Action Tremors）	缺乏	—
弗里德赖希共济失调症（Friedreich's Ataxia——注2）	—	缺乏
亨廷顿舞蹈症（Huntington's Chorea——注3）	正常	缺乏
多发性硬化症（Multiple Sclerosis——注4）	缺乏	—
帕金森病（Parkinson's Diseas）	正常	增高
迟发性运动障碍（Tardive Dyskinesia——注5）	缺乏	缺乏

弗里德赖希共济失调症患者表现为一种遗传性、渐进性的神经系统紊乱、平衡和协调能力的显著损失，脊髓后索变性萎缩和运动障碍，同时在给患者

注2：弗里德赖希共济失调症（Friedreich's ataxia）是较常见的遗传性共济失调。欧美地区多见，东亚（包括中国）罕见。

注3：亨廷顿舞蹈症是一种家族显性遗传型疾病。患者由于基因突变或者第四对染色体内 DNA 基质的三核苷酸重复序列过度扩张，造成脑部神经细胞持续退化，机体细胞错误地制造一种名为"亨廷顿蛋白质"的有害物质。这些异常蛋白质积聚成块，损坏部分脑细胞，特别是那些与肌肉控制有关的细胞，导致患者神经系统逐渐退化，神经冲动弥散，动作失调，出现不可控制的颤搐，并能发展成痴呆，甚至死亡。

注4：多发性硬化症（Multiple Sclerosis）是一种慢性、炎症性、脱髓鞘的中枢神经系统疾病。可引起各种症状，包括感觉改变、视觉障碍、肌肉无力、忧郁、协调与讲话困难、严重的疲劳、认知障碍、平衡障碍、体热和疼痛等，严重的可以导致活动性障碍和残疾。

注5：迟发性运动障碍（又称迟发性多动症）是一种特殊而持久的锥体外系反应，服用大剂量抗精神病药的患者减量或停服后最易发生。

补充谷氨酰胺试验时，还发现谷氨酸代谢异常。

对痉挛性动物实验时，显示需要补充 γ-氨基丁酸和谷氨酸。γ-氨基丁酸受体拮抗剂是处方药物，它作为肌肉松弛剂，有益于肌肉痉挛的治疗。

二十一、"三剑客"在血液中的水平和临床综合征

（一）谷氨酸的水平

我们在临床中发现有 5 例患者谷氨酸处于低水平，分别是 1 例抑郁症、1 例思维障碍、1 例脱发、1 例苯丙酮尿症（PKU）和 1 例精神病。

大多数谷氨酸水平升高的患者是男性。其中发现有一位女性是高谷氨酸水平，她是由于补充多种氨基酸制剂所致，提升了所有的氨基酸在血液中的水平，包括提升了谷氨酸的水平。而另一位是被收容的智力缺陷女孩，且有严重的体温过低。

（二）谷氨酰胺的水平

由于谷氨酰胺在体内快速衰减，无法进行有效的衡量。然而，谷氨酰胺在各种症状中与谷氨酸族的水平变化相关，所以在检测其他谷氨酸族氨基酸水平时，也可以间接反映出谷氨酰胺的水平。

（三）γ-氨基丁酸的水平

我们对 10 例患者进行 γ-氨基丁酸水平的检测发现：其中 6 例是低迷郁闷患者，1 例是精神病患者，1 例患有偏头痛，1 例患有阿尔茨海默病和一位没有任何症状的表现者，他们血液中 γ-氨基丁酸水平低。

二十二、γ-氨基丁酸与精神分裂症

有些精神分裂症患者谷氨酸水平升高，而谷氨酰胺水平正常，偶尔发现 γ-氨基丁酸水平在大脑和脑脊髓液中是降低的。在研究中，我们给 1 例缺乏说话或行动的意愿，一动不动地坐着或站着的精神分裂症患者，补充 γ-氨基丁酸是有益的，在抗精神病药物使用后对血液中 γ-氨基丁酸水平有升高的作用。

同时 γ-氨基丁酸也可能刺激释放催乳激素，帮助母乳的分泌。

二十三、"三剑客"与癫痫

对"三剑客"的研究，重点是研究相关的神经系统疾病。在本章节的前面已经介绍了，谷氨酸钠（味精）是谷氨酸的一种高效能形式，在婴儿时期，因为他们还没有发达的血-脑屏障，谷氨酸很容易进入他们的大脑，会使一些

婴儿产生癫痫样发作综合征和抽搐。我们在做动物实验时，饲料添加高剂量的谷氨酸钠，发现实验动物产生抽搐，这是由于谷氨酸钠诱发癫痫的作用所致。γ-氨基丁酸和谷氨酸的消耗发生在癫痫发作中，癫痫的发作是由大脑中过量的氨引起的。但是也有与此相反的情况，一些癫痫患者大脑中的谷氨酸含量水平是增加的。

但是，在癫痫发作和临床试验时，都会发现 γ-氨基丁酸的水平几乎总是缺乏的。在所有的口服 γ-氨基丁酸类药物中，都是有效控制癫痫持续发作的。癫痫的持续性发作，有威胁生命的危险。在一些研究中发现，口服剂量的 γ-氨基丁酸是不会进入大脑的，抗痉挛的药物如丙戊酸（Valproic Acid，商品名为德巴金，Depakene）可以增加脑脊液中的 γ-氨基丁酸水平。

给实验动物大鼠口服 100mg 的 γ-氨基丁酸，可以预防癫痫性的疾病。

谷氨酸和天冬氨酸是兴奋性神经递质，而甲基天冬氨酸，具有拮抗这两个氨基酸的作用，用于抗惊厥。在一些癫痫患者的脑脊液中发现谷氨酸水平降低，而在另一些癫痫患者的脑脊液中发现谷氨酸水平升高，同样在一些癫痫患者的脑脊液中也发现谷氨酰胺水平升高。

牛磺酸是抗惊厥的氨基酸，控制癫痫作用是有效的，因为它增加了 γ-氨基丁酸对谷氨酸的分解。目前已经有很多开发的新药，以模仿 γ-氨基丁酸的效果，用于癫痫的预防和治疗。

如苯二氮平类药物氯硝西泮（Clonazepam）、去甲羟基安定（Oxazepam，商品名为舒宁，Serax）和阿普唑仑（Alprazolam，商品名为赞安诺，Xanax）都是模拟 γ-氨基丁酸作用的新药。这些药物可以提高大脑中 γ-氨基丁酸水平，从而减弱神经元的活动，并成功地用于治疗所有类型的癫痫发作，改变狂躁或类似焦虑的状态。

地西泮已成功作为治疗癫痫持续发作的基本药物，它和 γ-氨基丁酸有类似的作用方式。在我们的诊所，每天两次口服 300mg 的加巴喷丁（Gabapentin），有利于提高大脑中的 γ-氨基丁酸水平，迅速达到镇静的作用，使之控制癫痫发作和稳定情绪波动。

以上治疗方法的属性都是抑制神经递质与抗惊厥，以增加 γ-氨基丁酸、牛磺酸和嘌呤的合成，减弱谷氨酸的水平。补充 γ-氨基丁酸或是牛磺酸，都会增加 γ-氨基丁酸的水平，并对大脑产生影响。然而，对于增加 γ-氨基丁酸与补充牛磺酸是如何减弱谷氨酸的机制，目前尚不是很清楚。

莫纳格（Manaco）等发现，癫痫患者的脊髓液中，有多达十几个氨基酸都是低水平的。大量证据表明在大多数癫痫患者中，牛磺酸、γ-氨基丁酸和甘氨酸的水平是下降的，而天冬氨酸和谷氨酸的水平是增加的。因为 γ-氨基丁酸是一个主要的抑制性神经递质，当它的合成数量不足或损失，会使得兴奋性神经递质活跃。

从谷氨酸转化为 γ-氨基丁酸需要谷氨酸脱羧酶的支持，而谷氨酸脱羧酶又是需要依赖于维生素 B_6 的支持，所以维生素 B_6 缺乏也是癫痫发作的一个原因。补充维生素 B_6 和微量元素锰，可以用来提升 γ-氨基丁酸在大脑中的水平。

对 γ-氨基丁酸和维生素 B_6 的研究发现，给癫痫患者补充这两种物质症状会有显著改善，我们对 699 例癫痫患者进行了这样的补充，其中有 50% 的患者得到了改善。

二十四、脑卒中

谷氨酰胺在脑卒中患者的大脑和脑脊液中大量增加。相当多的研究一直致力于阻止谷氨酸和天冬氨酸在脑卒中后，对神经的毒性作用和脑细胞损伤的加重。如在开发中的新药，美金刚胺（Memantine）[药品名为美金刚（Ebixa）]是阻止谷氨酸和天冬氨酸的毒性级联反应的（注 6）。这些药物是以 N-甲基-D-天冬氨酸受体和易受刺激的氨基酸（Excitory Amino Acid Transporters，EAATs）作为靶向，达到调节氨基酸在大脑中的水平（详见第 12 章对天冬氨酸更多的介绍）。

我们也尝试使用抗氧化剂缓解谷氨酸和天冬氨酸对神经的毒性。在我们的诊所，使用了补充 L-半胱氨酸、N-乙酰半胱氨酸和 γ-氨基丁酸的修饰形式——加巴喷丁以及提高脑能量的配方（详见第三章酪氨酸"大脑能量胶囊"），其中包括酪氨酸、苯丙氨酸和甲硫氨酸。

这种多营养方式的补充，也可以很好地帮助帕金森病患者，防止谷氨酸和天冬氨酸造成的伤害。我们对 11 例脑卒中后引起的语言缺陷和记忆困难的患者，每天补充 2~3g 的 γ-氨基丁酸，两个月以后有 5 例症状得到了好转。γ-氨基丁酸合成酶、γ-氨基脱羧酶（γ-amino Decarboxylase，GAD）的活性增加，可能是脑缺血或脑损伤最重要的标记。

二十五、"三剑客"其他的潜在用途

世界卫生组织建议，谷氨酰胺添加到特定的糖溶液内，作为辅助治疗腹

注 6：级联反应是细胞信号通路中的一个反应过程，当胞外信号需要转换为胞内信号时，细胞通过级联反应将信号一步步扩大，最终达到调节细胞生理功能的作用。

泻、霍乱和其他传染病使用。由此，谷氨酰胺又可能会成为以上疾病的口服补充剂。

谷氨酰胺和糖的注射剂，是用于治疗低血糖患者的胃肠外营养补充剂，也是最理想的解决方案之一，也有建议将甘氨酸纳入这个营养方案之内。但是，由于谷氨酰胺、甘氨酸和葡萄糖都是身体中最丰富的物质，所以甘氨酸会被列入健康营养补充剂中。

（一）痛风

据报道，血液中高谷氨酸浓度是原发性痛风的根源。血液中谷氨酸的检测是对多种疾病有用的研究和判断；血液中 γ-氨基丁酸的升高，可能是中枢神经系统承受压力的指示。

（二）偏头痛

布伦纳（Brenner）等发现，γ-氨基丁酸在血液中的水平升高，会造成偏头痛、脑血管疾病和其他脑部疾病。

补充谷氨酸用于肌肉营养不良症、癌症的治疗，并对碳氢化合物、氯气、空气污染、辐射、过氧化物解毒，以及补充谷氨酰胺可以增加黏膜上皮细胞的生长，形成对溃疡的保护能力。

二十六、γ-氨基丁酸的使用剂量

γ-氨基丁酸的口服剂量应该在 $1\sim3g$ 为宜，过高的剂量会引起不寻常的皮肤刺痛、潮红、恶心和呼吸急促。

二十七、γ-氨基丁酸的补充

谷氨酸和谷氨酰胺都具有治疗的用途，但是 γ-氨基丁酸（GABA）在"三剑客"中最有治疗的潜力。谷氨酸在常见食物中最为丰富，而谷氨酰胺在血液中是最丰富的氨基酸，所以补充谷氨酸和谷氨酰胺是没有必要的，除非是遵照医嘱。

二十八、"三剑客"不足的迹象

低水平的谷氨酸可表现为精神状态低迷，低水平的 γ-氨基丁酸（GABA）表现为焦虑和忧虑，而低水平的谷氨酰胺会导致精神状态的波动。

二十九、补充的方法

补充谷氨酸可采用500mg的L-谷氨酸片剂；补充谷氨酰胺可采用L-谷氨

酰胺 500~1000mg 的胶囊剂或片剂；补充 γ-氨基丁酸，需要与肌醇和烟酰胺一起使用，剂量为 200~500mg 的胶囊。

三十、治疗方案

补充 γ-氨基丁酸的正常范围是 0.5~3g，这是能接受的治疗剂量，大于 3g 可能会引起恶心。在危急情况，包括焦虑和应激压力下，使用 10g 肌醇或 L-谷氨酰胺和加巴喷丁静脉注射，是补充大剂量 γ-氨基丁酸最有效的方法之一。

三十一、最高使用安全极限

没有建立。

三十二、副作用和禁忌证

谷氨酸（谷氨酸盐，味精）的补充：对谷氨酸钠（味精，MSG）过敏者，不应该补充谷氨酸，否则会加剧他们的症状。

对谷氨酰胺的补充：对谷氨酸钠（味精）过敏者，在补充谷氨酰胺时，也应该谨慎，因为谷氨酰胺在体内会转换成谷氨酸。

患有肝硬化、肝脏疾病、肾脏疾病、瑞氏综合征（Reye's syndrome,注7）或任何其他可导致高氨血症的疾病，不应补充谷氨酰胺，否则会导致血液中氨的积累。

在补充 γ-氨基丁酸不久后，会在脸部和手部出现发麻的状况，有轻微呼吸急促的副作用，这种反应会持续几分钟。

三十三、对谷氨酸、γ-氨基丁酸、谷氨酰胺的总结

谷氨酸是一种非必需氨基酸，通常可以从体内许多物质，如鸟氨酸、精氨酸、脯氨酸、谷氨酰胺和 α-酮戊二酸进行合成。谷氨酸制造机体所需蛋白质、多肽类（谷胱甘肽，GSH），它还是脯氨酸、组氨酸、谷氨酰胺、γ-氨基丁酸和脱氧核糖核酸（DNA）的来源。

γ-氨基丁酸、谷氨酸和谷氨酰胺是大脑的神经递质。谷氨酸是兴奋性神经递质，γ-氨基丁酸是对中枢神经系统有抑制作用的神经递质，而谷氨酰胺

注7：瑞氏综合征（Reye's syndrome），是由脏器脂肪浸润所引起的以脑水肿和肝功能障碍为特征的一组症候群，又称脑病合并内脏脂肪变性综合征。1963 年由 Reye 首先报道，多发生在 6 个月至 15 岁的幼儿或儿童中，平均年龄 6 岁，罕见于成年人。

是大脑主要的能量来源。维生素 B_6 和锰促进谷氨酸转化为 γ-氨基丁酸。天冬氨酸和谷氨酸是一种竞争性输送的兴奋性神经递质，而牛磺酸、甘氨酸和 γ-氨基丁酸是竞争性输送的抑制性神经递质。

谷氨酸和谷氨酰胺在体内是极其丰富的氨基酸。谷氨酸主要集中在大脑中，它是大脑中第二位最丰富的氨基酸，而谷氨酰胺仅次于谷氨酸。谷氨酰胺是血液中最丰富的氨基酸。谷氨酸是一种食物中来源最丰富的氨基酸，大约在一杯茅屋芝士（Cottage Cheese）中含有 7g 的谷氨酸，而 1lb 猪肉中含有 13g 的谷氨酸。

初步研究给智力缺陷患者补充 10~12g 的谷氨酸，发现可以提高他们的智力；如果给智力缺陷患者口服 1~3g 剂量的 γ-氨基丁酸（GABA）也会有效地提高他们的智力。

初步研究给酗酒者使用剂量 10~15g 的谷氨酰胺会有效地控制他们的酒瘾。这些结果还没有进行仔细的再深化研究，但是这些都是具有治疗希望的。

谷氨酰胺是大脑的主要能量来源，不幸的是它也为淋巴癌细胞提供能量。天冬酰胺酶，能破坏谷氨酰胺并分解，有效用于急性白血病和其他癌症的治疗。但是它过度分解谷氨酰胺会造成不孕、抑郁、腹部痉挛、头痛、体重减轻、厌食、血氨升高及出现帕金森样综合征，造成谷氨酸族神经递质和谷胱甘肽代谢的缺陷。

抑制谷氨酸和天冬氨酸兴奋性神经递质及其代谢的药物，对抗惊厥都是有效的。在很多研究和实验中发现人类的癫痫与大脑和脑脊液中 γ-氨基丁酸不足有关。苯二氮䓬类药物（Benzodiazepines），如地西泮抑制癫痫持续发作状态是有用的，因为这些药物对 γ-氨基丁酸受体起作用。增加大脑中 γ-氨基丁酸后，可以抑制癫痫的发作，因此，γ-氨基丁酸（包括谷氨酸）显然是一种抗癫痫的营养物质，而谷氨酰胺代谢抑制剂会产生抽搐。

研究发现，肌肉痉挛状态和不由自主的随意运动症状，例如帕金森病、弗里德赖希共济失调、迟发性运动障碍、亨廷顿舞蹈症，都是由于 γ-氨基丁酸处于低水平，口服 2~3g 的 γ-氨基丁酸可以有效抑制各种癫痫和痉挛症状。

提升 γ-氨基丁酸的水平也有助于降低高血压，口服 3g 的 γ-氨基丁酸可以有效控制血压。在各种各样的脑病中，γ-氨基丁酸水平是下降的，而谷氨酸的水平是增高的。γ-氨基丁酸可以降低食欲，减少低血糖的产生。同时，慢性脑综合征还可表现为 γ-氨基丁酸缺乏，以及缺乏谷氨酰胺和谷氨酸。γ-氨基丁酸在治疗中的前景非常广阔。

在"三剑客"中，γ-氨基丁酸最具有应用于治疗的潜力，但是 γ-氨基丁酸的水平很难从血液和尿液中检测，而谷氨酰胺和谷氨酸是比较容易检测的。在应用γ-氨基丁酸治疗时，应该重视谷氨酸水平是升高的，而谷氨酰胺是降低的。脑脊液中的γ-氨基丁酸水平，能帮助诊断非常严重的疾病。

　　经过进一步的研究，在不久的将来γ-氨基丁酸、谷氨酸和谷氨酰胺可能在治疗疾病和营养保健中会有更大的用途和潜力。

第十一章　脯氨酸和羟脯氨酸：
胶原蛋白的组分

脯氨酸（L-proline）是非必需氨基酸，几乎存在于所有的蛋白质中，在体内的含量很丰富，仅次于谷氨酰胺和丙氨酸。身体中的胶原质大约一半包含着脯氨酸。胶原质占身体中蛋白质的 30%。胶原蛋白是健康的皮肤、结缔组织和骨骼必不可少的，也作为脯氨酸主要的仓储，其分解产物为羟脯氨酸。

脯氨酸存在于人类怀孕期间的羊水中，并且其浓度保持不变。它为胎儿在生长期间提供足够数量的营养，支持胎儿身体生长的需求。因此，脯氨酸也和许多的其他"非必需氨基酸"一样，是一种在一定条件下的必需氨基酸。脯氨酸的水平在成年人身体中是较高的。

一、脯氨酸的功能

脯氨酸对胶原蛋白的产生，减少胶原蛋白流失和预防衰老是至关重要的。它也有助于伤口和软骨组织的愈合；维护关节、韧带和肌腱的完整性；保持和加强心脏肌肉。它也是唯一易溶于酒精的氨基酸。但是目前尚不明确脯氨酸在大脑中的代谢功能。

羟脯氨酸是脯氨酸的分解或损耗的产物。当胶原蛋白受损和骨折时，体内的羟脯氨酸会比正常水平高。

二、脯氨酸的代谢

谷氨酸和鸟氨酸分解后，开始合成脯氨酸。谷氨酸代谢首先需要大脑的刺激，在肝脏中产生脯氨酸，而鸟氨酸则承担细胞的增长。因此，骨骼和肌肉的构筑或脯氨酸的合成，都是始于谷氨酸和鸟氨酸的代谢。代谢中的酶需要烟酸、维生素 B_6 和维生素 C 进行转换。研究表明，缺乏维生素 C 会影响胶原蛋白的形成和维护，所以必须提供给脯氨酸足够的维生素 C。缺乏维生素 C时，羟脯氨酸的水平会显示升高。

三、机体对脯氨酸的需要量

尚没有建立脯氨酸每日的需求量，脯氨酸是一种非必需氨基酸，可以由体内的其他氨基酸进行合成。谷氨酸是脯氨酸的直接前体，在血液中是最丰富的氨基酸，在食品中的含量也是很丰富的，这些都是脯氨酸的来源。低脯氨酸水平，发生在女性和营养不良的人群中。

四、脯氨酸的食品来源

脯氨酸在高蛋白食物中存在丰富，如肉类、奶酪、小麦胚芽。脯氨酸在乳制品中比在肉类蛋白质中更为丰富，而这与其他大多数氨基酸的情况正好相反。羟脯氨酸在明胶中的含量高，通常约为15%以上。

五、脯氨酸的形式和吸收

L型的脯氨酸是良好的吸收形式。D型脯氨酸不是人体的自然物质，在人体中不会进行代谢。脯氨酸在食物中的含量见下表。

表　　　　　　　　　　　脯氨酸在食物中的含量

食物	数量	含量/g
牛油果	1个	0.16
奶酪	1oz	0.71
鸡肉	1lb	1.20
巧克力	1杯	0.77
白软奶酪	1杯	3.59
鸭肉	1lb	1.97
蛋	1个	2.41
麦片	1杯	0.65
午餐肉	1lb	3.39
燕麦粥	1杯	0.55
乳清干酪	1杯	2.62
香肠	1lb	1.36
火鸡肉	1lb	1.60
麦芽	1杯	1.75
全脂奶	1杯	0.78
酸奶酪	1杯	0.93

六、营养素间的相互作用

已被证明，在一些哺乳动物中，脯氨酸可以减少其对降脂氨基酸——精氨酸的饮食需求。前面已经提到鸟氨酸可以合成精氨酸，脯氨酸又可以合成鸟氨酸。

在老年人中因为缺乏维生素 C，会导致尿液中的脯氨酸减少。由于脯氨酸是来自胶原蛋白的分解，这个信号也预示早期退化性疾病的前兆。

喂高浓度的羟脯氨酸会减弱实验动物的生长速度。尤其是大型的动物缺乏维生素 B$_6$ 会导致它们的生长缓慢。因为维生素 B$_6$ 对羟脯氨酸的正常代谢是非常重要的。

七、脯氨酸的毒副作用

以高剂量的 D 型脯氨酸注射在鸡的脑室，发现在 2~5d 内会诱发鸡抽搐和死亡，又将 L 型脯氨酸和 D 型脯氨酸以极高剂量注入鸡的脑室，死亡率没有明显变化。目前还没有使用 L 型脯氨酸或 D 型脯氨酸进行治疗的先例。

八、脯氨酸的临床应用

目前很少有用脯氨酸进行治疗的，它主要是用于诊断的工具。

九、酗酒或酒精中毒

酒精性肝硬化患者，血液中的脯氨酸以及许多其他的氨基酸水平会出现异常升高。脯氨酸的水平升高后，会使肝细胞长期暴露于酒精及其有毒的代谢物中。

酒精中毒的患者与其他患有慢性肝脏疾病的患者进行比较，发现酒精中毒的肝脏损害的特点之一是存在高脯氨酸血症（在血液中有超量的脯氨酸）。酒精性肝硬化患者与非酒精性肝硬化患者比较，酒精中毒患者的血液中乳酸浓度也有明显增高。酒精中毒的患者也增加了脯氨酸的合成，使体内无法代谢脯氨酸进入肌肉和骨骼。

血液中乳酸和血清脯氨酸的水平，有可能被用作肝纤维化和酒精性肝病的标记（常见于肝脏疾病，涉及结缔组织的积累状态）。

十、脯氨酸与癌症

脯氨酸吸引了一些关于癌症的研究，例如 N-亚硝基脯氨酸（N-nitrosoproline）等是致癌的物质。如果给予吸烟者补充 500mg 的脯氨酸，1h 后再给其服用 325mg 的硝酸盐，会增加致癌合成物质。如将脯氨酸和硝酸盐作为防腐剂，共同加入加工的肉类或腌制食品中，会产生大量的 N-亚硝基脯氨酸；吸烟者产生的 N-亚硝基脯氨酸，为不吸烟者的 2.5 倍。硝酸在食品中可以使无害的氨基酸转化为致癌物质。

抗癌药物——硫代脯氨酸（Thioproline）是脯氨酸的衍生物，可以阻止脯氨酸代谢。400mg/kg 体重的硫代脯氨酸剂量会引起急性神经性中毒、抽搐和导致死亡。然而低剂量的硫代脯氨酸可以阻止一些癌细胞的生长，已有其使用于对头部和颈部癌症的临床报告，其疗效很好，并且很少有毒副作用。关于硫代脯氨酸抑制癌症发展，缺乏细胞实验模型，所以在使用脯氨酸治疗癌症时，应该慎重使用。

十一、提高认知和学习能力

P 物质（注 1）是脯氨酸在大脑神经递质中的一个组件。其他几个神经肽中也包含着脯氨酸，这表明脯氨酸肽和脯氨酸本身具有促进神经系统的功能，有可以促进学习的能力。

维萨克斯-鲍泰瑞（Versaux-Botteri）和莱格劳斯-格恩（Legros-Nguyen），通过直接给实验动物的大脑注射脯氨酸，发现可以促进树突（注 2）的增长。这些树突的脑细胞被认为是一种大脑发育的形式，有助于学习。

脯氨酸和乙酰脯氨酸透过血-脑屏障的能力，低于脯氨酸衍生物脯氨酸二甲基酯（Prolinethylester）和 N-乙酰脯氨酸二甲基酯（N-acetylprolinethylester）。静脉注射脯氨酸二甲基酯，发现可有效地提高游离脯氨酸在脑中的水平。在实验动物中，注射剂量为 250mg/kg 体重的脯氨酸二甲基酯（相当于成年男性 15g）。将脯氨酸修改至 N-乙酰脯氨酸二甲基酯，其渗透到大脑的量可以增加十倍。这惊人的作用还需要进一步研究，至于应用于人类还只是推测。

注 1：P 物质是广泛分布于细神经纤维内的一种神经肽。当神经受刺激后，P 物质可在中枢端和外周端末梢释放，与受体结合发挥生理作用。

注 2：树突，是细胞突起的一种。细胞突起是由细胞体延伸出来的细长部分，又可分为树突和轴突。细胞体的延伸部分产生的分枝称为树突，树突是接受从其他神经元传入的信息的入口。

十二、胶原的合成

如果当韧带和肌腱组织断裂或挫伤，甚至内出血，会出现胶原蛋白合成异常。在这种情况下最常见的是尿液中羟脯氨酸水平升高，这也可能代表了维生素 C 的缺乏。

十三、骨质疏松症

骨质疏松症是一种渐进式的疾病，骨头的密度逐渐降低，极容易骨折。如果对骨质疏松症进行适当的治疗和维护，受损的骨骼会愈合和再生。羟脯氨酸是脯氨酸的副产品，它是骨胶原退化的指标。羟脯氨酸的衍生物称为端肽，产生在骨骼的故障部位，该衍生物可以在尿中测得。对其水平进行连续检查，以评估骨质疏松症的治疗，如采用生长激素、降钙素（其商品名是 Calcimar、Cibacalcin 和 Miacalcin）、阿仑膦酸钠（福善美，Fosamax）或一些新的静脉处方药物疗法如 Ariveda，是控制和改善骨质疏松症最好的治疗方案，能促进骨质的再生。

十四、脯氨酸在血液中的水平和临床综合征

（一）脯氨酸

在我们的患者中，有 3 例患者是低脯氨酸水平，他们都已经被精神病医院收容管理了很长一段时间，低蛋白营养是在精神病医院患者的普遍特点。其中 1 例有厌食症和消瘦，另一位患者具有蛋白质代谢的问题，造成脱发；第三例患者是躁狂抑郁。这三例患者都具有抑郁症，1 例是精神分裂症，1 例苯丙酮尿症（PKU）和 1 例具有认知障碍。

我们发现 2 例学习障碍儿童血液中的脯氨酸含量较高，其中有雷诺综合征（Raynaud's disease,注 3），症状为四肢的血管收缩。他们血液中的脯氨酸水平高出 10%～25%，这个意义尚不清楚。我们有 1 例 35 岁女性患者，她患有多种不明原因的严重过敏反应，血液中脯氨酸含量是正常值的 4 倍，经采用高维生素 C 的营养治疗方法，血液中的脯氨酸水平也出现过正常，但她的过敏并没有显著改善。

注 3：雷诺综合征是指肢端动脉阵发性痉挛，常于寒冷刺激或情绪激动等因素影响下发病，表现为肢端皮肤颜色间歇性苍白、发绀和潮红的改变，一般以上肢较重，偶见于下肢。雷诺综合征临床上并不少见，多见于女性，男、女发病比例约为 1：10，发病年龄多在 20～30 岁。

（二）羟脯氨酸

在我们的诊所发现有 8 例患者血液中羟脯氨酸水平低，其中 5 例是抑郁症患者，1 例是患有沮丧的精神病患者和两例其他方面（除羟脯氨酸水平低）健康者。这些数据显示的临床意义尚不清楚。一例 50 岁抑郁型精神病患者羟脯氨酸水平升高为正常值的 3 倍，对他的治疗是给予补充高剂量的维生素 C，两个月以后，他血液中的羟脯氨酸水平逐步恢复了正常。

在我们的诊所还有 4 例患者羟脯氨酸轻度高水平，他们血液中的羟脯氨酸水平轻度升高 25%～100%，其中 2 例是抑郁症患者，1 例是性功能障碍，另 1 例是儿童，具有癫痫发作的病症。所有的患者都给予补充高剂量的维生素 C，他们的症状都得到了不同程度的改善。

十五、创伤的愈合

脯氨酸可以促进伤口愈合，同时还可采用与甘氨酸和精氨酸的混合治疗。脯氨酸主要密集在胶原中，它的作用是参与胶原蛋白的合成，这是伤口愈合必不可少的，对各种抗愈合性伤口具有重要的应用价值。它在伤口区域聚集，合成更多的胶原蛋白，帮助伤口的愈合。事实上胶原在某些组织中的贮存，特别是在肝脏中，脯氨酸与胶原的浓度是相应平行的。

十六、预防皱纹

脯氨酸协助胶原蛋白合成，改善皮肤纹理，减少胶原蛋白的流失和延缓衰老的过程。脯氨酸用于各种化妆品，减少皮肤的皱纹和修饰老化的视觉效果。这些产品通常包含着大量维生素 C，以确保脯氨酸很好地被吸收。

十七、脯氨酸和羟脯氨酸的使用剂量

给一名志愿者补充 5g 的脯氨酸，2h 血液中的脯氨酸水平增加为正常值的 8 倍，在 4h 回落至正常值的 4 倍，脯氨酸得到了很好吸收。但是，铝的含量在 2h 内几乎翻了 1 倍，然而对这种增长的意义还不清楚。补充脯氨酸，发现其他氨基酸没有显著的改变，但肌酐水平显著增加了，这种变化的意义也还不清楚。

补充羟脯氨酸 1～2g，血液中的羟脯氨酸水平提高到正常值的 10～20 倍。对其他生物参数没有显著影响，只有铁和尿酸的水平有轻微下降。这些变化的意义还需要进一步调查。

补充羟脯氨酸对多胺、组胺、铜和锌的水平，以及化学特性和生物参数都没有影响。当给药（羟脯氨酸）5g 时，铁含量降低，心率也大幅下降。有一位患者在补充羟脯氨酸 1h 后，他的脉搏从每分钟 78 次降至 54 次。相比之下，同样剂量的脯氨酸可以提高铁、多胺、组胺水平。然而，补充脯氨酸对血压和脉搏没有影响。

十八、脯氨酸的补充

对补充脯氨酸的认知是有限的。它具有修复和治疗骨骼、肌肉损伤以及补充胶原蛋白的作用，当它作为一种补充剂时，除非有明确的证据，否则是不必要的。补充脯氨酸用于组织损伤、关节异常是可行的，以及对皮肤在自然老化过程中产生的继发性皮肤韧性下降，这些都需要在医生的监督下使用。

十九、脯氨酸缺乏的症状

当骨折、韧带组织和肌腱损伤，胶原蛋白流失，以及容易产生瘀伤，甚至内出血，这表明可能缺乏脯氨酸或维生素 C。

二十、补充脯氨酸的方法

补充单一游离的脯氨酸不是容易的，市场上很难找到现成的各种脯氨酸补充剂型，但是可以制成 250~500mg 的片剂。

二十一、脯氨酸每天的治疗使用量

没有制定。

二十二、脯氨酸的最高使用安全极限

没有建立。

二十三、补充脯氨酸的副作用和禁忌证

没有已知的。

二十四、对脯氨酸和羟脯氨酸的总结

脯氨酸是一种非必需的氨基酸，除了脑脊液以外，它高度存在于整个身体。胶原蛋白是一种重要的蛋白质和氨基酸主要的仓储。脯氨酸可以从体内的鸟氨酸和谷氨酸进行合成，它也可以分解成鸟氨酸，从而减少身体对鸟氨酸和精氨酸的需求。

　　由于遗传的缺陷，导致脯氨酸过量，致使抽搐、血钙升高与骨质疏松症，限制饮食中的脯氨酸是一个有用的治疗方法，因为饮食中的脯氨酸可以满足身体需求。

　　脯氨酸缺乏可能会发生在一定的条件下，在我们的诊所发现至少有 1 例帕金森病患者的血液中脯氨酸的含量是低的。

　　脯氨酸水平升高发生在肝硬化、酗酒、抑郁症和癫痫患者中。我们已经观察到精神抑郁症患者的羟脯氨酸水平升高，这些病人可能需要大剂量地补充维生素 C。

　　低脯氨酸的膳食（素食者），对治疗某些形式的癌症是有用的。

　　脯氨酸在促进伤口愈合上是有价值的，因为它是胶原蛋白的组成部分。几个神经肽中都包含着脯氨酸，它是重要的神经蛋白，有促进学习的能力，目前这还是推论。

　　由于关于补充脯氨酸的认知有限。脯氨酸含量高的食物也是高蛋白食物，如肉类、奶酪、小麦胚芽。脯氨酸在奶制品中比在肉类蛋白质中更为丰富，而这与其他大多数氨基酸的情况正好相反。

第十二章 天冬氨酸和天冬酰胺：
情绪兴奋剂

天冬氨酸（Aspartic acid）和天冬酰胺（Asparagine）是两个结构相似的非必需氨基酸，但是它们在代谢途径中是具有影响力的氨基酸。它们的主要功能是负责能量的产生并将能量运输到全身。天冬氨酸最众所周知是在生产合成甜味剂——阿斯巴甜（Nutra Sweet）中的作用。天冬氨酸是在肝脏中由细菌作用，从谷氨酸进行转换而产生的。天冬酰胺是由天冬氨酸和三磷酸腺苷（ATP）合成而来的，它是高能化合物，引发身体的许多活动，它沿着谷氨酸转化为谷氨酰胺的相同途径合成。天冬酰胺和谷氨酰胺在大脑和神经系统中释放能量，之后再分别转换回天冬氨酸和谷氨酸。

一、天冬氨酸的功能

天冬氨酸是作为一种能量的氨基酸，高度集中于整个身体。它有助于触发人体的两种最重要的代谢途径：克雷布斯循环（Krebs Cycles，注1）和尿素循环（Urea Cycles）。在克雷布斯循环中，碳水化合物被分解为能量，天冬氨酸有助于输送能量进入线粒体的激活过程。线粒体也被称为"细胞的动力室"，是在几乎所有生物体的细胞中发现的细胞器，其中有负责把食物转化成可用能量的生物细胞中的酶。

天冬氨酸有助于刺激尿素循环，是因为它能帮助产生一种关键酶：氨甲酰磷酸酶（Carbamyl Phosphate，CP），这种酶能帮助蛋白质代谢废物，解毒并形成尿素，天冬氨酸还有助于除去过量的氨和氮。

天冬氨酸有助于产生嘧啶类，嘧啶类是脱氧核糖核酸（DNA）和核糖核酸（RNA）的重要成分，DNA和RNA是遗传信息的主要载体。天冬氨酸有助于免疫球蛋白和抗体的产生（免疫系统的蛋白质）。天冬氨酸还有助于镁和钾

注1：克雷布斯循环即三羧酸循环（Tricarboxylic Acid Cycle）是需氧生物体内普遍存在的代谢途径，因为在这个循环中几个主要的中间代谢物是含有三个羧基的有机酸，所以称为三羧酸循环，又称为柠檬酸循环；克雷布斯循环是三大营养素（糖类、脂类、氨基酸）的最终代谢通路，又是糖类、脂类、氨基酸代谢联系的枢纽。

等矿物质穿过肠壁，进入血液和细胞中，并且可以结合形成矿物质盐，如天冬氨酸镁和天冬氨酸钾，以提高肌肉中的能量。

天冬氨酸和谷氨酸一样，特别集中在海马和丘脑中，成为主要的兴奋性神经递质。一种高活性天冬氨酸（N-acetylasparticacid）被认为是高度集中在大脑中的氨基酸类神经递质。不过，戈弗雷（Godfrey）等认为天冬氨酸在脑能量代谢中发挥着更大的作用，而不仅仅是作为一种神经递质。

天冬氨酸在小剂量时，如同谷氨酸一样，可以更高地激发神经细胞水平。而在较高剂量时，这些氨基酸可以过度刺激这些细胞，导致细胞损伤或死亡。当天冬氨酸触发神经递质的级联活动时，可导致进一步的损害，这被认为是发生脑卒中的原因，研究人员目前正在研究怎么绕过天冬氨酸对神经递质的伤害作用。

天冬酰胺如同谷氨酰胺一样，可维护对中枢神经系统刺激之间的平衡。当天冬酰胺的额外氨基去除时，释放出天冬氨酸而产生能量，可用于大脑和中枢神经系统代谢。

二、天冬氨酸的代谢

天冬氨酸是在肝脏中由谷氨酸合成的，并且依赖于辅因子吡哆醇（维生素 B_6）帮助转化。天冬酰胺主要由天冬氨酸和三磷酸腺苷（ATP）合成，也可以从谷氨酸产生，但似乎也需要矿物质镁。

三、身体对天冬氨酸的需求

因为天冬氨酸不是一种必需氨基酸，可以从有足够存储的谷氨酸中产生，所以没有在建议每日摄取量（RA）中列出来。天冬氨酸可能在一定的组织中，当受到压力或外伤状态下会暂时出现枯竭，但是因为机体自身能够产生天冬氨酸，所以缺乏天冬氨酸的状态不是经常发生的。

四、天冬氨酸在食物中的来源

天冬氨酸如大多数氨基酸一样，在蛋白质食物中高度集中，在植物蛋白中的含量高，尤其是在发芽种子中天冬氨酸含量最为丰富。天冬氨酸在食物中的含量见下表。

表　　　　　　　　　　　　天冬氨酸在食物中的含量

食物	数量	含量/g
牛油果	1个	0.60
奶酪	1oz	0.40
鸡肉	1lb	2.20
巧克力	1杯	0.60
白软奶酪	1杯	2.10
鸭肉	1lb	3.20
蛋	1个	0.60
麦片	1杯	1.00
午餐肉	1lb	4.70
燕麦粥	1杯	1.00
猪肉	1lb	6.40
乳清干酪	1杯	2.50
香肠	1lb	2.50
火鸡肉	1lb	3.30
麦芽	1杯	3.00
全脂奶	1杯	0.60
酸奶酪	1杯	0.60

五、天冬氨酸的形式和吸收

　　天冬氨酸和天冬酰胺有 L 型和 D 型两种形式，膳食蛋白质中，是 L 型（即左旋）天冬氨酸和天冬酰胺。天冬氨酸和谷氨酸在大脑、皮层和脊髓中相互竞争吸收。竞争吸收功能是氨基酸代谢调节身体的方法之一。

　　天冬氨酸和谷氨酸的摄取在受损的大脑中降低。天冬氨酸像其他的兴奋性神经递质一样，它的水平在抑郁症患者的血液中是降低的。一些抑郁症患者正在进行天冬氨酸治疗的试验研究。

六、天冬氨酸的毒副作用

天冬氨酸的毒性与谷氨酸钠（MSG）的毒性非常相似。高剂量的天冬氨酸对实验动物的中枢神经系统产生类似的破坏，特别是下丘脑，导致肥胖、发育不良和生殖功能障碍。天冬氨酸可以降低实验动物的运动和探索行为，也可以降低生育能力（天冬氨酸酶存在于不正常精子中，其含量显示异常），降低垂体、甲状腺、卵巢、睾丸的体积，并影响视网膜活性和引起损伤，以致视网膜脱落。D-天冬氨酸具有较强的毒性，如导致实验动物的生长受到抑制。

天冬氨酸在这些研究中所用的剂量，为 $2 \sim 4g/kg$ 体重，相当于 70kg 体重的成年男性 $140 \sim 280g$。这个剂量远高于任何生理或治疗用途。口服剂量高达 $25 \sim 100g$ 的天冬氨酸可能不会对人体产生毒副作用。

食用阿斯巴甜的注意事宜

天冬氨酸与苯丙氨酸是生产阿斯巴甜的原料，遗憾的是它们都易刺激大脑的兴奋性途径。这些兴奋性途径可以使疼痛加剧、刺激、情绪波动甚至是与精神病有关。它们还以沉淀的方式损害整个身体，包括肺和脑，例如阿尔茨海默病。

阿斯巴甜是一种独特的糖替代品。它是一种二肽类化合物，并能迅速分解，给人一种强烈的甜味刺激，味道要比葡萄糖的甜度高出几百倍，但是热量却很低。

我们在对阿斯巴甜的研究中，其使用剂量为 34mg/kg 体重，这仅相当于平均体重 70kg 的成年人服用 2g 的天冬氨酸。这个剂量对血液中的天冬氨酸、天冬酰胺或谷氨酰胺含量是不足以有显著提升的，因此，我们可以看到阿斯巴甜的使用是安全的。但是，具有苯丙酮酸尿症患者除外。

七、天冬氨酸的临床应用

由于天冬氨酸是相对无毒的，有关使用天冬氨酸药理学和治疗作用的研究已经完善，目前研究多涉及应用天冬氨酸盐的形式。

八、癌症

细胞需要天冬酰胺来推动其增殖。一些恶性细胞，特别是白血病和淋巴细胞的恶性肿瘤细胞，具有某种酶的缺陷，这样的恶性细胞必须从血液中获得生长所需的天冬酰胺，而正常的细胞可以自身产生天冬酰胺。药物天冬酰胺酶（爱施巴，Elspar），是从天冬氨酸脱氨至天冬酰胺而形成的 L-天冬酰胺所用的酶，其工作原理是剥夺了肿瘤细胞的天冬酰胺，使它不能合成蛋白质，使癌细胞死亡。当与其他化疗药物结合治疗时，天冬酰胺酶可以起到有效的治疗作用，但是，当今这种治疗的方法已经不盛行了。

九、慢性疲劳综合征

天冬氨酸作为能量氨基酸，慢性疲劳综合征被认为与其低水平有关。慢性疲劳综合征（Chronic Fatigue Syndrome，CFS）是一种疾病，身体往往会出现类似流感和病毒感染的症状，但它是一种持久的、衰弱的疲劳。实验使用天冬氨酸镁或是天冬氨酸钾，可以治疗慢性疲劳综合征，但目前对这个治疗方案尚未有定论。

十、癫痫和脑卒中

N-甲基-D-天冬氨酸（N-methyl-D-aspartic Acid）是天冬氨酸的高能量形式，被用来诱发实验动物的癫痫。但这种化合物的"对手"是 2-氨基-7-膦酰基庚酸（2-amino-7-phospho Heptanoic Acid，注2）充当抗惊厥药物的拮抗剂，可阻断癫痫的发作。

癫痫持续状态（一种以癫痫持久发作为特征）有类似于脑卒中的症状，发现 N-甲基-D-天冬氨酸升高，兴奋性神经递质活跃，造成对脑的损伤。这种兴奋神经递质的拮抗剂，如兴奋剂受体阻断剂美金刚对动物实验诱发的脑卒中有治疗作用。

本田（Honda）等发现天冬酰胺水平升高会导致癫痫。同时还发现少数的精神分裂症患者的天冬酰胺水平升高。

镁是一种天然的镇静剂，而且使 N-甲基-D-天冬氨酸在某些实验模型中具有天然抑制剂的作用。镁疗法可用于治疗血液中天冬氨酸和天冬氨酸代谢物的水平过高，也可以治疗脑卒中和癫痫。锌注入实验动物也可以阻断天冬氨酸兴奋神经的传递。癫痫患者需要避免含有阿斯巴甜的食品，防止血液中天冬氨酸水平升高。

注2：膦是由磷化氢衍生的一类有机化合物，它类似胺，但碱性更弱，磷化氢分子中部分或全部的氢原子被烃基取代所形成的有机化合物的总称。膦酸即磷酸分子中一个或两个羟基被烷基或芳香基置换的化合物。

十一、运动耐力

对天冬酰胺最近的研究表明，这种氨基酸可以保持肌肉质量，并可能增加毅力和耐力，但这一发现还有待进一步的研究和验证。

十二、免疫刺激

派帕劳瓦（Pipalova）和巴斯比西（Pospisil）对实验的大鼠补充至少25mg的天冬氨酸，可以增加胸腺的重量，促进细胞和激素的免疫反应。更为引人注目的是，天冬氨酸钾和天冬氨酸镁可以形成刺激，促使实验大鼠的骨髓和脾脏组织的细胞增殖和胸腺细胞的分化。实验大鼠经过天冬氨酸钾和天冬氨酸镁的补充，将它全身置于 X 射线中，发现实验大鼠体内产生红细胞的器官出现明显的再生。此外，还发现经过天冬氨酸钾和天冬氨酸镁补充的大鼠，增加了照射后的存活期。这也表明天冬氨酸钾和天冬氨酸镁可以用于保护和预防辐射的损伤。

十三、天冬氨酸在血液中的水平和临床症状

（一）天冬氨酸

我们在患者中发现，所出现的各种疾病有 15% 表现出血液中天冬氨酸水平升高，包括癫痫、抑郁症、精神分裂症、阳痿、发作性嗜睡、过敏反应、心肌病和发育延迟。其中大约 25% 高天冬氨酸水平的患者都具有抑郁症。

同时天冬氨酸水平升高的患者，血液中还会出现支链氨基酸高水平和鸟氨酸的低水平异常。有些肝功能衰竭的患者也会出现天冬氨酸水平升高。有关血液中的氨基酸水平异常与天冬氨酸水平的相关性还需要继续研究。

（二）天冬酰胺

在我们的诊所发现有 21 例患者天冬酰胺水平较低。其中 8 例患有抑郁症，3 例是被收容的智力障碍患者，2 例是高血压，另 2 例具有高甘油三酯，还有 1 例是其他方面健康者，而其余 5 例患者有下列疾病：肾脏疾病、偏头痛、发作性嗜睡、癌症、甲状腺疾病。我们还发现有 3 例天冬酰胺水平升高的抑郁症患者，其中 2 例是精神病患者，1 例是发育延迟的女孩，我们将对他们采用天冬酰胺酶的治疗。

十四、天冬氨酸盐的另外用途

已有报道天冬氨酸钾和天冬氨酸镁对用于治疗一些心肌障碍、休克、肌

肉疲劳和细胞电解质紊乱有效果。肾脏对天冬氨酸钾和天冬氨酸镁中的钾、镁离子，与氯化钾和氯化镁相比较，可以减少在尿液中的排出，这也表明肠道对镁、钾和其他重要矿物质的吸收增加了。

十五、天冬氨酸的使用剂量

我们探讨了空腹服用5g的天冬氨酸，对血液中天冬氨酸水平的影响，在4h后检测时，没有发现天冬氨酸水平的变化。因为天冬氨酸是非常易溶和代谢迅速的，所以应该以不同的间隔进行测试，以准确地评价其效果。同时服用5g的天冬氨酸，对其代谢物天冬酰胺、微量元素、多胺的水平或其他测试的生物参数没有变化，这个剂量显然不会产生任何毒性作用。

十六、天冬氨酸的补充

关于对天冬氨酸的药理和治疗作用，我们仍然在进行研究。但是尚没有证明L-天冬氨酸或L-天冬酰胺补充剂有治疗作用。同时我们也没试过天冬氨酸和天冬酰胺的治疗。市场上难以寻觅单一的L-天冬氨酸补充剂。

十七、天冬氨酸缺乏的症状

天冬氨酸低水平的症状，包括疲倦、精神不振、体力和耐力的降低。

十八、补充天冬氨酸的方法

补充单一游离的L-天冬氨酸是难以寻觅的，但是可以采取补充天冬氨酸钾或是天冬氨酸镁的形式，同时还可以提高对钾或镁微量元素的吸收，（美国）市场上很容易购买到250~500mg天冬氨酸钾或是天冬氨酸镁的片剂。

十九、天冬氨酸的治疗用途

不确定。

二十、天冬氨酸的最高使用安全极限

不确定。

二十一、天冬氨酸的副作用和禁忌证

尚不清楚。

二十二、对天冬氨酸和天冬酰胺的总结

天冬氨酸是非必需氨基酸，它是从谷氨酸经过酶和维生素 B_6 转化而生成的。它在三羧酸循环、尿素循环和 DNA 的代谢中起着重要的作用，天冬氨酸是一种主要的兴奋性神经递质，它有时被发现在癫痫和脑卒中患者中有所增加，而在抑郁症和脑萎缩患者中有所下降。

天冬酰胺也是非必需氨基酸，是从天冬氨酸产生的。在需要时也可以经肝脏中的谷氨酸合成。谷氨酸与氨结合，生成天冬氨酸，这是一个可逆的化学反应。天冬氨酸具有生糖性并在糖蛋白的合成中起重要作用。天冬酰胺水平低，可能反映出需要补充镁，协助天冬氨酸进行转化。天冬氨酸水平低，会导致产生含氮的有毒代谢物。

一些恶性肿瘤细胞，如白血病和淋巴瘤细胞具有代谢酶的缺陷，为了防止肿瘤细胞得到天冬酰胺。药物天冬酰胺酶（爱施巴，Elspar）是从天冬氨酸脱氨至合成天冬酰胺过程中的 L-天冬酰胺酶。在癌症治疗中，采用天冬酰胺酶与其他化疗药物组合，对于急性淋巴细胞癌和白血病是有治疗作用的。

补充 5g 的天冬氨酸不会提高血液中的水平。镁和锌是对天冬氨酸的天然抑制剂。

天冬氨酸与苯丙氨酸合成为二肽甜味剂，该甜味剂是人工甜味剂的进步。在正常剂量下使用（除苯丙酮尿症患者）是安全的。

天冬氨酸是胸腺重要的免疫刺激剂，并且可以防止辐射造成的损坏作用。许多的研究表明天冬氨酸钾盐和天冬氨酸镁盐的形式有着很特殊的价值。由于天冬氨酸是相对无毒的，现在的研究正在证明天冬氨酸的药理和治疗的作用。

第六部分

苏氨酸族氨基酸

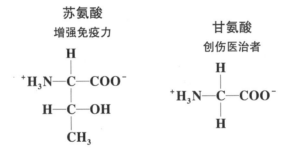

苏氨酸
增强免疫力

$$^+H_3N-\underset{\underset{CH_3}{|}}{\overset{\overset{H}{|}}{\underset{|}{C}}}-COO^-$$
$$H-C-OH$$

甘氨酸
创伤医治者

$$^+H_3N-\underset{\underset{H}{|}}{\overset{\overset{H}{|}}{C}}-COO^-$$

丝氨酸
其衍生物磷脂酰丝氨酸增强记忆

$$^+H_3N-C-COO^-$$
$$H-C-OH$$

丙氨酸
低血糖的克星

$$^+H_3N-\underset{\underset{CH_3}{|}}{\overset{\overset{H}{|}}{C}}-COO^-$$

第十三章　苏氨酸：增强免疫力

苏氨酸（L-threonine）是人们知之甚少的一种必需氨基酸，对构成人体蛋白质是十分重要的，特别是牙釉质、胶原质和弹性蛋白。同时，苏氨酸可以促进胸腺发育，胸腺是一种调节许多激素和细胞的腺体，在免疫防御中具有非常重要的作用。如果在膳食中稍微减少苏氨酸的摄入都会在免疫系统中产生极大的抑制作用。

一、苏氨酸的功能

在苏氨酸族氨基酸里，苏氨酸是甘氨酸和丝氨酸的前体，它存在于心脏、中枢神经系统和骨骼肌中，被认为是防止精神不稳定、易怒和执拗性格的基本因素之一。

静脉注射苏氨酸可以增加脊髓和大脑中甘氨酸和苏氨酸的含量，这种在大脑中增加甘氨酸的方法十分重要，因为甘氨酸是大脑的镇静剂，但它却不能很好地进入大脑。如果只是单一注射甘氨酸，甘氨酸必须达到 30g，才可以产生镇定效果。

神经递质乙酰胆碱、5-羟色胺、儿茶酚胺和组胺已经被证实取决于饮食的供应，神经递质甘氨酸的浓度也是需要依靠食品中的苏氨酸和甘氨酸进行补充的。虽然人体可以利用葡萄糖和其他能量来源转化生成甘氨酸，但通常认为从膳食中摄入的甘氨酸数量会影响蛋白质的合成。如果体内缺乏苏氨酸脱水酶，会影响苏氨酸的分解，将会导致血液中甘氨酸的浓度升高，形成高甘氨酸血症。在治疗上是可以使苏氨酸和甘氨酸相互转化的，由于转化的速率很低，治疗可能需要经历漫长的时间。

苏氨酸在肝脏中被转化成糖原氨基酸，从而可以稳定血糖。苏氨酸在血液中的含量低，还会导致丝氨酸和甘氨酸在血液中的含量低，常常会导致低血糖。

苏氨酸有助于消化和肠道吸收，利于脂肪代谢，通过控制脂肪堆积有效防止脂肪肝。

苏氨酸同样可以帮助烧伤、外伤和手术后病人的康复。在这些创伤中，它的含量要比正常血液中的含量高，这意味着苏氨酸是在创伤后从组织中释放来帮助伤口愈合的。此外，苏氨酸还有助于形成维生素 B_{12}，对含硫氨基酸的代谢有重要作用。

二、苏氨酸的代谢

苏氨酸和所有氨基酸一样，在正常的代谢中需要充足的维生素 B_6。苏氨酸首先被苏氨酸脱水酶分解，这种酶的活性是会随年龄增长而降低的。

除了作为甘氨酸和丝氨酸的前体，苏氨酸还可以像甲硫氨酸、缬氨酸那样被降解为丙酸（Propionic Acid）和甲基丙二酸（Methylmalonic Acid）。

三、机体对苏氨酸的需求

苏氨酸是人体必需氨基酸之一，它不能在体内由其他氨基酸合成，因此在膳食中摄取充足数量的苏氨酸是十分必要的。它与其他必需氨基酸一样，需求量随着年龄的增长而减少。4~6 个月的婴儿每日需要 68g，4~12 岁儿童每日仅需要 28g，而成人似乎每日只需要 8g。

在动物实验中发现，17 只实验的猫，接受苏氨酸不足的饮食，结果出现神经机能障碍和跛脚，同时，这些症状可以通过膳食补充苏氨酸而得到治疗。

成人对苏氨酸的需求量相对较低，这一说法并没有得到广泛认可。多项研究证明，成人对苏氨酸和其他必需氨基酸的需求量被低估了。从实际数据来看，成年男性平均每天对苏氨酸的正常吸收量（即作为苏氨酸构型，被人体所最终利用的）为 15mg/kg 体重。

老年人在压力情况之下，需要更多地补充苏氨酸。我们对 100 例患者血液中的氨基酸进行研究，发现不同年龄段的人，苏氨酸基本含量没有太大差异。但在压力情况下，苏氨酸的需求量增加是毫无疑问的。

四、食物中的苏氨酸来源

苏氨酸广泛存在于多数动物蛋白、茅屋芝士和麦芽中，谷物中的苏氨酸含量较少。因此，如果素食者不另外补充苏氨酸，可能会患有苏氨酸缺乏症。苏氨酸的其他非肉类来源，包括豆角、啤酒酵母、坚果、种子、大豆和乳清。苏氨酸在食物中的含量见下表。

表	苏氨酸在食物中的含量	
食物	数量	含量/g
牛油果	1 个	0.13
奶酪	1oz	0.25

续表

食物	数量	含量/g
鸡肉	1lb	1.00
巧克力	1 杯	0.36
白软奶酪	1 杯	1.37
鸭肉	1lb	1.35
蛋	1 个	0.30
麦片	1 杯	0.40
午餐肉	1lb	2.40
燕麦粥	1 杯	0.43
猪肉	1lb	3.40
乳清干酪	1 杯	1.27
香肠	1lb	1.15
火鸡肉	1lb	1.50
麦芽	1 杯	1.35
全脂奶	1 杯	0.36
酸奶酪	1 杯	0.32

五、苏氨酸的形式和吸收

苏氨酸的膳食和补充都是左旋的（即 L 型），充足的维生素 B_6、镁和烟酸能够促进苏氨酸的有效利用，并且也可以帮助缬氨酸、异亮氨酸和亮氨酸发挥最大的效应。

六、苏氨酸的临床应用

苏氨酸族的氨基酸都具有结构简单的特点。甘氨酸是苏氨酸族氨基酸的基础，它作为一种糖原氨基酸，使得苏氨酸族所有氨基酸都可以进行糖交换。在治疗中，它们是大脑的兴奋剂和免疫控制剂。

（一）苏氨酸与抑郁症

临床上，我们早晚各使用 1g 的左旋苏氨酸，可以辅助治疗焦虑型抑郁症和狂躁型抑郁症，并且在治疗中苏氨酸水平保持正常。

在前面曾经提到的 100 例接受血液中氨基酸检测的患者中，其中 15 例患者苏氨酸水平低下，经诊断 8 例患有严重抑郁症，另外 2 例患有癫痫，1 例患有苯丙酮尿症，2 例患有慢性精神分裂症，1 例患有毛囊炎（毛囊被细菌感染），还有 1 例患有多发性骨髓瘤（一种骨癌）。补充苏氨酸对这些患者均有一定的疗效。

另外在对 128 例患者进行血液中氨基酸检查时，发现有 3 例患者的苏氨酸水平上升，其中 2 例正在服用色氨酸、半胱氨酸和其他氨基酸，另 1 例正在服用哮喘药物茶碱。

苏氨酸有助于抑郁症康复

一位 62 岁的老人，他患有严重的精神抑郁症，同时伴有消化道溃疡、结肠痉挛和高血压，抗抑郁药对他来说已经不起作用了。于是来到我们的诊所寻求帮助，经检查他血液中的苏氨酸含量极低，只是正常值的 43%。我们连续一个月让他在每日早晚各服用一粒 500mg 的左旋苏氨酸胶囊后，抑郁症逐渐得到了控制。

（二）苏氨酸促进免疫力的提高

食物中的苏氨酸和赖氨酸对免疫反应的研究激起了人们的兴趣。把含有小麦蛋白的饲料喂给大鼠，再补充以苏氨酸和赖氨酸，结果发现其胸腺重量和免疫球蛋白反应都有所增加。这表明苏氨酸对机体的影响是真实的，并且与体重增加无关。其他研究还证实了同种异体移植的成功，是由于给实验的大鼠补充了苏氨酸，在大鼠的体内产生了免疫抑制。许多的研究都发现苏氨酸是一种免疫能力的促进剂。

大鼠的饲料中稍微减少苏氨酸，就会极大地抑制免疫反应或肿瘤抗体的产生（由免疫系统产生的蛋白质，可以消灭或中和外来微生物和毒素）。既然苏氨酸可以代谢为甘氨酸，那么甘氨酸也具有免疫促进的作用就不足为奇了。

洛唐（Lotan）等在研究中，发现补充苏氨酸能促进胸腺发挥免疫作用。

对于小麦蛋白过敏的人，通过每日口服补充 2~4g 的苏氨酸，可以使他们安全地食用一些小麦。

（三）苏氨酸与肌肉痉挛

通过补充苏氨酸增加大脑中甘氨酸水平的方法来开展对刺激人类肌肉痉挛的试验研究。巴尔博（Barbeau）和他的同事，使用 1g L-苏氨酸来解决多发性硬化症（Multiple Sclerosis，MS）患者和遗传性的痉挛性麻痹患者的痛苦

（疾病的特征为，渐进性腿部强直或痉挛，并出现不同程度的疲软）。研究结果表明，有 25% 的下肢痉挛性患者得到了全面改善。

在另一项研究中，6 例患有遗传痉挛综合征的患者，连续一年每日补充两次 500mg 的左旋苏氨酸，而后接受四个月的观察。所有的 6 例患者都有一定程度的改善，膝关节反射灵敏，肌肉痉挛减少。通过测量，上肢有 29% 的增长，下肢有 42% 的增长，整体增长了 19%～35%。在临床中没有发现毒性或生化物质的改变。

这些研究的结果显示了补充苏氨酸对遗传性痉挛更为适宜。

（四）临床症状中苏氨酸在血液中的水平

摄入酒精后会引起血液中组氨酸水平下降，苏氨酸水平升高。通常癫痫和抑郁症患者缺乏苏氨酸，并偶尔也伴有血液中的甘氨酸水平低下。

实验动物使用镇定抗痉挛药后苏氨酸水平会增加。而我们发现血液中苏氨酸水平最低的患者，是一位 28 岁的癫痫患者，他服用了抗痉挛药苯妥英（Dilantin）和苯巴比妥米那（Solfoton）已经达 10 年之久。

七、苏氨酸的使用剂量

我们要求参与补充苏氨酸试验的志愿者，在禁食后摄入 5g 左旋苏氨酸，2h 后检测，血液中的苏氨酸含量是正常值的 5 倍，4h 后是正常值的 4 倍。一般来说，吸收的峰值出现在 2h，缬氨酸、异亮氨酸、亮氨酸和色氨酸的含量减少，谷氨酸盐含量增加，其他生物参数，如生化指标的检测、多胺和微量金属均没有变化。

每日 5g 大剂量补充左旋苏氨酸，在两周后才会出现血液中氨基酸水平改变的情况。有 1 例患者通过口服补充苏氨酸，血液中其他氨基酸没有变化，而苏氨酸则从低水平到高水平，之后再回到正常水平。

八、苏氨酸的补充

目前苏氨酸在大脑中的治疗用途尚不清楚，但是它对患有遗传性痉挛和多发性硬化症患者是有益的。

（一）苏氨酸缺乏的症状

没有明显特征或症状。

（二）补充苏氨酸的方法

500mg 的单一游离的左旋苏氨酸胶囊。

（三）苏氨酸每天的治疗使用量

建议用量 300~1200mg 不等，同时需要补充维生素 B_6、维生素 B_3 和镁，使其利用率达到最佳化，这样可以使缬氨酸、异亮氨酸和亮氨酸得到充分的利用。

（四）苏氨酸的最高使用安全极限

没有建立。

（五）苏氨酸的副作用和禁忌证

没有。

九、对苏氨酸的总结

苏氨酸是一种必需氨基酸，广泛存在于人体血液中，特别是新生儿体内更为丰富。当实验动物严重缺乏苏氨酸时会引起神经功能失常和跛脚。

临床上，我们经常发现抑郁症患者血液中的苏氨酸和甘氨酸含量低，但当每日早晚各补充 1g 苏氨酸后会有所改善，血液中苏氨酸水平可以很好地用来作为治疗的监控手段。

苏氨酸是免疫促进剂，能促进胸腺的生长和细胞免疫防护功能，每日补充 1g 苏氨酸可以有效地治疗遗传性痉挛病症和多发性硬化症。

苏氨酸可以增加甘氨酸含量，苏氨酸在肉类、松软干酪和麦芽食品中的含量丰富。

其他重要治疗作用将在以后的研究中逐步被发现。

第十四章　甘氨酸：创伤的医治者

甘氨酸（Glycine）是一种非必需氨基酸，其结构是最简单的。它是苏氨酸族氨基酸的基础。由于皮肤和结缔组织中存在着高浓度的甘氨酸，所以它对于修复损伤的组织和促进伤口愈合尤为重要。

一、甘氨酸的功能

甘氨酸对于控制糖异生（Gluconeogenesis，注1）很重要。糖异生就是从氨基酸之类的非糖物质转变为葡萄糖的过程。实际上，甘氨酸的名字源于葡萄糖（血糖），因为它有糖的甜味。甘氨酸是为数不多的可以通过建立糖原水平（糖原是葡萄糖的贮存形式）来储备葡萄糖作为能量的氨基酸之一。一些饥饿的动物在被喂食大量甘氨酸后，"甘氨酸的糖原水平机制"会迅速增加肝脏内的糖原储量，肝糖原再分解为葡萄糖以满足机体的能量需求。

甘氨酸也作为氮源用于生产其他非必需氨基酸。它也被用于合成血红蛋白、甘油、磷脂、胆固醇复合物、皮肤蛋白、胶原蛋白和谷胱甘肽。它是生产制造肌酸的重要原料。肌酸（Creatine，注2）存在于肌肉组织中，用于生成脱氧核糖核酸（DNA）和核糖核酸（RNA），DNA和RNA是体内基因信息传递的重要媒介物。

甘氨酸是用于维持机体中枢神经系统的必需物质。它像牛磺酸和 γ-氨基丁酸一样，作为主要的抑制性神经递质来镇静机体。在动物中，甘氨酸受体遍布整个中枢神经系统、脊髓和大脑干细胞区，并且由大脑统一分配。甘氨酸能加快大脑海马中的 γ-氨基丁酸和乙酰胆碱（Acetylcholine，由胆碱组成，与记忆相关的神经递质）的神经传输。大脑海马是大脑的记忆中心。

甘氨酸在视网膜光化学作用中扮演重要的角色，因为牛磺酸和甘氨酸被

注1：糖异生（Gluconeogenesis）指的是非碳水化合物（乳酸、丙酮酸、甘油、生糖氨基酸等）转变为葡萄糖或糖原的过程。糖异生保证了机体的血糖水平处于正常水平。糖异生的主要器官是肝。肾在正常情况下糖异生能力只有肝的1/10，但长期饥饿时肾糖异生能力可大为增强。

注2：肌酸是一种人体内自然产生的氨基酸衍生物。在生物化学中，是一种自然存在于脊椎动物体内的一种含氮的有机酸，能够辅助为肌肉和神经细胞提供能量。

认为是参与抽搐和视网膜相关的功能。

二、甘氨酸的代谢

甘氨酸可以来源于多个氨基酸。甘氨酸是乙醛酸通过氨基转移生成的，乙醛酸是代谢的重要中间体，是由丝氨酸转换而来，这是甘氨酸主要的产生途径。然而，从丝氨酸的转化既不迅速也不丰富。受试的志愿者口服 15g 的丝氨酸之后，丝氨酸水平显示增加了 800%，而甘氨酸水平只增加了 33%。如有必要时，甘氨酸可以转化为丝氨酸。

甘氨酸也可以从苏氨酸通过降解代谢过程产生（注3）。给实验大鼠以每日 2g/kg 体重的剂量补充苏氨酸，其苏氨酸转化为甘氨酸的数量是 1/5~1/3。

甘氨酸另一种来源是二甲基甘氨酸甜菜碱胆碱（Choline Betaine of Dimethylglycine，维生素 B_{15}）。

甘氨酸在体内能迅速分解；一般成年人每千克体重大约每天分解 1g 的蛋白质，就可以满足正常机体对甘氨酸的需求。

三、机体对甘氨酸的需求

甘氨酸是一种非必需氨基酸，人体可以通过其他氨基酸转化而得到，因此没有日摄入量的要求。它像葡萄糖一样充足，在机体内是非常丰富的。美国成人平均日摄入量为 3~5g。在实验动物中发现，甘氨酸对良好的生长和肌酸的合成是十分必要的。在某些情况下，甘氨酸将有可能成为人体必需氨基酸。

四、食物中的甘氨酸

甘氨酸主要集中在蛋白食物中，以天然形式存在于豆角、啤酒酵母、乳制品、蛋、鱼、豆科植物、肉类、坚果、海鲜、种子、大豆、甘蔗、乳清、全麦中，明胶中甘氨酸的含量有 33%，见表 14.1。

表 14.1　　　　　　　　　　甘氨酸在食物中的含量

食物	数量	含量/g
牛油果	1 个	0.17
奶酪	1oz	0.12

注3：降解是指有机化合物分子中的碳原子数目减少，分子质量降低或高分子化合物的大分子分解成较小分子的物理化学过程。

续表

食物	数量	含量/g
鸡肉	1lb	1.60
巧克力	1 杯	0.17
白软奶酪	1 杯	0.70
鸭肉	1lb	2.70
蛋	1 个	0.20
麦片	1 杯	0.60
午餐肉	1lb	3.90
燕麦粥	1 杯	0.40
猪肉	1lb	3.13
乳清干酪	1 杯	0.70
香肠	1lb	1.87
火鸡肉	1lb	2.00
麦芽	1 杯	2.02
全脂奶	1 杯	0.17
酸奶酪	1 杯	0.19

五、甘氨酸的形式和吸收

甘氨酸的分子结构简单，无旋光性，补充剂或食物中的甘氨酸都很容易被吸收。具有先天性甘氨酸代谢障碍的人群，脑脊液中的甘氨酸增加 10~17 倍，这意味着甘氨酸很容易通过血-脑屏障（有些甘氨酸代谢异常的患者也常常伴有缬氨酸代谢异常）。

甘氨酸二肽（Glycine-glycine，甘氨酸-甘氨酸）或甘氨酸三肽比单一甘氨酸更容易被吸收。一些研究表明，亮氨酸和异亮氨酸有可能抑制甘氨酸的吸收，但当它们与甘氨酸二肽一起摄入时，就不会影响甘氨酸的吸收。

六、甘氨酸的毒副作用

竹内（Takeuchi）等，研究摄取高浓度甘氨酸对实验动物的毒性效应中发现，含有7%的甘氨酸饲料，会导致对生长的抑制作用，这是由胰高血糖素（Glucagon）和糖皮质激素（Glucocorticoid）不足引起的。像其他营养素一样，高剂量的甘氨酸会产生毒副作用。这种毒副作用可以通过补充左旋精氨酸和左旋甲硫氨酸而逆转。像糖一样，高水平的甘氨酸补充可能是有毒的，并会产生视力问题。

七、甘氨酸在临床中的应用

甘氨酸在体内有着重要的作用，并且像葡萄糖一样，含量非常丰富。但是目前有关甘氨酸在治疗中的用途还是很少的。

八、甘氨酸与良性前列腺肥大

甘氨酸结合丙氨酸和谷氨酸，能通过减少膀胱残余尿量、延迟和使排尿正常，来改善良性前列腺肥大（Benign Prostatic Hypertrophy，BPH）的症状。

甘氨酸的多种用途

甘氨酸在药物和食品方面有广泛的用途。例如甘氨酸亚铁的制剂，是以甘氨酸作为一种螯合剂，含有铝的抗酸剂和止痛药中都有甘氨酸。有证据显示，含有30%甘氨酸和70%碳酸钙的抗酸剂具有很好的作用，因为这种合成制剂可以增加甘氨酸的缓冲和碳酸钙的中和作用。

甘氨酸的甜味，经常用于掩盖苦味和咸味。它也可以掩盖氯化钾的苦味，有可能成为咸味素——盐的替代品，具有更美味、可口的作用。甘氨酸和柠檬酸盐或与琥珀酸二钠可以被用作甜味剂。

在食品方面，甘氨酸可以作为防腐剂和抗菌剂。它被用于防止脂肪变质，稳定单甘酯和双甘酯乳剂以及抗坏血酸乳剂。甘氨酸和柠檬酸可显著提高色拉酱调料的保质期。像抗坏血酸一样，甘氨酸在食品保存方面可以抵抗产芽孢厌氧菌，还能在奶油派和调料里适当抑制细菌繁殖。

甘氨酸盐和阿司匹林混合，可以降低阿司匹林的不良反应。甘氨酸和阿司匹林的合理比例可以是1：1。

九、甘氨酸与胆固醇和甘油三酯

甘氨酸是一种可降血脂、甘油三酯和胆固醇的药物。补充30g剂量的甘氨酸，可以降低5%的胆固醇和20%的甘油三酯。

十、甘氨酸的解毒作用

甘氨酸可以减轻一些物质如酚、苯甲酸（Benzoic Acid）和甲硫氨酸的毒性损害。给实验大鼠喂食两个月含 2.5% 甲硫氨酸的饲料，过量的甲硫氨酸毒性，似乎阻断了血红蛋白的合成，使大鼠造成中等程度的贫血。给大鼠补充甘氨酸之后，加速了甲硫氨酸的氧化，降低大鼠血液中的甲硫氨酸，并促进了大鼠的食欲。

为了食品的防腐，食品添加剂苯甲酸衍生物是很常见的，所以甘氨酸对苯甲酸的解毒是很重要的。甘氨酸结合苯甲酸生成马尿酸（Hippuric Acid）排出体外。

甘氨酸的解毒作用和其刺激谷胱甘肽合成的能力有关。谷胱甘肽是机体内最重要的解毒、抗氧化物质。虽然半胱氨酸在合成谷胱甘肽的过程中通常是最重要的元素，但是甘氨酸也可以刺激谷胱甘肽代谢合成。

当甘氨酸缺少，谷氨酸和半胱氨酸丰富时，会出现骨胶原异常症。

十一、甘氨酸与癫痫

在癫痫中甘氨酸的行为似乎与牛磺酸相类似，特别是甘氨酸水平也会在大脑中升高。癫痫发作时，大脑中积累更多的甘氨酸用以自我保护，而低水平的甘氨酸在癫痫患者中尚未被发现。抗惊厥药丙戊酸（Valproic Acid，商品名为德巴金，Depakene 是镇痉剂）的主要作用是升高血液中的甘氨酸水平。

士的宁（Strychnine，灭鼠药）是一种导致癫痫、抽搐的有毒物质，它抑制脊髓反射、诱发抽搐，并阻断甘氨酸对中枢神经系统的作用。

十二、甘氨酸与痛风

甘氨酸用于痛风的治疗，是基于它与嘌呤（Purines）代谢和尿酸的关系。嘌呤是促进尿酸产生的一种有机化合物，尿酸则是嘌呤代谢的最终产物，通常随着尿液排出。在痛风患者中发现血液中的尿酸水平过高。

口服甘氨酸可以增加肾脏对尿酸的清除能力，从而降低血清中尿酸盐的含量。当甘氨酸含量低时，可以抑制嘌呤的生物合成。甘氨酸的含量增加有可能会促进嘌呤的生物合成。当食用大量的肉食时，会摄取高含量的嘌呤，摄入的嘌呤会增加尿液中的尿酸 0.5~0.75mg/mL。甘氨酸和丙氨酸，天冬氨酸和谷氨酸，每两个一组，似乎可以降低肾脏对尿酸的再吸收。

甘氨酸对于降低血清中尿酸的含量的必要性尚未可知。摄入 30g 的甘氨酸，血清尿酸含量在最初的 3h 内降低了 33%，但是在第 4h 之后，它升高并超过了最初水平。甘氨酸可能在痛风治疗中具有辅助作用，但仍需再进一步的研究。

十三、甘氨酸与促进激素的增多

剂量为 4~8g 的甘氨酸，对大脑垂体功能有着很重要的作用，因为它可以促进血清中的生长激素增多；另外口服 1~2g 的甘氨酸，可以促进血清中催乳激素增多。甘氨酸还是胰高血糖素（Glucagon）分泌物的有效刺激物，可能使胰高血糖素增加，这也是甘氨酸对激素最突出的贡献作用。

在临床试验中，口服 30g 的甘氨酸，2h 之后检测，发现生长激素水平比开始时上升了 10 倍。如果是提前 1h 测量生长激素，有可能检测到一个更大的增长数据。有关的功能还有待进一步研究。

十四、甘氨酸与低体温

抑制性的氨基酸，如甘氨酸、牛磺酸、γ-氨基丁酸、色氨酸和丙氨酸，已被发现在低体温和冬眠动物的大脑中水平升高。这些营养物质可能具有效果好且温和的抗甲状腺功能。

十五、甘氨酸与肾脏疾病

肌酐（Creatinine）是从肌酸（Creatine）形成的，而肌酸又是甘氨酸和精氨酸在肾脏中产生的，肌酸是一种存在于肌肉组织、产生能量的物质。血液中的肌酐水平对诊断肾脏疾病尤其有用。健康者从尿液中排泄的肌酐，其含量与蛋白质、食物的总量或尿液中氮的总量无关。儿童以及肌肉发育不好的人，在血清中肌酐的水平是较低的，而且甘氨酸也相应欠缺。

十六、甘氨酸与狂躁型抑郁症

甘氨酸被认为是与精神疾病有关的一个重要因素。罗森布拉特（Rosenblat）等，对 13 例患有狂躁型抑郁症的女性和 10 位健康女性，对照检测了她们血液和红细胞中 20 种氨基酸的含量。发现在患有狂躁型抑郁症女性的红细胞中，甘氨酸的含量比对照组有显著提高，而血液中的甘氨酸水平没有发现区别。这些患者之前没有进行过电击治疗，目前她们的症状正处在缓解期。但是，红细胞中的甘氨酸增长现象是否出现在抑郁症患者的大脑中还是未知的。

红细胞中甘氨酸水平的增加，并没有伴随其他氨基酸水平的增加是令人惊讶的，因为甘氨酸和脯氨酸、丙氨酸共享一个载体介导的输送系统。甘氨酸在红细胞中水平的升高，并没有增加体内谷胱甘肽的分解，以及增加红细胞中谷胱甘肽的合成。因为在检测这些抑郁症患者的血液时，没有发现谷胱甘肽的减少。狂躁型抑郁症患者使用锂元素治疗，可以提高血液中甘氨酸水平。

纽约大学精神系（Psychiatry at New York University）的多伊琦（Deutsch）等，确定在双相情感障碍（注4）患者的红细胞中谷氨酸水平会增加。他们表明这是由锂造成的。在单相抑郁症患者中没有发现这样的异常情况。除此之外，甘氨酸水平的增加与情绪状态无关。这种影响很有可能也是由锂造成的，这表明与治疗的方法可能没有关系。在我们诊所摄入锂的许多患者中没有发现血液中的甘氨酸水平增加。

我们给两例急性发作的狂躁抑郁症患者补充15~30g大剂量的甘氨酸，在1h内患者停止了狂躁，开始平静。事实上，抑郁症是可以控制的，但是进一步的临床试验仍是必要的。

十七、甘氨酸与代谢紊乱

甘氨酸参与支链氨基酸的代谢。它对于亮氨酸代谢的遗传性疾病——异戊酸血症（Isovaleric Acidemia）的急性控制是非常有用的。甘氨酸与有毒物质异戊酸（Isovaleric Acid）结合，形成具有较低毒性的甘氨酸结合体（Isovalerylglycine）。

酸中毒的患者在异常状态，血液和身体组织的碱度减少，甚至昏迷。此时补充高剂量的甘氨酸（以175mg/kg体重的剂量，大约70kg体重的成年男性补充12~14g）必须施用直肠灌注，因为口服时有可能会导致呕吐。在我们的诊所，对成年人使用多达30g的甘氨酸实施口服，唯一的副作用是产生稀便。

十八、甘氨酸与止痛药的交互作用

通过向大脑注射甘氨酸和其他抑制性氨基酸可拮抗吗啡的止痛作用。兴奋性氨基酸盐（例如谷氨酸盐或天冬氨酸盐）不具有此作用。

注4：双相情感障碍（Bipolar Affective Disorder），又名双极性障碍、躁郁症，其主要特征为患者不断经历躁（Mania）与郁（Depression）两种相反的极端情绪状态，而这两种情绪状态经常反复出现，其强度与持续时间均大于一般人平时的情绪起伏。

十九、甘氨酸治疗肌肉痉挛

研究甘氨酸和痉挛的关系具有特殊的意义。动物的腹部、中枢或背部发生痉挛，经检查发现它们脊髓中甘氨酸的水平减少了30%；而痉挛患者血液中的甘氨酸水平也被检查出发生异常情况。痉挛似乎与甘氨酸在脊髓中的减少有关，从而抑制了与突触相关联的作用（神经冲动的不均匀转递，注6）。采用剂量为每天50mg/kg体重，或70kg体重的成年男子使用3.5g的甘氨酸，痉挛状态可以得到改善。甘氨酸也可以有效减少犬的伸肌和外展肌痉挛。

我们诊所中的7例临床痉挛患者，通过每天补充3g的甘氨酸，他们的痉挛状态得到了缓和，并且大脑中的甘氨酸含量也上升了。给患有痉挛的动物进行治疗时，还发现它们大脑中的谷氨酸含量也有显著的提升。

二十、甘氨酸与肌无力

研究表明，重症肌无力、肌肉萎缩的病症，通过补充锰、甘氨酸和维生素E可能是有用的治疗方法。然而，有关这方面的研究和诊断，缺乏完整的记录。肌无力在许多方面类似于胶原疾病，如皮肌炎、硬皮病，在此甘氨酸补充剂被认为是有价值的。因为肌无力患者的尿液中带有高含量的肌酸或肌酐，肌酐是机体合成甘氨酸的原料；维生素E也可以降低肌酐的排泄。然而，目前以甘氨酸治疗肌无力的好处还是推测的。

甘氨酸也曾经用于治疗肌肉营养不良，但是没有成功的报道公布。

二十一、血液中甘氨酸的水平和临床症状

对医生和营养学家来说，对甘氨酸水平的检测变得越来越重要。在使用锂治疗法和抗癫痫药的患者，或是饥饿，或患有肾草酸钙结石、佝偻病和各种代谢性疾病的患者中有时发现甘氨酸水平升高的现象。在我们的诊所，发

注6：突触是一个神经元与另一个神经元相接触的部位。突触是神经元之间在功能上发生联系的部位，也是信息传递的关键部位。在光学显微镜下观察，可以看到一个神经元的轴突末梢经过多次分支，最后每一小支的末端膨大呈杯状或球状，称为突触小体。这些突触小体可以与多个神经元的细胞体或树突相接触，形成突触。从电子显微镜下观察，可以看到，这种突触是由突触前膜、突触间隙和突触后膜3部分构成。

突触后抑制：神经元兴奋导致抑制性中间神经元释放抑制性递质，作用于突触后膜上特异性受体，产生抑制性突触后电位，从而使突触后神经元出现抑制。突触后抑制包括传入侧枝性抑制和回返性抑制。

现有两例癫痫患者和数十例抑郁症患者，他们血液中甘氨酸水平低。血液中的甘氨酸水平可能对各种临床症状具有诊断和指导治疗的作用。

二十二、甘氨酸与镇静作用

研究表明，3~10g 的甘氨酸可具有镇静效果，与肌醇同时使用时，有助于减少攻击行为。所有大剂量的抑制性氨基酸都可能具有这样的效果。

二十三、甘氨酸与创伤的愈合

甘氨酸和锌的复合制剂是一种最普遍的营养药膏，用于伤口愈合和面霜。胶原蛋白中富含甘氨酸、脯氨酸和精氨酸，对于伤口愈合至关重要。甘氨酸是胶原蛋白中最丰富的成分，它的结构形式简单，便于吸收，对各种类型的术后治疗、烧伤和创伤病人是有益的。

饮食中富含甘氨酸、脯氨酸和精氨酸，也可以促进伤口愈合。谷氨酸是脯氨酸的前体物质，所以谷氨酸也是脯氨酸很好的来源。丝氨酸也可以转化为甘氨酸，但是丝氨酸不是甘氨酸的良好来源，因此，甘氨酸必须从其他来源获得（表 14.1）。在实验动物的研究中，促进伤口愈合最好是补充甘氨酸、脯氨酸和精氨酸。

实验动物在乙醚麻醉下股骨骨折，之后补充含有甘氨酸和精氨酸的饲料，增加饲料的含氮量，促进氨基酸更好地吸收，在饲料中添加了甘氨酸和精氨酸，能促进创伤后的细胞生长并提高氮在体内的滞留。通过在饮食中大量补充甘氨酸可以使氮的滞留量提高 60%~70%。

精氨酸被发现可以促进创伤后的细胞生长，甘氨酸会抑制创伤前后氮的滞留。因此，这清楚地表明，甘氨酸在治疗效果中是有益的，但是必须补充精氨酸加速创伤的愈合。这一实验结果将有可能适用于所有的创伤修复。

对于甘氨酸和精氨酸在创伤修复中的作用，还存在着许多假说。在实验动物中证明，精氨酸和甘氨酸都适应哺乳动物和禽类的成长的肌酐合成。同时这两种氨基酸都具有排毒功效：精氨酸可以净化氨，而当使用甘氨酸包扎时，形成马尿酸（Hippuric Acid）可以达到净化苯甲酸（Benzoic Acid）的功效。甘氨酸也可以在修复肌肉纤维方面承担着重要角色。

动物明胶蛋白质中含有 33% 的甘氨酸，在创伤修复方面是非常重要的。动物明胶类产品，多年来一直被认为是甘氨酸的补充剂，用来辅助指甲（指甲是富含甘氨酸的角质层）的生长。过多的雌激素易于引起指甲剥落，而最好的补救措施就是日常膳食蛋白质（膳食蛋白质中富含甘氨酸），同时补充适量的微量元素锌和锰。

另一项引人关注的研究表明：甘氨酸、半胱氨酸、苏氨酸的组合对腿部溃疡的愈合极为有效，但是这些氨基酸对水泡愈合没有用。目前对于这些氨基酸单独的影响尚未确定。

二十四、二甲基甘氨酸：奇迹般的代谢物？

二甲基甘氨酸（DMG）是甘氨酸的衍生物，是一种在谷物、种子和肉类中含量低的常见的化合物。二甲基甘氨酸（DMG）是许多重要化合物的基础，包括甲硫氨酸、胆碱（一种对神经递质乙酰胆碱的合成很重要的维生素 B 族衍生物）、激素和 DNA。DMG 在人体内的含量很少，除非使用特殊技术，否则几乎无法测量，但它可以产生广泛的有益影响。

DMG 最初专利是由俄罗斯通过试管生产出来的，被称为潘氨酸钙（Calcium Pangamic Acid）配方的一部分，并错误地称为"维生素 B$_{15}$"。潘氨酸钙是 DMG 与葡萄糖酸钙两者形成的酯。潘氨酸钙配方中含有大量的 DMG 和葡萄糖酸钙，口服葡萄糖酸钙可迅速水解 DMG。因此，人们虽然普遍使用"维生素 B$_{15}$"一词，但其活性作用是由于 DMG。"维生素 B$_{15}$"也成为人们接受的术语。这以 DMG 为基础的配方，通过降低高甘油三酯和胆固醇水平，提高机体对氧的利用，减少心绞痛发作和辅助心血管的功能。研究中还发现 DMG 具有改善肝功能的作用。

1975 年，美国开始对 DMG 进行研究，并在俄罗斯研究的基础上，发现许多对健康的有益之处。现已查明 DMG 加强了许多免疫反应；提高运动员的体能，改善老年人的生理和心理状态；增强心血管功能，调节心律失常，改善循环系统疾病、心绞痛、高血压和高甘油三酯。进一步的研究表明，DMG 能保护肝脏、帮助排毒、减少癫痫的频繁发作，促进患有自闭症、孤僻症的儿童和成人的个性改进、增加体力和性冲动，并有助于预防低血糖，治疗系统性红斑狼疮、糖尿病、过敏，消除疲劳，缓解肌肉痉挛、关节炎、疼痛和黑色素瘤。

DMG 主要依赖于甘氨酸的转换。在体内 DMG 是由胆碱经由甜菜碱（Betaine）与在酶控制的转甲基反应的单碳转移循环中产生的。之后，胆碱转化甜菜碱，再转化成 DMG 之后转化为肌氨酸（Sarcosine）（一种有甜味的晶体氨基酸），最后再转化为甘氨酸。在这一过程中 DMG 的功能是作为一个中间体。通过代谢 DMG 作为甲基供体，促进甲基化，其作用类似于甜菜碱、甲硫氨酸和叶酸的代谢模式。DMG 的效果通常是由于自身转变成二甲基甘氨酸起作用的，同时也归功于甲硫氨酸和甘氨酸在其中的作用。

在这个分解过程中，DMG 生成肌氨酸、甘氨酸、丝氨酸和乙醇胺（Ethanolamines），所有这些都有利于细胞的生长，它还刺激氧化酶（Oxidative Enzyme）的活性，可能有助于保护 DNA 免受突变，并抑制酶合成胆固醇和甘油三酯，从而降低血清中胆固醇和甘油三酯。氧化酶的增加是营养元素——铜引起的，胆固醇的降低是由甘氨酸、卵磷脂和胆碱完成的。DMG 可能有延长和减缓胆碱分解的作用。因此，我们可以得出，DMG 的作用可能是营养物质的复合作用，包括铜、甘氨酸、甲硫氨酸、胆碱或卵磷脂。然而，DMG 在治疗中的效果会大于各部分之和，这种可能性是存在的。

给比赛用马匹进行营养补充（包括 DMG；维生素 A、维生素 E、维生素 D；微量元素铁、铜、锰等矿物质）的研究表明，比赛马匹每天补充 1200mg DMG，一个月后，出现很好的效果。此研究的结果不易评估，因为马匹也同时给了很多其他的营养。但是，研究者们认为 DMG 可以降低血液中的乳酸水平，提升马匹的竞争欲望，并可以改善它们的食欲。

现已证实 DMG 的许多药理作用，其中最值得关注的是其可以促使机体合成糖原储备物的作用，这些糖原储备物就包括磷酸肌酐（Creatinine Phosphate，是一种用于肌肉和中枢神经系统的高能磷酸盐分子）以及骨骼肌和心肌纤维中的磷脂。DMG 也可能是由于甘氨酸的关系，在抗衰老中也具有重要的作用。DMG 如同甘氨酸一样，可以协助谷胱甘肽的合成，谷胱甘肽是一种重要的抗氧化剂，主要由半胱氨酸组成。同时，随着年龄的增长，机体内甲基基团（Methyl Groups）也会减少，而 DMG 作为解毒剂可以成为甲基的供体。

其他报道，DMG 与甘氨酸如同甜菜碱和脯氨酸一样，作为渗透保护剂，对植物的生长产生影响。也就是说，当盐的水平升高，甘氨酸、甜菜碱和脯氨酸也随着增加。当植物缺乏大量水分时，这些氨基酸可以保护植物的生命。所以在这种情况下 DMG 比甘氨酸更具有优势。

许多 DMG 的作用可归功于甘氨酸的支持。平均每人每日摄取甘氨酸 3～5g，相当于补充 DMG 100～125mg 片剂的用量。虽然 DMG 在消化道能非常有效地被吸收，但是剂量太少的 DMG 是不能达到治疗效果的。DMG 的推荐剂量为每天 125～1000mg，其剂量需依据接受治疗的条件而定。

相反地，我们对禁食者补充 3g DMG 剂量，没有发现血液中甘氨酸水平的增加及其他氨基酸水平的变化。即使 DMG 转化成了甘氨酸，这种剂量也不足以把甘氨酸提高到充足的水平。同时，如此大剂量的 DMG 会导致情绪低落。

DMG 有许多令人振奋的效果，其中最值得关注的是控制自闭症和癫痫的发作，以及可能作为一种免疫增强剂。

DMG 可以用更便宜和更容易得到的甘氨酸、甲硫氨酸和胆碱进行补充，可以获得同样的效果。

二十五、DMG 与自闭症

越来越多的证据表明，DMG 对自闭症患者是有益的。自闭症是一种在大脑中原因不明的、广泛的、令人困惑的生物紊乱症，它是一种社会和个人的行为。对数以百计的患者的临床研究报告表明，DMG 可以改善自闭症儿童的社会交往、语言交际、令人不安的行为和活动。在一项研究中，对 39 例 3~7 岁自闭症儿童，每天补充 125~375mg 的 DMG，进行 3 个月的试验期之后。根据他们父母和老师的评价，在社交、交流等关键领域中，有 80% 的儿童都有显著提高。

二十六、DMG 与癫痫

DMG 与甘氨酸都是一种神经递质，可以用于癫痫的治疗。在新英格兰医学杂志（*New England Journal of Medicine*）的一份报告中称，补充 100mg 的 DMG 使 1 例每周发作 17 次的癫痫患者，降至每周发作 1 次。但是，同时也有几项研究表示，DMG 对癫痫没有影响，因为测试其含量时 DMG 的水平低得离谱。目前，对 DMG 与癫痫的关系没有权威的评估，所有的研究报告都认为 DMG 的水平太低，对癫痫是没有意义的。

二十七、DMG 与免疫力

对 20 名健康志愿者，补充 120mg 的 DMG，进行 10 周的双盲研究，结果显示对肺炎球菌疫苗的抗体能力增加了 4 倍。看来，DMG 是通过刺激白血球的新陈代谢，增强抗体和细胞免疫能力的传达而进行的。这一研究尚未包括甘氨酸的影响，还有待观察是否可以重复上述的研究报告。另一份研究表明，实验大鼠经过 X 射线照射后，再给予注射 DMG，免疫抑制得到恢复。由此可见 DMG 作为一种辅助性制剂，给提高免疫功能带来了希望。再次重申，DMG 在免疫功能中的作用，只是整体免疫生化系统的一部分。

二十八、甘氨酸的使用剂量

在志愿者血液中的甘氨酸水平消失之后，我们给其口服补充 30g 甘氨酸

进行研究观察，其高峰值发生在补充后的 4h，甘氨酸的水平升高到正常值的
4 倍。血液中由于甘氨酸水平的提高，丝氨酸的水平也增加了 3 倍。相比之
下，丝氨酸的转化速度是低于甘氨酸的。补充 15g 的丝氨酸之后，甘氨酸的
水平上升和下降不会超过 33%，在 2h 之后甘氨酸的水平才达到峰值。

在人类的某些类型的细胞中，支链氨基酸能抑制甘氨酸和丝氨酸的变化。

二十九、甘氨酸的补充

目前，我们不提倡健康者补充甘氨酸。甘氨酸在体内极其丰富，几乎同
葡萄糖一样普遍存在，这就使得甘氨酸在血液中的水平很难提高，以及起到
治疗和保健的效果。进行静脉注射高剂量的甘氨酸 15~30g，对抗精神病或镇
静作用会是受益的。

三十、甘氨酸缺乏的症状

没有已知的甘氨酸缺乏症的迹象。

三十一、补充甘氨酸的方法

可采用市售（美国）的 500mg 甘氨酸胶囊。

三十二、甘氨酸的每日的治疗用量

在临床试验中以治疗为目的，每天使用的剂量为 2~60g。

三十三、甘氨酸的副作用和禁忌证

过度剂量可能会产生恶心。

三十四、对甘氨酸的总结

甘氨酸是一个结构简单的非必需氨基酸，仅在动物实验中显示甘氨酸低
含量的饲料会引起生长减缓。成人平均每天需要消耗 3~5g 的甘氨酸。甘氨酸
参与脱氧核糖核酸（DNA）、磷脂和胶原蛋白的合成，并以糖原释放能量。在
一般性的患者和具有先天性代谢缺陷的患者中，可以有效地检测出甘氨酸在
血液中的水平。甘氨酸在大脑中非常丰富，其数量居第 3 位，是主要抑制性
神经递质，而且甘氨酸容易透过血脑屏障进入大脑。

对甘氨酸在治疗中的作用，在报道中是多种多样的。但是甘氨酸能对狂
躁型抑郁症患者起到镇静作用，使癫痫和肌肉痉挛得到缓解，因为甘氨酸是

属于镇静性神经递质。抑郁症和癫痫患者经常显示血液中的甘氨酸水平较低。

据乐观估计，甘氨酸对痛风、肌无力、肌肉萎缩、良性前列腺肥大、高胆固醇具有一定的治疗作用，但目前还缺乏更多的文件提供证明。然而，具有良好文件证明的是，注射高剂量的甘氨酸可以刺激释放生长激素。

甘氨酸是一个无毒的氨基酸。研究证明口服补充 30g 的甘氨酸不会产生任何副作用。有些狂躁型抑郁症患者受益于甘氨酸的镇静作用。我们经常选择使用苏氨酸替代甘氨酸的治疗。

二甲基甘氨酸（DMG）是胆碱和甘氨酸代谢的中间产物。DMG 的影响作用应该归于甘氨酸的转换。最令人关注的是 DMG 在对控制癫痫发作和刺激提高免疫能力的突出作用。

第十五章 丝氨酸：疯狂的增效剂

丝氨酸（L-serine）是非必需氨基酸，由苏氨酸和甘氨酸转化产生。它是环绕神经纤维的保护性髓鞘和大脑中蛋白质的成分。磷脂酰丝氨酸（Phosphatidylserine）就是一种丝氨酸化合物，这种物质在神经细胞中含量丰富，它不但被广泛用于治疗抑郁症和痴呆症，而且同样被用于治疗随着年龄增长而引起的健忘。但是，机体内过高的丝氨酸水平，会对免疫系统有不利的影响，同时会毒害神经。

一、丝氨酸的功能

丝氨酸是一种具有高度活性的氨基酸，在所有细胞的细胞膜中都有着极高的浓度。它是一种含羟基的糖原氨基酸，使它能够在碳水化合物、脂肪和脂肪酸的代谢途径中扮演着活跃的角色。

丝氨酸是生产肌酸（Creatine）、卟啉（Porphyrins，非蛋白质的含氮组织成分）、嘌呤（Purines）以及嘧啶（Pyrimidines，DNA 合成的必要成分）的重要原料，同时在 DNA 合成中还起着供应甲基基团的作用。

丝氨酸有助于乙醇胺（Ethanolamine）、胆碱（Choline）、磷脂（Phospholipids）和肌氨酸（Sarcosine）的形成，这些物质需要用来产生神经递质和细胞膜，帮助产生免疫球蛋白和抗体，而且在一个健康的免疫系统的细胞中是必不可少的。

丝氨酸可以被转变为丙酮酸（Pyruvate，一种碳水化合物代谢中常见的化合物），丙酮酸可以促进碳水化合物分解从而产生能量，还可以在糖质新生过程中促进糖原和葡萄糖之间的互相转化。丝氨酸也可以与糖类结合形成糖蛋白，糖蛋白可以促进构筑基础结构的蛋白，例如激素、酶和免疫活性分子。丝氨酸蛋白酶（Serine Protease）包括活性胰蛋白酶（Trypsin）和胰凝乳蛋白酶（Chymotrypsin），是蛋白质中肽键水解的催化剂，同时在消化过程中起到辅助作用。

丝氨酸也可以转变为甘氨酸，甘氨酸可以转化为氨基乙酰丙酸（Amino levulinic Acid，ALA）。ALA 是卟啉和血红蛋白的先导物质，此外，ALA 已经被开发为一种高效无毒的除草剂，这种除草剂可以在傍晚喷洒，于第二天的阳光下生效。丝氨酸在许多化妆品和护肤品中用于保湿。

与其他氨基酸相比，丝氨酸在肌肉中的含量是相对较低的。

二、丝氨酸的代谢

在人体中丝氨酸可以由苏氨酸和甘氨酸转化生成。但是，通过甘氨酸向丝氨酸的转化，需要充足的吡哆醇（维生素 B_6）、烟酸（维生素 B_3）以及叶酸。在转化过程中涉及的关键酶是丝氨酸羟甲基转换酶（Serine Hydroxymethyl Transferase），这种酶需要利用维生素 B_6 和维生素 B_3。甘氨酸同时也是丝氨酸的先导物质，这两种氨基酸可以互相转化。

丝氨酸适量地代谢为磷脂酰丝氨酸，需要依靠大脑中有充足的叶酸和甲硫氨酸。叶酸可以增强丝氨酸的积聚，而甲硫氨酸的降低会影响细胞膜的再生，并减少丝氨酸的含量。高丝氨酸与半胱氨酸的比例（半胱氨酸由甲硫氨酸转化），表示着对细胞膜的扰动，这种现象曾经被报道在精神病患者中有发生。

三、机体对丝氨酸的需求

丝氨酸没有推荐的日摄入量，但是它也像其他构成蛋白质的氨基酸一样，在某种情况下是必不可少的，因此丝氨酸对保持健康和预防疾病是非常重要的。

四、食物中的丝氨酸

丝氨酸可以从日常的蛋白质食物中摄取，但是在被人体吸收之前，它必须先通过糖酵解转化成甘氨酸。丝氨酸的最佳来源是肉类，特别是猪肉以及面粉、花生和大豆。就像许多食物一样，如麦麸、花生和大豆，这些物质的过敏反应也可以体现在大脑中，大脑的过敏会引起脑内血管膨胀，导致多种周期性头痛，对精神分裂症患者会导致暴力或侵犯他人的行为。

午餐肉和香肠富含丝氨酸（但是午餐肉和香肠在美国称为劣质食品）。丝氨酸在食物中的含量见下表。

表	丝氨酸在食物中的含量	
食物	数量	含量/g
牛油果	1个	0.16
奶酪	1oz	0.40

续表

食物	数量	含量/g
鸡肉	1lb	0.90
巧克力	1 杯	0.50
白软奶酪	1 杯	1.70
鸭肉	1lb	1.40
蛋	1 个	0.50
麦片	1 杯	0.50
午餐肉	1lb	2.40
燕麦粥	1 杯	0.50
猪肉	1lb	3.00
乳清干酪	1 杯	1.40
香肠	1lb	1.12
火鸡肉	1lb	1.50
麦芽	1 杯	1.50
全脂奶	1 杯	0.50
酸奶酪	1 杯	0.50

五、丝氨酸的形式和吸收

丝氨酸是一种不容易吸收的氨基酸。在日常食物中摄取的 L 型丝氨酸，必须首先被转化为甘氨酸才能使用。在补充时 L-丝氨酸难以被直接利用，通常使用它的衍生物——磷脂酰丝氨酸。D 和 DL 型的丝氨酸可以促进肿瘤的形成和生长。D 型丝氨酸有可能是抑制 L-丝氨酸吸收的。

六、丝氨酸的临床应用

目前，几乎没有丝氨酸明确的在治疗中的作用，它只是作为诊断的手段使用。

七、癌症

丝氨酸磷化物（Serine-phosphorus Compounds）在很多生化过程中都涉及到，D 型丝氨酸是一种免疫抑制剂，它可以促进一些实验性肿瘤生长。DL 型丝氨酸能促进多种形式肿瘤的形成。D 型丝氨酸能抑制 L 型丝氨酸的吸收。因此，L 型丝氨酸应成为测试的抗癌剂使用，而 D 型丝氨酸应成为测试的抗精神病药物使用。

八、低血压

丝氨酸类似物 DL-苏式-3,4-二羟基苯丝氨酸（DL-threo-3,4-dihydroxy-phenylserine，Threo-serine，又称苏式丝氨酸）会导致直立性低血压，该病患者从卧姿到站立姿势时血压突然下降，这种病症是继发性、家族遗传性的淀粉样变性（注 1），病症的特征是站立时眩晕，手臂和腿部麻木刺痛，并可能伴有腹泻。这种类似物会增加神经递质去甲肾上腺素和肾上腺素的尿液排泄，并使丝氨酸转化为去甲肾上腺素的量减少。

在大剂量补充丝氨酸的情况下，设法刺激丝氨酸类似物的产生，都不能对没有家族遗传性、淀粉样变性的高血压患者起到降低血压的作用。所以对磷脂酰丝氨酸在降低血压的使用应进一步研究。

九、疼痛

磷脂酰丝氨酸和某些酶，可以增加神经元的镇静作用。丝氨酸提高镇静的效果如吗啡样的影响，因此，在慢性疼痛的情况下，补充丝氨酸对减轻疼痛的治疗显得非常有效。

十、在临床症状中丝氨酸在血液中的水平

在我们的诊所中有 6 例丝氨酸水平较低的患者。其中 2 例患有高血压，2 例患有抑郁症，1 例患有过敏反应，1 例是甘油三酯水平升高。在对高血压患者使用抑制丝氨酸代谢的药物控制血压时，发现他们的血液中，苏氨酸和甘氨酸也频繁出现低水平的现象。

最近的研究表明丝氨酸低水平和慢性疲劳综合征（Chronic Fatigue Syndrome，CFS，有时疲惫的状态是无力和精神不振）有关，但是不可思议的是，慢性疲劳综合征与高草酸尿症有关。高草酸尿症是指草酸盐在尿液中异常升

注 1：原发性疾病是指没有诱发因素，排除后天原因而发生的疾病。而继发性疾病是相对原发性疾病而言的。在原发性疾病基础上或因其他病因而引起的，与原发性疾病症状相类似的疾病，称为继发性疾病，又简称"继发症"疾病。

淀粉样变性（Amyloidosis，AL）是由多种原因造成的淀粉样物，在体内各脏器细胞间的沉积，致使脏器功能逐渐衰竭的一种临床综合征。

高，积累形成肾结石。

我们曾经见过 2 例患者，她们的丝氨酸水平升高。这 2 例女性患者在她们二十几岁时都曾经被过敏反应所困扰。其中一例曾经服用茶碱，而另外一例曾经服用甲状腺药物，2 例患者都是通过限制饮食中面粉的摄入，得到了良好的治疗效果。研究还发现，提高实验动物大脑中的丝氨酸水平，会诱发抽搐。

（一）精神病

爱荷华大学（University of Lowa）的瓦瑞兹（Waziri）等，对 51 例精神病患者和 27 例健康个体进行了研究。值得注意的是，精神病患者血液中丝氨酸和半胱氨酸的比例为 1.5：1，而健康者血液中丝氨酸和半胱氨酸的比例为 1：1。精神病患者组的丝氨酸与半胱氨酸的高比例，伴随着精神病的严重程度而上升。我们认为高水平的丝氨酸含量，会导致对多巴胺的过量抑制。在研究中对 4 例精神病患者实施丝氨酸补充时，病情出现短暂恶化，且没有发现甘氨酸、甲硫氨酸、半胱氨酸和丝氨酸衍生物。

瓦瑞兹等在另一项研究中，为了验证丝氨酸代谢缺陷与补充剂量的关系，分别给精神病患者和健康者口服 30g 的丝氨酸。精神病患者血液中的丝氨酸水平明显升高，但是并不会加剧他们的症状。因此，血液中的丝氨酸水平，可能是了解精神病患者的重要生物化学依据。

丝氨酸酶参与生物碱的代谢，会出现有机胺的药理活性。在动物实验中发现，丝氨酸已被证明诱导僵住症（一种痴呆的状态，精神分裂症或癫痫可能引起肌肉或多或少的僵硬）发生在精神病的动物模型身上。但是，这一现象还没有在人类研究中得到支持，尚需要更多的研究，目前正在进行中。

环丝氨酸（Cycloserine）是一种丝氨酸类似物，同样也是一种抑制维生素 B_6 和丝氨酸代谢的抗生素，据报道它会使某些个体产生精神错乱。实验用的致癌物质重氮丝氨酸（Azaserine）也是一种丝氨酸的修饰形式，它不会由于维生素 B_6 的缺乏而引发癌症。当维生素 B_6 不足，丝氨酸过剩，会引发精神病患者的精神错乱。

已证明精神病患者血液中丝氨酸水平升高，维生素 B_6、锰和丝氨酸依赖的羟甲基转移酶发生不足。这些患者符合法伊弗博士（Dr. Pfeiffer）等的发现，Pyroluric（注 2）患者是由于基因决定的化学失衡，造成参与血红蛋白的

注 2：Pyroluric 患者，在遗传或是基因缺损等原因下，体内将产生过量的吡咯，进而影响锌、维生素 B_6、生物素（维生素 B_7/维生素 H）、ω-6 脂肪酸的吸收利用。

异常合成。这些患者的治疗，首先在新泽西州的普林斯顿脑生物中心（Brain Bio Center in Princeton，New Jersey），由法伊弗博士使用高剂量的维生素 B_6、锌和锰治疗。另外，还加上抗精神病药氯丙嗪参与丝氨酸的代谢，并抑制丝氨酸输送，以抑制丝氨酸的代谢作用。

阿堡沙（Aboaysha）和克拉策（Kratzer）指出：儿童在预防高丝氨酸食品造成的生长迟缓时，可以每日口服 5mg 剂量的维生素 B_6。此外，补充维生素 B_6 还可以扭转高丝氨酸食品对生长发育所造成的阻碍。维生素 B_6 是大脑中的磷脂酰丝氨酸转化为磷脂酰胆碱必不可少的一个关键代谢物质，磷脂酰胆碱是与记忆有关的重要物质。研究发现在原生动物（主要是单细胞生物）中加入丝氨酸，可以使大部分的高丝氨酸转变成为膜磷脂。

我们一直在证实高丝氨酸导致精神病的假说，因为，我们所采用的测量氨基酸水平的方法，有别于那些提出这一假说的科学家们所使用的方法。

令人质疑的是，某些精神分裂症患者血液中的氨基酸和血药浓度（注3）的高水平，会随着轻微的神经心理而变化。当精神分裂症患者发生脑卒中后，N-甲基-D-天冬氨酸（N-methyl-D-aspartate）受体被激活。因此，精神分裂症和脑卒中可能会有一些生物化学相似之处。我们发现偏执型和未分化型（注4）的精神分裂症患者，血液中的甘氨酸水平升高时，可能还会检测到血液中谷氨酸和天冬氨酸水平会更高。经研究表明，丝氨酸在其中产生了一个更重要的影响，当丝氨酸过度缺乏时，使得谷氨酸和天冬氨酸的级联反应会对脑卒中后的大脑具有破坏性的影响，并产生对神经的毒性作用。因此，许多精神分裂症患者除了治疗自身免疫的失衡外，可能还需要接受类似脑卒中的治疗（详见第十节"谷氨酸、γ-氨基丁酸、谷氨酰胺：大脑中的三剑客"的脑卒中内容）。

补充丝氨酸应该谨慎，因为它会对神经具有毒性，并产生精神病的行为，最好的方法是与抗氧化剂结合使用。尤其是精神病患者或具有倾向于精神失常的患者，应该避免食用丝氨酸含量高的食物。

注3：血药浓度（Plasma Concentration）是指药物吸收后在血液内的总浓度，包括与血浆蛋白结合的或在血浆中游离的药物，有时也可泛指药物在全血中的浓度。药物作用的强度与药物在血液中的浓度成正比，药物在体内的浓度随着时间而变化。

注4：精神分裂症诊断标准：有明显精神病性症状，又宜归入偏执型、青春型、紧张型或单纯型，或表现出数种以上特点，精神症状相互交叉，难以判断属于哪一种主要临床相，称为未分化型精神分裂症。

(二) 肾小管坏死

上面叙述了有关补充丝氨酸导致精神病的反应。在另一项研究中，大剂量给实验动物补充丝氨酸，剂量为每千克体重补充 80mg 的丝氨酸（相当于 70kg 体重的成年男子补充 60g 左右的丝氨酸），会造成急性肾小管坏死（肾脏近端的小管）。肾小管坏死是一种肾脏疾病，涉及损害肾小管细胞，导致急性肾衰竭。

十一、重要的代谢产物

被修饰的丝氨酸在脑中的代谢有着广阔的前景。其中由丝氨酸衍生出的两个最有意义的化合物是磷脂酰丝氨酸和环丝氨酸（Cycloserine），前者可以被归类为磷脂（Phospholipid），而后者可以被用作器官移植过程中的抗生素，以预防器官排异反应。

十二、磷脂酰丝氨酸

已经表明，阻断丝氨酸代谢可产生抗精神病作用，增加丝氨酸能帮助阿尔茨海默病患者缓解痛苦和抑郁。

现在令人印象深刻的是，大量研究显示，磷脂酰丝氨酸是含磷的脂质丝氨酸，不只是单纯使阿尔茨海默病患者受益，在解决记忆障碍和抑郁症方面也都是有好处的。在我们的诊所，使用磷脂酰丝氨酸给许多阿尔茨海默病患者进行治疗，根据护理人员的大量报告，这些患者在记忆能力和抑郁症等都有所改善。根据健康检测中心对血液中氨基酸水平的测量结果，磷脂酰丝氨酸可以作为对这种疾病多种治疗方式的一部分。

大脑中通常有足够数量的磷脂酰丝氨酸，但是其水平也会随着年龄的增长而减少，最终会导致磷脂酰丝氨酸的缺乏。

磷脂酰丝氨酸是细胞膜的活性物质，尤其在人脑细胞中存在丰富，能改变大脑海马的生物化学功能，调节神经脉冲的传导，增进大脑记忆功能。最近的研究表明，磷脂酰丝氨酸可能通过稳定胆碱，提高其在大脑的功能。给老年的大鼠每日补充 3.5g 的磷脂酰丝氨酸，可以改善它们大脑的空间记忆和保持被动回避能力（注 5）。人类补充较高剂量的磷脂酰丝氨酸可能是必要的。补充磷脂酰丝氨酸在欧洲已经广泛使用，而在美国的限制用量为 100 ~ 200mg。然而，由于生化特性的差异，可能会有些人需要 200 ~ 400mg 才能取

注 5：被动回避能力是实验的大鼠进行学习和走迷宫记忆能力的检测。

得更好的效果。

在我们诊所，补充使用磷脂酰丝氨酸，用于记忆障碍、早期衰老、抑郁症和慢性症状的治疗，并配合 P300 脑电波图谱仪的测试方法（详见第四章"色氨酸"）。当丝氨酸和甘氨酸增加，会诱发电位的加速处理，这样可以改善大脑的新陈代谢。另外，多发性硬化症患者在检测中，也会出现异常的脑电波图谱，同样也是可以补充磷脂酰丝氨酸进行治疗的。

十三、环丝氨酸

环丝氨酸（螺旋霉素）是一种改性的氨基酸抗生素，被批准用于器官移植手术中，作为抗排斥反应的保护剂。

环丝氨酸可以阻碍丝氨酸的代谢，同时也会抑制其他氨基酸的代谢，然而这种活动会对免疫系统产生消极影响，可能会起到阻碍免疫系统活动的作用。

环丝氨酸对脑组织免疫系统的伤害，会涉及精神分裂症。其他类似的伤害，如已知的一种结缔组织的慢性炎症性疾病，会导致红斑狼疮及类风湿性关节炎。所以阻断丝氨酸和环丝氨酸的代谢，不但可以避免对自身免疫系统的受损，还可以远离精神分裂症。

环丝氨酸的建议剂量大约为 50mg。用以治疗精神分裂症，环丝氨酸可以采用静脉注射或口服胶囊剂。环丝氨酸是处方药，必须凭处方购买（美国）。

十四、丝氨酸的使用剂量

摄入 15g 的丝氨酸，会使丝氨酸水平在 2h 内提高到正常值的 9 倍，4h 后会回复到正常值的 4.5 倍。值得注意的是甘氨酸水平也会随着升高，一般来说会上升到正常值的 1.5 倍。支链氨基酸水平会降低，其他氨基酸也会出现降低，这很明显是由于禁食造成的，其他的生物学参数，如聚胺类、微量元素的检测含量均没有受到影响。

十五、丝氨酸的补充

目前对丝氨酸的补充，还没有合适的治疗用途。由于丝氨酸对神经的毒害作用以及可能导致精神障碍，我们在补充丝氨酸的时候要谨慎。

十六、丝氨酸缺乏的症状

没有明显的症状。

十七、补充丝氨酸的方法

在市场上很难买到，可用单一结晶的丝氨酸添加 500mg 于胶囊中使用。

十八、丝氨酸每天的治疗使用量

不适用。

十九、丝氨酸的最高使用安全极限

没有建立。

二十、丝氨酸的副作用和禁忌证

没有确定。

二十一、丝氨酸的毒副作用

过高剂量的丝氨酸有可能会引起免疫系统的免疫能力下降、精神疾病和血压升高。由于这些副作用，对于丝氨酸的补充应该慎重。它不应该使用于边缘型人格障碍患者（注6）。

如果需要补充丝氨酸，最好的方法是与抗氧化剂结合使用。

二十二、对丝氨酸的总结

丝氨酸与半胱氨酸比值较高，在临床上是判断精神病的一种潜在标志。Pyroluria 患者的症状，由于吡咯障碍，造成的一种化学失衡与血红蛋白的合成异常，其标志是患者机体内丝氨酸水平升高，维生素 B_6、锰和丝氨酸依赖的羟甲基转移酶不足。

许多劣质食品，例如午餐肉和香肠中丝氨酸的含量很高。但是，面粉、大豆和花生也含有大量的丝氨酸，常常是引发过敏反应的根源。

补充丝氨酸可能会引起一些不良反应，如精神病发作和血压升高。

低丝氨酸水平会出现在高血压患者身上，而高丝氨酸水平则会出现在过敏反应患者身上。目前如何将丝氨酸应用于治疗，尚在研究和开发中。

注6：边缘型人格障碍（Borderline Personality Disorder，BPD），是精神科常见人格障碍，主要以情绪、人际关系、自我形象、行为的不稳定，并且伴随多种冲动行为为特征，是一种复杂又严重的精神障碍。边缘型人格障碍的典型特征便是"稳定的不稳定"，往往表现为治疗上的不依从，治疗难度很大。

丝氨酸对免疫力会有抑制作用，对癌症患者是不利的，但是丝氨酸可能对自身免疫疾病的治疗是有效的。

丝氨酸类似物 DL-苏式-3,4-二羟基苯丝氨酸（DL-threo-3,4-dihydroxy-phenylserine，Threo-serine，又称苏式丝氨酸）可能会提高低血压患者的血压。丝氨酸还具有止痛的效果，但是目前还没有关于补充丝氨酸在治疗中的应用。

D 型丝氨酸可以成为治疗认知能力下降和精神分裂症的药物。

第十六章　丙氨酸：低血糖的克星

丙氨酸（L-alanine）是一种非必需氨基酸，是碳水化合物代谢中的一种常见化合物——丙酮酸盐在人体内转化而来，或者在 DNA、二肽类肌肽和鹅肌肽（注1）的分解过程中产生。丙氨酸有助于葡萄糖代谢，当肌肉、大脑和中枢神经系统需要能量时，也可以被迅速分解为葡萄糖。

一、丙氨酸的功能

丙氨酸大量集中在肌肉中，少量存在于血液、肝脏、肾脏和大脑中。各种研究表明，和谷氨酸一样，丙氨酸是一种重要的非必需氨基酸，是由肌肉释放，在机体中以内能量循环的形式存在。它可以将氮从肌肉运送到肝脏。在有氧运动中，肌肉蛋白质快速退化，丙氨酸可以满足能量需求，迅速构成肌肉。

丙氨酸在肝脏中可以迅速转化为可用葡萄糖，有助于控制血糖水平，对于低血糖和糖尿病尤为重要。它和甘氨酸、γ-氨基丁酸以及牛磺酸一样，都具有抑制性神经递质的功能。苯丙氨酸是在丙氨酸与 γ-氨基丁酸循环中进行调节的。

β-丙氨酸（3-氨基丙酸）是泛酸（维生素 B_5）和辅酶 A（注2）的组成部分，这两种物质对许多新陈代谢过程至关重要，涉及脂肪、碳水化合物和蛋白质转化为能量的过程。

丙氨酸帮助产生抗体，有助于有机酸的代谢并提高免疫反应。如果缺乏丙氨酸，会对生长激素、血糖控制和免疫系统造成严重的影响。

注1：鹅肌肽（β-丙氨酰和 1-甲基-L-组氨酸合成的高度稳定的水溶性二肽），天然存在于脊椎动物的骨骼肌组织和脑组织中，是具有代表性的生物活性肽。

注2：辅酶 A（Coenzyme A），分子式为 $C_{21}H_{36}N_7O_{16}P_3S$，是调节糖、脂肪及蛋白质代谢的重要因子。用于白细胞减少症、原发性血小板减少性紫癜及功能性低热及脂肪肝、肝炎、肝昏迷、冠状动脉硬化、心肌梗死、肾病综合征、尿毒症、新生儿缺氧、糖尿病和酸中毒治疗等，并用于放射性损害的保护，延缓肌萎缩的发展等。

二、丙氨酸的代谢

丙氨酸是结构最为简单的氨基酸之一，对于代谢问题，尚知之甚少。它和其他氨基酸一样，正常的丙氨酸代谢需要依赖于含有维生素 B_6 的转氨酶。

丙氨酸来源于丙酮酸盐、DNA 的分解、二肽类肌肽（由丙氨酸和组氨酸组成的小分子肽）和鹅肌肽。通常这些二肽在健康的人体血液中是无法检测到的，但当大量食用鸡肉或火鸡肉时，可以在尿液中被检测出，它们分解成丙氨酸取决于一种利用微量金属锌的酶。

肌肽分解产生了丙氨酸和组氨酸。异亮氨酸是一种支链氨基酸，可以促进肌肉释放丙氨酸。丙氨酸能在肝脏中被迅速转化为可用的葡萄糖，这表明在肌肉和肝脏之间可能存在一个有价值的葡萄糖–丙氨酸的循环。

三、机体对丙氨酸的需求

人体可以轻易从很多食物来源中获取丙氨酸，很少有发生不足的情况，因此没必要推荐丙氨酸的日摄取量。

四、食物中的丙氨酸

丙氨酸最丰富的食物来源是肉类和其他高蛋白食品，如麦芽和白软干酪。见下表。

表　　　　　　　　　　　丙氨酸在食物中的含量

食物	数量	含量/g
牛油果	1 个	0.24
奶酪	1oz	0.20
鸡肉	1lb	1.46
巧克力	1 杯	0.30
白软奶酪	1 杯	1.60
鸭肉	1lb	2.23
蛋	1 个	0.35
麦片	1 杯	0.62
午餐肉	1lb	3.30
燕麦粥	1 杯	0.47
猪肉	1lb	4.10

续表

食物	数量	含量/g
乳清干酪	1杯	1.22
香肠	1lb	1.70
火鸡肉	1lb	2.15
麦芽	1杯	2.11
全脂奶	1杯	0.30
酸奶酪	1杯	0.34

五、丙氨酸的形式和吸收利用

左旋丙氨酸是最常见的类型，这种类型的丙氨酸可以被用于构成人体所需的特异蛋白质，D 型丙氨酸类似物具有抗菌活性。

六、丙氨酸的营养交互作用

大剂量的丙氨酸似乎是一种药理学上的拮抗物，能抑制在大鼠肝脏的胆汁酸中牛磺胆酸钠和牛磺酸被吸收。

丙氨酸剂量非常低时，抑制牛磺酸转运的机制，似乎与大脑中的牛磺酸有着相似之处。化学性质相似的氨基酸彼此间都具有转运抑制的机制。同样 γ-氨基丁酸也抑制牛磺酸的转运。

七、丙氨酸的毒副作用

将含 20%丙氨酸的饲料喂给实验的大鼠，没有发生毒性作用。丙氨酸的摄入会使尿液中丙氨酸的含量增加 100~1000 倍，使血清中丙氨酸的含量增加 50 倍，且没有毒副作用。

血浆中的丙酮酸盐和氨（碳水化合物和蛋白质代谢时的分解产物）在雄性体内稍有增加，但在雌性体内没有变化。丙氨酸的增加在人体内没有引起中毒现象。

因此，丙氨酸几乎没有毒副作用。

八、丙氨酸在临床中的应用

丙氨酸、苏氨酸、甘氨酸、丝氨酸都具有化学结构简单的特点，都是属于苏氨酸族的氨基酸。甘氨酸是苏氨酸族氨基酸的基本结构，也是糖原氨基酸的基本结构，这一特性使得该族氨基酸都具备了糖原交换的能力。丙氨酸对保持和稳定血糖起着最重要的作用。

九、丙氨酸对运动员的恢复

应用丙氨酸疗法可以减轻由于激烈的有氧运动而引起的酮病，酮病是在身体燃烧脂肪转变为能量过程中产生的，它会使体重减轻。有氧运动后的酮病，可以通过补充丙氨酸来进行治疗。对于丙氨酸有益于运动员修整的作用，还有待以后进一步探索。

十、丙氨酸与降低胆固醇

前面已经简要提及给大鼠类的饲料中加 20% 的丙氨酸，无毒性作用。实验也检测了大剂量丙氨酸对胆固醇的影响。丙氨酸的摄入在不产生毒副作用的情况下，使尿液中丙氨酸的含量增加了 100~1000 倍，使血清中丙氨酸的含量增加 50 倍，而雄性体内的胆固醇含量减少，雌性体内胆固醇不变。因此，大剂量的丙氨酸和很多其他氨基酸一样可以降低胆固醇。

十一、丙氨酸抑制癫痫

丙氨酸如同牛磺酸一样在大脑中都是一种抑制性的神经递质。木防己苦毒素（Picrotoxin）和士的宁（Strychnine）这两种惊厥剂对丙氨酸有抑制作用。丙氨酸的抗癫痫效果类似于 γ-氨基丁酸和牛磺酸，将来丙氨酸有望在治疗癫痫上起到更重要的作用。

十二、丙氨酸与肝病

酒精性肝炎患者血液中丙氨酸与天冬氨酸氨基转移酶的水平较低。丙氨酸的代谢在酗酒者中受到损害，因为在这些患者中，维生素 B_6 和磷酸吡哆醇的活性减弱。维生素 B_6 缺乏症可能是许多患者血浆中丙氨酸水平低的原因。

十三、丙氨酸与低血糖和糖尿病

丙氨酸和其他氨基酸均会对胰岛素产生影响。当胰岛素含量上升时，丙氨酸、甲硫氨酸、酪氨酸、苯丙氨酸的含量就下降，我们目前尚不清楚胰岛素与氨基酸之间是如何产生影响的，但似乎丙氨酸含量低就意味着低血糖。

在斋戒期间低血糖是很常见的，这时他们因为缺乏丙氨酸，血液中的丙氨酸水平与低血糖程度是相关的。丙氨酸促进血糖增加，导致胰高血糖素的释放，从而产生葡萄糖，因此，丙氨酸可以有效治疗低血糖。尤其患者在出现颤抖、心跳加速和焦虑症状时，补充丙氨酸是非常有效的。

这也证明了丙氨酸参与酮的循环。酮是若干分解或不完全分解的脂肪酸，所产生的酮基基团化合物（Ketone Group，参加反应基团以 CO 表示）中的一种。丙氨酸是抗生酮的氨基酸，其意义是丙氨酸可以防止酮症和降低甘油三酯，酮症和甘油三酯升高是糖尿病患者的常见症状，因此，人们仍在探寻丙氨酸在糖尿病中的使用。

糖尿病患者产生的酮体，阻止了蛋白质的分解和肝脏释放丙氨酸。当糖尿病患者胰岛素不足，血糖增加时，丙氨酸随即增加，这可能导致酮症酸中毒。如果治疗不当，会引发意识丧失和昏迷。在低血糖患者和糖尿病患者的体内，丙氨酸含量的水平与血糖的水平是平行的。目前人们已经成功地使用高蛋白的饮食来稳定血糖含量。

十四、丙氨酸对免疫刺激

淋巴细胞是专门负责产生免疫力的，而丙氨酸似乎是唯一一种对淋巴细胞增殖起重要作用的氨基酸。它有助于胸腺发育，增加了体内淋巴细胞的分化。这或许是人类考虑使用丙氨酸治疗免疫缺陷患者的可能性。氨基酸的变化可能在免疫缺陷调查研究中起着重要的作用。

十五、丙氨酸与传染病和急性感染

急性感染的患者和患有某些传染性疾病的患者，他们体内血清的丙氨酸含量会增加。初步研究表明在艾巴病毒（Epstein-barr Virus，EBV）感染中会存在氨基酸失衡。艾巴病毒是一种疱疹病毒，可引起单核细胞增多症。慢性疲劳综合征（Chronic Fatigue Syndrome，CFS）患者的血液中携带大量的艾巴病毒抗体，同时患者血液中的丙氨酸、酪氨酸和苯基丙氨酸的含量较低。我们还不太了解这种现象背后的深层含义。

在口服液中添加丙氨酸、谷氨酸的盐和甘氨酸，还可以治愈由感染引起的腹泻。

D 型丙氨酸的同类物也发现具有抗菌活性，现在正处于研究阶段。

十六、丙氨酸与肾结石

在实验动物中发现，丙氨酸可以加速磷酸盐和草酸结石的分解。含量高的丙氨酸膳食对防止肾结石很有帮助。维生素 B_6 有利于代谢丙氨酸，若在饮食中缺少维生素 B_6 会导致草酸盐的增加，进而引发肾结石。

十七、血液中丙氨酸的含量和临床症状

在精氨酸琥珀酸裂解酶缺乏症患者中发现丙氨酸水平升高。精氨酸琥珀酸裂解酶是分解精氨酸所需的酶原之一。我们在支链氨基酸缺乏的患者中偶尔发现丙氨酸水平的缺乏。酒精性肝炎患者血清丙氨酸和天冬氨酸酶的比值较低。

我们在检测患者血液中丙氨酸的含量时发现，焦虑性抑郁症患者经常缺少甘氨酸、苏氨酸和丙氨酸，单相抑郁症患者缺少 β-丙氨酸。人们正在评估丙氨酸的重要价值，有关丙氨酸的重要价值仍在研究中。

我们在检测 100 例患者血液中氨基酸的含量发现：14% 缺少丙氨酸。其中 16 例是女性，4 例有先天性代谢障碍，如苯丙酮尿症（PKU）或低体温症；7 例经初步诊断患有某种抑郁型精神病；1 例患有严重厌食症；1 例患毛囊炎；2 例严重过敏；1 例患严重肾小球肾炎；还有 1 例男性血液中丙氨酸含量较低，但健康状况良好，就是稍显瘦弱。这些检测发现的含义还不清楚。

另外在对 1 例色氨酸缺乏症患者的治疗中，出现了丙氨酸水平升高。

我们在治疗的过程中，尚没有发现在临床中对严重丙氨酸缺乏的患者只是单纯直接补充丙氨酸的，一般对于缺乏丙氨酸的患者，是需要使用多种氨基酸配方进行治疗的。

只有另外两例患者显示为丙氨酸水平升高，这两例患者都是补充了其他氨基酸，如牛磺酸和色氨酸，或是色氨酸、酪氨酸和甲硫氨酸的三联用。因此，高剂量地补充任何一种氨基酸，都会使患者体内的丙氨酸水平升高。这一现象的发生，有可能是转氨作用的结果，即将氨基从一种氨基酸运送到另一种氨基酸。

总之，丙氨酸的低水平不仅会发生在低血糖患者中，同样也会发生在由于生长激素不足或是牛磺酸和支链氨基酸缺乏的患者中。

十八、对丙氨酸的补充

迄今为止在临床应用中，我们还没有直接使用左旋丙氨酸的疗法，通常丙氨酸含量低会通过低血糖表现出来，所以要使用补充多种氨基酸的配方，

或是补充高蛋白饮食，并补充微量元素铬和草药武靴叶（注3）进行治疗。

十九、缺乏丙氨酸的症状

缺乏丙氨酸的症状通常表现是低血糖、疲劳、肌肉衰弱和消瘦，同时具有胰岛素和胰高血糖素增加及生长激素不足。

二十、补充丙氨酸的方法

市场上很少有单一的丙氨酸补充剂，但是可以使用500mg的游离左旋丙氨酸制成胶囊剂进行补充。

二十一、丙氨酸每天的治疗使用量

根据病情需要，每日可以补充500~1500mg。

二十二、丙氨酸的最高使用安全剂量

体内丙氨酸的含量增加，并未发现具有毒副作用。

二十三、对丙氨酸的总结

丙氨酸是一种非必需氨基酸，由碳水化合物丙酮酸盐转化、DNA或二肽的肌肽分解而来，大量集中在肌肉中。其释放后成为能量的主要来源。当机体中缺乏支链氨基酸时，血液中的丙氨酸会减少，这一发现证明了丙氨酸与肌肉的新陈代谢有关。丙氨酸丰富存在于肉类、麦芽、干软奶酪等高蛋白食物中。

正如其他氨基酸一样，正常的丙氨酸代谢依赖于维生素 B_6。丙氨酸、$\gamma-$氨基丁酸、牛磺酸和甘氨酸都是大脑中的抑制性神经递质，这些抑制剂可有效预防癫痫。

丙氨酸参与并调节葡萄糖代谢。在糖尿病和低血糖症中，丙氨酸在血液中的含量与血糖水平相对持平，并可以减轻重度低血糖的产生，还可以防止糖尿病患者出现酮症，因此丙氨酸对于低血糖症和高血糖症都是非常重要的。

注3：武靴叶是原产于印度的藤蔓状草本植物，提取物中含有独特的活性成分武靴叶酸（Gymnema Acid），可以调节糖类代谢平衡，抑制小肠对糖类的吸收，并稳定血糖，使进食后机体产生较少的胰岛素（胰岛素会参与合成平衡，迅速将糖类变成糖原贮存在肝脏和肌肉里，多余部分便直接合成脂肪），进而延缓饥饿感、减少脂肪合成机会。武靴叶能压抑对甜食的渴望。

在动物实验中发现丙氨酸对淋巴细胞的再生和免疫力是十分重要的，还有助于溶解肾结石。

在临床中我们经常发现血液中丙氨酸缺乏的患者，同时也出现甘氨酸和牛磺酸的缺乏，这一发现对丙氨酸疗法的意义还需要进一步的研究。

丙氨酸疗法是安全的，没有发现毒副作用。

第七部分

支链氨基酸

异亮氨酸、亮氨酸和缬氨酸

压力释放器

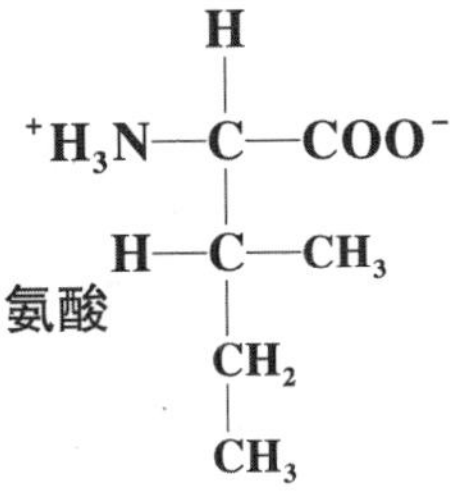

$$^+H_3N-\overset{\overset{\displaystyle H}{|}}{\underset{\underset{\displaystyle CH_2}{\overset{\displaystyle |}{\underset{\displaystyle CH_3}{|}}}}{\underset{\displaystyle H-C-CH_3}{C}}}-COO^-$$

异亮氨酸

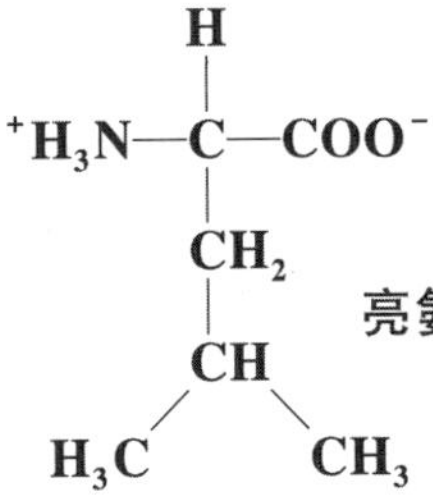

$$^+H_3N-\overset{\overset{\displaystyle H}{|}}{\underset{\underset{\displaystyle CH}{\overset{\displaystyle |}{H_3C}\quad CH_3}}{\underset{\displaystyle CH_2}{C}}}-COO^-$$

亮氨酸

$$^+H_3N-\overset{\overset{\displaystyle H}{|}}{\underset{\underset{\displaystyle CH}{H_3C\quad CH_3}}{C}}-COO^-$$

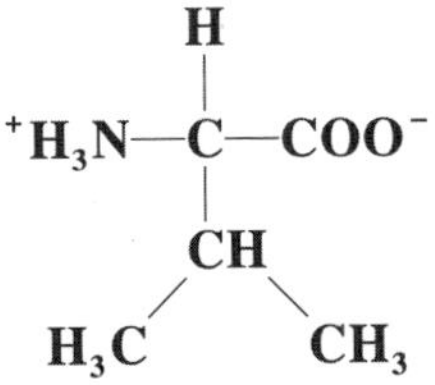

缬氨酸

第十七章 异亮氨酸、亮氨酸和缬氨酸：
压力释放器

异亮氨酸（Isoleucine）、亮氨酸（Leucine）、缬氨酸（Valine）是支链氨基酸（Branched-chain Amino Acids，BCAAs），它们都是必需氨基酸，是蛋白质中不可或缺的组成部分。在结构中它们都具有从碳元素上分支出的侧链，所以称为"支链氨基酸"。它们共同承担着增加和保护肌肉，并为肌肉提供代谢能量的工作。

一、支链氨基酸的功能

在氨基酸里，支链氨基酸对于维持肌肉和骨骼健康是最为至关重要的。在组织中，亮氨酸在组成机体蛋白质氨基酸中占高达8%。在肌肉中亮氨酸是第4位高浓度的氨基酸，排在谷氨酸、天冬氨酸和赖氨酸之后。缬氨酸和异亮氨酸的浓度仅次于亮氨酸。肌肉中含有这些高浓度的氨基酸并不奇怪，因为这些氨基酸主要是在肌肉中被利用。

通常情况下，不需要马上用来产生能量的葡萄糖在肝脏中被转为糖原。糖原被贮存在肝脏和肌肉中，当身体需要能量时，再被转换成葡萄糖。但是当身体出现严重压力和应激状况时，支链氨基酸成为肌肉中能量的重要来源和制造者，它们被认为是合成代谢反应中的主要能量来源，帮助合成复杂的合成物。它们可以刺激蛋白质合成，提高氨基酸的重组利用，减少压力引起的蛋白质降解。此外，亮氨酸是禁食状态下唯一可以代替葡萄糖的氨基酸，是身体热量和能量的重要来源（还有其他氨基酸可以产生葡萄糖，但是亮氨酸似乎是最主要的维持正常血糖水平的氨基酸）。上述这些特点使支链氨基酸在压力和应激状态下有着特殊用途，例如手术、创伤、肝硬化、感染、发烧、饥饿及肌肉训练和举重训练等高强度的体内消耗时，在这些情况下就需要更多的支链氨基酸。

当经历手术和其他严重创伤以及恢复期间，支链氨基酸，特别是亮氨酸的静脉注射剂就成为最理想的营养补充剂，来帮助身体恢复。运动训练中，支链氨基酸已经被证明可以增强肌肉蛋白质代谢，减少运动造成的蛋白质降解，而且在极高强度训练中帮助肌肉氧化代谢。对健美、举重和其他运动员而言，支链氨基酸是类固醇可行的替代品，且不会产生类固醇透支体能的弊端。

当疾病影响了行动和肌肉时，支链氨基酸在减少肌肉萎缩方面也发挥了巨大作用。支链氨基酸被用来帮助宇航员承受艰苦的太空旅行，而且在治疗肌萎缩性侧索硬化［ALS，又称卢伽雷症（Lou Gehrig's Disease），是一种严重的神经肌肉疾病，可导致瘫痪］中，具有突出的潜力。当身体缺乏支链氨基酸时，一种"损耗"的症状就会出现，造成肌肉质量和骨密度下降。

在大脑中支链氨基酸的作用是组成神经肽（神经蛋白或生化分子，从大脑向细胞膜上的受体传递化学信息）以及神经递质，可以产生镇定和减痛的效果。

二、支链氨基酸的代谢

支链氨基酸的代谢主要由肌肉完成。尽管它们的结构相似，支链氨基酸的代谢途径并不相同。亮氨酸的分解完全通过脂肪途径来完成，缬氨酸的分解完全通过碳水化合物途径来完成，而异亮氨酸的分解由上述两个途径共同完成。不同的代谢方式决定了对这些基础氨基酸的不同需求，当支链氨基酸出现缺陷时，就会产生不同症状的临床表现，从而决定了在医药方面的不同应用。

正常支链氨基酸代谢中的第一步反应需要吡哆醇（维生素 B_6）来激活支链氨基酸代谢中最主要的转氨酶。下一步氧化反应需要硫胺素（维生素 B_1），铜和核黄素（维生素 B_2）的衍生物也是必需的辅助因子。生物素、镁和 α-酮戊二酸（α-ketoglutarate，谷氨酸的衍生物）都是正常支链氨基酸代谢必需的。

支链氨基酸转氨酶的特点是它们主要分布在骨骼肌中，仅有少部分在肝脏中。这些酶对亮氨酸的代谢速度是对缬氨酸代谢速度的 5 倍。相反的，代谢中常用的另一种酶，即脱氢酶，在肝脏中的浓度高于骨骼肌。很明显，在支链氨基酸的代谢中，肌肉和肝脏是整体合作的。

支链氨基酸代谢中会存在许多种先天的缺陷，表现出各种异常。最常见的为支链酮酸尿症（Ketoaciduria，又称枫糖尿症，注1），因为酮酸的分泌导致尿液带有独特的气味。枫糖尿症有几种分类，分别表现为 10 倍高浓度的缬

注1：枫糖尿症（MSUD）又称槭糖尿病、支链酮酸尿症，是一种常染色体隐性遗传病，由于分支酮酸脱羧酶的先天性缺陷，致使分支氨基酸分解代谢受阻，因患儿尿液中排出大量 α-酮-β-甲基戊酸，带有枫糖浆的香甜气味而得名。

氨酸，15 倍高浓度的异亮氨酸和 20 倍高浓度的亮氨酸。在这种代谢状态下，许多其他的氨基酸会减少，包括丙氨酸、天冬酰胺、胱氨酸、谷氨酸、脯氨酸和牛磺酸。枫糖尿症会引起共济失调、抽搐或者在血液中含有高浓度支链氨基酸时，会引起昏迷。大多数的枫糖尿症可以通过简单地控制饮食来治疗。但是当减少支链氨基酸的摄入量，尤其是减少异亮氨酸的摄入，会造成低血糖的发生。饮食控制还会引起叶酸缺乏症，所以一定要在保健医生的监控下实施。

三、机体对支链氨基酸的需求

异亮氨酸、亮氨酸和缬氨酸是基础的必需氨基酸，它们不能在身体里由其他氨基酸生成，只能在这 3 种氨基酸含量丰富的食品中摄取。支链氨基酸每日最低的需求量，约占必需氨基酸的 40%。据美国威斯康星大学（University of Wisconsin）的哈珀（Harper）等的研究，这些支链氨基酸在每日摄取的必需氨基酸数量中要占 50%以上。

同样，食物氮和食物蛋白缺乏或不能被很好地吸收时，也会对机体造成伤害。伊利诺伊大学食物科学系（Department of Food Science at the University of Illinois）的卡西克（Cusick）和同事们研究发现，从断奶的大鼠食物中去除缬氨酸，这些大鼠会形成一种独特的神经系统症状，表现为头部回缩、踉跄、无目的转圈。在大脑内侧纵束发现髓鞘变性（注 2），面部和前庭神经发生退化。食物中去除缬氨酸还对大脑细胞核和细胞中主要的蛋白质合成机制造成伤害。

对异亮氨酸缺失的研究比对缬氨酸缺失的研究要少。在实验动物身上表现为四肢肌肉的震颤和抽搐。据我们所知，还没有对亮氨酸缺失的动物实验的研究。

在所有的氨基酸中，支链氨基酸对热量和蛋白质摄入量的波动更加敏感。禁食 24h 就会在人体或大鼠体内造成血液中支链氨基酸的浓度升高，而其他大部分氨基酸浓度则会降低。饥饿一周以上或者恶性营养不良（蛋白质、热量缺乏的营养不良）会降低支链氨基酸至正常值以下。如果食用蛋白粉，血液中支链氨基酸的浓度会比其他氨基酸提高得更多。这是因为肝脏从血液中汲取极少量的支链氨基酸。肝脏相对于肌肉而言，它不是贮存支链氨基酸的

注 2：髓鞘是包裹在神经细胞轴突外面的一层膜，即髓鞘由施旺细胞和髓鞘细胞膜组成。其作用是绝缘，防止神经电冲动从神经元轴突传递至另一神经元轴突。

主要器官，肌肉组织需要使用大部分的支链氨基酸。

目前美国国家科学院（National Academy of Sciences）对支链氨基酸建立了每日最低需求量如下：婴儿，异亮氨酸83mg/kg体重，缬氨酸92mg/kg体重，亮氨酸135mg/kg体重；10~12岁的儿童，异亮氨酸82mg/kg体重，缬氨酸25mg/kg体重，亮氨酸42mg/kg体重；成年人，异亮氨酸12mg/kg体重，缬氨酸14mg/kg体重，亮氨酸16mg/kg体重；或是对70kg体重的成年男性，每日的需求为异亮氨酸840mg，缬氨酸980mg和亮氨酸1042mg。

美国阿拉巴马大学（University of Alabama）的拉斯金（Cheraskin）和同事们对这些数据以及不同的正常人群理想进餐量的研究显示，这些每日最低需求量，可能比实际需要量低5~10倍。在有压力的状况下，每种支链氨基酸的剂量可达到5000mg。

四、支链氨基酸的食物来源

亮氨酸高度集中在食物中，比异亮氨酸和缬氨酸丰富。一杯牛奶含有800mg的亮氨酸，而异亮氨酸和缬氨酸的总和只有500mg。一杯麦芽大约含有1.6g的亮氨酸，而异亮氨酸和缬氨酸的总和只有1g。含量比较均匀的是鸡蛋和奶酪。一个鸡蛋和一盎司的奶酪含有400mg的亮氨酸，缬氨酸和异亮氨酸的总和为400mg。猪肉中亮氨酸在支链氨基酸中占比最大，亮氨酸是7~8g，而缬氨酸和异亮氨酸的总和只有3~4g。

其他亮氨酸来源丰富的食物，包括糙米、豆类、坚果和大豆粉。相对有较高来源的异亮氨酸和缬氨酸的食物有坚果、鸡肉、鹰嘴豆（Chickpeas）、扁豆、动物的肝脏、黑麦和大豆蛋白，详见下表。

表　　　　　　　　　　支链氨基酸在食品中的含量

食物	数量	含量/g		
		异亮氨酸	亮氨酸	缬氨酸
牛油果	1个	0.14	0.20	0.20
奶酪	1oz	0.35	0.60	0.42
鸡肉	1lb	1.24	1.80	1.20
巧克力	1杯	0.48	0.78	0.53
白软奶酪	1杯	1.82	3.20	1.90
鸭肉	1lb	1.54	2.60	1.76
蛋	1个	0.38	0.53	0.44

续表

食物	数量	含量/g		
		异亮氨酸	亮氨酸	缬氨酸
麦片	1 杯	0.53	0.90	0.68
午餐肉	1lb	2.30	4.08	2.80
猪肉	1lb	3.43	5.90	3.89
乳清干酪	1 杯	1.45	3.00	1.70
燕麦片	1 杯	0.50	0.84	0.53
香肠	1lb	1.10	2.03	1.23
火鸡肉	1lb	1.70	2.60	1.76
麦芽	1 杯	1.20	2.20	1.63
全脂奶	1 杯	0.49	0.79	0.54
酸奶酪	1 杯	0.43	0.79	0.65

五、支链氨基酸的形式和吸收

食物中的蛋白质和由 L 型支链氨基酸组成的补充剂，是最好的吸收形式。在一般情况下，市场上购买的口服补充剂的配方成分是实用的，然而，使用的支链氨基酸应该彼此是平衡的。

亮氨酸和异亮氨酸与缬氨酸竞争时，可以阻挠缬氨酸的输送和竞争进入大脑。在严重创伤情况下或是营养不良的患者，经常采取支链氨基酸静脉注射疗法，即全胃肠外营养疗法（Total Parenteral Nutrition，TPN）。最好的解决方案是采用最高浓度的亮氨酸与异亮氨酸和缬氨酸的匹配。通常，这种注射液中支链氨基酸的比例应该是：含有多达 20g 的亮氨酸和多达 14~16g 的其他支链氨基酸。

尽管亮氨酸和异亮氨酸与缬氨酸有竞争机制，但是与酪氨酸、苯丙氨酸、色氨酸和甲硫氨酸在大脑输送的竞争更为激烈。支链氨基酸本身可能是重要的神经递质和神经肽的成分，具有神经递质功能。许多脑啡肽（Enkephalins，缓解疼痛的肽）中含有大量的亮氨酸，可能会降低大脑中 5-羟色胺和多巴胺的水平。

将来，一种名为酮类似物的支链氨基酸补充剂，可以增加人体对支链氨基酸的吸收。然而，在我们推荐酮类似物之前，还需要进行更多的试验来测量重要的代谢参数，以应对可能的变化。

D-亮氨酸已被研究证明与 D-苯丙氨酸有着类似的作用，都阻碍内啡肽（Endorphins，又称脑内啡，安多芬）和脑啡肽（Enkephalins）的分解，增强在体内的自然止痛作用。

六、临床应用

支链氨基酸在很多方面都可以应用，如应激和压力状态、手术、创伤、肝硬化、感染、发热、饥饿或空腹状态需要的支链氨基酸要比其他氨基酸更多。

七、神经性厌食症

神经性厌食症的特点是，由于惧怕体重异常增加和随之而来的拒绝进食，机体内的缬氨酸、异亮氨酸以及色氨酸水平降低。在我们的诊所发现厌食症患者的血液中支链氨基酸缺乏，这些患者正在消耗着肌肉中的蛋白质。

在 4h 短时间空腹状态，血液中的支链氨基酸会下降，之后会出现再上升，在第 72h 支链氨基酸会达到高峰，最终出现下降。厌食症在某些方面类似于长时间禁食状态。

一位 55 岁的妇女来到我们的诊所请求帮助。她无缘无故地产生了厌食症。她生活在欧洲，食欲逐渐下降，在 6 个月的时间里，她的体重从 59kg 下降到 45kg。因为她的身高是 1.75m，对她而言这是相当消瘦了。所有见过她的医生，都觉得她患有由于癌症而导致的严重厌食症。她接受了肝脏和骨骼的 CAT 扫描（Computerized Axial Tomography，CAT，即医学成像技术，电脑断层扫描）和数十项的血液检测。最令人注意的结果是血液中支链氨基酸的低水平。我们立即开始给她补充富含支链氨基酸的营养制剂。经过两个半月的治疗，她的体重已经升高到 57kg。

八、内分泌功能

内分泌系统是由分泌激素到血液中的胰腺和甲状腺组成的腺体。患有糖尿病的患者或是动物，体内的支链氨基酸水平升高。胰腺分泌胰岛素以应对高血糖水平，经常发生在糖尿病状态。患糖尿病的大鼠通常表现出的体征是支链氨基酸及其氨基转移酶，会随着低胰岛素水平的升高而升高。低胰岛素水平会降低肌肉对支链氨基酸的吸收程度，这可能会导致血液中其他氨基酸水平的上升。因此糖尿病患者、老年人、癌症患者、共济失调症患者以及肝硬化患者往往会肌肉减少，所以在他们的饮食中需要补充更多的支链氨基酸。

以低胰岛素和胰高血糖素的比例为特征评估各种紧张压力，这是由于亮氨酸过度代谢分解或是高度紧张的生理状态进一步肯定了支链氨基酸在内分泌失调情况下的作用。

发现某些大鼠的甲状腺素系统增加了对支链氨基酸的需求，从而增加了对亮氨酸的需求，此时支链氨基酸就成为甲状腺迅速代谢的主角。患有甲状腺功能亢进的机体（甲状腺激素的生产过剩）可能对支链氨基酸的消耗更为迅速。

当支链氨基酸稍有减少，就会产生临时性的生长激素分泌增加。但是，此时生长激素的分泌量是不足以抵消所损失的生长激素，于是就造成机体的老化，但它可能在运动训练中是有益的（详见后面的"肌肉的构筑"）。亮氨酸在支链氨基酸中最突出的作用，是刺激生长激素的释放，这可能是因为亮氨酸触发体能引起肌肉的增长。

九、亨廷顿舞蹈症

亨廷顿舞蹈症、帕金森病的患者中都被发现具有低水平的支链氨基酸，并且脯氨酸、丙氨酸和酪氨酸往往也很低。毫无疑问，在亨廷顿舞蹈症和帕金森病的患者中都具有异常的神经递质，这可能是由于多巴胺不足或其他神经递质缺陷所致。

至少有5%帕金森病患者具有橄榄体脑桥小脑萎缩（一组遗传性共济失调症，注3）。早期的临床试验表明这些患者每天补充10g的L-亮氨酸，机体内的异亮氨酸和缬氨酸也会提高。

十、肝脏疾病

肝硬化通常是由于长期酗酒引起的，是肝脏疾病的严重状态。肝硬化患者体内的支链氨基酸水平减少。肝硬化是一种退行性炎性疾病，导致瘢痕组织（注4）和肝脏无法正常运行。补充蛋白质的模式应该是高含量的支链氨基酸和甲硫氨酸及低含量的芳香族氨基酸，如苯丙氨酸、酪氨酸和色氨酸，

注3：橄榄体脑桥小脑萎缩（Olivopontocerebellar，OPCA）是多系统萎缩，即一组原因不明的神经系统多部位进行性萎缩变性疾病，以小脑共济失调为主要临床表现，部分伴有植物神经及锥体外系症状以及其他神经系统症状体征。其起病形式多样，临床较易忽视。

注4：瘢痕组织是指肉芽组织经改建成熟形成的老化阶段的纤维结缔组织。

这对肝脏疾病是有用的。支链氨基酸可以使肝脏处理氨基酸代谢的能力更强，并且使芳香族氨基酸能够缓慢地向肝脏输送。

改变肝硬化患者血清中支链氨基酸与芳香族氨基酸的比例有以下几个原因。支链氨基酸和芳香族氨基酸互相竞争进入大脑。肝脏疾病通常会使大脑增加对氨的渗透水平，使芳香族氨基酸比支链氨基酸更容易输送。支链氨基酸是在肌肉中代谢的，而芳香族氨基酸是在肝脏中代谢的，这样就增加了血清中氨基酸水平比例的改变。一些研究发现，补充维生素 B_6 可以降低肝脏疾病患者的芳香族氨基酸与支链氨基酸的比例。支链氨基酸可以逆转肝硬化患者的分解代谢状态，防止肌肉被分解。

肝硬化的患者失去肝脏的解毒能力，使毒素积累在大脑中，就形成了肝性脑病。这种病症的特点是体现在大脑功能的变化上，如语言障碍、睡眠障碍、震颤和其他症状，同时还出现低水平的支链氨基酸和高水平的芳香族氨基酸。尿液中的 3-甲基组氨酸增加，而支链氨基酸减少，用于评估肝硬化者的标记是发生肌肉萎缩，暗示着这些氨基酸的抗异化效果。尿液中排泄的 3-甲基组氨酸更多，身体在最大限度地改变着蛋白质的平衡。

肝昏迷是肝脏疾病的后期，其特征是脑中的氨和色氨酸或酪氨酸增加。据报道使用剂量为 5mg/kg 体重的缬氨酸可以有扭转的作用。肝硬化患者在施用这种治疗时，血液中缬氨酸的水平平均会增加至正常水平的 8 倍。提高缬氨酸水平，可以减少色氨酸和酪氨酸进入支链氨基酸中，这可能是因为缬氨酸更容易转化为葡萄糖，以及可以更容易地在大脑中代谢。亮氨酸也可能在某些情况下，抑制色氨酸输送，同时大脑中多余的亮氨酸能降低 5-羟色胺在大脑中的堆积。

对于治疗晚期肝脏疾病，除了口服支链氨基酸治疗外，还可以食用一种含有高支链氨基酸的蛋白质食品 40g，或食用含有 4% 的支链氨基酸和限制性芳香族氨基酸的饮食。补充支链氨基酸对肝昏迷是有效的，也可以补充大剂量的鸟氨酸，这也是有益于肝脏的正常运作。

支链氨基酸的降低、芳香族氨基酸的增加是肝性脑病（Hepatic Encephalopathy）的唯一特征。它使得蛋白质合成降低、氨过剩以及脂肪酸代谢异常，具有独特的代谢紊乱。

另外，补充支链氨基酸也可以防止患有严重的肝脏疾病患者因为甲硫氨酸过量而产生的昏迷。

其他的肝脏代谢问题，如门腔分流障碍者（一种肝脏疾病，包括门静脉高压症）和肝外胆道闭锁（一种新生儿罕见的胃肠道疾病，破坏了肝外胆管，将胆汁从肝脏运送到肠道）这些情况类似于肝昏迷患者，也可以从补充支链氨基酸的治疗中获益。

肝外胆道闭锁的患儿，也像那些有严重的肝脏疾病患者一样，血液中的支链氨基酸与芳香族氨基酸的比例较低，甲硫氨酸和芳香族氨基酸水平显著升高，鸟氨酸和苏氨酸也显著升高，而牛磺酸显著下降。在这种应激的生理状态下，必须立即进行支链氨基酸的治疗。

十一、支链氨基酸对肌肉的构筑

支链氨基酸已被证明有助于健身和体育活动，可以提供能量、增加耐力、有助于健康和修复肌肉。多年来使我们印象非常深刻的是一些健身者，每天给他们补充 5~10g 的支链氨基酸，能促进肌肉的增加。

支链氨基酸对合成代谢的影响不同于类固醇。支链氨基酸是安全的，它直接刺激蛋白质进行肌肉的合成。支链氨基酸中的亮氨酸，是参与合成代谢反应中的主要燃料，因此它在蛋白存储中具有重大意义。它可刺激胰岛素在肌肉和其他组织中的释放，但也能抑制蛋白质的分解。亮氨酸与异亮氨酸、缬氨酸共同促进蛋白质合成。摄入蛋白质的优劣取决于亮氨酸有效利用率的增加。蛋白质摄入不足是可以提升机体对亮氨酸的利用率，如果摄入的蛋白质过量或者摄入蛋白质含量较高的膳食时，这些过量的蛋白质反过来会影响亮氨酸在体内的高水平储存。

运动员在训练和比赛的紧张和压力下，需要补充支链氨基酸。支链氨基酸可以增加氨基酸的二次利用，减少蛋白质分解的压力。工作在纽约怀特普莱恩斯伯克康复中心（Burke Rehabilitation Center in White Plains, New York）的阿尔巴纳斯（Albanese）发现，运动员在激烈的身体压力下，血清中的异亮氨酸和亮氨酸的水平有显著降低。同时，还发现苯丙氨酸、胱氨酸和色氨酸在强烈的体力紧张下也出现了降低，而缬氨酸的水平变化不显著。

当采取支链氨基酸修复或构建肌肉时，重要的是要掌握氨基酸平衡的概念。当 BCAAs 的摄入量增加时，苯丙氨酸和酪氨酸进入大脑的数量会受到抑制，这可能会暂时性影响脑功能。因此，使用支链氨基酸时一定要审慎。我们建议在锻炼前进行补充支链氨基酸，而运动后应该补充一些刺激脑力的氨基酸，如苯丙氨酸和酪氨酸等。为了避免失衡，我们强烈推荐由营养和保健专业人士，根据健身者血液中的氨基酸水平、工作量、饮食情况等量身定制的补充剂。

我们根据健康检测中心对血液中氨基酸水平的测量，制定一个平衡的多营养补充剂，称为快捷营养补充方式，包括以补充支链氨基酸为目标，保护大脑和身体，是最适合健身爱好者和运动员的快速补充，其组成如下。

精氨酸：86mg　　　　　　半胱氨酸盐酸盐：73mg

异亮氨酸：73mg　　　　　亮氨酸：98mg

赖氨酸：73mg　　　　　　甲硫氨酸：61mg

苯丙氨酸：49mg　　　　　苏氨酸：49mg

酪氨酸：49mg　　　　　　缬氨酸：86mg

在肌肉构筑中，我们相信支链氨基酸的使用优于使用类固醇和阿司匹林的治疗方法。

类固醇（激素）和阿司匹林在肌肉治疗中对身体产生分解代谢过度和激烈的物理应力。阿司匹林和其他非甾体激素类抗炎药物，被认为在缓解肌肉疼痛、炎症和发烧后可能出现的某些生理紧张的状态是有作用的，但是，这些药物也有不利影响，例如它们抑制白细胞介素，以及免疫系统化学物质的改变，而这些都是有助于抗感染和恢复分解状态中必不可少的物质。

事实上，偶尔有点轻微的发烧对机体可能是有好处的，而阿司匹林对人体正常的防御机制的干扰可能超过了它的好处。对于成年人来说，补充支链氨基酸尤其是亮氨酸，可能替代阿司匹林作为初始发烧不到38.5℃的治疗。

十二、支链氨基酸在血液中的水平和临床症状

异亮氨酸和亮氨酸缺乏的患者在心理上和生理上都具有许多不同的障碍。在我们的诊所有10例患者患有亮氨酸低水平症，其中一例50岁的患者，最低水平是3g/100mL，患有抑郁症、糖尿病和高血压，最近又经历了神经外科的手术。他为了控制自己的抑郁症，采用了含有亮氨酸的氨基酸补充剂进行治疗。其亮氨酸水平低的原因可能是刚经历手术和糖尿病的原因。其他患者亮氨酸水平也很低，已经低于其他的氨基酸，这些患者是：3例患者是长期住院者，2例患者有肾脏疾病，4例患者有严重的慢性抑郁症。在这4例严重的慢性抑郁症患者中，有2例长期住在精神病院。

我们还发现13例患者的异亮氨酸水平偏低。其中1例是慢性精神分裂症患者，血液中检测不到异亮氨酸。另1例是30岁的慢性精神分裂症患者，他使用了烟酰胺（Niacinamide）和烟酸（Niacin，维生素B_3）治疗有显著好转，幻觉的症状也得到了缓解。异亮氨酸含量低可能像糙皮症患者一样需要增加烟酸（维生素B_3）的使用量。其他异亮氨酸低水平的患者，包括3例被收容的精神分裂症患者，5例抑郁症患者、1例癫痫严重发作的患者、1例癫痫轻

微发作的患者，另 1 例是癫痫患者和 1 例毛囊炎（Folliculitis）患者。

5 例在紧张和压力下的抑郁症患者缬氨酸水平低，其中 3 例是被收容的患者，另 1 例患有思想障碍（他是 1 例思考不现实情况的患者，即胡思乱想）和 1 例患有心肌病的患者（他是 35 岁，患有严重心肌病，因为采取补充大剂量高蛋白饮食的措施，缬氨酸的水平提高，病情有很大的改善，这与其饮食的调整有重要的关系）。

另外，我们还发现 1 例抑郁症患者具有很高水平的亮氨酸和极低水平的镁，高亮氨酸血症患者的异亮氨酸和缬氨酸水平也高于正常水平。另 1 例患有严重精神抑郁症的 50 岁妇女，服用抗抑郁症的药物和补充营养，其缬氨酸大于正常值的 25%。这些发现的意义尚不清楚，有待进一步的研究。

十三、对蛋白质不吸收或过敏

有些人食物过敏和/或对某些蛋白质不能吸收，他们的血液中具有高水平的缬氨酸。这些人异常的尿液中含有过量的 β-氨基异丁酸（β-aminoisobutyric acid）、γ-氨基丁酸（GABA），偶尔还有 β-丙氨酸和牛磺酸。实际上，食物中的缬氨酸并不是直接的罪魁祸首，而是涉及参与缬氨酸分解的吡哆素酶（Pyridoxine Enzyme）的辅酶活性低于正常水平。治疗方法可能包括低蛋白饮食、补充维生素 B_6、镁、铁，在某些情况下，还可以补充一些 α-酮戊二酸（α-ketogiutaric，谷氨酸的前体，注 5）。目前关于缬氨酸在代谢中的障碍，是否引发对蛋白质不吸收和异常的过敏，仍然在探讨中。

十四、精神病

异亮氨酸、亮氨酸和甲硫氨酸的低水平，已确定会在某些儿童中造成精神病。其他研究已经表明，在一些亮氨酸高水平的人群中也多发现精神病及相当多的糙皮病。艾布拉姆·霍夫尔（Abram Hoffer）说，以玉米为饮食的，容易导致糙皮病，亮氨酸与异亮氨酸相比，富含亮氨酸，可能会产生与精神行为有关的疾病。同时精神病患者的色氨酸和维生素 B_3 水平低。霍夫尔（Hoffer）还发现尿液中亮氨酸水平增加时，会导致维生素 B_3 的消耗，而异亮氨酸可以阻止维生素 B_3 的消耗损失。异亮氨酸可能帮助逆转由于高亮氨酸水平的增加而造成糙皮病和精神病的症状恶化。我们已经观察到异亮氨酸低水

注 5：α-酮戊二酸是戊二酸的两种带酮基的衍生物中的一种，是谷氨酸脱氨基的酮酸产物，也是三羧酸循环的中间产物。

平的一些慢性精神分裂症患者，通常还伴有血液中低组胺（Histamine）和低维生素 B_3 水平。

10 年前，霍夫尔（Hoffer）给急性精神分裂症的患者每天使用 3g 的异亮氨酸和维生素 B_3 进行了试点研究，结果一些严重的精神分裂症患者迅速头脑清醒。因此，他提出了一个异亮氨酸和维生素 B_3 的配方，用于治疗某些形式的精神分裂症。但是，这还需要进一步测量血液中氨基酸的水平进行证实。

支链氨基酸可能会阻止一些精神分裂症患者的幻觉，因为酪氨酸增加了转化到色氨酸的比例，但这是一个假设，还没有被证实。然而，口服支链氨基酸可以纠正酒精中毒引起的肝脏、脾脏衰竭及肝性脑病的幻觉效果，这是支链氨基酸对精神疾病极有效的治疗，也是氨基酸制剂用于治疗典型肝脏中毒性精神病的方案。

十五、紧张和压力（应激状态）

当身体紧张和受到压力时，会对身体产生诸多影响：随着压力的增大，身体将对热量的需求增加，这主要是由于机体的蛋白质对热量的需求增加了，身体内大约 30% 是氨基酸，它来自饮食的蛋白质，当身体受到严重的压力时，会导致机体内蛋白质的快速分解。

已发现许多氨基酸在缓解压力中是至关重要的。支链氨基酸对所有蛋白质的代谢具有调节作用，补充支链氨基酸，可以减少其他氨基酸的分解。在遭受程度更为严重的压力时，会需要更多的营养，特别是支链氨基酸和维生素 B_6。

在几项研究中证明，饥饿、禁食、受伤、手术或感染的状态，机体对支链氨基酸的需求比对其他氨基酸会更多。危重病人似乎保持氮平衡与支链氨基酸的需求量成正比。一些研究者已经发现受到严重感染的患者，血清中的支链氨基酸升高。事实上，在高压力时，正确补充支链氨基酸是生理状态的需求，这也是可行的措施。在一定条件下，支链氨基酸不能正常地被使用，然而大剂量补充支链氨基酸，对扭转压力状态是非常重要的。塞拉（Cerra）的研究中报道，在创伤情况下使用支链氨基酸静脉注射，剂量是每天 0.5g/kg 体重，相当于 70kg 体重的成年人使用 35g 的支链氨基酸，从生理上可以克服机体的蛋白质分解。

在重大手术后，血清中几乎所有的氨基酸都降低了。以静脉输液进行复苏，同时采取一项营养的补充方案。这项口服营养方案中，包含 66g 的氨基酸，相当于 12.55kJ 热量，患者的支链氨基酸水平在 4d 后恢复正常。而另一项营养补充方案是以氨基酸全营养胃肠外（TPN）补充供给，也相当于 12.55kJ 热量，其中包含 32g 的氨基酸，仅 2d 支链氨基酸的水平就能恢复正常。以上这项研究是由伦斯勒理工学院的莫斯（Moss of Rensselaer Polytechnic）给患者实施胆囊切除手术时，通过输液将支链氨基酸送入患者的肠道。当今，氨基酸全营养胃肠外疗法（TPN）已成为标准的手术治疗方案，在给 1 例患有低血清白蛋白（血液中主要的蛋白质）的患者进行手术前一个月，每天补充多达 16.74kJ 的热量和 200g 的蛋白质的具有非常丰富支链氨基酸的全营养胃肠外疗法的方案，患者手术很顺利，支链氨基酸保证手术后的快速恢复。

多年来，报道了无数采取支链氨基酸使大手术患者恢复的事件，震惊了外科医疗界。我们建议最好应该在手术前一星期和手术后的一个星期，使用支链氨基酸同时补充锌、抗氧化剂和其他营养因素。支链氨基酸和锌是主要的核心成分，具体是每天补充 1~2g 的支链氨基酸和 30~100mg 的锌。手术后使用高剂量的氨基酸是最重要的，大多数患者可以在手术后的第 3 天就能够停止这种特定的补充方案。

压力下的支链氨基酸的代谢发生变化，由支链氨基酸转化为丙氨酸的循环，以供给热量和氮到外周组织中。事实上，这是亮氨酸的贡献，亮氨酸被用来合成丙氨酸以及其他支链氨基酸，丙氨酸是骨骼肌中主要的能量来源。谷氨酰胺可以释放到血液中，由肝脏合成葡萄糖，谷氨酰胺通常是为肾脏提供所需的能量，而丙氨酸能够为肌肉提供能量。支链氨基酸可以转化为亮氨酸、丙氨酸和谷氨酰胺中的任何一种。

我们可以说支链氨基酸在蛋白质不足的情况下，拯救了肌肉蛋白质。例如在创伤和败血症时，骨骼肌接替了肝脏及其他器官的新陈代谢的功能，成为一个主要的控制器官，并开发所需要的支链氨基酸和丙氨酸。在支链氨基酸中，亮氨酸似乎单独行动时能产生非常强大的效果。

支链氨基酸能增加氧化和缓解压力，尤其是饥饿和禁食所造成的压力。当患有糖尿病、参加竞技和锻炼、败血症、手术损伤、创伤和肝脏疾病时，支链氨基酸要比没有压力的状态时，提供更高的热量并担负着更重的代谢功能，这就是我们通常称支链氨基酸为"缓解压力的氨基酸"的原因。

十六、抗衰老和延长生命（原书补充内容）（注6）

意大利米兰大学的恩佐·尼索里教授，发现三支链氨基酸（即亮氨酸、异亮氨酸和缬氨酸）具有能够延年益寿的功能，并且已经在小白鼠的身上进行试验获得成功。

试验过程中，研究人员给被试小白鼠服用了含有三支链氨基酸（即亮氨酸、异亮氨酸和缬氨酸）的饮水，结果发现它们的平均寿命达到了869天，而普通小白鼠则只能存活大约774天。这说明"支链氨基酸"使小白鼠的生命延长了12%。

恩佐·尼索里教授还表示，如果在此基础上研究生产氨基酸补充剂，很可能在未来造福人类，对于老年人、患者有很大帮助，尤其是那些患有以细胞功能降低为特征的疾病患者，如心力衰竭或慢性肺病患者会受益于支链氨基酸。

十七、支链氨基酸的使用剂量

受试者口服10g的缬氨酸，血液中缬氨酸水平提高到正常值的6倍，其他的氨基酸、多胺、锌、铜、铁的化学指标都没有显著的变化。令人吃惊的是缬氨酸提高了生长激素的水平，达正常值的10倍。

受试者口服10g的异亮氨酸，导致异亮氨酸的水平增加至正常值的15倍，丙氨酸的水平也增加了50%，铁略有增加，并发现异亮氨酸在支链氨基酸中是最容易吸收的，这还需要进一步的研究。

口服亮氨酸10g，血液中亮氨酸的水平增加3倍，铁略有增加，其他生物化学参数不受亮氨酸补充的影响。补充10g亮氨酸对整体的支链氨基酸没有任何的副作用。

十八、支链氨基酸的补充

补充支链氨基酸，无论是口服或是静脉注射对于健康和疾病都是非常有益的。

十九、支链氨基酸缺乏的症状

没有发现亮氨酸和缬氨酸缺乏的症状。然而，异亮氨酸严重不足会产生

注6："抗衰老和延长生命"此节是译者根据2010年10月7日"现代快报"A15版的"长生不老药要问世了！"添加的。

与低血糖相似的症状。衰老、创伤和手术前后时，身体需要增加支链氨基酸的补充。

二十、补充支链氨基酸的方法

支链氨基酸混合在一起是最好的吸收形式。其组合是 1000mg 的异亮氨酸、亮氨酸和缬氨酸的粉剂或胶囊。

（一）每天的使用量

支链氨基酸每天的治疗剂量为 1~5g，主要取决于身体的需求。

（二）最高的安全使用极限

最高极限没有建立。在过量或是大剂量使用时，过量的支链氨基酸可以转换成其他氨基酸，因此，通常补充支链氨基酸被认为是安全的。

（三）副作用和禁忌证

5g 以上的高剂量开始补充时，副作用可能会产生胃部不适、头晕和呕吐。

二十一、对支链氨基酸的总结

缬氨酸、异亮氨酸、亮氨酸是支链氨基酸。尽管它们的结构相似，但是支链氨基酸有着不同的代谢途径：缬氨酸的代谢是通过单一的碳水化合物途径完成；亮氨酸的代谢是通过单一的脂肪代谢途径完成；异亮氨酸是兼顾两者。由于这些必需氨基酸不同的代谢，在人体中就有着不同的需求：缬氨酸为 12mg/kg 体重；亮氨酸为 14mg/kg 体重；异亮氨酸为 16mg/kg 体重。此外，这些氨基酸缺乏所表现的症状也不同。缬氨酸缺乏会导致大脑神经缺陷，而缺乏异亮氨酸会引起肌肉震颤。

先天性支链氨基酸代谢异常有着许多类型，最常见的形式是枫糖尿病，其尿液具有异味。其他支链氨基酸代谢异常最常见的症状，如精神迟滞、共济失调、低血糖、脊髓肌肉萎缩、皮疹、呕吐和肌肉萎缩。对一般形式的支链氨基酸代谢缺陷的纠正，要限制食物的涉入品类，每天补充支链氨基酸和 10mg 的生物素。

支链氨基酸主要由肌肉代谢，对身体是非常重要的。在压力应激状态下，例如手术、创伤、肝硬化、感染、发热和饥饿更加需要支链氨基酸，其数量需求也比其他氨基酸多，并且有这些症状的患者在对支链氨基酸的需求中，亮氨酸的需求数量可能比缬氨酸或异亮氨酸更多。支链氨基酸和其他氨基酸是最常见的用于营养不良、手术患者和某些严重外伤患者的静脉注射液，即全营养胃肠外补充剂（Total Parenteral Nutrition，TPN）。

支链氨基酸中，尤其是亮氨酸可以刺激蛋白质合成，并提高氨基酸在许多器官的再利用，减少蛋白质分解。此外，亮氨酸是一个重要的热能来源，它无处不在，成为静脉中的葡萄糖，是身体中最重要的能源。

亮氨酸还能刺激胰岛素释放，促进蛋白质合成，抑制蛋白质分解。这些效应在体育训练中尤其有用。支链氨基酸能够替代类固醇的使用，它常用于举重运动员。在支链氨基酸中，尤其是亮氨酸对肌肉的健康至关重要。亨廷顿舞蹈症和厌食紊乱的特点表现为血清中支链氨基酸的低水平，这些疾病以及某些形式的帕金森病都适应使用支链氨基酸疗法。

支链氨基酸在肝脏疾病的治疗中具有重要的作用，如肝炎、肝昏迷、肝硬化、肝外胆道闭锁或门腔静脉分流。在这种情况下芳香族氨基酸（酪氨酸、色氨酸和苯丙氨酸），以及甲硫氨酸在血液中的水平升高。尤其在患肝脏疾病的时候，补充缬氨酸是非常有效的。支链氨基酸与芳香族氨基酸在进入大脑的过程中具有竞争性。维生素 B_6 和锌有助于补充支链氨基酸，可以提高支链氨基酸与芳香族氨基酸的比例。

高剂量使用支链氨基酸是有副作用的。高亮氨酸水平会加剧糙皮病，并通过增加烟酸在尿中的排泄，从而引起糙皮病患者的精神病。亮氨酸可能会降低大脑中的5-羟色胺和多巴胺。对急性精神分裂症患者，以3g的异亮氨酸与维生素 B_3 混合补充剂进行治疗，同时，还可以降低亮氨酸的影响。在抗精神病药物治疗中，异亮氨酸具有潜在的治疗精神病的作用。

亮氨酸在食品中的含量比其他氨基酸的含量更为丰富。一杯牛奶含有800mg的亮氨酸，而异亮氨酸和缬氨酸的含量总和只有500mg。一杯麦芽大约含亮氨酸1.6g，而异亮氨酸和缬氨酸的总和为1g；比例均等的是鸡蛋和奶酪，一个鸡蛋和28g的奶酪含有亮氨酸400mg，缬氨酸和异亮氨酸的含量之和为400mg。猪肉的支链氨基酸中亮氨酸的比例最高，亮氨酸是7~8g，而异亮氨酸和缬氨酸总和只有3~4g。

血清中的支链氨基酸，尤其是亮氨酸在多种严重的压力下，担负着能源的产生和供给，如创伤、手术、肝衰竭、感染、发热、饥饿、参加竞技、锻炼和举重等。在手术前后、营养不良、疾病和在所有紧张、压力、应激的情况下使用支链氨基酸是最好的补充剂。手术的患者采取静脉滴注全营养胃肠外补充剂是最好的治疗方案。

第八部分

其他氨基酸和重要的代谢物

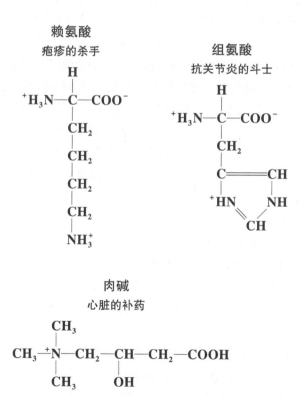

赖氨酸
疱疹的杀手

组氨酸
抗关节炎的斗士

肉碱
心脏的补药

第十八章　赖氨酸：疱疹的杀手

赖氨酸（L-Lysine）是人类所需的必需氨基酸，也可帮助成人体内的氮平衡。赖氨酸最突出的作用是抵御唇疱疹和疱疹病毒的感染，因此，赖氨酸被发现有更广泛的增强免疫系统的能力（迄今为止尚没有对疱疹病毒最好的治疗方法）。

一、赖氨酸的功能

赖氨酸除了能够缓解病毒生长及防止病毒的再生，同时，它还具有刺激胸腺因子生长的能力，促进胸腺的生长。胸腺是 T 细胞（注 1）成熟的初始部位，能够分泌白细胞介素（注 2）、干扰素（注 3）和 B 细胞（注 4），并产生抗体。所有这些物质都是促使免疫系统正常运行的重要物质。赖氨酸可以促进人体激素和酶的生成以及胶原蛋白的合成，这些胶原蛋白是形成骨骼、软骨和结缔组织的基质。它同时还能够通过改善钙质吸收，以维护骨骼的健康。赖氨酸还具有帮助减肥的功能。

赖氨酸是许多重要氨基酸的前身。它是肉碱的母体分子，肉碱对心脏的健康及血液循环系统的慢性疾病有很显著的预防效果（肉碱将会在第十九章"肉碱：心脏的补药"中详细讨论）。

在"第九章　精氨酸及其代谢产物：血管清道夫"中有提及，赖氨酸也是产生瓜氨酸的来源，它可将体内蛋白代谢的有毒副产物转移，并可作为利

注 1：T 细胞是指 T 淋巴细胞，它是在胸腺中分化成熟的淋巴细胞，故称胸腺依赖性淋巴细胞，简称 T 细胞。

注 2：白细胞介素是由多种细胞产生并作用于多种细胞的一类细胞因子。其对于免疫反应的表达和调节，有来源于淋巴细胞或巨噬细胞等许多因子参与。

注 3：干扰素（Interferon，IFN）是动物细胞在受到某些病毒感染后，分泌的具有抗病毒功能的宿主特异性蛋白质。细胞感染病毒后分泌的干扰素能够与周围未感染的细胞上的相关受体作用，促使这些细胞合成抗病毒蛋白防止进一步的感染，从而起到抗病毒的作用，但干扰素对已被感染的细胞没有帮助。

注 4：B 细胞是免疫系统中重要的免疫细胞，其主要功能是介导体液免疫，B 细胞还是重要的抗原递呈细胞，能摄取、加工和递呈抗原；B 细胞还能分泌细胞因子，调节免疫应答。

尿剂、滋补剂和免疫系统增强剂。

赖氨酸在代谢中，也可生成氨基己酸（Amino Caproic Acid），该代谢物在出血或纤维蛋白溶解（注5）的患者中有助于防止血液凝固。用于外科手术后的导管冲洗和弥漫性血管内凝血病症，这种病例通常发生在晚期感染和癌症中。

肌肉组织中存在着大量赖氨酸，它与谷氨酸和天冬氨酸在肌肉中的浓度是相当的。

二、赖氨酸的代谢

赖氨酸在代谢过程中通过各种不同的途径进行代谢，并且可分解为不同的重要代谢产物。

赖氨酸主要可分解为乙酰辅酶 A。辅酶 A（注6）是人体重要的催化剂和碳水化合物代谢物的关键营养成分。

在其代谢过程中，赖氨酸还通过在转氨酶（如 SGPT 和 SGOT）与磷酸吡哆醛之间形成连接或肽键来协助转氨酶（氨基的转移），这种活动需要辅酶。赖氨酸能够实现这一点是因为它可以构成两个氨基基团：一个连接到转氨酶，而另一个连接到磷酸吡哆醛。酶进行这些反应发生在肝脏、肾脏、心脏、肾上腺、胸腺、脑组织和皮肤中（以活性逐渐降低为顺序）。

在正常的蛋白质代谢过程中，体内需要一些赖氨酸分解为瓜氨酸时，少量赖氨酸同时进入高瓜氨酸（Homocitrulline）、高精氨酸（Homoarginine）和哌啶酸（Pipecolic Acid）的代谢路径。哌啶酸是一种神经递质，当赖氨酸静脉注入体内时，在大脑中会发现有高浓度的哌啶酸。

赖氨酸和精氨酸使用一个共同的转运系统，由于它们的各种化学性质，使得它们具有拮抗作用。过量的精氨酸会导致赖氨酸消耗殆尽，而过量的赖氨酸同时也会使精氨酸消耗殆尽。赖氨酸和精氨酸之间的这种代谢拮抗作用，用于治疗机体内过量的赖氨酸水平而导致的相关病症是非常有效的。有关内容将在稍后讨论。

赖氨酸在代谢中需要维生素 B_6、核黄素（维生素 B_2）、维生素 B_3、维生素 C 和铁，帮助赖氨酸在体内的吸收和应用。赖氨酸在代谢中，对病毒感染、

注5：纤维蛋白（Fibrin），又称为血纤蛋白或血纤维蛋白，是一种纤维凝血蛋白。纤维蛋白在以下生物过程中都有涉及：信息传递、血液凝固、血小板激活及蛋白质聚合。
注6：辅酶 A 是一种含有泛酸的辅酶，在某些酶促反应中作为酰基的载体。

紧张、压力和年龄等因素尤为敏感。

三、机体对赖氨酸的需求

赖氨酸是必需氨基酸，且机体内不能利用其他氨基酸进行合成。堪萨斯州立大学（Kansas State University）的研究人员发现，实验动物的饲料中缺少赖氨酸会造成生长缓慢，如果实验动物连续三代的饲料中缺乏赖氨酸，会造成动物生长的持续性差异。在实验动物三代以后的后代，仍表现由于前代缺乏赖氨酸所造成的影响，同时也表现出它们对赖氨酸的需求不断增加。由此也说明赖氨酸对身体的必要性。

美国国家科学院（National Academy of Sciences）推荐成人每天需要摄取赖氨酸为 12mg/kg 体重，相当于一个正常成年男子每天需要摄取赖氨酸 840mg；儿童和婴儿需要更多的赖氨酸以满足生长和发育所需。他们建议 10~12 岁的儿童每日摄取赖氨酸为 44mg/kg 体重，而 3~6 个月的婴儿则每天需要赖氨酸为 99mg/kg 体重。

常用的赖氨酸补充剂为 500mg 的剂量，这只是成年人所需日摄取量的一半多。而实际上，大多数成年人对赖氨酸的消耗量，可达到 840mg。麻省理工学院（Massachusetts Institute of Technology）的研究显示，成年人每日摄取赖氨酸的量应该是 24mg/kg 体重，每天可能达到 1.5g。

很多研究都对成人所需赖氨酸的评估有异议，有不少的研究认为，成人对赖氨酸的需求量和一些其他氨基酸的需求量都被低估了。更加准确的估算值是成年男子每天平均所需的赖氨酸量为 35mg/kg 体重。

四、食物中的赖氨酸

赖氨酸在食品中含量很高，如麦芽、白软奶酪和鸡肉等。肉类食品中，猪肉中赖氨酸的含量最高。其他赖氨酸来源有鸡蛋、鱼类、大豆产品和酵母等。除了牛油果外，其他水果和蔬菜中的赖氨酸含量相当少。

在红薯和蔬菜中，赖氨酸通常是这些食物中的限制性氨基酸。也就是说，在这些食物中赖氨酸的含量是不足的。相对于赖氨酸而言，精氨酸在这些食物中的含量高于赖氨酸。古斯塔夫森（Gustafson）等研究表示，蛋白质中缺乏赖氨酸，并不同于缺乏其他氨基酸，如缺乏甲硫氨酸和苏氨酸时那样严重，尤其是不会因为体重和食物摄入方面的问题而留下隐患。

五、赖氨酸的形式和吸收利用

食物及补充剂通常是左旋赖氨酸，即 L-赖氨酸。但是赖氨酸与精氨酸具有拮抗作用，相互对立，它们具有不同的化学性质，保持竞争性通过肠道壁。

过量的精氨酸会抵消赖氨酸的治疗作用，因此，在治疗中使用 L-赖氨酸，则避免精氨酸含量高的食品，如长豆角、巧克力、椰果、乳制品、凝胶、肉类、燕麦、果仁、大豆、胡桃、白面粉、小麦、麦芽等，见下表。同时，鸟氨酸也会消耗赖氨酸，同样地，赖氨酸和鸟氨酸也能抑制精氨酸的代谢和吸收。

表		赖氨酸在食物中的含量	
食物	数量	含量/g	精氨酸与赖氨酸的比例
牛油果	1 个	0.20	0.65
奶酪	1oz	0.55	0.40
鸡肉	1lb	2.00	0.80
巧克力	1 杯	0.65	0.50
白软奶酪	1 杯	2.50	0.60
鸭肉	1lb	2.60	0.85
蛋	1 个	0.40	0.95
麦片	1 杯	0.50	1.85
午餐肉	1lb	4.00	0.80
燕麦粥	1 杯	0.60	1.00
猪肉	1lb	7.10	0.75
乳清干酪	1 杯	3.30	0.50
香肠	1lb	2.25	0.80
火鸡肉	1lb	3.00	0.80
麦芽	1 杯	2.10	1.30
全脂奶	1 杯	0.65	0.45
酸奶酪	1 杯	0.70	0.35

六、赖氨酸的毒副作用

在动物研究中，使用大剂量的赖氨酸（1.9g/kg 体重的剂量，相当于成人使用 140g 的赖氨酸）静脉注入后，似乎增加了氨基糖苷类抗生素（Aminoglycoside）对肾脏的毒性。如果没有使用氨基糖苷类抗生素，而大剂量静脉滴注赖氨酸是不会对肾脏产生毒性作用的。口服赖氨酸也没有产生毒性作用。

七、赖氨酸的临床应用

在医学上，尚未发现赖氨酸广泛的治疗范例。目前赖氨酸用于治疗衰弱消瘦症（Marasmus，一种消耗病症）和单纯疱疹。但赖氨酸的使用剂量太低，致使难以证明在治疗应用中的潜在作用。

八、赖氨酸对免疫系统的支持

关于免疫系统中缺乏赖氨酸所导致的影响有着截然不同的研究结果。将赖氨酸添加到小麦麸质饲料中，对实验动物的抗体没有影响。而另一项研究发现，饲料中的赖氨酸稍有不足，即能引起实验动物免疫能力的降低。休斯敦大学（University of Houston）的罗腾（Lotan）等，发现赖氨酸缺乏会抑制免疫系统，同时也会抑制身体整体的生长。补充赖氨酸会促进胸腺的生长，也会对免疫系统有所改善。

九、赖氨酸可以抵御疱疹病毒的感染

疱疹病毒（Herpesviruses）是一种群发性的病毒，引起水泡或溃疡，同时也可能会引起发痒、灼痛和难忍受的刺痛。这些水泡或溃疡在没有完全治愈前，具有高度的传染性。Ⅰ型单纯性疱疹病毒（HSV-1）是一种会导致嘴唇和鼻子边缘产生水疱的病毒；Ⅱ型单纯性疱疹病毒（HSV-2）其产生的症状与Ⅰ型单纯性疱疹病毒（HSV-1）相似，不过只是产生在生殖器区域的疱疹，HSV-2 在美国是最常见的性传播疾病，影响 1/5 的美国人；另一种是带状疱疹病毒，它会导致水痘和带状疱疹。疱疹病毒感染对多数的治疗方式具有抵抗性。由于 HSV-2 不断增加的流行程度，它已经得到了更多的公众关注。

研究发现赖氨酸可能对 HSV-1 和 HSV-2 都具有一定的抗病毒效果。不幸的是，赖氨酸阻断病毒的作用在研究结果中的一致性重复没有记录在案。事实上，一项研究有着完全不一样的结果。

我们根据健康检测中心对血液中氨基酸水平的测量，发现赖氨酸与其他因素在一起，对疱疹的治疗可以是有益的。疱疹的治疗，我们结合赖氨酸和锌、阿昔洛韦（Acyclovir，商品名 Zovirax）和阿昔洛韦膏（Acyclovir Cream）一起使用。此外，解决患者的紧张压力状态，这是有助于缓解疱疹重复发作的重要措施。很多患者都具有潜在的抑郁和其他方面的精神紊乱，这是必须加以治疗的。我们应对缓解精神压力有多种方法，包括补充多种维生素、矿物质、氨基酸、颅电刺激（CES）以及对个性特征和生活方式的方案分析。

帮助了很多的患者，对疱疹的缓解率是非常之高的。

印第安纳大学医学院（Indiana University Medical School）的格里菲思（Griffith）等，在给患者补充赖氨酸用于抑制疱疹病毒感染的临床研究中发现，给 45 例患者每日口服 300～1200mg 的赖氨酸，有时还会反复服药，这样会加速单纯性疱疹感染者的恢复和抑制其复发。疱疹病毒在组织培养的研究中，还发现精氨酸含量高与赖氨酸含量低的比例会促进病毒生长；而赖氨酸含量高而精氨酸含量低的比例会抑制或阻碍病毒生长。米尔曼（Milman）等，在研究中发现每日给患者补充 100mg 的赖氨酸，可使一些患者具有相当低的疱疹复发率。不过，总体来说，复发率的概率高，可能和赖氨酸的剂量过低也有关。

基于这些研究的数据，赖氨酸被广泛应用于临床，甚至形成了使用高含量赖氨酸和低含量精氨酸的处方。美国的《周六晚邮报》（*Saturday Evening Post*）刊登的研究显示，每日补充 1500～3000mg 或更多的赖氨酸，会更安全和有效地对疱疹进行治疗，并没有发现毒副作用。此项研究中，在口服赖氨酸的 1500 例患者中，他们的日均赖氨酸摄入量是 900mg，有 88% 的患者都声称赖氨酸帮助了他们。赖氨酸似乎减轻了他们的水疱或溃疡的症状，加速了疱疹的康复。

其他营养品，如 600mg 或更多的维生素 C 和生物类黄酮（Bioflavonoids）同样可以帮助疱疹溃疡的治疗，并能有效抑制水疱的形成。锌（25mg）和维生素 C（250mg）也可以有效对抗口腔疱疹的感染。哈达萨大学医院的（Hadassah University Hospital）沃赫拜（Wahba）发现，使用 4% 的硫酸锌溶液用于疱疹水疱的治疗是很有效的。18 例被治疗的患者都发现有疼痛、刺痛和灼烧感，他们接受了 24h 的锌治疗后，难忍的感觉都得以缓解，并在 1～3d 后，发现水疱出现结硬壳的恢复现象，也没有发现任何的副作用。目前锌、维生素 C、生物类黄酮和赖氨酸都是疱疹患者营养和治疗的基础。其他的治疗方法，如 2-脱氧葡萄糖（2-deoxyglucose）或阿昔洛韦对 Ⅱ 型单纯性疱疹病毒（HSV-2）有一定的治疗作用。

菲茨赫伯特（Fitzherbert）使用硫酸锌治疗女性的生殖性疱疹。此外，应用含锌的胶原蛋白海绵，同时使用锌冲洗液也有一定的治疗价值。值得注意的是，铜是与锌对抗的微量元素，赖氨酸氧化酶是一种铜的依赖酶，体内高水平的铜，会促进疱疹的生长和赖氨酸水平的降低。

单纯性疱疹病毒被怀疑是造成众多病症的元凶，这一说法在"Ⅰ型单纯性疱疹病毒及Ⅱ型单纯性疱疹病毒可能导致的病症"医学中有所描述。HSV-

2 已确定为是导致宫颈癌的原因之一，疱疹病毒与 EB 病毒（Epstein-Barr Virus，注 7）一样，都被发现会导致淋巴癌。

此前曾使用红外线疗法治疗疱疹的手段会导致癌症。相反地，赖氨酸及营养物治疗有较低的副作用，至今尚未发现会导致癌症。

Ⅰ型单纯性疱疹病毒（HSV-1）和 Ⅱ型单纯性疱疹病毒（HSV-2）可能导致的病症

单纯性疱疹病毒被怀疑可导致如下病症。通过赖氨酸治疗来控制疱疹病毒是最重要的一种治愈方式，并可预防其复发。

皮肤

- 水疱性皮疹：是一种表面有空泡，内有液体的疹子。
- 疱疹性湿疹：疱疹样皮肤状况，如卡波西水痘样疹（Kaposi's Vari-celliform Eruption,注 8），往往发生于婴幼儿。
- 外伤性疱疹：疱疹样皮肤状况，如角斗士疱疹，发生在面部、颈部和肩部。
- 疱疹性瘭疽（注 9）：疱疹样皮肤状况，发生在手指和脚趾。

黏膜

- 急性疱疹性龈口炎：疱疹样病情，包括嘴唇、齿龈，并常见在幼儿的口腔黏膜中。
- 复发性口腔炎：口腔黏膜组织的炎症，也称为口腔溃疡。
- 宫颈炎：该炎症会引发宫颈癌。

黏膜皮肤连接

- 唇疱疹：单纯疱疹。

注 7：EB 病毒（Epstein-barrvirus，EBV）属于疱疹病毒科 R 亚科，DNA 病毒。EB 病毒广泛分布于全世界，人类感染后成为终生潜伏性感染，在一定条件下活化，并可转化淋巴细胞。

注 8：卡波西水痘样疹（Kaposi's Varicelliform Eruption），本病是在患有湿疹、特应性皮炎或其他某种皮肤病损害的基础上，感染单纯疱疹病毒而致的一种皮肤病。临床表现以皮损区突然发生脐窝状水疱，并伴以全身症状为特征。

注 9：疱疹性瘭疽又称为单纯疱疹性指头炎，是一种特殊形式的单纯疱疹，好发于幼儿，患者多有啃手指的不良习惯，手指部皮肤破溃后使单纯疱疹病毒接种于此，出现潮红、肿胀、疼痛显著，并出现较深的水疱，不易破裂，中央多有脐凹，且易同一部位反复发作。

- 外生殖器疱疹：生殖器上水疱。

- 外阴道炎：阴道和外阴的炎症状况。

眼部状况

- 结膜炎：眼睑黏膜的内表面或结膜的炎症状况。

- 角膜结膜炎：角膜和结膜的炎症状况。

中枢神经系统疾病

- 脑膜炎：大脑、脑膜和脊髓的炎性病症。

- 脊髓炎：有关运动和感觉功能障碍的脊髓的炎性病症。

- 脊神经根炎：涉及脊神经根的炎症性疾病。

- 三叉神经痛：疼痛沿着面部三叉神经辐射，包括眼睛、额头、嘴唇、鼻子、脸颊和舌头。

- 疼痛的痉挛：一种极度难忍的神经痛。

- 贝尔麻痹（Bell's Palsy, 注10）：短暂或永久的面部神经麻痹症。

全身性感染

- 急性呼吸道疾病：任何类型的，肺中大量积液和肺衰竭为特征。

- 急性气管支气管炎：气管和支气管的炎症状况。

- 肺炎：肺部的炎症状况。

- 早期散播性疾病：发生在新生儿的充血性病变、高热、心脏和神经系统并发症。

- 肝炎：肝脏的炎症状况。

- 膀胱炎：膀胱的炎症。

超敏反应（Hypersensitivity Reactions）

- 多形性红斑症：通常由于胆囊病变，其特征为红斑，遍及手心和脚心皮肤的状况。

恶性肿瘤（Malignancies）

- 宫颈癌：在宫颈组织中致命的异常增长。

- 口腔癌：在嘴唇或嘴组织中致命的异常增长。

注10：贝尔麻痹（又称贝尔面瘫）指临床上不能肯定病因的、不伴有其他体征或症状的单纯性周围面神经麻痹。其起病急骤，发病前可无任何自觉症状，患者常在晨起盥洗时因不能喝水和含嗽而发现，或者自己并无感觉而被他人首先发现。它是一种常见病、多发病，不受年龄限制。患者往往连最基本的抬眉、闭眼、鼓嘴等动作都无法完成，是周围性面瘫中最常见的一种。

十、疱疹病毒的复发

当患者从单纯性疱疹病毒感染痊愈后，该病毒便隐藏在神经（Nerves）和脊神经节（Spinal Ganglia）中，身体中的抗体就无法找到并杀死它，病毒能保持不同时间的休眠状态。因为疱疹病毒的活化和生长总是始于神经节细胞（Ganglionitis），所以每例疱疹病毒感染复发都是从神经节炎开始，然后病毒沿着神经传递到皮肤或黏膜中，引起疱疹性水疱，但这仅是"火山喷发的边缘"，所以当患者的嘴唇起疱疹时，有可能是因为脑神经中的疱疹病毒的活化，单纯疱疹被认为是一种神经的慢性疾病，周期性地传播到皮肤上。

阿杜尔（Adour）等指出，单纯性疱疹病毒可能是许多颅神经综合征的病原体，包括偏头痛、急性前庭神经元炎（注11）、梅核气（注12）、颈动脉痛、面部神经麻痹和梅尼埃病（注13）。用人体疱疹的溃疡或水疱内的液体，滴入实验室啮齿动物的眼睛中，这个动物将会在一个月内因疱疹性脑炎而死亡。

十一、衰弱消瘦症

衰弱消瘦是儿童常发生的一种消耗性病症。通常是由于饥饿引起的，据报道，在1980年，非洲儿童的消瘦症已成为一种常见的病症。儿童患有消瘦症不仅需要单纯补充蛋白质和热量，大剂量的赖氨酸也被发现能促进消瘦症的快速恢复。

以杂交方式培育的富含大量赖氨酸的小麦，它富含高赖氨酸和低色氨酸的比例，目前在世界很多地方都被推广，它是蛋白质及赖氨酸的基本来源。

十二、骨质疏松和衰老症

随着年龄增长，骨骼中的钙流失，会导致骨质疏松。骨骼的疏松和脆弱，非常容易导致折断。这种现象较多发生在女性中，以及钙流失严重的老年男

注11：前庭神经元炎（Vestibular Neuronitis），其因前庭神经元受累所致的一种突发性眩晕疾病。以青年、成年人较多见。

注12：梅核气，其症候犹如梅核堵塞咽喉，故中医学称为梅核气。西医对其的命名，颇不一致，有癔球症（Globus Hystericus）、咽喉部阻塞感、咽球综合征、咽喉神经症和癔球综合征等。

注13：梅尼埃病（又称内耳性眩晕或发作性眩晕）是以膜迷路积水的一种内耳疾病。1861年Meniere医生（翻译成中文叫美尼尔也称梅尼埃），解剖平衡器官，发现平衡器官有异常病理改变，压力增大，循环障碍，保持不了液体平面，从而揭开了眩晕的由来。

性中。造成这种情况的一个因素是机体内缺少赖氨酸。休斯敦大学（University of Houston）的沃琳斯凯（Wolinsky）和弗拉米瑞（Frosmire）发现实验的大鼠缺乏赖氨酸会加速尿液中钙的流失。治疗老年人的骨质疏松，可补充赖氨酸和辅助钙进行治疗。

老年人可能需要更多的赖氨酸，因为上了年纪，铅和其他重金属会在体内累积形成毒性，赖氨酸可抵御这种毒性物质，并增加胰蛋白酶原（一种消化促进剂），但是这种说法尚未被临床证实。

十三、赖氨酸在血液中的水平和临床症状

在我们诊所有 9 例低赖氨酸水平的患者。1 例是 60 岁的患有严重帕金森病的男性，他对任何治疗都具有抗性；还有 1 例患者赖氨酸水平极低，血液中几乎检测不出赖氨酸，我们对这例患者进行了补充赖氨酸及其他营养物质的治疗，病情有了改善，但是赖氨酸治疗的准确效果还是很难评估出来。而其他赖氨酸水平较低的患者中，有 4 例是严重的抑郁性精神病患者；另外有 1 例患者是甲状腺机能减退；1 例有肾脏疾病；还有 1 例有严重的哮喘，正在服用茶碱。

还发现一些患者经常接受氨基酸治疗，氨基酸的水平都得到了提升，而且赖氨酸的水平都高于正常值。

给健康的受试者补充几克的赖氨酸代谢物——肉碱后，发现血液中的赖氨酸水平可以提高达 20%，但是对这一发现的意义和确认尚不清楚。

我们曾遇到过 1 例患有瑞氏综合征（Reye's syndrome，注 14）的患者，这种病症是一种很少见的严重影响许多内部器官，特别是对大脑和肺部造成严重损伤的疾病，并显示出赖氨酸水平升高。

通常使用阿司匹林或含有阿司匹林的药物治疗病毒感染的儿童身上也显示出高赖氨酸水平。婴儿痉挛后用镇静安眠剂（苯巴比妥制剂）治疗后，也会发现赖氨酸水平上升。而长期生活在压力的情况下，赖氨酸的水平会降低。

十四、氨基己二酸（Amino Adipic Acid）

我们在 12 例患者的检测中发现氨基己二酸，它是赖氨酸的一种代谢物。

注 14：瑞氏综合征（Reye's syndrome）：是流感病毒感染时的一种严重并发症，常见于 2～16 岁的儿童。开始时患者出现恶心、呕吐，继而出现中枢神经系统症状，如嗜睡、昏迷。

他们大多数都是由于服用了 L-色氨酸以后，而提升了氨基己二酸的水平。这种赖氨酸代谢物与色氨酸之间相互作用的意义目前还不清楚，还需要进一步的研究以进行确认。

十五、羟基赖氨酸（Hydroxylysine）

我们在 17 例患者检测中发现了羟基赖氨酸，羟基赖氨酸是一种蛋白质和结缔组织的分解物。其中，羟基赖氨酸水平最高的患者，是治疗组患者平均水平的 20 倍，而导致各种各样的瘀伤和组织分解，我们给他服用华法林（Warfarin，商品名 Coumadin）血液稀释剂进行治疗。

其他与高羟基赖氨酸水平相关的症状有厌食症、严重帕金森病、小脑退化变形及不育症；羟基赖氨酸水平升高，可能会出现在任何慢性退化性疾病中，甚至有严重抑郁症或精神病；有些患者具有较低的羟基赖氨酸水平，可能是有着甲状腺功能减退、心肌病、发育延迟、发作性嗜睡、风湿性关节炎、严重哮喘或是癫痫患者。我们发现有以上疾病患者各有 1 例。

目前尚不明确对血液中高水平的羟基赖氨酸的治疗方法。但是我们建议补充大剂量的维生素 C。以上列举的 17 例患者，每天补充 1g 或是更多的维生素 C 后，羟基赖氨酸已恢复到正常水平。

十六、紧张和压力

赖氨酸是在压力状态下被大量消耗的氨基酸之一。美国航空航天空军学院（United States Air Force School of Aerospace）的哈勒（Hale）等，对经过 48h 模拟飞行驾驶后的驾驶员，研究其氨基酸排泄的变化。2d 过后，尿液中的赖氨酸水平大幅降低，同样降低的还有酪氨酸、苯丙氨酸、半胱氨酸、瓜氨酸和天冬氨酸。另外，在纽约怀特普莱恩斯伯克康复中心（Burke Rehabilitation Center in White Plains）的阿尔巴内塞（Albanese）等，发现体育锻炼后的健康未成年人和成年人的血液中赖氨酸水平则没有显著变化。体育锻炼以后发生的压力与来自精神或心理的压力，所造成的影响是不一样的。

十七、赖氨酸的使用剂量

每日口服补充 8g 剂量的赖氨酸，用于治疗溃疡效果良好。我们对健康的成年人每日摄取 8g 赖氨酸做了研究，在实验中，2h 后血液中的赖氨酸水平比正常值提高了 4 倍，而其他赖氨酸代谢物如氨基己二酸或羟基赖氨酸并没有升高。血液中的其他氨基酸都没有显著变化，生理参数、化学参数、微量金属元素和多胺等都保持稳定。

十八、赖氨酸的补充

目前，赖氨酸的补充剂量可能过低，而不足以体现其治疗效果。对于成年人每天口服超过 8g 赖氨酸的安全性也没有被验证。20~30g 剂量的赖氨酸可能具有一定的治疗效果，但是如何正确使用赖氨酸这一营养物质还需进一步研究。

多聚赖氨酸（Polylysine，许多赖氨酸聚合在一起）生化性质的试验，目前尚在实验室进行研究中。

十九、赖氨酸缺乏的症状

缺乏赖氨酸的表现和症状包含疲劳、精神难以集中、易怒、脱发、食欲低下、消化异常、体重降低、贫血、赖氨酸代谢的酶有障碍以及对钙的吸收差。

二十、补充赖氨酸的方法

目前有 500mg/粒的 L-赖氨酸胶囊剂（美国）。

二十一、每天的治疗用量

目前对赖氨酸的剂量研究还不够充分，但是每天补充 0.1~4g 剂量的赖氨酸，还是有益于健康的。

二十二、赖氨酸的最高使用安全极限

对赖氨酸的安全使用极限没有建立。不过，对赖氨酸补充剂的连续服用不应该超过 6 个月，因为持续使用可能会导致精氨酸水平失衡。同时，补充赖氨酸需要在医生的指导下进行。

二十三、赖氨酸的副作用和禁忌证

对鸡蛋、牛奶或小麦过敏的人群，应该慎重使用赖氨酸补充剂。

二十四、对赖氨酸的总结

赖氨酸是一种必需氨基酸。实验动物的饲料中缺少赖氨酸，会抑制其生长，也会改变后代的免疫系统功能。

实验发现成年人对赖氨酸的正常需求量大约是每天总计 8g 或 12mg/kg 体重；儿童和婴幼儿则需要更多的赖氨酸，10~12 岁的儿童每天需要 44mg/kg 体重；3~6 个月的婴儿则每天需要 97mg/kg 体重。

与其他大多数氨基酸相比，赖氨酸在肌肉中含量很高。赖氨酸含量高的食品有麦芽、白软奶酪和鸡肉等。肉类食品中，猪肉中赖氨酸的含量最高。除牛油果外，其他的水果和蔬菜中赖氨酸含量较低。

正常的赖氨酸代谢需依靠许多营养物质，包括烟酸、维生素 B_6、维生素 B_2、维生素 C 和铁。过量的精氨酸会对赖氨酸产生拮抗作用。

赖氨酸对于治疗消瘦症和单纯性疱疹尤其有效。在临床研究中，它能阻止组织细胞中疱疹的生长，帮助降低疱疹病毒的数量和防止溃疡的复发。对赖氨酸补充剂量的研究尚不充分。但是每天 0.1~4g 的剂量，对健康还是有益的。可能更高的剂量对治疗更有用，因为每天 8g 的剂量，没有发现有毒副作用。膳食中富含赖氨酸，而少含精氨酸，可以帮助预防和治疗疱疹。一些研究者认为单纯性疱疹病毒和许多其他与颅神经相关的病症，如偏头痛、贝尔麻痹及梅尼埃病有关。

同时，赖氨酸也可作辅助治疗骨质疏松症。尽管高蛋白质膳食能够导致尿液中大量钙质的流失，但是缺乏赖氨酸也同样会导致相同的骨质疏松症。所以赖氨酸也可作为骨质疏松症的辅助治疗，因为它能减少钙流失。缺乏赖氨酸同样也会导致免疫缺陷。在紧张压力的情况下对赖氨酸的需求量很可能会增加。

口服高剂量的赖氨酸还未发现产生毒性。目前使用的赖氨酸剂量太低，不足以证明其应用于治疗的潜在能力。赖氨酸的代谢物，氨基己酸和肉碱，已经显示出它们的治疗潜力。氨基己酸是赖氨酸的前体，每日 30g 剂量的氨基己酸，可以治疗初始性凝血障碍症，目前已在医药中研究应用。

帕金森病、甲状腺机能减退、肾脏疾病、哮喘和抑郁症等患者，赖氨酸水平较低。这些水平的准确意义目前还不明确，补充赖氨酸的治疗，能够使赖氨酸水平恢复正常，并对这些患者的症状有所改善。

所有的慢性退化性疾病和经历过华法林治疗的患者，都发现了异常升高的羟基赖氨酸水平。高剂量的维生素 C 可以使羟基赖氨酸的水平恢复正常。

第十九章　肉碱：心脏的补药

肉碱（L-carnitine）是类氨基酸，它可以在体内合成。肉碱对机体中所有的肌肉（包括心脏）提供至关重要的能量，所以许多医疗保健专家都建议在膳食中要补充肉碱，特别是对于那些不吃红色肉类（注1）的人，肉碱则是他们营养的来源。

在传统医药治疗中也会指出补充肉碱可以改善缺血性心脏疾病、心功能不全、胆固醇和甘油三酯水平异常偏高（即高脂血症）等病症的耐受性（注2）。同时，肝功能异常的患者、肾脏透析的患者、厌食症患者以及中度乃至严重的肌肉无力，都显示出肉碱的缺乏。

左旋肉碱已被描述为一种维生素、类氨基酸，或是一个重要的代谢物。然而，在严格意义上，它既不是氨基酸也不是维生素。它不同于真正的氨基酸，肉碱不是作为人体蛋白质的组成部分或神经递质而使用的。不过，肉碱也是人体使用或制造其他氨基酸的一种物质，肉碱是一种胺，也是醇（三甲基化的羧基醇）。肉碱与其他氨基酸有着相似的化学结构，但是又具有不同的功能，是一个极不寻常的类氨基酸。

另一方面，它又被定义为是一种身体必不可少的物质。肉碱含有氮并易溶于水。在早期的研究中发现，有一种黄色的粉虱（又称黄粉虫），如果它的食物中没有肉碱就不能生长，并证明了几乎所有的动物，包括人类，自身是不能制造维生素的，例如维生素 B 族等，体内只能产生少量肉碱，因此，人们将肉碱认为是维生素。

因为甲硫氨酸和赖氨酸是肉碱的前体，当缺乏甲硫氨酸和赖氨酸时，或是缺乏维生素 C 时，或是进行肾脏透析的患者，就会导致肉碱的不足。在这种情况下，肉碱必须从食物中摄取，出于这个原因，它有时被称为"重要的

注1：红色肉类，主要指动物的瘦肉，常见的有猪肉、牛肉、羊肉等。而鸡肉、鱼肉等不属于红色肉类，各种瘦肉所含营养成分相近且较肥肉易于消化，约含蛋白质20%，脂肪1%~15%，无机盐1%，其余为水分。

注2：耐受性是生物群体中少数个体对于药物的敏感性很低，甚至用到一般中毒量也不中毒的一种特性。某些药物反复应用时，机体对该药可产生耐受性。

代谢物"，或有条件的基本代谢物质。

一、肉碱的功能

肉碱是一个不寻常的类氨基酸，它有着不同于其他氨基酸的功能。在 1959 年的研究中发现，当肉碱从肌肉加入肝组织中，增加了肝脏的氧化脂肪能力，从而增加了能量的供给。人们还发现，肉碱充当运送脂肪的功能，特别是长链脂肪酸，它能穿过细胞膜的线粒体（细胞内能源生产的位点）。肉碱的含量丰富，运送这些脂肪和氧化脂肪就更快，可用的能量就越多。接着这些能量被贮存在非脂肪的三磷酸腺苷内（ATP）。ATP 是一种中间体复合物，向细胞输送能量，并在人体活动中触发肌肉的收缩。因此，肉碱的基本作用是协调脂肪代谢，并增加能量来源。

肉碱加速脂肪氧化，可作为人类减肥膳食。肉碱不仅增强了脂肪燃烧的速度，而且能转换成能量。同时，它还可以延长锻炼和活动的时间，并且不会感到疲劳。这可使机体更容易通过增强运动而达到减肥的目的。

肉碱的另一种功能是将能量直接提供给相关的部位，提高能量的可用性。它在必要的时候，可以帮助身体氧化其他的氨基酸。当一个人在锻炼或是活动很久时，或当有人无法进食时（无论是故意的，还是在饥荒期间），氨基酸不能作为主要的能量来源时，贮存在肌肉中的碳水化合物是有限的，当全部被使用完之后，而脂肪又是无法立即被使用时，肌肉就可能会开始消耗支链氨基酸作为燃料，在此时肉碱可能起到替代肌肉消耗支链氨基酸的作用，供给机体所需要的能量。

肉碱也参与前列腺素（Prostaglandin，注 3）的代谢。前列腺素有助于平滑肌的功能。同时肉碱可以控制心脏（因为心脏的主要能量来源是脂肪）以及平滑肌脂肪的燃烧，它可以帮助支链氨基酸变成能量，肉碱在平滑肌以及在前列腺素代谢中发挥一定的作用。

另外，发现肉碱具有降低血液中酮水平的功能，酮的产生是由于脂肪的氧化不完全而造成的。通常糖尿病患者的心脏对肉碱的代谢异常，高蛋白或高脂肪的膳食可产生酮症，能够导致血液过度酸化（注4）。

注 3：前列腺素（Prostaglandin，PG）是存在于动物和人体中的一类不饱和脂肪酸组成的具有多种生理作用的活性物，具有五元脂肪环、带有两个侧链（上侧链 7 个碳原子、下侧链 8 个碳原子）的 20 个碳的酸。1930 年被尤勒（von Enler）发现。

注 4：酮症：当胰岛素依赖型糖尿病人胰岛素治疗中断或剂量不足，非胰岛素依赖型糖尿病人遭受各种应激时，糖尿病代谢紊乱加重，脂肪分解加快，酮体生成增多超过利用而积聚时，血中酮体堆积，称为酮血症，其临床表现称为酮症。

发生在膀胱的病症、胃肠过敏综合征、失眠、浮肿、关节炎、偏头痛、血压异常低以及更多的症状，都是与体内酸性物质过高有密切关系。

左旋肉碱在机体中重要的功能作用予以研究人员极大的启发，对利用肉碱在治疗中的用途提供了更多的线索。肉碱在心脏中，特别是肌浆中（Sarcoplasmic，注5）的浓度最高。脂肪氧化对于提供心脏的能量是至关重要的。心脏比其他器官拥有更多的肉碱，所以有关肉碱的最重要的治疗用途，是预防和治疗那些能够影响心脏和呼吸系统的疾病。

同样，在精液中也发现了肉碱，它能够提供帮助精子运动所需的能量，精子活力对生育能力至关重要，患有不孕症的男性，其精液中肉碱的含量是很低的。另外，肉碱在母乳和初乳中的浓度很高，这也说明了为什么婴儿的肌肉和大脑都生长得相当快。

虽然大脑完全取决于葡萄糖能量，但是，肉碱在大脑中也是尤为重要的。肉碱的衍生物 N-乙酰肉碱在大脑中的作用胜于肉碱。N-乙酰肉碱能够更有效地透过血-脑屏障，而对健康的神经功能起着重要作用，特别是对于随着年纪的增长而产生的大脑和神经系统的退化有着很好的改善作用。

二、肉碱的代谢

身体内有足够的必需氨基酸，如赖氨酸和甲硫氨酸，自身是可以生成肉碱的。肉碱的合成还需要有足够的维生素 C、维生素 B_6、烟酸、维生素 B_1 以及矿物质铁和镁。缺乏以上这些营养物质，体内的肉碱水平会降低。

关于赖氨酸、维生素 C 与肉碱的关系在以上已经提及，但是目前尚不清楚赖氨酸产生肉碱的比例，赖氨酸对肉碱水平具有增强的作用。缺乏维生素 C 的一些症状，如肌肉乏力，高血甘油三酯都与缺乏肉碱有关，肉碱对于治疗维生素 C 缺乏也是必不可少的。

三、机体对肉碱的需求量

目前，还未对肉碱的日常需求量进行过评估。成年男性每天需要通过膳食摄取约50mg的肉碱。然而，大量证据表明，对于人体健康，最为理想的应该是每天摄取 250~500mg 的肉碱。从动物实验中显示，在红细胞内，雄性动物比雌性动物的肉碱含量更高，这也表明男性比女性需要更多的肉碱。通常

注5：肌浆网：肌纤维内特化的滑面内质网，位于横小管之间，纵行包绕每条肌原纤维周围，故又称纵小管，肌浆网有贮钙和调节肌浆中钙浓度的作用。

在高脂肪膳食中，肉碱含量也比较低。

基因缺陷会造成肉碱的缺乏，这是由于肉碱合成的遗传缺陷导致的。已知可造成肉碱合成缺乏的因素，发现在一些神经肌肉疾病中，如杜兴肌肉营养不良综合征、肾功能衰竭、肝硬化、早产婴儿、妊娠（可能是由于生长的胎儿对肉碱大量需求而导致的）以及使用缺乏肉碱、以大豆为主配方的全营养胃肠外补充剂（Total Parenteral Nutrition，TPN）、恶性营养不良、高脂血症、心脏肌肉疾病（心肌病）和丙酸尿症（Propionic）或有机酸尿症（Organic Aciduria，酸尿是从遗传或其他异常产生的），所有这些先天性影响肉碱代谢合成的例子，补充肉碱是必不可少的需求。

四、肉碱在食物中的来源

"肉碱（Carnitine）"的词根与"肉食动物（Carnitine）"和"肉体（Carhal）"一致，因为肉碱首先是在肉类中发现的。肉碱可以为动物的肌肉提供运动的能量，它主要集中在肌肉中，特别是牛肉、猪肉、羊肉。而素食者和那些长期摄取低蛋白膳食的人，都存在缺乏肉碱的风险。赖氨酸和甲硫氨酸在蔬菜中的含量不充足，并且玉米、小麦和大米中赖氨酸含量也较低，豆类中甲硫氨酸含量较低。如果将这些食物适当混合，能够帮助素食者弥补膳食中肉碱的缺乏。

下表显示了肉碱分别在100g不同食物中的含量。大多数蔬菜中根本不含有肉碱。

表 肉碱在食物中的含量

食物	重量/g	含量/mg
美式奶酪	100	3.70
芦笋	100	0.195
培根（咸猪肉）	100	23.30
牛排	100	95.00
鸡胸肉	100	3.90
鳕鱼	100	5.60
白软奶酪	100	1.10
鸡蛋	100	0.0121

续表

食物	重量/g	含量/mg
绞牛肉	100	95.00
冰淇淋	100	3.70
通心粉	100	0.126
橙汁	100	0.0019
花生酱	100	0.083
猪肉	100	27.70
煮熟的大米	100	0.0449
白面包	100	0.147
全脂奶	100	3.30
全麦面包	100	0.360

五、肉碱的形成及吸收

食品中天然存在的，或是补充的均为 L 型（左旋）肉碱，在机体中最易被吸收利用。D 型肉碱是具有毒性的，会导致肌肉衰弱，并且抑制 L-肉碱的作用。虽然 D-肉碱及 DL-肉碱的价格低廉，但是不可以使用。

补充 N-乙酰肉碱（N-acetylcarnitine）也是补充肉碱的另一种选择。如补充 2g 的 N-乙酰肉碱也易被吸收。它可以更有效地透过血-脑屏障，并且很容易缓解机体组织中肉碱的缺乏。

六、肉碱的临床应用

肉碱对于治疗一系列临床疾病和功能改善有着很好的效果，如下所示。

(一) 提高运动的表现

肉碱可以加速对脂肪的氧化速度。脂肪与碳水化合物相比，脂肪迅速燃烧是长期运动的主要能量来源。而肉碱在燃烧脂肪，提供能量，使之提高耐力的过程中起着关键的作用。

肉碱的突出作用是能改善神经肌肉性失常（详见后面的"神经肌肉性失常"），提高肌肉力量，随着锻炼或运动肌肉中的肉碱水平会增加，肉碱可以在紧张压力下提高运动的耐受能力。近年来对肉碱的临床研究表明，运动员身体中肉碱与脂肪的比例高，对恢复运动员的心跳和提高运动员的耐力是至关重要的。

（二）肉碱与肝硬化

肝硬化是一种纤维组织替代了健康的肝脏组织，使肝脏功能受到损害的疾病。而肉碱生化反应的最后一步需要在肝脏中完成的，因此肝硬化的患者，血液中的肉碱不断降低也就不足为奇了。

有趣的是，在动物实验中，给予酒精依赖的大鼠补充肉碱，发现防止了预料的脂肪积累并保持血脂水平正常。但是目前还不知道这种效果能否也适用于人类。

在动物实验中还发现，肉碱在大鼠肝脏内具有代谢蛋白质和减少高血氨症的功能（Hyperammonemia，过量的氨累积）。还可以减轻抗癫痫药物 2-丙基戊酸钠（Valproate，商品名 Depakote）对肝脏所造成的毒性作用。

肉碱治疗高甘油三酯症

一位 77 岁女性，患有高甘油三酯症的糖尿病，来到我们的诊所求诊。我们测量了她的甘油三酯水平，达到极高值，约 1700mg/L（属于Ⅳ类型高脂血症，相当于国内的计算单位为 94.44mmol/L），因此我们立即对其采取了补充肉碱和烟酸的治疗。一个月后这位病人再过来复查，她已经停止服用烟酸，因为她不能够忍受面部过热的无害副作用，但是她还是坚持每天 3 次服用 600mg 的肉碱。经过治疗后，她的甘油三酯水平降到了 400mg/L（22.22mmol/L），这是肉碱的功效。

（三）肉碱与心脏病

肉碱对健康的心脏是至关重要的。它是预防和治疗心脏及循环系统的最重要的化合物之一。肉碱缺乏通常首先会对心脏产生不良的影响。

高甘油三酯与其他高血脂一样，是冠心病的一个风险因素。补充肉碱能够降低血液中的甘油三酯，增加血液中的高密度脂蛋白胆固醇（High-density Lipoprotein Cholesterol），降低冠心病的风险。一般来说，机体内有足够的肉碱，血液中甘油三酯水平不会升高。每天补充 500~1000mg 的肉碱，能有效降低血液中胆固醇、甘油三酯水平和高脂蛋白血症（Hyperlipoproteinemia）的风险系数（总胆固醇和高密度脂蛋白胆固醇的比例）。

除了能减少血液中的危险脂肪，肉碱还能协调心率。它能够改善血液渗析和缺血性心脏疾病患者（详见后面的"肾脏疾病"）的心律不齐症状，并且降低突发性心脏病的概率，增强抗压性，缓解心电图异常，以及提高冠心病患者的运动耐力。

动物实验中证明了肉碱具有缓解心血管疾病的潜力。一些研究人员通过给实验动物实施手术，减少对心脏的血液供应，人为地诱发实验动物心脏病发作。在这种情况下，心脏中的肉碱贮存很快就消耗了。危急时刻给实验动物注射肉碱，可以增加大鼠体内的三磷酸腺苷水平和心率，并预防心脏颤抖和组织损坏。肉碱在心脏复苏过程中也是很有效的药物之一。

进一步的研究表明，急性或慢性心肌缺血时，脂肪酸和乙酰辅酶 A 酯化物的积累和沉淀，造成对心肌的损伤。肉碱与脂肪酸形成酯类物质，以减少潜在的对心肌坏死的损伤。

患有白喉（一种急性病毒性感染的疾病）的动物中，肉碱能够缓解脂肪堆积和心力衰竭，延长动物的存活时间。

给实验犬注入肉碱，作为血管扩张剂，使犬的血管扩张，避免血液流动受到的阻碍。这表明，肉碱可以通过直接降低外周血管阻力，起到预防高血压的作用。肉碱也和精氨酸一样，都能帮助血管扩张，降低血压。

由于肉碱扩张血管的能力，已被用于循环系统的疾病中，如治疗跛行（注 6）、外周血管疾病（注 7）的治疗和血管痉挛综合征（在冷暴露后上肢血管异常收缩）有很好的效果。每天 2g 的 N-乙酰肉碱能有效地用于血管痉挛症的治疗。

关于肉碱在心脏疾病上的研究，有力地证明了肉碱在各种形式心脏疾病中的治疗中是有效的。总的来说，在心脏疾病研究中使用肉碱，表明了如下关系：①心肌病患者的血液中缺乏肉碱；②在冠状动脉疾病中，肉碱有血管扩张的特性；③心脏病发作后注入肉碱，可减少组织坏死区域；④肉碱可改善糖尿病、心脏病的氧气传输；⑤肉碱可在心脏病康复后，增加锻炼、运动的耐受力。

注 6：跛行是一种临床表现。引起跛行的原因很多，如双下肢不等长，髋膝踝关节功能受限，骨盆的倾斜，脊柱畸形，肌肉痉挛或软弱无力，疼痛，心理因素等。

注 7：周围血管疾病分为动脉系统疾病、静脉系统疾病、动静脉联合疾病。其中动脉系统疾病主要包括动脉硬化闭塞症、动脉瘤、动脉栓塞等，静脉系统疾病主要包括静脉曲张、深静脉血栓形成、静脉炎等；动静脉联合疾病主要包括血栓闭塞性脉管炎、动静脉瘘等。尚有免疫性血管疾病，包括结节性血管炎、变应性血管炎、类风湿血管炎、结节性多动脉炎。

肉碱可减轻心悸

一位 57 岁的牙科医生经过一段心房颤动（心脏肌肉纤维收缩不协调）和室上性搏动后，来到我们的诊所。心电图显示心脏所有的尺寸都是正常的。通过 β 受体阻滞剂阿替洛尔（Beta-blocker Atenolol，商品名 Tenormin，天诺敏）可以有效地控制心房颤动。通过每天补充 3 次 500mg 的肉碱，他的室上性搏动完全消除了。这位病人的冠状动脉造影照片显示至少 3 个冠状动脉中的一个有阻滞情况，淋巴造影显示了患者心律不齐，可能是由于缺血导致的心律不齐，但是他拒绝手术，此时，补充肉碱应该是有效的治疗手段。

（四）甲状腺机能减退

甲状腺控制着体内的代谢速度，当甲状腺产生过多的甲状腺素时，体内能量的消耗速度和进行其他化学反应的速度也会加快（即甲状腺功能亢进），当产生过少的甲状腺素时，代谢速度会减慢（即甲状腺功能减退）。甲状腺功能减退以及机体内缺乏肉碱时，都会导致血液中甘油三酯的升高。一部分研究人员推测，甲状腺功能减退和机体内缺乏肉碱，这两种情况可能有关联。他们初步的研究显示，甲状腺功能减退患者会比正常人的肉碱分泌水平降低，而甲状腺功能亢进患者会比正常人的肉碱分泌水平提高。对甲状腺功能减退患者实施治疗，使甲状腺激素恢复正常时，他们的肉碱分泌水平也会恢复正常。

一些患者血液中的肉碱水平低于正常值，同时在甲状腺、垂体和肾上腺中也发现肉碱的水平低。甲状腺素对代谢的影响，可能是通过肉碱为介导的。如果是这样，肉碱在某些情况下，可能适合用于治疗甲状腺激素低下。这如同肉碱可以提高抗抑郁药物的效果，或是帮助减肥一样，估计其同样也能对甲状腺素起作用，但这还是一个假设，结果有待研究。

（五）肾脏疾病

血液透析（Hemodialysis），简称血透，通俗的说法也称之为人工肾、洗肾，是血液净化技术的一种。它使血液从静脉中流出通过过滤机，然后返回身体，病人经常会经历全身肌肉萎缩，无法抓住东西，二头肌不能举重物，甚至可能会有咀嚼和吞咽的困难。研究显示，透析可能导致血液中多达 66% 的肉碱流失，慢性肾病患者的肌肉中，只剩余正常值 10% 的肉碱。

肾脏疾病患者常常会出现心力衰竭，使病情变得更复杂。肾病患者每天经过透析治疗后，再注入肉碱，患者血液和肌肉中肉碱水平会上升，而且他们的贫血症状会不断地消失，全身组织会有更多的氧供给。同时，因为透析会产生高甘油三酯的副作用，补充肉碱不仅能降低血液中的甘油三酯，而且能增加血液中的高密度脂蛋白水平。肉碱对于遗传性肾脏功能不全与半胱氨酸代谢紊乱的范康尼综合征（Fanconi′s Syndrome，注8）的治疗也是必不可少的。

（六）危急状态的代谢

使用肉碱静脉注射已经积累了相当多的经验。每天使用1~2.5g的左旋肉碱静脉注射，经6~7d的注入，可以使代谢率增加50%，能量消耗增加了15%~25%，这对于禁食者是很有价值的。全营养胃肠外补充剂（Total Parenteral Nutrition，TPN）与肉碱同时注入，迅速增加了代谢率，体温提高了1~2℃。当降低TPN或减少肉碱时，会伴随着出现肌肉颤抖、高血压、心动过快、心律异常和呼吸速率增加，这时只有吗啡可能能够阻止这些症状，但是大剂量至6g的肉碱，可以与具有增加心肌收缩性的强心药（Inotrope）——异羟基洋地黄毒苷原（商品名为地高辛，Digoxin）相似的刺激心脏作用。

2g的肉碱注入糖尿病患者，24h后，胰岛素的使用剂量可以降低70%。

（七）神经肌肉性失常

有关肉碱的一些最重要发现，都是基于对"阻碍肉碱或肉碱酶形成的基因排序"研究而得知的，如"脂质沉积性肌病"（注9）会导致极度的肌无力、肌肉痉挛、疼痛、疲劳、肌红蛋白尿（由于肌肉组织的破坏而产生的深色尿液，注10）和肌肉中的脂肪堆积。禁食或高脂肪饮食会加重脂肪沉积性肌病，使得肉碱被消耗殆尽。

单纯补充肉碱可以完全治愈肌肉衰弱的疾病。肉碱缺乏症是由于遗传障碍，自身无法制造肉碱所造成的，补充肉碱可以帮助神经性肌肉疾病患者和

注8：范康尼综合征是一种遗传性疾病，患病儿童会出现先天性骨髓缺陷，无法产生红血球，即使他们能通过骨髓移植等治疗长大成人，其患各种癌症的风险性也较高。范康尼贫血症非常少见，美国仅有约500个家庭有遗传病史。

注9：脂质沉积性肌病（Lipid Storage Myopathy，LSM）是指在肌肉中有异常含量的脂质沉积，且为主要的病理改变。本病为肌肉长链脂肪酸氧化过程缺陷所致的代谢性肌病，是神经系统脂肪代谢遗传性疾病的一种表现形式。

注10：肌红蛋白是与血红蛋白相类似的一种色素蛋白，分子中含有血红素基团，具有过氧化酶活性，能用联苯胺或邻联甲苯胺过氧化氢反应而检出。肌红蛋白能溶于80%饱和度的硫酸铵溶液中，而血红蛋白则不能，可资区别。在正常人肌肉等组织中含量丰富，尿中甚微，故不能从尿中检出。大量肌红蛋白从肾排出，可出现肌红蛋白尿。

低水平肉碱分泌患者提高血液中的肉碱水平。

弗拉斯卡雷利（Frascarelli）等，对患有肌肉萎缩症的患者，进行了心肌电图的分析后（一种测量肌张力的方法），进行静脉注入肉碱治疗，发现在 11 例患者中，有 7 例补充肉碱后的 35min 和 45min，他们的肌电图逐渐趋于正常。

（八）癫痫和精神病

在美国着重于肉碱对抗癫痫药——2-丙基戊酸钠（Valproate，一种抗癫痫药，商品名 Depakote）的毒性具有保护作用的研究。2-丙基戊酸钠常用于治疗癫痫、发怒、冲动和狂躁抑郁症等疾病，但是它具有毒副作用，需要保护肝脏和防止毒性的伤害，而肉碱恰恰有这样的功能。研究人员根据肉碱功能，寻求其药用价值，试图将肉碱从非处方药补充剂变成为处方药品，但是尚未成功。在我们的诊所，成功利用 0.5~1g 的肉碱和抗氧化剂避免了 2-丙基戊酸钠的毒副作用。

七、肉碱的一种重要的代谢物

N-乙酰肉碱是在体内自然产生的重要代谢物，很昂贵。意大利首先对它展开研究。摄取大剂量（1.5g）或更多的 N-乙酰肉碱后会产生很好的医疗效果，其最佳效果超过肉碱，目前在美国还在研究中。

意大利的研究发现，N-乙酰肉碱对预防心绞痛、心脏病发作，糖尿病患者的肾脏损伤、神经病（神经损伤）、免疫系统功能低下、阿尔茨海默病等很有效。同时，以上这些疾病都与血液中肉碱水平低相关。但是，对于心脏病的治疗，需要极高剂量的 N-乙酰肉碱，在 2~7g 的水平。而 1~1.5g 剂量的 N-乙酰肉碱，其疗效目前还不明确。当剂量为每天 20g 时，N-乙酰肉碱可以大幅度提高体内高密度脂蛋白（High-Density Lipoproteins，HDL）的水平，这是一种"好的"胆固醇，对身体健康是有益的。

根据研究，N-乙酰肉碱可减缓老年痴呆的发展。肉碱似乎可增强神经递质乙酰胆碱和多巴胺的疗效。肉碱在治疗不同程度的老年痴呆和其他神经心理疾病时的效果明显，更进一步明确了氨基酸对神经递质系统的重要作用。

在一项双盲研究中，N-乙酰肉碱对于治疗短期记忆丧失有好处，它可能会减少脂褐素的形成（注 11）。在我们的诊所，已经得到了关于中度记忆障

注 11：脂褐素（Lipofuscin）又称老年素，是沉积于神经、心肌、肝脏等组织衰老细胞中的黄褐色不规则小体，内容物为电子密度不等的物质、脂滴、小泡等，是溶酶体作用后剩下不能再被消化的物质而形成的残余体。其积累随年龄增长而增多，是衰老的重要指征之一。

碍的患者，使用 N-乙酰肉碱取得好转的正面报道。

N-乙酰肉碱比拉西坦（Piracetam，商品名 Nootropil）在恢复大脑记忆功能方面更有效。肉碱的另一种形式是乙酰左卡尼汀（Acetyl levocarnitine），被认为可以延缓阿尔茨海默病患者的认知能力恶化。N-乙酰肉碱也被建议用于治疗唐氏综合征（注 12）。

N-乙酰肉碱是一种天然的抗抑郁剂。因此，它可减少老年痴呆和老年人的抑郁症状。同时，N-乙酰肉碱也可以和其他药物混合使用，治疗会更有效。我们建议在治疗中与颅电刺激（CES）同时使用，会进一步增加血液中的多巴胺水平。另外，N-乙酰肉碱也可刺激乙酰胆碱的产生。

目前仍然没有充分的证据表明，补充 N-乙酰肉碱对于能量的作用，这应值得进一步研究。

八、肉碱的使用剂量

每天 3g L-肉碱，连续 10d 的治疗，血液中能够增加 20% 的肉碱水平，80% 的 N-乙酰肉碱的水平，30% 总肉碱（单一的肉碱及肉碱的蛋白合成物）的水平。

另一个提高肉碱水平的方式是补充赖氨酸。赖氨酸是肉碱的前体物质。成年人补充 5g 的赖氨酸，可在 6h 内提高肉碱水平，并在接下来的 48h 内进一步地提高，在 72h 肉碱仍能保持高水平。在营养不良的情况下，赖氨酸和肉碱的转化率会减退。

九、肉碱的补充

肉碱的补充可以增加组织中的肉碱水平和最大限度地改善大脑的健康。N-乙酰肉碱是最好的补充形式。

十、肉碱缺乏的综合征

缺乏肉碱的症状包括精神错乱、肌肉萎缩、肥胖症、心脏疼痛和衰老。

十一、补充肉碱的方法

补充肉碱采用单一游离 L 型肉碱，市售有 250～500mg 的胶囊和药片。大

注 12：唐氏综合征即 21 三体综合征（Trisomy 21 Syndrome），又称先天愚型或低下综合征，是最早被确定的染色体病，60% 患儿在胎内早期即夭折流产，存活者有明显的智能落后、特殊面容，生长发育障碍和多发畸形。

剂量的肉碱需在医嘱下使用。D 和 DL 型肉碱不建议使用，因为它们对于 L- 肉碱有阻滞作用，或可能导致肌肉萎缩和毒性。

十二、肉碱每天的治疗用量

用于以治疗为目的，肉碱的剂量可以是每天 1~3g。

十三、肉碱的最高使用安全极限

在临床研究中，使用超过 3g 的剂量，没有发现副作用。

十四、肉碱的副作用和禁忌证

每天补充 2g 的肉碱剂量没有副作用，偶尔有短暂的轻度腹泻。患有尿毒症的患者，由于血液中废物的积累，一天补充 3g 的左旋肉碱会对甘油三酯水平产生不利的影响，但是这种不寻常的效果不会在健康人中产生。

十五、对肉碱的总结

肉碱是一种可通过体内的赖氨酸和甲硫氨酸转化产生的重要氨基酸。目前已知的最重要作用，是将脂肪传输至肌肉细胞的线粒体中，包含心脏中的脂肪氧化。肉碱代谢先天性的缺陷，会导致大脑的退化、瑞氏综合征、逐渐恶化的肌肉无力、杜兴肌肉营养不良综合征（注 13）、严重的肌肉无力和肌肉中的脂肪堆积。博拉姆（Borum）等，通过对早产婴儿、各种类型的血糖过低的患者、肾脏透析患者、肝硬化患者、恶性营养不良、高脂血症患者、心肌病的患者，以及丙酸尿症或有机酸尿症（遗传或其他异常情况导致的酸尿症）的患者，进行的研究总结得出，肉碱对于上述病症是一种必需的营养物。所有上述情况与肉碱代谢遗传缺陷有关。肉碱对生命体是必不可少的，肉碱是有价值的补充剂。

在临床条件下，使用肉碱的治疗也有广泛用途。肉碱补充可改善心绞痛

注 13：杜兴肌肉营养不良综合征（Duchenne Muscular Dystrophy，DMD），又称杜显肌肉萎缩症、杜氏肌肉萎缩症，是一种性联隐性遗传病，又名为假性肥大型肌肉萎缩症，为症状最严重的肌肉萎缩症。由于基因突变缺陷导致肌肉细胞不能正常产生一种称为 Dystrophin 的蛋白质，会使钙离子渗入细胞，引发瀑布反应，导致患者全身肌肉无力，又因肌肉细胞内缺少 Dystrophin，导致细胞组织肌肉纤维变得无力且脆弱，经长期的伸展后该缺失肌肉细胞的组织将产生机械性伤害等因素而被破坏，最终导致肌肉细胞死亡。大约 65% 的病例是经由性染色体隐性遗传而来，35% 的病例则由于基因突变而来。

患者的症状。可以采用肉碱治疗各种形式的高血脂和肌肉衰弱。补充左旋肉碱可能是防止2-丙基戊酸钠的毒性，在代谢性肝病以及心脏肌肉疾病的治疗中都很有用。心脏经历严重的心律失常，肉碱的贮存会被快速消耗殆尽。欧洲运动员补充肉碱用于提高运动的耐力。肉碱可通过改善脂肪的利用，以促进肌肉的生长，还可用于治疗肥胖症。补充肉碱可以用于治疗甲状腺机能减退，孕妇需要补充肉碱，同时，肉碱也是男性的营养物，能用以改善男性不育，或精子活动能力低下的症状。

第二十章　组氨酸：抗关节炎的斗士

组氨酸（L-Histidine）是一种必需氨基酸，血红蛋白中有大量组氨酸，人体组织的生长和修复需要血红蛋白。同时，组氨酸对早产儿的存活也很关键。儿童和成人自身能够产生少量组氨酸，但是大量的组氨酸还是需要通过饮食进入人体的。患有类风湿性关节炎的患者，血液中和关节滑液中一般会缺乏组氨酸。关节滑液是透明黏质润滑的液体，是由关节薄膜分泌而得的，组氨酸是唯一在类风湿性关节炎患者的血液中被发现存在基数水平异常的一种氨基酸。

一、组氨酸的功能

组氨酸水平是整体蛋白质代谢的一个敏感指标。它是人体内保存最好的氨基酸，是测量蛋白质水平的一个可靠依据。在严重压力情况下，人体更需要的是组氨酸，而不是其他氨基酸。当尿液中出现组氨酸时，显示身体的衰弱，此时不是分解蛋白质，而是消耗肌肉，为身体提供所需要的能量。

组氨酸具有温和的消炎作用，还有助于结合微量元素铜，将其从体内排出。组氨酸还可改善性功能，并增加性生活的快感。组氨酸与其他氨基酸很容易结合，形成多肽物质。由于组氨酸具有潜在的血管舒张功能，对降低血压也有功效。

组氨酸在体内最重要的功能之一是转化为组胺。组胺遍布人体各处，有着强大的血管扩张能力，在过敏反应、免疫系统以及其他功能中起着中枢作用。它作为大脑的神经递质，特别是在大脑海马以及整个自主神经系统中广泛存在，同时还可刺激胃蛋白酶和盐酸的分泌，有益于胃肠的消化功能。大多数的组胺贮存于血小板、肥大细胞和嗜碱性粒细胞中（注1），嗜碱粒细胞

注1：嗜碱性粒细胞起源于骨髓造血多功能干细胞，在骨髓内分化成熟后进入血液。正常值为0%~1%。这类细胞的颗粒内含有组胺、肝素和过敏性慢反应物质等。肝素有抗凝血作用；组胺可改变毛细血管的通透性；过敏性慢反应物质是一种脂类分子，能引起平滑肌收缩。机体发生过敏反应与这些物质有关。嗜碱性粒细胞在结缔组织和黏膜上皮内时，称为肥大细胞。

很可能是组胺最丰富的来源。当过敏原存在时，组胺会从这些细胞中释放出来，导致炎症、体液产生，偶尔还会出现荨麻疹。

同时，组胺可转换为其他氨基酸代谢物：如3-甲基组氨酸、甲基组氨酸、单分子氨基酸肌肽以及β-丙氨酸。

二、组氨酸的代谢

组氨酸可以从肝脏中通过谷氨酸、肌肽或是生物素（B族维生素的一员）生成。组氨酸同时也可以通过肌肉蛋白分解产生，以及3-甲基组氨酸的转换而得。然而，这些来源只可产生少量组氨酸，所有这些转换都需要有足够的维生素 B_6 作为支持。

机体内组氨酸的代谢比它的合成更为容易，组氨酸的存在可以影响组胺的产生。对于组氨酸的代谢，在很大程度上取决于组胺。当组氨酸转换为组胺时，需要充足的维生素 B_6 和维生素 B_3。然而，其他因素会使它们之间的生化关系变得更为复杂化。

美国的罗格斯大学（Rutgers University）的石桥，对膳食组氨酸和组胺之间的复杂关系进行了仔细研究。膳食中的组胺不会增加大脑中的组胺，补充组氨酸以及组胺的合成之间的关系：在最初补充组氨酸时会降低血液中组胺 $10\% \sim 15\%$，而24h后，组胺水平可能会上升20%。这种自相矛盾的反应还需更进一步的调查研究。

锌和镁也会影响组氨酸转化至组胺的正常代谢。组氨酸可能有助于运输铜，血液存在组氨酸-铜-苏氨酸复合物，具有温和的抗炎作用。大剂量的锌（在血液中55mg）会导致血清组氨酸降低 $10\% \sim 20\%$，因为锌与铜有拮抗反应。相反地，小剂量的锌或持续应用锌的治疗，会增加血液中组氨酸和组胺的水平。威斯康星大学（University of Wisconsin）的胡克斯特拉（Hoekstra）对缺乏锌或镁会如何干预组氨酸转化为组胺的正常代谢，做了详细研究。补充组氨酸可能会降低血液中的锌和增加血液中的铁。维生素 E 缺乏会导致从肌肉中消耗组氨酸。但是，目前对这些发现的重要性还不清楚。

三、机体对组氨酸的需求量

组氨酸是必需氨基酸。尽管在一定条件下，机体内会产生少量的组氨酸，但是在儿童快速生长阶段、受伤后、组织的形成或组织修复时，机体所产生的组氨酸数量不足，就不能满足需要了。因此，从膳食中摄取充足的组氨酸很有必要。婴儿对组氨酸的需求和对其他必需氨基酸的需求一样，都比成人要多。美国国家科学院（National Academy of Sciences）对 4~6 个月的婴儿进行评估后，得出他们对组氨酸的需求量是 33mg/kg 体重，而儿童及成人对组氨酸的需求量还没有明确。

四、食物中的组氨酸

机体中所需的大量组氨酸都来源于膳食。组氨酸的天然来源包括豆荚、乳制品、鸡蛋、鱼类、肉类、坚果、种子、大豆或乳清等。而谷类食物、谷粒、蔬菜、水果和油类中组氨酸的含量则微乎其微，见下表。

表　　　　　　　　　　　　　组氨酸在食物中的含量

食物	数量	含量/g
奶酪	1oz	0.25
鸡肉	1lb	1.70
巧克力	1 杯	0.20
白软奶酪	1 杯	1.00
鸭肉	1lb	1.70
蛋	1 个	0.20
麦片	1 杯	0.25
午餐肉	1lb	1.70
燕麦粥	1 杯	0.20
猪肉	1lb	3.30
乳清干酪	1 杯	1.00
香肠	1lb	1.70
火鸡肉	1lb	1.70
麦芽	1 杯	1.00
全脂奶	1 杯	0.20
酸奶酪	1 杯	0.20

五、组氨酸的形成及吸收

组氨酸是容易吸收及利用的氨基酸。和其他大多数氨基酸一样，L 型组氨酸更易从食物或补充剂中吸收。

六、组氨酸在临床中的应用

尽管组氨酸转换为组胺是众所周知的，对于如何将组氨酸作为一种治疗手段应用到临床却仍未有明确的方法。补充组氨酸可以转换成组胺，并有助于控制以下叙述和讨论的一些情况。

然而，由于组氨酸转化为组胺是一个复杂的生化过程，对于组胺的利用也有很多的差异，还需进一步研究。

（一）白内障

在实验动物的饲料中，如果缺少组氨酸或苯丙氨酸都会出现白内障的前期症状，例如缝线扩宽、纤维细胞分离和晶体模糊。如果膳食中缺少组氨酸3周，即可产生白内障。而膳食中缺少亮氨酸、苏氨酸、异亮氨酸、缬氨酸、赖氨酸或含硫氨基酸同样也可对眼睛产生不利的影响，但不会造成明显的白内障。

（二）血液中组氨酸的水平及临床综合症状

患有风湿性关节炎、帕金森病，以及其他一些精神障碍症，如多动症、狂躁症、妄想症和幻觉的患者，一般都有较低的组氨酸及组胺水平。

具有情绪低迷、精神分裂、强迫性的个性、执迷、死板、恐惧等的患者，则被发现有相对较高的组胺和组氨酸水平。大约20%的精神分裂症患者都有较高的组胺。

在我们临床研究的首批128例患者中，有26例是血液中具有较低的组胺水平，超过50%的患者是重度抑郁症；4例是精神病患者；2例是被收容的智力障碍患者；2例是肾脏病患者；1例有心脏病；1例具有苯丙酮尿症；1例有小脑萎缩症状以及1例有毛囊炎（毛囊细菌感染）。

而11例患者具有较高的组氨酸水平，其中6例是慢性精神病患者；4例有抑郁症；还有1例是健康者。

这些人中只有1例是26岁的男性精神病患者，他在每天早晨口服1g剂量的组氨酸，傍晚他的组氨酸水平就上升了，精神病状况减轻了，但是仍需依赖组氨酸进行治疗。而那些具有较高组氨酸水平的患者，没有补充组氨酸，但是却采取了多种氨基酸的治疗。研究显示多种氨基酸治疗的方法，可以提高血液中组氨酸的水平，组氨酸水平的升高可能显示了营养状况的改善。

组氨酸代谢异常的同时，常伴随着鹅肌肽（Anserine）和肌肽（Carnosine）也发生代谢异常。而当 β-丙氨酸（β-alanine）异常时，似乎并不影响组氨酸的代谢。对于 β-丙氨酸、鹅肌肽和肌肽水平的变化，至今还没有明确解释。但是发现当大量食用肉类食品之后，会有短暂的鹅肌肽和肌肽的上升。而通常接受过肾脏移植的患者，尿液中的 β-丙氨酸水平会有所上升。

我们也对 L-甲基组氨酸（L-methylhistidine）异常者进行了研究。在 128 例患者中，L-甲基组氨酸代谢物水平上升的有：4 例肾脏病患者、4 例精神病患者、4 例抑郁症患者和 1 例其他方面无异常的患者。对此水平上升的正确解释目前尚不清楚，但是它与肾脏疾病间的相互关系却吸引了很多的关注。

（三）风湿性关节炎

组氨酸对风湿性关节炎的试验治疗，显示组氨酸治疗是最有成效的方法。

在许多对氨基酸应用于治疗风湿性关节炎的研究中，发现并一致认为组氨酸是风湿性关节炎患者在血液中唯一呈现异常的氨基酸。同时在关节的膜滑液中也发现了较低的组氨酸水平。通过口服一种抗炎药 D-青霉胺（D-penicillamine）可提高膜滑液中的组氨酸水平。

以上的发现，指导应用组氨酸治疗最初的临床。类风湿关节炎患者血液中组氨酸水平低，对患者进行组氨酸的耐受性试验，发现患者血液中的组氨酸消除非常迅速。布鲁克林唐斯泰特医学中心（Downstate Medical Center in Brooklyn）的戈伯（Gerber）每日给患者补充 1g 或更多的组氨酸，对风湿性关节炎患者进行治疗，发现患者在力量控制和行走能力方面都有了改善。

戈伯通过检测血液中组氨酸的水平诊断风湿性关节炎和确定风湿性关节病症导致的退化程度。补充组氨酸治疗提高了患者血液中组氨酸的水平，但是这些患者一旦服用了抗炎药物，则无法采用检测数据进行判断。

如果患者的血沉速度很高（注 2），行走很困难，则对组氨酸的治疗反应很有效。锡拉丘兹州医学中心（Upstate Medical Center in Syracuse）的皮纳斯（Pinals）等，每日给很严重的风湿性关节炎患者，补充 4.5g 剂量的组氨酸进行治疗，取得了很好的效果。

一些关节炎患者使用组氨酸后得到好转，然而，该方法没有得到积极推广。抗炎处方药氯喹（Chloroquine，商品名 Aralen）和 D-青霉胺（D-penicillamine）对组氨酸水平有间接提升的效果，所以可能对风湿性关节炎的治疗具有效果。口服组氨酸补充剂，其剂量为 4~5g，对许多严重的风湿性关节炎患者都是很有效的。

注 2：血沉速度（Sedimentation Rate, Sed Rate），将抗凝血剂放入血沉管中垂直静置，红细胞由于密度较大而下沉。通常以红细胞在第一小时末下沉的距离表示红细胞的沉降速度，称为红细胞沉降率，即血沉。男性为 0~15mm/h，女性为 0~20mm/h。血沉速度高是有炎症的信号。

饮用威士忌会降低血液中的组氨酸水平，升高苏氨酸的水平。因此建议风湿性关节炎患者应该避免饮用酒精饮料。

（四）紧张和压力

在紧张和压力的情况下，与其他氨基酸相比，人体更需要组氨酸。肌肉纤维中的组氨酸在甲基化作用下，会形成 3-甲基组氨酸（3-methylhistidine）。3-甲基组氨酸可从尿液中大量排泄出来，它代表着肌肉群（Muscle Mass）和蛋白质分解的一个有用指标。随着年纪增长，3-甲基组氨酸的分泌会减少，同时，在压力情况下，如饥饿或禁食后，机体会降低对肌肉的修复和分解的功能。肌肉素中 3-甲基组氨酸的比例被认为是分解代谢和合成代谢状态的一个重要的指标。另外，组氨酸的分泌同时还会受到体内其他各种不同激素含量的影响。

我们发现，患者出现 3-甲基组氨酸低水平，同时还经常发现在患者的血液中出现几个其他氨基酸的低水平，这是值得我们重视的蛋白质营养指标。

（五）组氨酸其他潜在的用途

1. 过敏

组氨酸在过敏性失调中的应用是很矛盾的。从理论上来说，过敏是由于组胺产生的作用，组氨酸会使过敏患者的情况更严重。过敏患者具有高水平的免疫球蛋白 E（由免疫系统产生的抗体），因为组胺的过度释放，使血液中的组胺呈现低水平。

2. 对性的激励

组氨酸的临床应用，对于提高性欲有一定作用，因为组氨酸可以提高组胺水平，组胺能够促进性生活达到高潮。

3. 高血压

组氨酸在自主神经系统中的作用对血管舒张和降低血压也很有效。目前，这种说法还需进一步研究，但是我们发现组氨酸有提高血压的倾向。

4. 尿毒症

尿毒症是一种严重肾脏疾病，人体不能通过肾脏产生尿液，将体内代谢产生的废物和过多的水分排出体外而引起毒害。通常患有尿毒症的患者血液中含有较高的苯丙氨酸，较低的酪氨酸和组氨酸。蛋白质补充剂会使尿毒症患者的症状更严重，应该给患者补充含有高组氨酸和低苯丙氨酸的蛋白质。

七、组氨酸的使用剂量

我们发现组氨酸治疗有两方面比较重要的副作用：长期治疗可诱发抑郁，

以及补充组氨酸可诱发月经的提前。但是，这些副作用很少发生，且也很容易被避免，这并不妨碍对组氨酸的使用。

组氨酸是易吸收氨基酸。每70kg体重的成年男子补充4g组氨酸，在2h后血液中的组氨酸水平可升高到225%，而4h后降至正常水平的150%。组氨酸的补充可能最初会使血液中的组胺水平降低10%~15%，而24h过后，组胺水平会上升约20%。随着补充组氨酸，血液中铁的水平也会有很大的提高，锌水平会稍稍降低。缬氨酸会在4h后降低约50%，血液中的其他氨基酸没有受到影响。

八、组氨酸缺乏的症状

组氨酸缺乏的征兆和症状包括听力差、皮炎湿疹（婴儿通常会发生的皮肤问题）。

九、补充组氨酸的方法

补充单一游离的组氨酸500~600mg的胶囊或片剂。

十、组氨酸每日的治疗剂量

依据不同情况，组氨酸的剂量为1~20g/d。

十一、组氨酸的最高使用安全限值

没有建立。

十二、组氨酸的副作用及使用禁忌

成年人在短期内补充大剂量的组氨酸暂未发现有较大的副作用。在少数情况下，长期补充组氨酸的治疗，会诱发抑郁症和月经的提前及紊乱。血液中较高组氨酸和组胺水平的人群，也包含那些有躁狂抑郁症、精神分裂症和慢性过敏症患者，不应该使用组氨酸补充剂。

十三、对组氨酸的总结

组氨酸是婴儿必需氨基酸，对成人是非必需氨基酸。4~6个月的婴儿每天需要33mg/kg体重的组氨酸。目前尚不清楚成人是如何产生组氨酸的，每日膳食来源中即含有足够所需的组氨酸。先天性组氨酸代谢的缺陷者，血液中组氨酸水平升高，同时还伴随着一系列其他的症状，如心理缺陷、生理缺陷、智力障碍、情绪不稳定、震颤、共济失调、精神病。

在医学治疗中，组氨酸对风湿性关节炎的试验治疗很有成效，症状严重的风湿性关节炎患者，每日可以服用达 4.5g 的组氨酸。关节炎患者的血液中组氨酸水平较低，因为组氨酸容易快速从患者的血液中清除。研究还发现组氨酸有抗炎作用，通过与苏氨酸或半胱氨酸与铜的相互作用，组氨酸可以很好地实现抗炎的功能。但是，风湿性关节炎患者血液中的铜通常会增加，因此会加重关节炎的症状。

患有慢性肾功能衰竭的患者，血液中组氨酸水平较低。组氨酸对血管有舒张作用，所以组氨酸对高血压也有一定的治疗效果。另外，组氨酸对于提高性欲和抗过敏也有一定的治疗效果，但是目前还没有明确证据。

组氨酸可能还有其他一些功能，因为组氨酸可提高血液及大脑中的组胺，而组胺又是无处不在的神经激素和神经递质的前身。当血液中组氨酸水平低时，同时血液中铜含量高和精神极度活跃的人群，会出现狂躁症、精神分裂症。补充组氨酸，提高患者的组胺水平是很有效的疗法。

组氨酸有效的治疗剂量范围较大，每天可为 1~20g。可通过测量血液中组胺的水平来指导补充用量和监控治疗的效果。

第九部分

多种氨基酸的应用

第二十一章　多种氨基酸在临床中的应用

在前面的章节中，我们讨论了单一氨基酸的使用及异常情况。而补充多种氨基酸也会在不同的组合或使用中出现异常情况。一些更常见的情况和发生的问题在这一章中有所叙述。

一、临床中的应用

下面讨论的条件，是同时出现多种氨基酸水平的升高或是缺乏。

（一）衰老

血液中的氨基酸水平是随着年龄的增长而降低的。新生儿特别是早产儿，血液中具有很高的氨基酸水平和对氨基酸的需求多。在儿童期，血液中的氨基酸水平和需求就开始下降，然而，仍然高于成年人。成年人血液中的氨基酸水平进一步下降，需求也会减少。为什么中老年人血液中的氨基酸水平和需求会下降，目前还没有得到正式的研究结论。

机体对氨基酸的需求，绝对是随年龄而改变的。在成长中的孩子，赖氨酸占氨基酸总需求的23%，而成年人对赖氨酸的需求下降到11%。成长中的儿童，甲硫氨酸加上半胱氨酸的需求从10%增加到17%。甲硫氨酸和半胱氨酸随着年龄的增长而增加了需求，这是因为体内对抗氧化剂谷胱甘肽需求的增加所致。一项研究表明，血液中的色氨酸水平在老年人中是减少的，以及其他氨基酸的水平，会随着年龄的增长，可能会出现重大变化。

（二）癌症

卵巢和子宫癌患者血液中的苯丙氨酸、酪氨酸、甘氨酸、天冬酰胺、缬氨酸水平会升高。白血病患者血液中的牛磺酸、谷氨酸和谷氨酰胺水平会升高。布伦纳（Brenner）和他的研究人员，试图在胃癌或胃恶性肿瘤患者血液中寻找相关的氨基酸异常。

（三）抑郁症和精神疾病

在一般情况下，酪氨酸和苯丙氨酸水平低常常涉及忧郁型抑郁症；γ-氨基丁酸和谷氨酸水平降低涉及焦虑型抑郁症；而5-羟色胺的水平低与失眠型抑郁症有关。酪氨酸和苯丙氨酸的水平高与精神病有关。

不同的药物针对不同形式的抑郁症，而不同的氨基酸，也是用于不同类型抑郁症的治疗。在我们的诊所，有 1 例患者，我们对他进行心理测试分析之后，将这些信息和血液中的氨基酸化验的结果进行整合，以确定使用最有效的药物和氨基酸的组合。同时，为了排除任何不确定性的判断，也可以采用脑电活动映射的过程（脑电图仪，BEAM），帮助提供年龄与大脑功能状态的数据（参见第 4 章色氨酸中"P300 脑电波图谱仪"的更多内容）。

越来越多的证据表明，血液中酪氨酸和苯丙氨酸升高，可能会使酗酒患者和精神分裂症患者产生幻觉。比耶肯斯泰特（Bjerkenstedt）和同事，通过研究表明，血液中丙氨酸、牛磺酸、甲硫氨酸、缬氨酸、异亮氨酸、亮氨酸、苯丙氨酸和酪氨酸升高，可能会在某种情况下产生精神分裂症。相比之下，血液中高水平的色氨酸和酪氨酸与抗抑郁药物共同使用，对治疗抑郁症是有效的。血液中如果缺乏必要的氨基酸，例如，色氨酸、酪氨酸、甲硫氨酸、γ-氨基丁酸、牛磺酸、甘氨酸的时候会产生临床抑郁症。

（四）内分泌状况

褪黑素、色氨酸和 5-羟色胺在神经内分泌学中是有用的物质，但是它们影响能力的确切性，目前尚不太清楚，还需要更多的研究。我们认为大脑化学物质对所有内分泌具有影响作用。例如，我们知道某些激素水平与大脑中的血清素水平有关，例如，当睾酮和脱氢表雄酮处于低水平状况，可以通过提高多巴胺的水平，增加睾酮和脱氢表雄酮。许多的内分泌异常是可以通过调整大脑的化学物质进行纠正的。

（五）食物过敏

文德利希（Wunderlich）和卡莉塔（Kalita）在研究中发现，对食物过敏患者的尿液进行检测，发现至少有一种，如丝氨酸、谷氨酸和半胱氨酸分别是降低的，而尿液中的肌肽是升高的（肌肽能够分解成丙氨酸）。菲尔波特（Philpott）和卡莉塔（Kalita）还发现食物过敏患者的天冬氨酸、谷氨酸、半胱氨酸水平低，通过补充维生素 B$_6$ 可以纠正。

他们还发现了高含量的氨基己二酸（Amino Adipic Acid，赖氨酸分解产品）、胱硫醚合成酶（Cystathione Synthase，吡哆醇依赖性酶）和甲硫氨酸，使得吡哆醇（维生素 B$_6$）的利用受到障碍。

潘伯恩（Pangborn）建议可以从尿液中亮氨酸、异亮氨酸、缬氨酸、苯丙氨酸水平低，鉴定食物过敏的患者。由于食物过敏有着多种不同类型，对食物过敏患者的血液中的多种氨基酸显现异常变化，是准确的生化检查方法。但是目前还一直缺乏对过敏患者特定的氨基酸模式进行比较，所以采用检测血液中的氨基酸，优于检测尿液中的氨基酸。

二、氨基酸的高水平

血液中高浓度的氨基酸，通常伴随着多种先天性基因缺陷，以及与因健康问题造成的新陈代谢障碍有关。表 21.1 列出在临床中各种病症造成的尿液中氨基酸水平的升高，包括范可尼综合征（注 1）、抗惊厥药物引起的佝偻病（由于维生素 D 缺乏可导致的骨骼畸形）、先天性鱼鳞病（一种遗传性的皮肤疾病，特征是皮肤干燥、脱皮）、精神发育迟滞、使用过期的四环素类药物、果糖不耐受、半乳糖血症（由于身体缺乏转换乳糖的能力，致使半乳糖与葡萄糖半乳糖水平升高）、遗传性黄斑变性、甲状腺功能亢进、寻常型鱼鳞病（皮肤干燥、脱皮）、肝脏疾病、肾病综合征（使肾脏微小的血液过滤系统受损，使水分聚集在肾脏，产生的肾脏损伤）、苯丙酮尿症（PKU）、佝偻病、败血病、低镁血症、维生素 D 缺乏症以及镉、铅或铀中毒、威尔逊症（铜中毒，注 2）和食物过敏。

表 21.1　　　　　　使尿液中氨基酸水平升高的相关病症

病症	氨基酸
范可尼综合征、抗惊厥引起的佝偻病	所有的氨基酸都升高
镉中毒、先天性鱼鳞病	所有的氨基酸都升高
精神发育迟滞、使用过期的四环素、果糖不耐受	所有的氨基酸都升高
半乳糖血症、遗传性黄斑变性	所有的氨基酸都升高
甲状腺功能亢进、鱼鳞病	所有的氨基酸都升高
铅中毒、肝脏疾病、肾脏的综合征	所有的氨基酸都升高
苯丙酮尿症、佝偻病、威尔逊症	所有的氨基酸都升高
食物过敏	氨基己二酸、甲硫氨酸升高（丝氨酸、谷氨酰胺、天冬酰胺、半胱氨酸下降）

注 1：范可尼综合征是指包括多种病因所致的多发性近端肾小管再吸收功能障碍的临床综合征，因肾近曲小管重吸收缺陷，尿中会排出大量葡萄糖、氨基酸、磷酸盐、重碳酸盐等，而导致酸中毒、电解质紊乱等。

注 2：威尔逊症（Wilson's disease）是一种自体隐性遗传疾病，是因第十三对染色体上的两个基因异常，造成血浆中携带铜离子的蓝胞浆素（Ceruloplasmin）缺乏，使得铜离子代谢产生异常，让过多的铜离子在肝、脑、角膜、心脏等处沉淀，而造成全身性的症状。大约每三万人中会有一人罹患此病。发病年龄大多见于 6 岁儿童到 40 岁的成年人。

通常，氨基酸水平的升高普遍会在尿液中出现。

表 21.2 列举了各种与血液中高氨基酸或氨基酸血症相关的临床病症。我们认为，测量血液中氨基酸水平，提供异常氨基酸信息是可靠的。例如，高丙氨酸血症（Hyperalaninemia，过量的丙氨酸）会产生过量的糖皮质激素，可能引发高血糖或库兴综合征（注3）。佝偻病患者会引发血液中的甘氨酸水平升高，肌肉张力减退和肝脏疾病。赖氨酸水平的升高可能是具有遗传性的胰腺炎导致的。早产儿中脯氨酸和酪氨酸的水平升高。痛风患者可能会显示在血液中产生小幅度的丙氨酸、亮氨酸、异亮氨酸、丝氨酸、谷氨酸水平的增加，而甘氨酸水平可能显著减少。在糖尿病患者中，亮氨酸、异亮氨酸和缬氨酸水平可能会增加 2~3 倍。

淋巴瘤和肝炎患者除支链氨基酸外，在血液中可能显示所有氨基酸的含量都在增加，偏头痛患者的 γ-氨基丁酸水平可能增加，并且在发作的前一天血液中的色氨酸水平会增高。如杜兴肌肉营养不良综合征，增加了血液中的甘氨酸、谷氨酸、牛磺酸和甲硫氨酸的副产品——甲硫氨酸亚砜的水平。肥胖症患者的血液中支链氨基酸水平会适度地增加。在佝偻病患者的血液中氨基酸水平会发生普遍的升高。

通常，氨基酸水平的升高会受到与它竞争的氨基酸的制约。

表 21.2 血浆中与氨基酸升高有关的病症

病症	氨基酸
库兴综合征，糖皮质激素过剩	丙氨酸
糖尿病	三支链氨基酸
杜兴肌肉营养不良综合征，渐进式肌肉萎缩症	甘氨酸、谷氨酸盐、牛磺酸
遗传性胰腺炎	赖氨酸
痛风症	丙氨酸、谷氨酸盐、亮氨酸、异亮氨酸
多动症	酪氨酸
肝功能衰竭	酪氨酸、苯丙氨酸、谷氨酸盐、甘氨酸、天冬酰胺
淋巴瘤、肝炎	除三支链氨基酸外，其他氨基酸都升高

注3：库兴综合征是一种由于垂体或肾上腺病变导致肾上腺皮质分泌过量的糖皮质激素所致的疾病。

续表

病症	氨基酸
偏头痛发作及使用偏头痛的药物	色氨酸、γ-氨基丁酸
肥胖、禁食	三支链氨基酸
苯丙酮尿症	苯丙氨酸
早产儿及出生低体重的婴儿	酪氨酸、脯氨酸
肾功能衰竭	半胱氨酸
佝偻病、肌肉张力减退	甘氨酸

三、氨基酸的低水平

在许多的病情中，氨基酸在血液中的水平都会持续减少，这种情况称为低氨基酸血症。这些病症包括厌食症、癌症、毛囊炎、酗酒及毒品滥用或胰高血糖素瘤（在胰腺中的神经内分泌肿瘤，会导致胰高血糖素的过量分泌）。氨基酸的低水平也可以出现在暂时性地承受严重的压力。然而，即使是营养不良和恶性营养不良儿童，也并不是血液中所有的氨基酸都是下降的。发热和感染性疾病会降低血液中大多数氨基酸的水平，然而，会加大苯丙氨酸与酪氨酸的比值。低血糖的患者会出现丙氨酸较低的水平。在肾功能衰竭患者血液中，酪氨酸、苯丙氨酸和甲硫氨酸往往会低，最终苏氨酸、缬氨酸、异亮氨酸、亮氨酸、赖氨酸、组氨酸也会出现减少。总之，几乎在许多的病患中都会出现血液中氨基酸水平降低。

糙皮病的患者显示出血液中色氨酸的水平非常低，支链氨基酸水平也有减少。血液中低氨基酸水平发生在大约5%的患者中，这些患者需要补充含有两种以上的氨基酸。

表21.3列出了临床出现血液中低水平氨基酸的病症及缺少的氨基酸。

表 21.3   病症与血液中氨基酸低水平的关系

病症	低水平的氨基酸
厌食症，癌症	所有的都低
抑郁症	色氨酸、酪氨酸、牛磺酸、苯丙氨酸
发热、感染	除苯丙氨酸增加，其他都低
毛囊炎、酗酒、紧张压力	所有的都低

续表

病症	低水平的氨基酸
痛风	甘氨酸
酮症、低血糖	丙氨酸
糙皮病	苯丙氨酸，有时支链氨基酸也会减少
肾功能衰竭	酪氨酸、苯丙氨酸、甲硫氨酸，最终所有的氨基酸都低
类风湿关节炎	组氨酸
维生素 C 缺乏	苏氨酸、赖氨酸、甘氨酸、组氨酸、精氨酸

在怀孕、压力、紧张、接触有机溶剂、败血症、烧伤、溃疡、创伤、苯海拉明滥用（Diphenhydramine，商品名为苯那君，Benadryl）、癌症、透析、缺锌、手术后，也会出现血液中必需氨基酸的减少。

我们在研究中发现，补充必需氨基酸可能是很有价值的治疗方案，它可以使血液中氨基酸的水平增加。高剂量的补充，可以提高血液中必需氨基酸含量至正常值的 5~20 倍，并可以提高与拮抗氨基酸的竞争能力。补充必需氨基酸，使血液中的氨基酸水平达到正常值的两倍，其他氨基酸在血液中的水平也可以得到提高，因此这是很有用的治疗方法。

抗抑郁症的药物、治疗偏头痛的药物、治疗风湿性关节炎的 D-青霉素也可以增加血液中的氨基酸水平。

四、免疫反应

越来越多的证据显示神经递质对免疫系统有着抑制的机制，如艾滋病病毒和爱泼斯坦-巴尔病毒（注 4）不仅会损害免疫系统，也会损害大脑。心理神经免疫学领域曾指出，神经递质由氨基酸构成，并具有调节免疫系统的机制。虽然目前尚不清楚所有氨基酸对免疫机制的影响，但是，酪氨酸和 DL-苯丙氨酸是这种神经递质的重要组成成分，其最重要的作用就是调节自身免

注 4：爱泼斯坦-巴尔病毒（Epstein-Barr Virus），又称 EB 病毒（EB Virus）。是由两位法国医生发现的，并由他们的名字命名的疱疹病毒。主要引起急性传染性单核细胞增多症。病毒仅感染唾液腺细胞和一种白血球。在一些不发达国家流传，EB 病毒感染几乎发生在 5 岁以下的儿童，而患者几乎全无症状。若 EB 病毒感染发生在青少年或年轻的成人身上时，身体通常会呈不同的反应，即出现感染性单核细胞增多症。其他有些较少见的病症也和爱泼斯坦-巴尔病毒有关，包括某些恶性疾病（如白血病）。目前 EB 病毒感染尚无特定疗法，疫苗也尚未问世。

疫系统。去甲肾上腺素，也被称为是肾上腺素的神经递质，有助于抑制自身免疫反应。

五、检测氨基酸的水平

据健康检测中心（Place for Achieving Total Health，PATH）对血液中氨基酸水平的测量和基于慢性疾病的患者需要，我们建议对所有的患者应该在每两年最少进行一次血液中氨基酸水平的检测。该方法提供的各种氨基酸数据，其中包括对以下的身体状态是非常宝贵的信息。

- 同型半胱氨酸的升高，是识别心脏疾病危险程度的重要指标。
- 低水平的支链氨基酸，与肌肉无力有关。
- 褪黑素缺乏，是衰老的因素。
- 低丙氨酸水平，与低血糖症有关。
- 低甲硫氨酸水平，与过敏和抑郁症有关。
- 低半胱氨酸和胱氨酸水平，与缺乏抗氧化剂有关。
- 苯丙氨酸、酪氨酸和色氨酸的失衡或缺陷，常见于抑郁症。
- 精神病患者的丝氨酸水平表现异常。

检测的结果对有效指导临床治疗是非常有用的。例如，一位年轻女性患有非常难确诊的癫痫，诊断中借助了血液中氨基酸的测试，确定患者存在氨基己二酸的代谢异常，并纠正了这一异常状况，从而控制患者的癫痫发作。

我们使用氨基酸血液分析的测试，同时密切监控氨基酸的吸收情况。血液中氨基酸的水平数据，也可以帮助我们确定精神病患者的给药正确与否。尿液中氨基酸的检测也提供了有用的信息，但是对尿液中氨基酸的分析检查应该是第二位的，它主要可以用来帮助我们判断和澄清模棱两可的代谢缺陷。

一般来说，测量血液中的氨基酸水平，比测量尿液中氨基酸水平更具有利用的价值。通常血液中氨基酸水平异常，而在尿液中并不一定能反映出来，反之亦然。例如，败血症患者在血液中显示出苏氨酸、甘氨酸、赖氨酸、组氨酸及精氨酸的浓度降低，然而这些氨基酸在尿液排泄中是正常的；如败血症在实验室的诱导下，发现尿液中羟脯氨酸是增加的，而在血液氨基酸检测中，显示羟脯氨酸是保持正常的。例如，口服酪氨酸，随着尿液排出的为42%。应用尿液检测氨基酸水平，仅对相对不重要的氨基酸时，如3-甲基组氨酸（3-methylhistidine）和羟脯氨酸，比应用血液检测有很好的测量结果。

六、氨基酸疗法

当以治疗为目的应用氨基酸时，如何确定最有效剂量是一个挑战，因为它的营养治疗的范围很宽。例如，烟酸可以补充的剂量在 500~4000mg 都是有效的。而补充维生素 C 500mg 对某些人群来说很有效，但是对于某些个体需要补充 5000mg 才能满足需要。又如，有些人预防衰老，可能需要补充 3.5g 磷脂酰丝氨酸，但是通过动物实验，一些改善衰老和记忆力的问题，可能只需要补充 200mg 或 400mg 磷脂酰丝氨酸，就会得到较好的效果。

即便是补充同样的养分，但是由于人的生理个性不同，同时还由于一个或是很多氨基酸的定量范围很广，使得血液中氨基酸水平和其他生化标志物质也不同，这些问题都还需要在今后的持续研究和应用中得到最终解决。

一般来说，如果为了治疗目的服用单一的氨基酸同时也应补充完整的氨基酸复合物，例如，以健康为目的补充多种氨基酸，应该包括所有的必需氨基酸，以确保有足够的关键氨基酸，然后由机体合成非必需的氨基酸，这是最好的补充氨基酸的方式。

七、氨基酸的配方

许多营养用途的氨基酸制剂都是用于医疗目的的，例如一种氨基酸溶液称为 Nephromine（美国的一种治疗肾脏病的氨基酸保健制剂），用于肾功能衰竭患者，它包含 8 种必需氨基酸作为唯一氮源和蛋白质的合成原料，电解质不需要被添加到配方中，可以防止任何多余的氮对肾病患者的影响。

还有肝癌或肝衰竭患者所需要的特殊氨基酸配方。这些患者通常血液中含有高浓度的芳香族氨基酸如苯丙氨酸、酪氨酸、色氨酸，而支链氨基酸如亮氨酸、异亮氨酸、缬氨酸的含量较低。也就是说，他们血液中缺乏通常典型的氨基酸比例。这些患者补充的氨基酸溶液称为 Hepatamine（译者注：是美国的肝病补充剂，相当于我国的肝安制剂）是用于治疗肝病的。一般来说，这些氨基酸的配方，除补充支链氨基酸外，不添加其他单一氨基酸，避免引起碱性中毒导致的副作用。血氨水平升高可能发生在儿童，以及有肝脏疾病成人中，可以采用普通的氨基酸方案进行治疗。

八、长期补充氨基酸的独特药理特性

对长期使用高剂量的氨基酸治疗，所发生的很多常见健康问题正在引起关注。色氨酸被用于治疗失眠、抑郁、痛苦和狂躁；甲硫氨酸一直用于治疗抑郁症、胆囊疾病和其他医疗；牛磺酸在日本通常被用作强心药和抗惊厥药。但是对长期补充氨基酸的作用以及对血液中氨基酸水平的影响目前尚不太清楚。

我们对 3 例单一补充甲硫氨酸（体重 70kg，每日补充 1400mg 的甲硫氨酸，进行了 11 周的补充）；4 例补充甲硫氨酸和牛磺酸（体重 70kg，每日补充 1800mg 的甲硫氨酸和 600mg 的牛磺酸，进行了 14 周的补充）；4 例补充单一色氨酸（体重 70kg，每日补充 2500mg 的色氨酸，进行了 6 周的补充）和 4 例补充甲硫氨酸和色氨酸（体重 70kg，每日补充 800mg 的甲硫氨酸和 900mg 的色氨酸，进行了 9 周的补充），将这些组与对照组的血液中的氨基酸水平做了分析和比较如下。

单一补充甲硫氨酸的，血液中的甲硫氨酸和其他含硫氨基酸（牛磺酸和半胱氨酸）以及 γ-氨基丁酸、甘氨酸和天冬酰胺的水平增加。补充甲硫氨酸和牛磺酸的血液中除了上述氨基酸水平增加外，鸟氨酸和羟脯氨酸水平也增加了。

单一补充色氨酸仅提高了色氨酸、苏氨酸和精氨酸水平，而同时补充甲硫氨酸和色氨酸的，增加了甲硫氨酸、苏氨酸、精氨酸、牛磺酸、亮氨酸、异亮氨酸、缬氨酸、苯丙氨酸、酪氨酸、丝氨酸、羟脯氨酸、赖氨酸水平。

当补充添加两种氨基酸时，可以提高血液中其他多种氨基酸水平。以上 4 组是经过 15 例受试者，对 26 个项目的控制进行比较的，显示在血液中增加了 10 种氨基酸的水平。由此可见长期补充甲硫氨酸、牛磺酸或色氨酸可以提高血液中许多其他氨基酸的水平。

这种血液中氨基酸不寻常的提高，来自长期补充氨基酸。这种提高使受体或输送系统都可能受到刺激，我们相信这是一个积极的影响，因为前面多次提到血液中的氨基酸会随着年龄增长而降低。所以长期补充氨基酸，特别是半胱氨酸对每个人来说都具有潜在的价值。而在增加羟脯氨酸时会产生副作用，但是这可以通过增加维生素 C 的补充进行矫正，同时对这一变化还需要进行进一步必要的研究。

我们　直关注单一氨基酸的补充。如一位 50 岁的妇女，生了 3 年的唇疱疹，每天口服补充 500mg 的赖氨酸，经过我们的检测结果显示，她的血液中赖氨酸水平是正常值的 1.5~2 倍，其他 10 种氨基酸的水平明显升高。

1 例 32 岁的精神分裂症的女性，多年来她血液中的甲硫氨酸水平高出 50%，牛磺酸水平是正常值的两倍。在血液测试中还显示有其他 8 种氨基酸水平明显升高。而另 1 例 29 岁的抑郁症男性患者，服用 8g 3 种不同的氨基酸，几个月之后他来到我们的诊所，经检测他血液中的所有氨基酸的水平都几乎达到最高的水平。

因此，我们发现长期补充几个必需氨基酸（重要氨基酸），无论是单独的或组合的剂量，随着时间的推移，将会逐渐累积在血液中，从而提高氨基酸的水平。

上述两个病例有着神奇的现象：服用单一品种氨基酸会引起体内氨基酸整体水平提高。这一发现将对整个人类的营养学产生重要影响，我的博士研究生（Mr. Braveman）正在继续这一研究。

九、辅助物质的补充

对血液中氨基酸水平的检测发现，颅电刺激（CES）与氨基酸疗法结合时，产生柔和的低电压，对大脑进行刺激，显著地改善治疗的结果。医学文献记录了成功治愈许多抑郁症、焦虑症、酗酒和毒品的戒断综合征、失眠、精神分裂症、认知障碍、多动症，甚至是胃酸过多症。CES 设备操作简单，适于诊所使用。

在我们的诊所，我们也把脑电波图谱（BEAM）作为非常有价值的诊断工具，用于评估心理疾病、衰老和大脑的退化，取得令人兴奋的效果，并采用康复性的营养疗法是有效的。BEAM 可以很简单地提供可靠的大脑 α 和 θ 波频谱分析、诱发电位、视觉诱发响应、听觉诱发反应和脑电波图谱（P300）电压，使我们可以建立起对患者有临床意义的生理年龄和功能的大脑状态资料。

十、氨基酸在临床中的总结

表 21.4 总结了整本书的研究和文献，它可以成为从事氨基酸生产者、研究人员、营养师以及医生（中西医）的手册和指南。

表 21.4　　　　　　　　　　　氨基酸临床诊断和病症

病症	可能的疗法	需要避免的
衰老	甲硫氨酸、色氨酸	
好斗，并具攻击性	色氨酸	
阿尔茨海默病	所有的必需氨基酸	
控制食欲	色氨酸、苯丙氨酸、γ-氨基丁酸	
关节炎	组氨酸、半胱氨酸	
孤僻症	色氨酸	
良性前列腺增生	甘氨酸	
癌症	半胱氨酸、牛磺酸、大部分的必需氨基酸	苯丙氨酸、酪氨酸
胆固醇升高	甲硫氨酸、牛磺酸、甘氨酸、肉碱、精氨酸	

续表

病症	可能的疗法	需要避免的
慢性疼痛	色氨酸、苯丙氨酸	
烟瘾	酪氨酸	
可卡因成瘾	酪氨酸	
抑郁症	色氨酸、苯丙氨酸、苏氨酸、酪氨酸	精氨酸
糖尿病	丙氨酸、半胱氨酸、苯丙氨酸	
吸毒	γ-氨基丁酸、甲硫氨酸、酪氨酸	
癫痫	甘氨酸、牛磺酸	谷氨酸、天冬氨酸
胆囊疾病	甲硫氨酸、牛磺酸、支链氨基酸、甘氨酸	
痛风	甘氨酸	
脱发	半胱氨酸、精氨酸	
心力衰竭	牛磺酸、酪氨酸、肉碱	
疱疹	赖氨酸	精氨酸
高血压	色氨酸、γ-氨基丁酸、牛磺酸	
低血糖	丙氨酸、γ-氨基丁酸	
失眠	色氨酸	
肾功能衰竭	所有的必需氨基酸	非必需氨基酸
下肢血管性溃疡	局部半胱氨酸、甘氨酸、苏氨酸	
肝脏疾病	异亮氨酸、亮氨酸、缬氨酸	
狂躁型抑郁症	色氨酸、甘氨酸	
肌无力，肌肉衰弱	甘氨酸	
骨质疏松	赖氨酸	
帕金森病	苯丙氨酸、酪氨酸、色氨酸、甲硫氨酸、左旋多巴	
辐射损害	半胱氨酸、牛磺酸、甲硫氨酸、甘氨酸	
精神分裂症	异亮氨酸、色氨酸、甲硫氨酸	丝氨酸、天冬酰胺、亮氨酸
应激、紧张压力	酪氨酸、组氨酸、所有必需氨基酸	
自杀型抑郁症	苯丙氨酸、甲硫氨酸	
手术期	支链氨基酸和所有的必需氨基酸	
胸腺发育不健全	天冬氨酸、苏氨酸	

值得注意的是，血液中氨基酸水平的不足或过量，并不是绝对的治疗依据，它只是一个很好的治疗参考的数据。例如，在短期内由于压力和紧张，会引起血液中氨基酸水平的升高，但是经过一段时间会消耗掉，而恢复正常。就是在疾病发生的过程里，所测得的结果也会是模棱两可的。因此，氨基酸治疗，也像所有的医学治疗一样，需要在很大程度上依赖于临床的判断，因此，我们希望你与医生很好地配合，以评估你身体对氨基酸的需要。

第二十二章 氨基酸的研究和应用
在不断突破中

许多关于氨基酸的研究和重要的应用，正在非常迅速地发展着。以下是对一些最新发现的讨论。

氨基酸和大脑化学领域的研究正在蓬勃发展，我们发现，如果大脑运行良好，身体也会跟着"好"起来。新的科学热点研究引人注目，它们表明，平衡的大脑化学物质在身体的整体健康中起着关键作用，尤其是用于治疗药物滥用和减肥方面的作用。

根据最新的研究，大脑功能由四组核心化学系统主导：多巴胺组、乙酰胆碱组、γ-氨基丁酸（GABA）组和血清素组。每个系统都由一组特定的神经递质驱动，这些神经递质可以促进大脑的特定功能。

大脑中的多巴胺或肾上腺素系统，负责促进大脑的能量、动力来源，从而调节体内新陈代谢；γ-氨基丁酸（GABA）关联镇静系统，促进放松和情绪稳定；乙酰胆碱关联认知系统，对大脑的反应速度、记忆和清晰思考的能力产生影响；最后，5-羟色胺（血清素），或称为静息系统，让身体进入睡眠状态，并是大脑的控制开关机制。科学家和临床医生正在关注如何使用氨基酸、饮食和/或基于氨基酸的药物来平衡这些系统，以达到广泛的有益效果。

测量血液中的同型半胱氨酸水平的兴趣仍在继续。最新的研究表明，这种有毒氨基酸的含量升高与心脏病有关，采用补充吡哆醇（维生素 B_6）、氰钴胺（维生素 B_{12}）和叶酸进行治疗，目前普通的医生已变成了营养学家。测量血液中氨基酸水平已经成为有用的概念，因为它提供了血液中抗氧化剂的大致基线的数值。血液中同型半胱氨酸水平升高，足以说明抗氧化剂的缺失；血液中足量的半胱氨酸水平，说明体内的抗氧化剂是充足的（同型半胱氨酸会不断消耗体内的抗氧化剂，加速细胞氧化和人体衰老，而半胱氨酸有助于细胞的抗氧化——译者注）。

许多其他研究表明，慢性疲劳患者的血液中氨基酸分析往往具有色氨酸水平低的标志。测量芳香族氨基酸和支链氨基酸水平可以帮助预测患有躁郁症的患者对抗抑郁药和抗惊厥药的反应。例如，低芳香族氨基酸（如酪氨酸、苯丙氨酸和色氨酸）预测抗抑郁药的反应，而支链氨基酸的增加则预测抗惊厥药的反应。同样，抑郁症患者血液中酪氨酸和苯丙氨酸含量较低，对安非他酮（Wellbutrin）、盐酸芬特明（Phentermine）、哌醋甲酯（Ritalin，利他林）等抗抑郁药物或类似药物有反应。色氨酸水平低的患者对奈法唑酮（Nefazodone）、德西雷尔（Trazodone）、氟西汀（Prozac，百忧解）或帕罗西汀（Paxil）的反应更好。

肝硬化和肾功能衰竭患者血液中氨基酸含量较低，可以通过测量血液中氨基酸含量确定需要补充哪些氨基酸。天冬氨酸和谷氨酸水平升高，可以预测帕金森病和癫痫患者病情的恶化，阻断这些氨基酸对降低或预防中风也具有重要意义。磷酰丝氨酸和丝氨酸的水平低，可以预测与衰老相关的记忆障碍问题，而丝氨酸的升高可以预测其他精神疾病问题。N-乙酰半胱氨酸缺乏，已被证明与支气管炎、肺部疾病以及许多其他疾病有关。N-乙酰半胱氨酸引起了人们对预防癌症和药物毒副作用的高度关注。牛磺酸水平低与眼部疾病有关，可以预测黄斑变性和其他眼部疾病。

精氨酸已被证明可以降低血小板的黏稠度，并与大蒜素、鱼油、阿司匹林和维生素E一起食用，可以预防中风和血栓。对于那些不能接受或不想服用华法林（Coumadin）的患者来说，补充精氨酸是一个很好的选择（注：建议科学用药）。精氨酸还能提高血管内皮释放因子，舒张血管，促进血液循环。还有些人认为精氨酸可能有助于降低胆固醇水平，治疗偏头痛和癌症。

对谷氨酸盐类和天冬氨酸盐类水平的升高，研究表明：阻断这些氨基酸和阻断谷氨酸钠可以防止对大脑的损伤和麻醉作用。但是，本来这些氨基酸，它们是可以用来刺激大脑活动和记忆的。但是，高剂量会导致脑卒中、偏头痛和其他中毒症状。补充谷氨酰胺可用于胃肠道疾病的治疗，由此引起的体内色氨酸水平增加，也有益于症状的改善。

新的研究表明，支链氨基酸有助于癌症患者和癌症引起的消瘦。新的研究继续表明，肉碱对心脏病有益，N-乙酰肉碱对记忆障碍有帮助，酪氨酸作为大脑的天然安非他命（Amphetamine），和磷脂酰丝氨酸（Phosphatidylserine）对记忆有好处。氨基酸在临床治疗中的应用还在不断完善。氨基酸在医学上确实有很多有用的好处。因此，血液中氨基酸与微量元素、维生素、脂肪酸应一起进行全面的生化评价。氨基酸是体内蛋白质和神经递质系统的组成部分，有助于身体的新陈代谢和激素的影响。

术语诠释

乙酰胆碱（Acetylcholine）：由胆碱产生的神经递质，胆碱是一种与 B 族维生素有关的物质。

酸中毒（Acidosis）：血液和身体组织的过酸或碱度降低的异常状态。

急性（Acute）：快速发作并导致身体组织相对严重的状态或状况。

三磷酸腺苷（Adenosine Triphosphate，ATP）：向细胞提供能量的中间化合物。

肾上腺素（Adrenaline 或 Epinephrine）：肾上腺分泌的激素，产生"战斗或逃跑"反应。

身体激动剂（Agonist）：增强另一种物质作用的物质。

白蛋白（Albumin）：在组织和体液、血液中的主要蛋白质。负责渗透压。

生物碱（Alkaloids）：天然产生的具有药理活性的胺。

胺（Amine）：含有氮的化合物。

氨基酸（Amino Acid）：是有机化合物，由一个基本氨基（氮和氢）和一个羧基（碳、氧和氢）组成，用来构成蛋白质的基本结构单位。

氨基酸模式（Amino Acid Pattern）：各种氨基酸的相对比例。

氨基酸尿（Amino Aciduria）：尿中氨基酸排泄量过高。

止痛剂（Analgesic）：减轻疼痛的物质。

类似物（Analog）：在结构上与有机化合物非常相似的化学物质。

拮抗（Antagonism）：指营养物质之间的相互作用。

抗体（Antibody）：免疫系统产生的一种蛋白质，对外来生物或毒素产生的反应，这种蛋白质能够摧毁或中和入侵者。

载脂蛋白 E（ApoE）：在血液中运输脂肪和胆固醇的蛋白质。

共济失调（Ataxia）：肌肉运动的不协调和肌肉运动的能力丧失。

基底神经节（Basal Ganglia）：位于大脑半球的灰质，参与自主运动的调节。

β-丙氨酸（β-alanlne）：由泛酸和辅酶 A 组成，是丙氨酸的衍生物。

血-脑屏障（Blood-brain Barrier）：改变小脑血管通透性并阻止某些物

质进入脑组织的生理机制。许多氨基酸和物质在没有运输系统的情况下被阻止进入大脑。

全身僵硬（Catalepsy）：精神分裂症或癫痫患者发作时，其中肌肉或多或少地僵硬。

儿茶酚胺（Catecholamine）：一组结构相似的化合物，包括去甲肾上腺素、肾上腺素和多巴胺，其功能类似于大脑中的肾上腺素，由酪氨酸产生。

小脑（Cerebellum）：位于大脑后面的脑区域，负责调节和协调任意的肌肉运动以及姿势和平衡。

色谱法（Chromatography）：用物理方法分离液体中物质的技术。

慢性的（Chronic）：轻度或重度，长时间的状态或状况。

慢性疲劳综合征（Chronic Fatigue Syndrome）：长期处于低能量状态，表现为肌肉酸痛，疼痛和抑郁。

肝硬化（CIrrhosis）：纤维组织替代健康的肝组织，且肝功能受损的疾病。

辅助因子（Cofactor）：酶的一部分，通常是矿物质或微量金属，重要功能是缺乏这些成分酶就不显示活性。

胶原蛋白（Collagen）：结缔组织、软骨和骨骼的主要成分。

共价键（Covalent Bond）：两个或多个原子共同使用它们的外层电子，在理想情况下达到电子饱和状态，像这样由几个相邻原子通过共用电子并与共用电子之间形成的一种强烈作用称为共价键。

颅电刺激（Cranial Electrical Stimulation，CES）：安全温和的低压电刺激大脑，可促进氨基酸的神经递质功能。

D 型、L 型或 DL 型（D-，L-，DL- form）：氨基酸的化学结构，氨基酸通常以 D 型和 L 型出现，偶尔也以 DL 型出现，这些术语表示氨基酸旋转光的方向。"D"代表"Dextro"，意思是"右旋"，L 代表"Levo"，意思是"左旋"，DL 是 D 型和 L 型的氨基酸在化合物中各占一半的组合。

脱氨作用（Deamination）：即去除氨基酸中含氮部分的代谢。

脱氧核糖核酸（Deoxyribonucleic Acid，DNA）：包含细胞遗传信息的所有细胞核中的物质，并确定细胞将发展成的生命形式。

二肽（Dipeptide）：由两个氨基酸连接而成的物质。

多巴胺（Dopamlne）：兴奋性神经递质，通常与情绪有关。

精神调节剂（多巴胺能药，Dopaminergic）：具有多巴胺和多巴胺类物质的特征和活性。

双盲研究（Double-Blind Study）：研究人员和受试者都不知道何时使用了活性剂或安慰剂的研究。

心境不佳（Dysthymia）：轻度抑郁症。

脑电疗法（Electroencephalograpy，EEG）：一种用于测量脑电波活动的测试。

脑病变（Encephalopathy）：可能导致脑功能下降的各种大脑疾病。

内啡肽（Endorphins）：天然存在的吗啡样肽激素，起缓和情绪的作用，控制疼痛，并起有效的止痛剂的作用。

脑啡肽酶（Enkephalinase）：可能会增加体内疼痛程度的酶。

脑啡肽（Enkephalins）：天然存在的吗啡样多肽，可起到缓和情绪的作用，控制疼痛感和用作有效止痛剂。

酶（Enzyme）：催化加速化学反应的主要蛋白质。

内源氨基酸（Endogenous）：从体内氨基酸库中回收的氨基酸。

嗜酸性粒细胞肌痛综合征（Eosinophilia Myalgia Syndrome，EMS）：一种罕见的自身免疫性疾病，以严重的肌肉疼痛、痉挛和虚弱为特征。手臂和腿肿胀、麻木、发热和皮疹，在严重的情况下会导致死亡。

外源性氨基酸（Exogenous Amino Acids）：从饮食中获取的氨基酸。

家族性淀粉样变性病（FamIlial Amyloidosis）：遗传性疾病，特征是站立时头晕，手脚麻木和刺痛，可能还伴有腹泻。

家族性痉挛性截瘫（Familial Spastic Paraplegia）：这组疾病的特征在于腿部渐进性僵硬或痉挛，伴有不同程度虚弱的疾病。

脂肪酸（Fatty Acid）：是一系列的氢原子组成的酸，是脂肪的组成部分，脂肪酸主要有3类，即饱和脂肪酸、单一不饱和脂肪酸和多重不饱和脂肪酸。

纤维性颤动（Fibrillatlon）：肌肉纤维的不协调收缩，通常包括心脏肌肉。

成纤维细胞（Fibroblasts）：经常存在于新形成的组织或处于修复状态的组织中，具有核的大细胞。

毛囊炎（Folliculitis）：毛囊的细菌感染。

弗里德希共济失调（Friedreich's Ataxia）：遗传性、渐进性神经系统紊乱，导致失去平衡和协调。

肾小球性肾炎（Glomerulonephritls）：严重的肾脏疾病。

胰高血糖素（Glucagon）：胰腺分泌的一种激素，能刺激血糖水平升高。

生糖（Glucogenic）：形成葡萄糖。

糖异生（Gluconeogenesis）：由非碳水化合物（例如氨基酸）形成的葡萄糖。

葡萄糖（Glucose）：在血液中发现的单糖，身体的主要能量来源之一。

糖原（Glycogen）：人体中葡萄糖的主要存储形式，可根据需要转换回葡萄糖，以提供能量。

糖原生成（Glycogenesis）：由糖形成的糖原。

糖原分解（Glycogenolysis）：由肝脏和肌肉中的糖形成的糖原。

糖酵解（Glycolysls）：将葡萄糖转化为乳酸，并以三磷酸腺苷（ATP）的形式产生能量。

克（Gram）：度量的单位，1g 等于 1000mg。

灰质（Gray matter）：脑神经和脊髓的棕灰色神经组织，由神经细胞和纤维以及一些支持组织组成。

哈特纳普病（Hartnup's disease）：遗传性氨基酸代谢异常，以步态和协调性障碍为特征的共济失调症。

辅助 T 细胞（Helper T Cell）：在免疫应答中由胸腺控制的淋巴细胞。

血红蛋白（Hemoglobin）：血液中含有铁的蛋白质。

肝性脑病（Hepatic Encephalopathy）：肝功能下降导致的以脑损伤形式作为表现，如语言障碍，睡眠改变、震颤和其他症状，这是由于肾脏功能异常，产生的毒素在大脑中的积累。

海马（Hippocampus）：大脑在记忆过程中起中心作用的重要区域。

体内平衡（Homeostasis）：身体保持各部位平衡的能力。

水解（Hydrolysis）：化学反应，其中一种物质分解为新化合物是由于添加了一个或多个水分子。

羟化酶（Hydroxylase）：肝脏中的一种主要酶，启动芳香族氨基酸转化为神经递质。

高脂蛋白血症（Hyperlipoproteinemia）：以不正常的高胆固醇或甘油三酯水平为特征的代谢紊乱。

高草酸血症（Hyperoxalemia）：（在试管中进行的研究）草酸盐在血液中异常高的积聚。

先天性代谢缺陷（Inborn Errors of Metabofism）：通常由于酶的遗传性缺陷而不能代谢或运输氨基酸。

强心药（Inotrope）：促进心脏泵血活动的药物或营养物质，如钙或牛磺酸。

白介素（Interleukin）：人体产生的帮助抵抗感染的免疫系统化学物质。

缺血（Ischemia）：减少向身体器官或组织提供血液的疾病。

角蛋白（Keratin）：在头发、皮肤和指甲中发现的一种不溶性蛋白质。

酮（Ketone）：由脂肪不完全氧化而形成的物质。

酮症（Ketosis）：身体燃烧储存的脂肪燃料的过程。

千克（Kilogram）：重量单位，1kg约等于2.2磅。

克雷布斯循环（Krebs Cycle）：身体内的碳水化合物转化为能量的代谢途径。以诺贝尔奖得主，英国生物化学家汉斯·克雷布斯的名字命名。

夸希奥科病（Kwashiorkor）：一种恶性营养不良的蛋白质缺乏症，长见于营养不良的儿童，特征为生长缓慢、水肿、组织消瘦、抗病能力下降和皮肤色素变化。

白血球（Leukocyte）：血液中的白细胞。

左旋多巴（Levodopa，又称L-dopa）：用于治疗帕金森病的药物，可在体内转化为多巴胺。

淋巴细胞（Lymphocyte）：一种负责在体内建立免疫力的白细胞。

巨噬细胞（Macrophage）：具有吸收外来异物能力的细胞，可发现异物在哪里，并保护其组织和器官。

代谢途径（Metabolic Pathway）：从蛋白质、脂肪或碳水化合物中获取能量的方式。

代谢物（Metabolite）：新陈代谢过程中产生的物质。

甲基化（Methylation）：在化合物中加入甲基的化学过程。

毫克（Milligram）：测量单位，1000mg等于1g。

线粒体（Mitochondrla）：在几乎所有生物体的细胞中都能找到的微观结构，它含有酶，负责将糖类转化为可用的能量。

分子（Molecule）：物质的微小单位，一种物质可以被分成并保留其特性的最小数量。

多发性骨髓瘤（Multiple Myeloma）：骨髓癌。

肌阵挛（Myoclonus）：与许多神经系统疾病有关的肌肉痉挛。

嗜睡（Narcolepsy）：以不受控制的睡眠欲望或睡眠的突然发作为特征的病症。

坏死（Necrosis）：细胞或组织因损伤或疾病而死亡。

新生儿（Neonates）：一个月或更小新生儿。

净蛋白质利用率（Net Protein Utilization，NPU）：利用蛋白质的方式，

有些食物含有无法充分代谢的蛋白质。

神经元（Neuron）：神经细胞，传导电脉冲，引起神经递质释放。

神经病变（Neuropathy）：由神经损伤引起的病变。

神经肽（Neuropeptides）：神经蛋白质或生物化学物质，将化学信息从大脑发送到细胞膜的受体部位。

神经递质（Neurotransmitter）：化学物质，通常由氨基酸或肽组成，这些氨基酸或肽存在于化学语言中，大脑中的神经元通过这些化学语言进行交流。乙酰胆碱、多巴胺和去甲肾上腺素被认为是主要的神经递质。

嗜中性粒细胞（Neutrophil）：白细胞的主要构成，是一种白细胞，在免疫反应中起重要作用。

中缝大核（Nucleus Raphus Magnus）：大脑的主要疼痛抑制中心。

乳清酸（Orotic Acid）：嘧啶合成中的中间化合物。

直立性低血压（Orthostatic Hypotension）：站立时血压突然下降。

氧化（Oxidation）：燃烧燃料以提供体内能量。

肠外（Parentera）：通过肠道以外的渠道进入体内。

帕金森病（Parkinson's disease）：缓慢渐进性、退化性神经系统疾病，其特征为震颤，类似面具的无表情，步履蹒跚以及肌肉僵硬和无力。

糙皮病（Pellagra）：烟酸缺乏症，以精神衰退、皮肤、胃肠道和神经系统紊乱为特征的疾病。

肽（Peptide）：在蛋白质消化过程中起中介作用的氨基酸链。

肽键（Peptide Bond）：连接氨基酸的化学键。

吞噬细胞（Phagocyte）：体内具有吞噬功能的一群细胞。

苯丙酮酸症（Phenylketonuria）：苯丙氨酸在转化为酪氨酸时，所必需的酶具有先天性代谢缺陷，病症的特征是智力迟钝。

磷脂（Phospholipid）：主要由脂肪酸和磷组成的物质，如卵磷脂，存在于所有的细胞膜中。

血浆（Plasma）：不含淋巴细胞的血液。

多胺（Polyamine）：促进细胞（可能包括癌细胞）生长的氨基酸化合物。

多肽（Polypeptides）：由3种以上的氨基酸组成的蛋白质。

卟啉（Porphyrins）：非蛋白质的含氮组织成分。

前体（Precursor）：转换成另一种物质的基本成分。

催乳素（Prolactin）：由脑下垂体分泌的天然激素，能刺激乳汁的分泌。

蛋白酶（Protease）：催化蛋白质分解成肽和氨基酸的酶。

蛋白质（Protein）：氨基酸集合体，身体的组成部分之一。

精神药物（Psychotropic Drug）：影响一个人思想和心理的药物。

嘌呤（Purine）：脱氧核糖核酸（DNA）和核糖核酸（RNA）以及至少50种其他重要化合物的基本组成成分。

嘧啶（Pyrimidine.）：脱氧核糖核酸（DNA）和核糖核酸（RNA）以及至少50种其他重要化合物的基本组成成分。

精神分裂症（Pyroluria）：基因决定的化学失衡而导致吡哆醇（维生素B_6）和锌缺乏的病症。

丙酮酸（Pyruvate）：碳水化合物代谢中的常见化合物。

限定比率（Rate-limlting）：一种化合物的缺陷，阻碍另一种物质的合成。

雷伊综合征（Reye's Syndrome）：罕见的严重疾病，会影响许多内部器官，尤其是大脑和肝脏，其特征是发烧、呕吐、肝脏脂肪浸润、方向迷失和昏迷。大多数患病病例（例如水痘或流感）患者发生在接受阿司匹林或含阿司匹林药物治疗病毒感染的儿童中。

核糖核酸（Ribonucleic Acid，RNA）：作为信使对应脱氧核糖核酸（DNA）拷贝，携带脱氧核糖核酸（DNA）"基因蓝图"指令到核糖体（蛋白质制造结构），然后信使核糖核酸（RNA）监督"基因蓝图"是否被完全遵循。

5-羟色胺（Serotonin，又称血清素）：由色氨酸形成的神经递质，调节情绪、睡眠、食欲和疼痛。

血清（Serum）：血液凝固，剩下的液体部分。

癫痫持续状态（Status Epilepticus）：癫痫的一种形式，特征是长期发作，可能会危及生命。

基质（Substrate）：被酶作用的物质。

突触（Synapse）：两个神经元之间连接处，刺激从一个神经元传到下一个神经元。

端脑（Telencephalon）：下半脑的一部分，发育成嗅叶、大脑皮层和纹状体。

胸腺（Thymus）：在胸骨后部发现的小腺体会产生一些激素，这些激素会告诉免疫系统该做什么。

甲状腺（Thyroid）：颈部的蝶形小腺体，分泌调节新陈代谢的激素。

转氨酶（Transaminases）：代谢氨基酸的重要酶。

转氨基作用（Transamination）：将氨基从一种氨基酸转移到另一种氨基酸的过程。

传输（Transport）：将主体的一部分移送到另一部分。

三肽（Tripeptide）：三种氨基酸的组合。

尿素（Urea）：分解代谢的主要含氮产物。

尿素循环（Urea Cycle）：人体氨和氮的代谢途径。

加压素（Vasopressin）：激素，也称为抗利尿激素，可能有助于记忆。

白质（White Matter）：白脑和脊髓组织，主要由有髓神经纤维组成。

威尔逊症（Wilson's Disease）：遗传性疾病，其特征是肠道对铜的吸收增加，并在大脑和其他器官中积累。

参考文献

第一部分

第一章 氨基酸是生命的基石

Adam, A., and Lederer, E., Muramyl peptides: immunomodulators, sleep factors, and vitamins. *Medicinal Res. Rev.*, 4 (2): 111-152, 1984.

Adibi, S. A., and Johns, B. A., Partial substitutions of amino acids of a parenteral solution with tripeptides: effects on parameters of protein nutrition in baboons. *Metabolism*, 33 (5): 420-424, 1984.

Bessman, S. P., The justification theory: the essential nature of the non-essential amino acids. *Nutr. Rev.*, 37 (7): 209-220, 1979.

Blackburn, G. L., Grant, J. P., and Young, V. R., eds., *Amino Acids: Metabolism and Medical Applications.* Littleton, MA: John Wright, PSG Inc., 1983.

Bralley, A. J., and Lord, R., Treatment of chronic fatigue syndrome with specific essential amino acid supplementation. 2nd International Congress on Amino Acids and Analogues, Vienna, August 5-9, 1991.

Calkins, B. M., Whittaker, D. J., Rider, A. A., and Turjman, N., Diet, nutrition intake, and metabolism in populations at high and low risk for colon cancer. *Amer. J. Clin. Nutr.*, 40: 896-905, 1984.

Campbell, T. C., Allison, R. G., and Fisher, K. D., Nutrition toxicity. *Nutr. Rev.*, 39 (6): 249-256, 1981.

Chalmers, L., *Organic Acids in Man: The Analytical Chemistry, Biochemistry and Diagnosis of the Organic Acidurias.* New York: Chapman and Hall, 1982, p. 221.

Cheraskin, E., Ringsdorf, W. M., and Medford, F. H., The "ideal" daily intake of threonine, valine, phenylalanine, leucine, isoleucine, and methionine. *J. of Orth. Psych.*, 7 (3): 150-155, 1978.

Darcy, B., Availability of amino acids in monogastric animals. *Diabet. & Metabol.*, 10: 121-133, 1984.

Di George, A. M., and Auerbach, V. H., The primary amino-acidopathies: genetic defects in the metabolism of the amino acids. *Ped. Clin. N. Amer.*, 723-744, 1963.

Dravid, A. R., Himwich, W. A., and Davis, J. M., Some free amino acids in dog brain during development. *J. Neurochem.*, 12: 901-906, 1965.

Droge, W., Amino acids as immune regulators with special regard to AIDS. 2nd International Congress on Amino Acids and Analogues, Vienna, August 5-9, 1991.

Eagle, H., Amino acid metabolism in mammalian cell cultures. *Science*, 130: 432 – 437, 1959.

Eberle, A. N., New perspective for "natural" therapeutic agents? *Karger Gazette*, No. 52, 1991.

Edvinsson, L., Uddman, R., and Juul, R., Peptidergic innervations of the cerebral circulation: role in subarachnoid hemorrhage in man. *Neurosurg. Rev.*, 13: 265–272, 1990.

Friedman, M., Absorption and utilization of amino acids. *JAMA*, 264 (14), October 10, 1990. Furst, P., Peptides in clinical nutrition. *Clin. Nutr.* 10 (Suppl.) 19–24, 1991.

Gage, J. P., Francis, M. J. O., and Smith, R., Abnormal amino acid analyses obtained from *osteogenesis imperfecta* dentin. *J. Dent. Res.* 67 (8): 1097–1102, August 1988.

Gillies, D. R. N., Hay, A., Sheltway, M. J., and Congdon, P. J., Effect of phototherapy on plasma, 25 (OH) -vitamin D in neonates. *Biol. Neonate*, 45 (5): 228–235, 1984.

Guroff, G., Effects of inborn errors of metabolism on the nutrition of the brain. *Nutrition and the Brain*, Vol. 4. Wurtman, R. J. and Wurtman, J. J., eds. New York: Raven Press, 1979.

Halliday, H. L., Lappin, T. R. J., and McClure, G., Iron status of the preterm infant during the first year of life. *Biol. Neonate*, 45 (5): 228–235, 1984.

Hanning, R. M., and Zlotkin, S. H., Amino acid and protein needs of the neonate: effects of excess and deficiency. *Seminars in Perinatology*, 13 (2): 131–141, 1989.

Harris, M., The 100000-year hunt. *The Sciences* 1: 22–33, 1986.

Hellebostad, M., Markestad, T., and Halvorsen, K. S., Vitamin D deficiency rickets and vitamin B-12 deficiency in vegetarian children. *Acta Paediatr. Scand.*, 74: 191–195, 1985.

Hesseltine, C. W., The future of fermented foods. *Nutr. Rev.*, 41 (10): 293–298, 1983. Hoffer, A., Mega amino acid therapy. *J. Ortho. Psych.*, 9 (1): 2–5, 1980.

Inglis, M. S., Page, C. M., and Wheatley, D. N., On the essential nature of non-essential amino acids. *Mol. Physiol.*, 5 (1–2): 115–122, 1984.

Ingram, D. D., et al., U. S. S. R. and U. S. nutrient intake, plasma lipids, and lipoproteins in men ages 40 to 59 sampled from lipid research clinics population. *Preven. Med.*, 14: 264–271, 1985.

Inque, Y., Zama, Y., and Suzuki. M., "D-amino acids" as immunosuppressive agents. *Japan. J. Exp. Med.*, 51 (6): 363–366, 1981.

IRCS Med. Sci.: *Alimentary System: Biochem., Metab. and Nutr.*, 4: 393 – 394, 1976. Julius, D., Home for an orphan endorphin. *Nature*, Vol. 377, October 12, 1995.

Karkela, J., Marnela, K. M., Odink, J., et al., Amino acids and glucose in human cerebro-spinal fluid after acute ischaemic brain damage. *Resuscitation*, 23: 145–156, 1992.

Kenakin, T. P., The classification of drugs and drug receptors in isolated tissues. *Pharmacological Rev.*, 165–199, 1984.

Kirschmann, J. D., and Dunne, L. J., *Nutrition Almanac*. New York: McGraw-Hill Book Co., 1984.

Klevay, L. M., Changing patterns of disease: some nutritional remarks. *J. Amer. Coll. Nutr.*, 3: 149–158, 1984.

Kolata, G., New neurons form in adulthood. *Science*, 224: 1325–1326, June 1984.

Komatsu, T., Kishi, K., Yamamoto, T., and Inque, G., Nitrogen requirement of amino acid mixture with maintenance energy in young men. *J. Nutr. Sci. Vitaminol.*, 29: 169-185, 1983.

Kramer, L. B., Osis, D., Coffey, J., and Spencer, H., Mineral and trace element content of vegetarian diets. *J. ACN*, 3: 3-11, 1984.

Krnjevic, K., Chemical nature of synaptic transmission in vertebrates. *Physiol. Rev.*, 54: 418-540, 1974.

Kurup, P. A., et al., Diet, nutrition intake, and metabolism in populations at high and low risk for colon cancer. *Amer. J. Clin. Nutr.*, 40: 942-946, 1984.

Manning, A., TB drug also helps control schizophrenia. *Business Monday*, September 1995.

Matsuo, T., Shimakawa, K., Ikeda, H., and Susuoki, Z., Relation of body energetic status to dietary self-selection in Sprague-Dawley rats. *J. of Nutr. Sci. and Vitaminology*, 30 (3): 255-264, 1984.

May, M. E., and Hill, J. O., Energy content of diets of variable amino acid composition. *Am. J. Clin. Nutr.*, 52: 770-776, 1990.

McBride, J. H., Amino acids and proteins. *Lab. Med.*, table 8, pp. 143-172.

McIntosh, N., Rodeck, C. H., and Heath, R., Plasma amino acids of the mid-trimester human fetus. *Biol. Neonate*, 45 (5): 218-224, 1984.

Meldrum, B. S., Competitive NMDA antagonists as drugs. In *The NMDA Receptor*. eds. J. C. Watkins and G. L. Gollingridge. IRL Press, Oxford, England: 1989, pp. 207-216.

Monagham, D. T., Bridges, R. J., and Cotman, C. W., The excitatory amino acid receptors: their classes, pharmacology and distinct properties in the function of the central nervous system. *Ann. Rev. Pharm. & Toxicol.*, 69: 365-402, 1989.

Nutrition Reviews. Growth of vegetarian children. CRC Handbook of Nutritional Supplements. Boca Raton, FL: CRC Press, Inc., 1983, p. 371.

Oberholzer, V. G., and Briddon, A., A novel use of amino acid ratios as an indicator of nutritional status. London, U. K..

Oldendorf, W. H., Uptake of radio labeled essential amino acids by brain following arterial injection. *Proc. Soc. Exp. Biol. & Med.*, 136: 385-386, 1971.

Palombo, J. D., and Blackburn, G. L., Human protein requirements. *N. Y. State J. Med.*, 1762-1763, October 1980.

Pauling, L., Letter to the Editor: Dietary influences on the synthesis of neurotransmitters in the brain. *Nutr. Rev.*, 37 (9): 302-304, 1979.

Pfeiffer, C., *Mental and Elemental Nutrients*. New Canaan, CT: Keats Publishing, Inc., 1975, 402-408.

Pitkow, H. S., Davis, R. H., and Bitar, M. S., The endocrine mimicking influence of amino acids. 2nd International Congress on Amino Acids and Analogues, Vienna, August 5-9, 1991.

Pitkow, H. S., Davis, R. H., and Bitar, M. S., The anabolic effects of amino acids. 2nd International Congress on Amino Acids and Analogues, Vienna, August 5-9, 1991.

Richardson, M. A., *Amino Acid in Psychiatric Disease*. Washington, D. C.: American Psychiatric Press, 1990, pp. xix and 190.

Rivera, Jr., A., Bell, E. F., Stegink, L. D., et al., Plasma amino acid profiles during the first three days of life in infants with respiratory distress syndrome: effect of parenteral amino acid supplementation. 115 (3): 465-468, 1989.

Roberts, J. C., Prodrugs of L-cysteine as radioprotective agents. 2nd International Congress on Amino Acids and Analogues, Vienna, August 5-9, 1991.

Robles, R., Gil, A., Faus, M. J., Periago, J. L., Sanchez-Pozo, A., Pita, M. L., and Sanchez-Medina, F., Serum and urine amino acid patterns during the first month of life in small-fordate infants. *Biol. Neonate*, 45 (5): 209-217, 1984.

Saito, T., Kobatake, K., Ozawa, H., et al., Aromatic and branched-chain amino acid levels in alcoholics. *Alcohol and Alcoholism*, 29 (S1): 133-135, 1994.

Shaheed, M. M., Plasma amino acid concentration in pre-term babies fed on various milk formulae compared with babies fed breast milk: a pilot study. *Saudi Med.* 10 (4), 1990.

Stanbury, Wyndgaarden, Fredrickson, Goldstein, and Brown, eds. *The Metabolic Basis of Inherited Disease.* New York: McGraw-Hill, 1983.

Stegink, L. D., Filer, L. J., and Baker, G. L., Effect of sampling site on plasma amino acid concentration of infants: effect of skin amino acids. *Amer. J. Clin. Nutr.*, 36: 917-925, 1982.

Stiegler, H., Wicklmayr, M., Rett, K., et al., The effect of prostaglandin El on the amino acid metabolism of the human skeletal muscle. *Klin Wochenschr*, 68: 380-383, 1990.

Stone, T. W., and Burton, N. R., NMDA receptors and ligands in the vertebrate CNS. *Progr. Neurobiol.*, 30: 333-368, 1988.

——, and Perkins, M. N., Quinolinic acid: a potent endogenous excitant at amino acid receptors in the rat CNS. *Aur. J. Pharmacol.*, 72: 411-412, 1981.

Stroud, E. D., and Smith, G. G., A search for D-amino acids in tumor tissue. *Biochem. Med.*, 31: 254-256, 1984.

Swaiman, K. F., Menkes, J. H., DeVivo, D. C., and Prensky, A. L., Metabolic disorders of the central nervous system. *The Practice of Pediatric Neurology.* New York: C. V. Mosby Co., 1982, 472-513.

Turpeenoja, L., and Lahdesmaki, P., Presynaptic binding of amino acids: characterization of the binding and disassociation properties of taurine, GABA, glutamate, tyrosine and norleucine. *Intern. J. Neuroscience*, 22: 99-106, 1983.

Vente, J. P., Von Meyenfeldt, M. F., Van Eijk, H. M. H., et al., Plasma-amino acid profiles in sep-sis and stress. *Ann. Surg.* 209 (1), January 1989.

Wilson, M. J., and Hatfield, D. L., Incorporation of modified amino acids into proteins *in vivo. Biochim. et Biophys. Acta*, 781: 205-215, 1984.

Wright, R. A., Nutritional assessment. *JAMA*, 244 (6): 559-560, 1980.

Zioudrou, C., and Klee, W. A., Possible roles of peptides derived from food proteins in brain function. In: *Nutrition and the Brain*, Vol. 4, Wurtman, R. J., and Wurtman, J. J., eds. New York: Raven Press, 1979.

第二部分

第二章　苯丙氨酸

Anderson, A. E., Lowering brain phenylalanine levels by giving other large neutral amino acids. *Arch. Neurol.*, 33 (10): 684-686, 1976.

Armstrong, M. D., and Tyler, F. H., Studies on phenylketonuria. I. Restricted phenylalanine intake in phenylketonuria. *J. Clin. Invest.*, 34: 565-580, 1955.

Aspartame. Dept. of Health and Human Services, Public Health Service, Food and Drug Admin-istration. Summary of Commissioner's Decision. 1983.

Aviation, Space and Environmental Medicine. Amino acid excretion in stress, Vol. 177, February 1975.

Balagot, R., Ehrenpreis, S., Kubota, K., and Greenberg, J., Analgesia in mice and humans by D-phenylalanine: relation to inhibition of enkephalin degradation and enkephalin levels. In: *Advances in Pain Research and Therapy.* Bonica, J. J., et al., eds. New York: Raven Press, 1983, 5: 289-293.

Beckmann, H., Strauss, M. A., and Ludolph, E., DL-phenylalanine in depressed patients: an open study. *J. Neural Trans.*, 41: 123-124, 1977.

Beckmann, H., Athen, D., Oheanu, M., and Zimmer, R., DL-phenylalanine versus imipramine: a double-blind controlled study. *Arch. Psychiat. Nervenkr.*, 227: 49-58, 1979.

Biochemical Pharmo., Dopa and dopamine formation from phenylalanine in human brain. 26: 900-902, 1977.

Blomquist, H. K., Gustavson, K. H., and Holmgren, G., Severe mental retardation in five siblings due to maternal phenylketonuria. *Neuropediatrics*, 11 (3): 256-262, 1980.

Blum, K., et al., Enkephalinase Inhibition: regulation of ethanol intake in genetically predisposed mice, *Alcohol*, 4: 449, 1987.

Blum, K., et al., Improvement of inpatient treatment of the alcoholic as a function of neurotransmitter restoration: a pilot study. *International Journal of Addictions*, 23: 991, 1988.

Blum, K., et al., Enkephalinase inhibition and precursor amino acid loading improves inpatient treatment of alcohol and polydrug abusers: double-blind placebo-controlled study of the nutritional adjunct SAAVE (a REWARD 1 variant). *Alcohol*, 5: 481, 1989.

Brown, R., et al., Neurodynamics of relapse prevention: a neuronutrient approach to outpatient DUI offenders. *Journal of Psychoactive Drugs*, 22: 173, 1990.

Blum, K., et al., Reduction of both drug hunger and withdrawal against advice rate of cocaine abusers in a 30 day inpatient treatment program with the neuronutrient Tropamine. *Current Therapeutic Research*, 43: 1204, 1988.

Blum, K., et al., Neuronutrient effects on weight loss on carbohydrate bingers: an open clinical trail. *Current Therapeutic Research*, 48: 217, 1990.

Blum, K., et al., Enkephalinase inhibition and precursor amino acid loading improves inpatient treatment of alcohol and polydrug abusers: double-blind placebo-controlled study of the nutri-tional adjunct SAAVE (a REWARD 6 variant). *Alcohol*, 5: 481, 1989.

Borison, R. L., Maple, P. J., Havdala, S., and Diamond, B. I., Metabolism of an amino acid with antidepressant properties. *Res. Commun. Chem. Pathol. Pharmacol.*, 21: 363-366, 1978.

Boulton, A. A., Trace amines and the neurosciences: an overview. In: *Neurobiology of the Trace Amines.* Boulton, A. A., Baker, G. B., Dewhurst, W. G., and Sandler, M., eds., Clifton, NJ: The Humana Press, 1984.

Boundry, V. A., et al., Agonist and antagonists differentially regulate the high affinity state of the D2L receptor in human embryonic kidney 293 cells. *Molecular Pharmacology*, 48: 956, 1995.

Budd, K., Use of D - phenylalanine, an enkephalinase inhibitor, in the treatment of intractable pain. In: *Advances in Pain Research and Therapy*. Bonica, J. J., Liebeskind, J. C., and Albe-Fessard, D. G., eds. New York: Raven Press, 1983, 5: 305-308.

Bruckm, A., et al., Positron emission tomography shows that impaired frontal lobe functioning in Parkinson's disease is related to dopaminergic hypofunction in the caudate nucleus. *Neuroscience Letter*, 311 (2). 81-84, September 28, 2001.

Carlsson, A., A paradigm shift in brain chemistry. *Science*, 294 (5544), 1021-1024, November 2001.

Chemistry. Elements in hair provide diagnostic clues: Phenylketonuria (hereditary error in metabolism). Vol. 29, March 1979.

Cheraskin, E., Ringsdorf, W. M., and Medford, F. H., The "ideal" intake of threonine, valine, phenylalanine, leucine, isoleucine, and methionine. *J. Ortho. Psych.*, 7 (3): 150-155, 1978.

Cho, S., and McDonald, J. D., Effects of maternal blood phenylalanine level on mouse maternal phenylketonuria offspring. *Mol Genet Mebab*, 74 (4), 420-425, December 2001.

Comings, D. E., et al., The dopamine D@ receptor (DRD2) gene. A genetic risk factor in smoking. *Pharmacogenetics*, 6: 73, 1996.

Couzin, J., Parkinson's disease. Dopamine may sustain toxic protein. *Science*, 294 (5545), 1257-1258, November 2001.

Defrance, J. F., et al., Enhancement of attention processing by Kantroll (tm) in healthy humans: a pilot study. Electroencephalography, 28: 68, 1997.

Di Chiara, G. D., Imperato, A., Drugs abused by human preferentially increase synaptic dopamine concentrations on the mesolimbic system in freely moving rats. *Proceedings of the National Academy of Science* U. S. A., 85: 5274, 1988.

Donzelle, G., et al., Curing trial of complicated oncologic pain by D-phenylalanine. *Anesth. Analg.*, 38: 655-658, 1981.

Ehrenpreis, S., Balagot, R. C., Comaty, J. E., and Myles, S. B., Naloxone reversible analgesia in mice produced by D-phenylalanine and hydrocinnamic acid, inhibitors of carboxypeptidase. In: *Advances in Pain Research and Therapy*. Bonica, J. J., Liebeskind, J. C., and Albe-Fessard, D. G., eds. New York: Raven Press, 1979, 3: 479-488.

Fait, G., et al., High levels of catecholamines in human semen. *Andrologia*, 33 (6), 347-50, November 2001.

Fox, A., Phenylalanine: resistance to disease through nutrition. *Let's LIVE*, November 1983, 16-26.

——, and Fox, B., *DLPA: To End Chronic Pain and Depression*. New York: Long Shadow Books, 1985.

Friedman, M., and Gumbmann, M. R., The nutritive value and safety of D-phenylalanine and D-tyrosine in mice. *J. Nutr.*, 114: 2089-2096, 1984.

Guroff, G., Effects of inborn errors of metabolism on the nutrition of the brain. In: *Nutrition and the Brain.* Wurtman, R. J., and Wurtman, J. J., eds. New York: Raven Press, 1979, 29–68.

Halbriech, U., et al., Increased imidazoline and alpha2 adrenergic binding in platelets of women with dysphoric premenstrual syndromes. *Biological Psychiatry*, 34: 676, 1993.

Halbriech, U., et al., Low plasma gamma–aminobutyric acid levels during the late luteal phase of women with PMDD. *American Journal Psychiatry*, 153: 718, 1996.

Harper, B. L., and Morris, D. L., Implications of multiple mechanisms of carcinogenesis for shortterm testing. *Teratogenesis, Carcinogenesis, & Mutagenesis*, 4 (6): 505, 1984.

Harrison, R. E. W., and Christian, S. T., Individual housing stress elevates brain and adrenal tryptamine content. *Neurobiol. Trace Amines*, 249–256, 1984.

Heiblim, D. I., Evans, H. E., Glass, L., and Agbayani, M. M., Amino acid concentrations in cerebrospinal fluid. *Arch. Neurol.*, 35: 765–768, 1978.

Heller, B., Pharmacological and clinical effects of DL–phenylalanine in depression and Parkinson's disease. In: *Modern Pharmacology–toxicology, Noncatecholic Phenylethylamines*, Part 1. Mosnaim, A. D., and Wolfe, M. E., eds. New York: Marcel Dekker, 1978, 397–417.

Huxley Institute, *CSF Newsletter.* News Briefs, 11 (4), October 1984.

Hyodo, M., Kitade, T., and Hosoka, E., Study on the enhanced analgesic effect induced by phenylalanine during acupuncture analgesia in humans: *Adv. Pain Res. Ther.*, 5: 577–582, 1983.

Iwasaki, Y., Sato, H., Ohkubo, A., Sanjo, T., and Tutagawa, S., Effect of spontaneous portalsystemic shunting on plasma insulin and amino acid concentrations. *Gastroenterology*, 78: 677–683, 1980.

Jakubovic, A., Psychoactive agents and enkephalin degradation. In: *Endorphins and Opiate Antagonists in Psychiatric Research.* Shah, N. S., and Donald, A. G., eds. New York: Plenum Publishing Corp., 1982, 89–99.

Jones, R. S. G., Trace biogenic amines: a possible functional role in the CNS. *Trends in Pharmacological Sciences*, 4: 426–429, 1983.

Juorio, A. V., A possible role for tyramines in brain function and some mental disorders. *Gen. Pharma.*, 13: 181–183, 1982.

Lancet. Eat your way to a headache. pp. 1–4, December 1980.

Kaats, G. R., et al., Evidence of chromium picolinate supplementation on body–composition: a randomized double–masked, placebo–controlled study. Current Therapeutic Research, 57: 747, 1996.

Lawson, D. H., Stockton, L. H., Bleier, J. C., Acosta, P. B., Heymsfield, S. B., and Nixon, D. W., The effect of a phenylalanine and tyrosine restricted diet on elemental balance studies and plasma aminograms of patients with disseminated malignant melanoma. *Amer. J. Clin. Nutr.*, 41 (1): 73–84, 1985.

Lofft, J. G., and Bridenbaugh, R. H., The availability of D–phenylalanine and DL–phenylalanine. Letters to the editor, *Am. J. Psychiatr.*, 142 (2): 269–270, 1985.

Louis, E. D., et al, Clinical correlates of action tremor in Parkinson's disease. *Arch Neurology*, 58 (10), 1630–1634, October 2001.

Mann, J., Peselow, E. D., Snyderman, S., and Gershon, S., D–Phenyl–alanine in endogenous depression. *Am. J. Psychiatr.*, 137 (12): 12, 1980.

Marco, C., Alejandre, M. J., Zafra, M. F., Segovia, J. L., and Garcia-Peregrin, E., Induction of experimental phenylketonuria-like conditions in chick embryo. Effect on amino acid concentration in brain, liver and plasma. *Neurochem. Int.*, 6 (4): 485-489, 1984.

Milner, J. A., Garton, R. L., and Burns, R. A., Phenylalanine and tyrosine requirements of immature beagle dogs. *J. Nutr.*, 114: 2212-2216, 1984.

Morgan, M. Y., Milsom, J. P., and Sherlock, S., Plasma ratio of valine, leucine and isoleucine to phenylalanine and tyrosine in liver disease. *Gut* 19: 1068-1073, 1978.

Noble, E. P., et al., D2 dopamine receptor gene and cigarette smoking: a reward gene? *Medical Hypotheses*, 42: 257, 1994.

Nutrition Action. The aspartame debate. May 1984.

Nutrition Reviews. The dietary treatment of phenylketonuria. 41 (1): 11-14, 1983.

——, Phenylalanine-tyrosine conversion in 1 hour in 18 families with one or more nonspecific retarded children. 37 (7): 217, 1979.

Nutrition Week. Food industry funds aspartame studies. April 12, 1984.

Nutzenadel, W., Fahr. K., and Lutz, P., Absorption of free and peptide-linked glycine and phenylalanine in children with active celiac disease. *Pediatr. Res.*, 15: 309-312, 1981.

Portoles, M., Minana, M. D., Jorda, A., and Grisolia, S., Caffeine intake lowers the level of phenylalanine, tyrosine and thyroid hormones in rat plasma. *IRCS Med. Sci.*, 12: 1002-1003, 1984.

Rapkin, A., et al., Trytophan loading test in premenstrual syndrome. *Journal Obstetrics & Gynecology*, 10: 140, 1989.

Ratzmann, G. W., Grimm, U., Jahrig, K., and Knapp, A., On the brain barrier system function and changes of cerebrospinal fluid concentrations of phenylalanine and tyrosine in human phenylketonuria. *Biomed. Biochim. Acta*, 43 (2): 197-204, 1984.

Robinson, N., and Williams, C. B., Amino acids in human brain. *Clin. Chim. Acta*, 12: 311-317, 1965.

Sabelli, H. C., Gut flora and urinary phenylacetic acid. *Science*, 226 (11): 996, 1984.

Satou, T., et al., The prevention of pneumonia in the elderly by dopamine agonists. *Nippon Ronen Igakkai Zasshi*, 38 (6), 778-779, November 2001.

Schuett, V. E., and Brown, E. S., Diet policies of PKU clinics in the United States. *Amer. J. Public Health*, 74 (5): 501-502, 1984.

Searle Food Resources, Inc. Safety studies bibliography for aspartame, September 1983.

Seppala, T., Linnoila, M., Sondergaard, I., Elonen, E., and Mattila, M. J., Tyramine pressor test and cardiovascular effects of chlorimipramine and nortriptyline in healthy volunteers. *Bio. Psych.*, 16 (1): 71, 1981.

Shen, R. S., and Abell, C. W., Phenylketonuria: a new method for the simultaneous determination of plasma phenylalanine and tyrosine. *Science*, 197 (8): 665-667, 1977.

Smith, R. J., Aspartame approved despite risks. *Science*, 213: 986-987, August 1981.

Spitz M. R., et al., Case-control study of the dopamine receptor gene and smoking status on lung cancer patients. *Journal of the National Cancer Institute*, 90: 358, 1998.

Swaiman, K. F., Menkes, J. H., DeVivo, D. C., and Prensky, A. L., Metabolic disorders of

the central nervous system. In: *The Practice of Pediatric Neurology.* New York: C. V. Mosby Co.,
1982, 472-513.

Tews, J. K., Carter, S. H., Roa, P. D., and Stone, W. E., Free amino acids and related
compounds in dog brain: post-mortem and anoxic changes, effects of ammonium chloride infusion,
and levels during seizures induced by picrotoxin and by pentylenetetrazol. *J. Neurochem.*, 10:
641-653, 1963.

Thanos, P. K., et al., Over expression of the D2 receptors reduces alcohol self -
administration. *Journal of Neurochemistry*, 78: 1094, 2001.

Walsh, D. A., and Christian, Z. H., The effects of phenylalanine on cultured rat embryos.
Teratogenesis, Carcinogenesis, & Mutagenesis, 4: 505-513, 1984.

Wannemacher, R. W., Klainer, A. S., Dinterman, R. E., and Beisel, W. R., The signifi-
cance and mechanism of an increased serum phenylalanine-tyrosine ratio during infection. *Amer. J.
Clin. Nutr.*, 29: 997-1006, 1976.

Williams, C. M., Couch, M. W., and Midgley, J. M., Natural occurrence and metabolism of
the isomeric octapamines and synephrines. In: *Neurobiology of the Trace Amines.* Boulton, A. A.,
Baker, G. B., Dewhurst, W. G., and Sandler, M., eds. Clifton, NJ: Humana Press, 1984,
97-106.

Wood, D. R., et al., Treatment of attention deficit disorder with DL-phenylalanine. *Psychiat-
ric Research*, 16: 21, 1985.

Yaryura-Tobias, J. A., Heller, B., Spatz, H., and Fischer, E., Phenylalanine for endoge-
nous depression. *J. Ortho. Psych.*, 3 (2): 80-81, 1974.

Yokogoshi, H., Roberts, C. H., Caballero, B., and Wurtman, R. J., Effects of aspartame
and glucose administration on brain and plasma levels of large neutral amino acids and brain 5-
hydroxyindoles. *Amer. J. Clin. Nutr.*, 40: 1-7, 1984.

Yonkers, K. A., et al., Sertraline as a treatment for premenstrual dysphoric syndrome. *Psy-
chopharmacology Bulletin*, 32: 411996.

Yonkers, K. A., The association between premenstrual dysphoric disorder and other mood dis-
orders. *Journal of Clinical Psychiatry*, 58 (supplement 15): 19, 1997.

Zioudrou, C., and Klee, W. A., Possible roles of peptides derived from food proteins in brain
function. In: *Nutrition and the Brain.* Wurtman, R. J., and Wurtman, J. J., eds. New York: Ra-
ven Press, 1979.

第三章 酪氨酸

Ablett, R. F., MacMillan, M., Sole, M. J., Toal, C. B., and Anderson, G. H., Free tyro-
sine levels of rat brain and tissues with sympathetic innervations following administration of L-tyro-
sine in the presence and absence of large neutral amino acids. *J. Nutr.*, 114: 835-839, 1984.

Agharanya, J. C., Alonso, R., and Wurtman, R. J., Changes in catecholamine excretion
after short-term tyrosine ingestion in normally fed human subjects. *Amer. J. Clin. Nutr.*, 34: 82-
87, 1981.

All-Ericsson, C., et al., Insulin-like growth factor-1 receptor in uveal melanoma: a predictor for metastatic disease and a potential therapeutic target. *Invest Ophthalmology Visual Science*, 43 (1), 1–8, January 2002.

Alonso, R., Agharanya, J. C., and Wurtman, R. J., Tyrosine loading enhances catecholamine excretion. *J. Neural Transmis.*, 49: 31–43, 1980.

Amer. J. Clin. Nutr. The case for and against regulating the protein quality of meat, poultry, and their products. 40: 675–684, 1984.

Anderson, G. M., Gerner, R. H., Cohen, D. J., and Fairbanks, L., Central tryptamine turnover in depression, schizophrenia, and anorexia: measurement of indoleacetic acid in cerebrospinal fluid. *Biol. Psych.*, 19 (10): 1427, 1984.

Anton, A. H., Crumrine, R. S., Stern, R. C., and Izant, R. J., Inhibition of catecholamine biosynthesis by carbidopa and metyrosine in neuroblastoma. *Ped. Pharmac.*, 3: 107–117, 1983.

Bennet, W. M., Connacher, A. A., Jung, R. T., et al., Effects of insulin and amino acids on leg protein turnover in IDDM patients. *Diabetes*, 40 (4), April 1991.

Benoit, R. M., Eiseman, J., Jacobs, S. C., et al., Reversion of human prostate tumorigenic growth by azatyrosine. *Current Contents*, Comment, 23 (40), October 2, 1995.

Bere, A., and Helene, C., Binding of copper and zinc ions to polypeptides containing glutamic acid and tyrosine residues. *Int. J. Biolog. Macromolecules*, Vol. 1, 227–232, 1979.

Boyd, A. E., Leibovitz, B. E., and Pfeiffer, J. B., Stimulation of human–growth hormone secretion by L–dopa. *New Engl. J. Med.*, 283: 1425–1429, 1970.

Cahill, A. L., and Ehret, C. F., Circadian variations in the activity of tyrosine hydroxylase, tyro-sine aminotransferase, and tryptophan hydroxylase: relationship to catecholamine metabolism. *J. Neurochem.*, 37 (5): 1109–1115, 1981.

Carranza, D., Coto, F., Quirce, C. H., Odio, M., and Maickel, R. P., Differential effects of L–tyrosine and L–tryptophan on stress induced alterations in adrenocortical function in rats. *Pharma-cologist*, 22: 3, 1980.

Clark, J. T., Smith, E. R., and Davidson, J. M., Enhancement of sexual motivation in male rats by yohimbine. *Science*, 225: 847–848, 1984.

Clinical Psychiatry News. Biochemical tests may become basic in diagnosing depression. Vol. 6. No. 6, 1, 58, 1976.

Conlay, L. A., Tyrosine administration decreases vulnerability to ventricular fibrillation in the normal canine heart. *Science*, 211: 727, February 1981.

——, Tyrosine increases blood pressure in hypotensive rats. *Science*, 212: 559 – 560, May 1981.

——, Maher, T. J., and Wurtman, R. J., Tyrosine's pressor effect in hypotensive rats is not mediated by tyramine. *Life Sci.*, 35: 1207–1212, 1984.

Cotzias, G. C., Miller, S. T., Nicholson, A. R., Maston, W. H., and Tang, L. C., Prolongation of the life–span in mice adapted to large amounts of L–dopa. *Proc. Nat. Acad. Sci.*, 71 (6): 2466–2469, June 1974.

——, Papavasiliou, P. S., and Gellene, R., Modification of Parkinsonism—chronic treatmentwith L–dopa. *New Engl. J. Med.*, 280 (7): 337–345, February 1969.

——, Miller, S. T., Tang, L. C., and Papavasiliou, P. S., Levodopa, fertility, and longevity. *Sci-ence*, 196: 549-550, April 29, 1977.

Dasgupta, J. D., Swarup, G., and Garbers, D. L., Tyrosine protein kinase activity in normal rat tissues: brain. *Advances in Cyclic Nucleotide & Protein Phosphorylation Res.*, 17: 461 – 470, 1984.

Della-Fera, M. A., Experimental phenylketonuria: replacement of carboxyl terminal tyrosine by phenylalanine in infant rat brain tubulin. *Science*, 206: 463-464, 1979.

Denis, L., et al., Diet and its preventive role in prostatic disease. *European Urology*, 35 (5-6), 377-387, 1999.

Druml, W., Hubl, W., Roth, E., et al., Utilization of tyrosine-containing dipeptides and N-acetyl-tyrosine in hepatic failure. *Current Contents*, 21 (4), April 1995.

Fitzgerald, M., McIntosh, N., and Rieder, M. J., Plasma amino acids in adolescents and a-dults with phenylketonuria on three different levels of protein intake. Pain and analgesia in the new-born. *Arch. Dis. Child.*, 64: 441-443, 1989, *N. Engl. J. Med.*, 1990, Letter to the Editor, 323: 1205, 1990.

Friedman, M., and Gumbmann, M. R., The nutritive value and safety of D-phenylalanine and D-tyrosine in mice. *J. Nutr.*, 114: 2089-2096, 1984.

Furst, P., Conditionally indispensable amino acids (glutamine, cysteine, tyrosine, arginine, ornithine, taurine) in enteral feeding and dipeptide concept. *Nestle Nutritional Workshop Ser Clinical Performance Program*, 3, 199-217, 2000.

Gadisseux, P., Ward, J. D., Young, H. F., and Becker, D. P., Nutrition and the neurosur-gical patient. *J. Neurosurg.*, 60: 219-232, 1984.

Gelenberg, A. J., and Wurtman, R. J., L-tyrosine in depression. *Lancet*, October, 1980.

——, Wojcik, J. D., Gibson, C. J., and Wurtman, R. J., Tyrosine for depression. *J. Psy-chiat. Res.*, 17 (2): 175-180, 1982-1983.

Gerdes, A. M., Nielsen, J. B., Lou, H., et al., Plasma amino acids in term neonates and infants with phenylketonuria before and after institution of the diet. *Acta. Paediatr. Scand.*, 79: 64-68, 1990.

Goldberg, I. K., L-tyrosine in depression. *Lancet*, August, 1980.

Goodnick, P. J., Evans, H. E., Dunner, D. L., and Fieve, R. R., Amino acid concentra-tions in cere-brospinal fluid: effects of aging, depression and probenecid. *Biol. Psych.*, 15 (4): 557-563, 1980.

Guidosti, A., Gale, K., Toffano, G., and Vargas, F. M., Tolerance to tyrosine hydroxylase activation in N. accumbens and C. striatum after repeated injections of "classical" and "atypical" antischizophrenic drugs. *Life Sci.*, 23: 501-506, 1978.

Guroff, G., Effects of inborn errors of metabolism on the nutrition of the brain. In: *Nutrition and the Brain*, Vol. 4, Wurtman, R. J., and Wurtman, J. J., eds. New York: Raven Press, 1979.

Harris, A., and Pathe, G., Effect of L-tyrosine and exercise on eating behavior. *J. Amer. Col. Nutr.*, 1983.

Harrison, R. E. W., and Christian, S. T., Individual housing stress elevates brain and adrenal tryptamine content. *Neurobiology of the Trace Amines*, Boulton, A. A., et al., eds.

Clifton, NJ: Humana Press, 1984, 249-255.

Heiblim, D. I., Evans, H. E., Glass, L., and Agbayani, M. M., Amino acid concentrations in cere-brospinal fluid. *Arch. Neurol.*, 35: 765-768, 1978.

Heird, W. C., Dell, R. B., Driscoll, J. H., Grebin, B., and Winters, R. W., Metabolic acidosis result-ing from the intravenous alimentation mixtures containing synthetic amino acids. *New Engl. J. Med.*, 287 (19): 943-948, 1972.

Hermann, M. E., Monch, E., Reinbacher, M., et al., Phenylalaninfreie aminosaurenmischung: Stoffwechselwirkung in abhangigkeit von der einzeldosis. *Monatsschr. Kinderheilkd*, 139: 670-675, 1991.

Horne, M. K., Cheng, C. H., and Wooten, G. F., The cerebral metabolism of L-dihydroxyphenylalanine. *Pharmacol.*, 28: 12-26, 1984.

Hughes, E. C., Weinstein, R. C., Gott, P., and Pingelli, R., *Hyposensitivity Diets for the Diagno-sis and Management of Sensitivity to Foods*. Los Angeles, CA: Depts. of Otolaryngology and Neurology, LAC-USC Med. Ctr. and School of Med., U. of Southern California, 1984.

Kaneyuki, T., Morimasa, T., and Shohmori, T., Relationship of tyrosine concentration to catecholamine levels in rat brain. *Acta Med. Okayama*, 38 (4): 403-407, 1984.

King, R. A., and Olds, D. P., Tyrosine uptake in normal and albino hair bulbs. *Arch. Dermatol. Res.*, 276: 313-316, 1984.

Krieger, D. T., and Martin, J. B., Brain peptides. *New Engl. J. Med.*, pp. 876-885, April, 1981.

Lefebure, B., Castot, A., Danan, G., Elmalem, J., Jean-Pastor, M. J., and Efthymiou, M. L., Anti-depressant-induced hepatitis: a report of 91 cases. *Therapie*, 39 (5): 509-516, 1984.

Mackey, S. A., and Berlin, Jr., C. M., Effect of dietary aspartame on plasma concentrations of phenylalanine and tyrosine in normal and homozygous phenylketonuric patients. Department of Pediatrics, Milton S. Hershey Medical Center, Pennsylvania State University, Hershey, PA.

Maes, M., Jacobs, M. P., Suy, E., et al., Suppressant effects of dexamethasone on the availabil-ity of plasma L-tryptophan and tyrosine in healthy controls and in depressed patients. *Acta. Psychiatr. Scand.*, 81: 199-223, 1990.

Mandell, A. J., Redundant mechanisms regulating brain tyrosine and tryptophan hydroxylases. *Ann. Rev. Pharmacol. Toxicol.*, 18: 461-493, 1978.

Markianos, M., and Tripodianakis, J., Low plasma dopamine-B-hydroxylase in demented schizophrenics. *Biol. Psychiatry*, 20: 94-119, 1985.

Markovitz, D. C., and Fernstrom, J. D., Diet and uptake of aldomet by the brain: competition with natural large neutral amino acids. *Science*, 197: 1013-1015, 1977.

Masse, P. G., et al., Testing the tyrosine/ catecholamine hypothesis of oral contraceptive-induced psychological side-effect. *Ann Nutrition Metabolism*, 45 (3), 102-109, 2001.

McCabe, E. R. B., and McCabe, L., Issues in the dietary management of phenylketonuria: breast-feeding and trace-metal nutriture. B. F. Stolinsky Research Laboratories Department of Pediatrics, University of Colorado Health Sciences Center, Denver, CO.

Miranda, M., Botti, D., and Di Cola, M., Possible genotoxity of melanin synthesis intermediates: tyrosinase reaction products interact with DNA *in vitro*. *Mol. Gen. Genet.*, 193: 395–399, 1984.

Morre, M. C., Hefti, F., and Wurtman, R. J., Regional tyrosine levels in rat brain after tyrosine administration. *J. Neural Transmis.*, 49: 45–50, 1980.

Nutrition Reviews. Amniotic fluid protein: a nutritional function. 11: 341–344, 1976.

Neurogenesis, Inc. Neurotransmitter precursor amino acids and vitamins.

Papkoff, H., Murthy, H. M. S., and Roser, J. F., Effect of tyrosine modification on the biological and immunological properties of equine chorionic gonadotropin. *Proc. Soc. Exper. Bio. Med.*, 177: 42–46, 1984.

Pardridge, R., Regulation of amino acid availability to the brain. In: *Nutrition and the Brain*, Wurtman, R. J., and Wurtman, J. J., eds. New York: Raven Press, 1977, 141–204.

Pfeiffer, C. C., and Braverman, E. R., Folic acid and vitamin B_{12} therapy for the low–histamine high–copper biotype of schizophrenia. In: *Folic Acid in Neurology, Psychiatry, and Internal Medicine*, Botez, M. I., and Reynolds, E. H., eds. New York: Raven Press, 1979, 483–488.

Portoles, M., Minana, M. –D., Jorda, A., and Grisolia, S., Caffeine intake lowers the level of phenylalanine, tyrosine and thyroid hormones in rat plasma. *IRCS Med. Sci.*, 12: 1002–1003, 1984.

Potocnik, U., and Widhalm, K., Long–term follow–up of children with classical phenylketonuria after diet discontinuation: A review. *Am. Col. Nutr.* 13 (3): 232–236, 1994.

Quirce, C. M., and Odio, M., L–tyrosine alters chronic restraint–induced elevations in rat bio–genic amines and peripheral stress markers. *Pharmacologist*, 22: 3, 1980.

Rajfer, S. I., Anton, A. H., Rossen, J. C., and Goldberg, L. I., Beneficial hemodynamic effects of oral levodopa in heart failure. *New Eng. J. Med.*, 310: 1357–1362, 1984.

Reeves, P. G., and O'Dell, B. L., The effect of dietary tyrosine levels on food intake in zincdeficient rats. *J. Nutr.*, 114: 761–767, 1984.

Reinstein, D. K., Lehnert, H., and Wurtman, R. J., Neurochemical and behavioral consequences of stress: effects of dietary tyrosine. *J. Amer. Col. Nutr.*, 3 (3), 1984.

Robinson, R., and Williams, C. B., Amino acids in human brain. *Clin. Chim. Acta*, 12: 311–317, 1965.

Seshia, S. S., Perry, T. L., Dakshinamurti, K., and Snodgrass, P. J., Tyrosinemia and intractable seizures. *Epilepsia*, 25 (4): 457–463, 1984.

Shetty, P. S., Jung, R. T., and James, W. P. T., Effect of catecholamine replacement with levodopa on the metabolic response to semi starvation. *Lancet*, pp. 77–79, January 1979.

Stoerner, J. W., Butler, I. J., Morriss, F. H., Howell, R., Seifert, W. E., Caprioli, R. M., Adcock, E. W., and Denson, S. E., CSF neurotransmitter studies. *Am. J. Dis. Child*, 134: 492–494, 1980.

Takahashi, Y., Kipnis, D. M., and Daughaday, W. H., Growth hormone secretion during sleep. *J. Clin. Invest.*, 47: 2079–2090, 1968.

Tews, J. K., Carter, S. H., Roa, P. D., and Stone, W. E., Free amino acids and related compounds in dog brain: post–mortem and anoxic changes, effects of ammonium chloride infusion, and levels during seizures induced by picrotoxin and by pentylenetetrazol. *J. Neurochem.*, 10:

641-653, 1963.

Thurmond, J. B., and Brown, J. W., Effect of brain monoamine precursors on stress-induced behavioral and neurochemical changes in aged mice. *Brain Res.*, 93-102, 1984.

Undenfriend, S., Factors in amino acid metabolism which can influence the central nervous system. *Amer. J. Clin. Nutr.*, 12: 287-290, April 1963.

van der Kolk, B., Greenberg, M., Boyd, H., and Krystal, J., Inescapable shock, neuro-transmitters, and addiction to trauma: toward a psychobiology of post traumatic stress. *Biol. Psych.*, 20: 314-325, 1985.

Wagernmakers, A. J., Amino acids supplements to improve athletic performance. *Current Opin-ion and Clinical Nutrition Metabolism Care*, 2 (6), 539-544, November 1999.

Weisburd, S., Food for mind and mood. *Science News*, 125: 216-218, April 7, 1984.

Weldon, V. V., Gupta, S. K., Klingensmith, G., Clarke, W. L., Duck, S. C., and Hay-mond, M. W., Evaluation of growth hormone release in children using arginine and L-dopa in combination. *J. Ped.*, 87 (4): 540-544, 1975.

Wilcox, M., and Franceshini, N., Illumination induces dye incorporation in photoreceptor cells. *Science*, 225: 851-853, August, 1984.

Yu, S., Effects of low levels of dietary tyrosine on the hair color of cats. *Journal Small Animal Practice*, 42 (4), 447-463, April 2001.

第四章　色氨酸

Abbar, M., et al., Suicide attempts and the tryptophan hydroxylase gene. *Molecular Psychia-try*, 6 (3), 268-273, May 2001.

Agarwal, D. P., Ziemsen, B., Goedde, H. W., Philippu, G., Milech, U., and Schrappe, O., Free and bound plasma tryptophan levels in psychiatric disorders. In: *Progress in Tryptophan and Serotonin Research*, Schlossberger, H. G., Kochen, W., Linzen, B., and Steinhart, H., eds. Berlin: Walter de Gruyter, 1984, 391-396.

Allegri, G., Angi, M. R., Costa, C., and Bettero, A., Tryptophan and kynurenine in senile cataract. In: *Progress in Tryptophan and Serotonin Research*, 469-472.

Anderson, G. M., Feibel, F. C., Wetlaufer, L. A., et al., Effect of a meal on human whole blood serotonin. *Gastroenterology*, 88: 86-89, 1985.

Anderson, L. E., Morris, J. E., Sasser, L. B., Loscher, W., Effects of 50-or 60-hertz, 100 micro T magnetic field exposure in the DMBA mammary cancer model in Sprague-Dawley rats: possi-ble explanations for different results from two laboratories. *Environ Health Perspect.*, 108 (9): 797-802, September 2000.

Anderson, R. A., Lincoln, G. A., and Wu, F. C. W., Melatonin potentiates testosterone-in-duced suppression of luteinizing hormone secretion in normal men. *Current Contents*, *Comment*, 22 (1), January 3, 1994.

Anderson, S. A., and Raiten, D. J., Safety of amino acids used as dietary supplements. Be-thesda, MD, July 1992.

Asberg, M., Bertilsson, L., Tuck, D., Cronholm, B., and Sjoqvist, F., Indoleamine metabolites in the cerebrospinal fluid of depressed patients before and during treatment with nortriptyline. *Clin. Pharm. Ther.*, 14 (2), 277–286, 1973.

Ashley, D. V., Fleury, M., Hardwick, S., Leathwood, P. D., and Moennoz, D., Effects of large neutral amino acids on tryptophan transport into the brain during development. In: *Progress in Tryptophan and Serotonin Research*, pp. 583–586.

——, Finot, P. A., and Liardon, R., Contribution of exogenous N–15–tryptophan to plasma and red blood cell tryptophan and kynurenine in healthy humans. In: *Progress in Tryptophan and Serotonin Research*, pp. 587–590.

Aviram, A., and Gulyassay, P. F., Impaired absorption of tryptophan in uremia. *Harefuah*, 79: 114–117, 1970.

Axford, S., Mutton, O., and Adams, A., Beyond pumpkin seeds. St. Andrew's Hospital, Thorpe, Norwich, UK, NR7 OSS.

Azad, K. A., et al., Vegetarian diet in the treatment of fibromyalgia. *Bangladesh Medical Res. Counc. Bull.*, 26 (2), 41–47, August 2000.

Bachmann, C., and Colombo, J., Increased tryptophan uptake into the brain in hyperam–monemia. *Life Sci.*, 33: 2417–2424, 1983.

Bagiella, E., Cairella, M., Del Ben, M., et al., Changes in attitude toward food by obese patients treated with placebo and serotoninergic agents. *Cur. Ther. Res.*, 50 (2), August 1991.

Barr, L. C., Goodman, W. K., McDougle, C. J., et al., Tryptophan depletion in patients with obsessive–compulsive disorder who respond to serotonin reuptake inhibitors. *Arch. Gen. Psychiatry* (U. S.), 51 (4): 309–317, April 1994.

Bassant, M. H., Fage, D., Dedek, J., Cathala, F., Court, L., and Scatton, B., Monoamine abnor–malities in the brain of scrapie–infected rats. *Brain Res.*, 308: 182–185, 1984.

Baumann, P., and Gaillard, M., Insulin coma therapy: decrease of plasma tryptophan in man. *J. Neural. Transmis.*, 39: 309–313, 1976.

Baumgarten, H. G., and Schlossberger, H. G., Anatomy and function of central serotonergic neurons. In: *Progress in Tryptophan and Serotonin Research*, pp. 173–188.

Beasley, B. L., Nutt, J. G., Davenport, R. W., and Chase, T. N., Treatment with trypto–phan of levodopa–associated psychiatric disturbances. *Arch. Neurol.*, 37 (3): 155–156, 1980.

Bender, D. A., Effects of oestrogens on the metabolism of tryptophan—implications for the interpretation of the tryptophan load test for vitamin B_6 nutritional status. In: *Progress in Tryp–tophan and Serotonin Research*, pp. 637–640.

Benkelfat, C., Ellenbogen, M. A., Dean, P., et al., Mood–lowering effect of tryptophan deple–tion. *Arch. Gen. Psychiatry*, 51: 687–697, 1994.

Bhagavan, H., An interview. *Am. J. Psychiatry*, 6 (4): 317–326, 1977.

Bhajan, Y., Solving sleep problems with melatonin. *Nutrition News*, 1973.

Biesalski, H. K., Free radical theory of aging. *Curr. Opin. Clin. Nutr. Metab. Care*, 5 (1), 5–10, January 2002.

Biology., *Science News*, Vol. 144, 1993.

Blazejova, K., Nevsimalova, S., Illnerova, H., Hajek, I., Sonka, K., Sleep disorders and the 24–hour profile of melatonin and cortisol. *Sb. Lek.*, 101 (4), 347–351, Czech., 2000.

Braverman, E. R., and Pfeiffer, C. C., Suicide and biochemistry. *Biol. Psych.*, 20: 123-124, 1985.

Broderick, P. A., and Bridger, W. M., A comparative study of the effect of L-tryptophan and its acetylated derivative N-acetyl-L-tryptophan on rat muricidal behavior. *Biol. Psych.*, 19 (1): 89-94, 1984.

Brotto, L. A., Gorzalka, B. B., LaMarre, A. K., Melatonin protects against the effects of chronic stress on sexual behavior in male rats. *Neuroreport*, 12 (16), 3465-3469, November 16, 2001.

Brown, G. M., Melatonin in psychiatric and sleep disorders. *CNS Drugs*, 3 (3): 209-226, 1995.

Brugger, P., Marktl, W., and Herold, M., Impaired nocturnal secretion of melatonin in coronary heart disease. *Lancet*, 345: 1408, 1995.

Bunce, G. E., Hess, J. L., and Davis, D., Cataract formation following limited amino acid intake during gestation and lactation. *Society Exper. Biol. Med.*, 176: 485-489, 1984.

Burrors, M., As L-tryptophan illustrates, taking dietary supplements is chancy. *The New York Times*, December 20, 1989.

Byerley, W. F., Judd, L. L., Reimherr, F. W., et al., 5-Hydroxytryptophan: a review of its antide-pressant efficacy and adverse effects. *J. Clin. Psychopharmacology*, 7 (3), 1987.

——, and Risch, S. C., Depression and serotonin metabolism: rationale for neurotransmitter precursor treatment. *J. Clin. Psychopharmacology*, 5 (4), 1985.

Caroleo, M. C., Frasca, D., Nistico, G., et al., Melatonin as immunomodulator in immuno-defi-cient mice. *Immunopharmacology*, 23 (2): 81-89, March-April 1992. ISSN 0162-3109, Journal Code: GY3.

Chadwick, C., Phipps, D. A., and Powell, C., Serum tryptophan and cataract. *Lancet*, 1981.

Charney, D. S., Henninger, G. R., Reinhard, J. F., Sternberg, D. -E., and Hafstead, K. M., The effect of IV L-tryptophan on prolactin, growth hormones and mood in healthy subjects. *Psychopharmacology*, 78: 38-45, 1982.

Chiancone, F. M., Ilmetabolismo triptofano-acido icotinico nelle malattie psichiatriche. *Acta Vitam. et Enzym.*, XXII (3-4): 111-134.

Childs, P. A., Rodin, I., Martin, N. J., et al., Effect of fluoxetine on melatonin in patients with seasonal affective disorder and matched controls. *Brit. J. Psychiatry*, 166: 196-198, 1995.

Chouinard, G., Young, S. N., Annabelle, L., Sourkes, T. L., and Kiriakos, R. Z., Tryptophan-nicotinamide combination in the treatment of newly admitted depressed patients. *Commun. in Psych.*, 2: 311-318, 1978.

——, Lawrence, A., Young, S. N., and Sourkes, T. L., A controlled study of tryptophan-benserazide in schizophrenia. *Commun. in Psych.*, 2: 21-31, 1978.

Christensen, H. N., Implications of the cellular transport step for amino acid metabolism. *Nutrition Reviews*, 35 (6): 129-133, 1977.

Christian and Pegram, DMT: Clue to insomnia. *Med. World News.* October 17, 1977, p. 93.

Cleare, A. J., and Bond, A. J., Effects of alterations in plasma tryptophan levels on aggressive feelings. *Arch. Gen. Psychiatry* (U. S.), 51 (12): 1004-1005, 1994.

Cooper, A. J., Tryptophan antidepressant "physiological sedative": fact or fancy? *Psychophar-macology*, 61: 97-102, 1979.

Coppen, A., Eccleston, E. G., and Peet, M., Plasma tryptophan binding and depression. *Advances in Bioch. Psychopharm.*, 11: 325-333, 1974.

Coppen, A. J., Gupta, R. K., Eccleston, E. G., Wood, K. M., Wakeling, A., and De Sousa, V. F. A., Plasma-tryptophan in anorexia nervosa. *The Lancet*, May 1, 1976.

——, and Wood, K., Total and non – bound plasma – tryptophan in depressive illness. *Lancet*, 1977.

Cos, S., and Blask, D. E., Melatonin modulates growth factor activity in MCD – 7 human breast cancer cells. *USA J. Pineal Research*, 17: 1, 25-32, August 1994.

Coscina, D. V., and Stancer, H. C., Selective blockade of hypothalamic hyperphagia and obe-sity in rats by serotonin-depleting midbrain lesions. *Science*, 195: 415-417, 1977.

Cowley, G., Melatonin. *Newsweek*, August 7, 1995.

Curzon, G., Ettlinger, G., Cole, M., and Walsh, J., The biochemical, behavioral, and neurologic effects of high L-tryptophan intake in the rhesus monkey. *Neurology*, 13 (5), 431-438, 1963.

——, Kantamaneni, B. D., Lader, M. H.. and Greenwood, M. –H., Tryptophan disposition in psychiatric patients before and after stress. *Psych. Med.*, 9: 457-463, 1979.

Dam, H., Mellerup, E. T., and Rafaelsen, O. J., Diurnal variation of total plasma tryptophan in depressive patients. *Acta Psychiat. Scand.*, 69: 190-196, 1984.

D' Elia, G., Lehmann, J., and Raotma, H., Evaluation of the combination of tryptophan and ECT in the treatment of depression. *Acta Psychiat. Scand.*, 56: 303-318, 1977.

——, Lehmann, J., and Raotma, H., Evaluation of the combination of tryptophan and ECT in the treatment of depression. *Biochem. Anal. Acta Psychiat. Scand.*, 56: 319-334, 1977.

de Montis, M. G., Olianas, M. C., Mulas, G., and Tagliamonte, A., Evidence that only free serum tryptophan exchanges with the brain. *Pharm. Res. Commun.*, 9, 2, 1977.

Dennery, P. A., Melatonin: the next panacea? *Pediatr Res.*, 50 (6), 680, December 2001.

Donald, E. A., and Bosse, The vitamin B6 requirement in oral contraceptive users. Assessment by tryptophan metabolites, vitamin B6, and pyridoxic acid levels in urine. *Amer. J. Clin. Nutr.*, 32: 1024-1032, 1979.

Donaldson, T., Klatz, R., Denckla, W. D., et al., Melatonin and breast cancer. *Life Extension Report*, 13 (5), April, 1993.

Effect of drugs on melatonin. *CNS Drugs*, 3 (3): 213, 1995.

Evans, G. W., Normal and abnormal zinc absorption in man and animals: the tryptophan connection. *Nut. Reviews*, 38: 137-141, 1980.

Evers, B. M., Hurlbut, S. C., Tyring, S. K., et al., Novel therapy for the treatment of human carcinoid. *Ann. Surg.*, 213 (5): 411-416, May 1991.

Eynard, N., Flachaire, E., Lestra, C., et al., Platelet serotonin and free and total plasma tryptophan in healthy volunteers during 24 hours. *Clin. Chem.* (U. S.), 39 (11, pt. 1): 2337-2340, 1993.

Farkas, T., Dunner, D. L., and Fieve, R. R., L-tryptophan in depression. *Biol. Psych.*, 11 (3), 1976. FDA widens its recall of L-tryptophan. *The New York Times*, March 23, 1990.

Feltkamp, H., Meurer, K. A., and Godehardt, E., Tryptophan-induced lowering of blood pressure and changes in serotonin uptake by platelets in patients with essential hypertension. *Klinische Wochenschrift*, 62 (23): 1115-1119, 1984.

Fernstrom, J. D., Tryptophan availability and serotonin synthesis in rat brain—effects of experimental diabetes. In: *Progress in Tryptophan and Serotonin Research*, pp. 161-172.

———, and Wurtman, R. J., Brain serotonin content: physiological dependence on plasma tryptophan levels. *Science*, 173: 149-151, 1971.

———, and Lytle, L. D., Corn malnutrition, brain serotonin and behavior. *Nutr. Reviews*, 34 (9), 1976.

Fishlock, D., Glaucoma: a treatment without tears. *Financial Times*, 17 (1): 19, 1979.

Flannery, M. T., Wallach, P. M., Espinoza, L. R., et al., A case of the eosinophilia-myalgia syndrome associated with use of an L-tryptophan product. *Ann. Int. Med.*, 112: 300-301, 1990.

Fontenot, J. M., and Levine, S. A., Melatonin deficiency: its role in oncogenesis and age-related pathology. *J. Orthomol. Med.*, 5 (1), 1990.

Friedman, M., Nielsen, H. K., Steinhart, H., Bechandersen, S., Geeraerts, F., Schimpfessel, L., and Crokaert, R., The *in vivo* effect of sodium fluoride on the key enzymes of tryptophan metabolism. In: *Progress in Tryptophan and Serotonin Research*, pp. 677-680.

Fujii, E., Nomoto, T., and Muraki, T., Effects of two 5-hydroxytryptamine agonists on headweaving behavior in streptozotocin-diabetic mice. *Diabetologia*, 34: 537-541, 1991.

Fujiki, H., Suganuma, M., Tahira, T., Esumi, M., Nagao, M., Wakabayashi, K., and Sugimura, T., New biological significance of indole-containing compounds as initiators or tumor promoters in chemical carcinogenesis. In: *Progress in Tryptophan and Serotonin Research*. Furst, P., Guarnieri, G., and Hultman, E., The effect of the administration of L-tryptophan on synthesis of urea and gluconeogenesis in man. *Scandi. J. Clin. Lab. Investigation*, 127 (2), 183-191, 1971.

Gagnier, J. J., The therapeutic potential of melatonin in migraines and other headache types. *Altern. Med. Rev.*, 6: 383-389, 2001.

Gal, E. M., Hydroxylation of tryptophan and its control in brain. *Pav. J. Biol. Sci.*, 10 (3): 145-160, 1975.

Garcia, J. J., Reiter, R. J., Karbownik, M., Calvo, J. R., Ortiz, G. G., Tan, D. X., Martinez-Ballarin, E., Acuna-Castroviejo, D., N-acetylserotonin suppresses hepatic microsomal membrane rigidity associated with lipid peroxidation. *Eur. J. Pharmacol.*, 428 (2), 403-412, October 5, 2001.

Geeraerts, F., Schimpfessel, L., and Crokaert, R., The *in vivo* effect of sodium fluoride on the key enzymes of tryptophan metabolism. In: *Progress in Tryptophan and Serotonin Research*. Gibbons, J. L., Barr, G. A., Bridger, W. H., and Leibowitz, S. F., Manipulations of dietary tryptophan: effects on mouse killing and brain serotonin in the rat. *Brain Res.*, 169: 139-153, 1979.

Gilka, L., Schizophrenia: a disorder of tryptophan metabolism. *Acta Psychiat. Scand.*, Suppl.

258, 16-82, 1975.

Gillman, P. K., Bartlett, J. R., Bridges, P. K., Kantamaneni, B. -D., and Curzon, G., Relationships between tryptophan concentrations in human plasma, cerebrospinal fluid and cerebral cortex following tryptophan infusion. *Neuropharmacology*, 19: 1241-1242, 1980.

Giraldi, T., Perissin, L., Zorzet, S., et al., Stress, melatonin, and tumor progression in mice. *Ann. NY Acad. Sci.*, 719: 526-536, 1994.

Giron-Caro, F., Munoz-Hoyos, A., Ruiz-Cosano, C., Bonillo-Perales, A., Molina-Carballo, A., Escames, G., Macias, M., and Acuna-Castroviejo, D., Melatonin and beta-endorphin changes in children sensitive to olive and grass pollen after treatment with specific immunotherapy. *Int, Arch. Allergy Immunology.* 281: R1647-1664, 2001.

Glazer, W. M., Woods, S. W., Goff, D., Should Sisyphus have taken melatoniun? *Arch. Gen. Psychiatry*, 58 (11), 1049-1052, November 2001.

Godefroy, F., Weifugazza, J., and Besson, J. M., Effects of antirheumatic drugs and tricyclic antidepressants on total and free serum tryptophan levels in arthritic rats. In: *Progress in Tryptophan and Serotonin Research*, pp. 409-412.

Gordon, M. L., et al., Eosinophilic fasciitis associated with tryptophan ingestion: a manifesta-tion of eosinophilia-myalgia syndrome. *JAMA*, 265 (17), May 1, 1991.

Grant, A., Melatonin. *Health Gazette*, 18 (2), February 1995.

Gratz, R., Induction of tyrosine aminotransferase by tryptophan in rat liver. In: *Progress in Tryptophan and Serotonin Research*, pp. 689-696.

Haimov, I., Laudon, M., Zisapel, N., et al., Sleep disorders and melatonin rhythms in elderly people. *Brit. Med. J.*, 309: 167, July 16 1994.

Hankes, L. V., Jansen, C. R., Debruin, E. P., and Schmaeler, M., Effect of a B-vitamin on tryptophan metabolism in South African Bantu with pellagra. In: *Progress in Tryptophan and Serotonin Research*, pp. 339-346.

Hankes, L. V., et al., Vitamin effects on tryptophan-niacin metabolism in primary hepatoma patients. *Advanced Exp. Medical Biology*, 467, 283-287, 1999.

Hartmann, E., Cravens, J., and List, S., Hypnotic effects of L-tryptophan. *Arch. Gen. Psychiatry*, 31, September 1974.

——, L-tryptophan: a rational hypnotic with clinical potential. *Am. J. Psychiatry*, 134: 4, April 1977.

——, L - tryptophan as an hypnotic agent: a review. *Waking and Sleeping*, 1: 155 - 161, 1977.

——, and Spinweber, C. L., Sleep induced by L-tryptophan: effect of dosages within the normal dietary intake. *J. Nervous & Ment. Dis.*, 167 (8), 1979.

Hayakawa, T., and Iwai, K., Effect of tryptophan and/or casein supplementation on NAD levels in livers of the rats fed on niacin and protein-free diet. *J. Nutr. Sci. Vitaminol.*, 30: 303-306, 1984.

Heeley, A. F., Piesowicz, A. T., and McCubbing, D. G., The biochemical and clinical effect of pyridoxine in children with brain disorders. *Clin. Sci.*, 35: 381-389, 1968.

Heindel, J. J., and Riggs, T. R., Amino acid transport in vitamin B6-deficient rats: dependence on growth hormone supply. *American Physiological Society*, 235 (3): E316–E323, 1978.

Heine, W. E., The significance of tryptophan in infant nutrition. *Advanced Exp. Medical Biol-ogy*, 467, 833–840, 1999.

Hernandez–Rodriguez, J., and Manjarrez–Gutierrez, G., Macronutrients and neurotransmit-terformation during brain development. *Nutritional Review*, 59 (8 pt 2), S49–S57, August 2001.

Hijikata, Y., Katsuko, H., Shiozaki, Y., Murata, K., and Sameshima, Y., Determination of free tryptophan in plasma and its clinical applications. *J. Clin. Chem. Clin. Biochem.*, 22 (4), 1984.

Hirata, H., Asanuma, M., Cadet, J. L., Melatonin attenuates methamphetamine–induced toxic effects on dopamine and serotonin terminals in mouse brain. *Synapse*, 30 (2): 150–155, October 1998.

Hoes, M. J., Xanthurenic acid excretion in urine after oral intake of 5 grams L–tryptophan by healthy volunteers: standardization of the reference values. *J. Clin. Chem. Clin. Biochem.*, 19: 259–264, 1981.

Hoffer, A., Mega–amino acid therapy. *J. Ortho. Psych.* 9 (1): 2–5, 1980.

Hortin, G. L., Landt, M., and Powderly, W. G., Changes in plasma amino acid concentra-tions in response to HIV–1 infection. *Clin. Chem.* (U. S.), 40 (5): 785–789, May 1994.

Hudson, J. I., Pope, Jr., H. G., Daniels, S. R., et al., Eosinophilia–myalgia syndrome or fibromyal-gia with eosinophilia? *JAMA*, 269 (24), June 23/30, 1993.

Huffer, V., Levin, L., and Aronson, H., Oral contraceptives: depression & frigidity. *J. Nerv. Ment. Dis.*, 151: 35–41, 1970.

Hussan, I., Mesples, B., Bac, P., Vamecq, J., Evrard, P., Gressens, P., Melatoninergic neuroprotection of the murine periventricular white matter against neonatal excitotoxic challenge. *Ann. Neurol.* 51 (1): 82–92, January 2002.

Ikeda, S., and Kotake, Y., Urinary excretion of xanthurenic acid and zinc in diabetes. In: *Progress in Tryptophan and Serotonin Research*, pp. 355–358.

Internal Medicine News. Carbidopa with L–5–HTP held effective for intention myoclonous. 9 (15), 1976.

Iuvone, M. P., Catecholamines and indoleamines in retina. *Federation Proceedings*, 43 (12), 1984.

Jaffe, I., Kopelman, R., Baird, R., et al., Eosinophilic fasciitis associated with the eosino-philiamyalgia syndrome. *Am. J. Med.*, 88, May 1990.

Jan, J. E., and Espezel, H., Melatonin treatment of chronic sleep disorders. *Devel. Med. of Child Neur.*, 37: 279–281, 1995.

——, ——, and Appleton, R. E., The treatment of sleep disorders with melatonin. *Devel. Med. of Child Neur.*, 36: 97–207, 1994.

Jones, M. R., Cheek, J. M., Tamaki, J., et al., Plasma amino acid concentrations in prema-ture infants: effect of sampling site. *Am. J. Clin. Nutr.*, 50: 1389–1394, 1989.

Joseph, M. H., Johnson, L. A., and Kennett, G. A., Increased availability of tryptophan to the brain in stress is not mediated via changes in competing amino acids. In: *Progress in Trypto-phan and Serotonin Research*, pp. 387–390.

Joseph, M. S., Brewerton, D., Reus, V. I., and Stebbins, G. T., Plasma L-tryptophan/neutral amino acid ratio and dexamethasone suppression in depression. *Psychiatry Res.*, 11: 185-192, 1984.

Kalyanasundraram, S., and Ramanamurthy, P. S. V., Tryptophan metabolism in undernourished developing rat brain. In: *Progress in Tryptophan and Serotonin Research*, pp. 567-570.

Kamb, M. L., Murphy, J. J., Jones, J. L., et al., Eosinophilia-myalgia syndrome in L-tryptophanexposed patients. *JAMA*, 267 (1), January 1, 1992.

Kantak, K. M., Hegstrand, L. R., Whitman, J., and Eichelman, B., Effects of dietary supplements and tryptophan-free diet on aggressive behavior in rats. *Pharmacol. Biochem. Behav.*, 12: 173-179, 1980.

Karadotti, R., Axelsson, J., Melatonin secretion in sad patients and healthy subjects matched with respect to age and sex. *Int. J. Circumpolar Health*, 60 (4), 548-551, November 2001.

Kaufman, L. D., and Philen, R. M., Tryptophan: current status and future trends for oral admin-istration. *Drug Safety*, 8 (2), 1993.

Kaysen, G. A., and Kropp, J., Dietary tryptophan supplementation prevents proteinuria in the seven-eighths nephrectomized rat. *Kidney Int.*, 23: 473-479, 1983.

Kennedy, S. H., Melatonin disturbances in anorexia nervose and bulimia nervosa. *Int. J. Eating Disorders*, 16 (3): 257-265, 1994.

Kent, S., *Life Extension Magazine*, 7 (11), Suppl., November 1994.

Khan, R., Burton, S., Morley, S., et al., The effect of melatonin on the formation of gastric stress lesions in rats. *Experientia*, 46: 88-89, 1990.

Kimura, M., Yagi, N., and Itokawa, Y., Effect of subacute manganese feeding on serotonin metabolism in the rat. *J. Toxicol. Environ. Health*, 4: 701-707, 1978.

Kirchlechner, V., Hoffman-Ehrhart, B., Kovacs, J., Waldhauser, F., Melatonin production is similar in children with monosymptomatic nocturnal enuresis or other forms of enuresis/incontinence and in controls. J. Urol., 166 (6), 2407-2410, December 2001.

Koskiniemi, M. L., Deficient intestinal absorption of L-tryptophan in progressive myoclonus epilepsy without lafora bodies. *J. Neuro. Sci.*, 47: 1-6, 1980.

Koyama, T., Lowy, M. T., Jackman, H. L., and Meltzer, H. Y., Plasma indoles and hormones fol-lowing a 5-hydroxytryptophan (5-HTP) or tryptophan (TRP) load in affective disorders. Abstracts of panels and posters presented at the annual meeting of the American College of Neuropsychopharmacology, Nashville, TN, December 10-14, 1984.

Krieger, I., and Statter, M., Picolinic acid/tryptophan increase zinc uptake. *Am. J. Clin. Nutr.*, 46: 511-517, 1987.

Krieger, I., Picolinic acid in the treatment of disorders requiring zinc supplementation. *Nutr. Rev.*, 38 (4), 1980.

Krizova, L., and et al., Effect of nonessential amino acids on nitrogen retention in growing pigs fed on a protein-free diet supplemented with sulphur amino acids, threonine and tryptophan. *Journal of Animal Physiology and Animal Nutrition*, 85 (9-10), 325-332, October 2001.

Kroger, H., and Gratz, R., Induction of tyrosine aminotransferase under the influence of D-galactosamine. *Int. J. Biochem.*, 16 (6): 703-705, 1984.

Krstulovic, A. M., Brown, P. R., Rosie, D. M., and Champlin, P. B., High-performance liquid-chromatographic analysis for tryptophan in serum. *Clin. Chem.*, 23 (11), 1984-1988, 1977.

L-tryptophan: An amino acid that enhances gain by easing exercise pain. *Men's Health*, p. 7.

Lacoste, V., Wirz-Justice, A., Graw, P., Puhringer, W., and Gastpar, M., Intravenous L-5-hydroxytryptophan in normal subjects: an interdisciplinary precursor loading study. *Pharmakopsychiat.*, 9: 289-294, 1976.

Lancet. Uptake of dopamine and 5-hydroxytryptamine by platelets from patients with Hunt-ington's chorea. January 1977.

Latham, C. J., and Blundell, J. E., Evidence for the effect of tryptophan on the pattern of food consumption in free feeding and food deprived rats. *Life Sci.*, 24: 1971-1978, 1979.

Laurichesse, H., and et al., Threonine and Methionine are limiting amino acids for protein syn-thesis in patients with AIDS. *Journal of Nutrition*, 128 (8), 1342-1348, August 1998.

Leary, W. E., Levels of a hormone are lower in those with the condition. *The New York Times*, January 8, 1991.

Leclercq, C., Christiaens, F., Maes, M., et al., Suppressive effects of dexamethasone on the availability of L-tryptophan and tyrosine to the brain of healthy controls. *Amino Acids: Chemistry, Biology and Medicine*, eds. Lubec and Rosenthal. ESCOM, pp. 694-695.

Lehmann, J., Mental and neuromuscular symptoms in tryptophan deficiency. *Acta Psychiat. Scand. Suppl.*, 237, 1972.

——, Tryptophan deficiency stupor—a new psychiatric syndrome. *Acta Psychia. Scand. Suppl.*, 300: 1982.

——, Persson, S., Walinder, J., and Wallin, L., Tryptophan malabsorption in dementia. Improvement in certain cases after tryptophan therapy as indicated by mental behavior and blood a-nalysis. *Acta Psychiat. Scand.*, 64: 123-131, 1981.

Lehnert, H., Beyer, J., Hellhammer, D. H., Effects of L-tyrosine and L-tryptophan on the cardiovascular and endocrine system in humans. *Amino Acids: Chemistry, Biology and Medicine*, eds. Lubec and Rosenthal. ESCOM, pp. 618-619.

Leone, A. M., and Skene, D., Melatonin concentrations in pineal organ culture are sup-pressed by sera from tumor-bearing mice. *J. Pineal Res.*, 17: 1, 17-19, August 1994.

Levitt, A. J., Brown, G. M., Kennedy, S. H., et al., Tryptophan treatment and melatoninre-sponse in a patient with seasonal affective disorder. *J. Clin. Psychopharmacol*, 11 (1), Febru-ary 1991.

Lewis, A. E., Actions and uses of melatonin & melatonin with accessory factors. *Townsend Let-ter for Doctors*, December 1994.

Lewis, P. D., Perry, G. C., Morris, T. R., English, J., Supplementary dim light differently influences sexual maturity, oviposition time, and melatonin rhythms in pullets. *Poult. Sci.*, 80 (12): 1723-1728, December 2001.

Lieberman, H. R., Corkin, S., Spring, B. J., Growdon, J. H., and Wurtman, R. J., Mood, per-formance, and pain sensitivity: changes induced by food constituents. *J. Psychiat. Res.*, 17 (2): 135-145, 1982-1983.

Life Extension Update. Tryptophan: a clarification of our position. 1 (7), November 1984.

Lopez-Ibor, J. J., The involvement of serotonin in psychiatric disorders and behavior. *Brit. J. Psychiatry*, and 153, Suppl. 3, 26-39, 1988.

Loscher, W., Pagliusi, S. R., and Muller, F., L-5-hydroxytryptophan correlation between anticonvulsant effect and increases in levels of 5-hydroxyindoles in plasma and brain. *Neuropharmacology*, 23 (9): 1041-1048, 1984.

Lovell, R. A., and Freedman, D. X., Stereospecific receptor sites for d-lysergic acid diethylamide in rat brain: Effects of neurotransmitters, amine antagonists, and other psychotropic drugs. *Mol. Pharmac.*, 12: 620-630, 1976.

Lunenfeld, B., Aging men—challenges ahead. *Asian J. Androl.* (3), 161-168, September 3, 2001.

Manowitz, P., Menna-Perper, M. M., Mueller, P. S., Rochford, J., and Swartzburg, M., Effect of insulin on human plasma tryptophan and nonesterified fatty acids. *Proc. Soc. Exp. Biol. Med.*, 156: 402-405, 1977.

——, Gilmour, D. G., and Racevskis, J., Low plasma tryptophan levels in recently hospitalized schizophrenics. *Biol. Psych.*, 6 (2): 109-118, 1973.

Martin, J. R., Mellor, C. S., and Fraser, F. C., Familial hyperstryptophanemia in two siblings. *Clin. Genet.*, 47: 180-183, 1995.

Martin, R. W., and Duffy, J., Eosinophilic fasciitis associated with use of L-tryptophan: a case-control study and comparison of clinical and histopathologic features. *Mayo Clin. Proc.*, 66: 892-898, 1991.

Martins, Jr., E., Ligeiro de Oliverira, A. P., Fialho de Araujo, A. M., Tavares de Lima, W., Cipolla-Neto, J., Costa Rosa, L. F., Melatonin modulates allergic lung inflammation. *J. Pineal Res.*, 31 (4), 363-369, November 2001.

McConnell, H. M., Another way EMFs might harm tissues. *Health Physics*, February 19, 1994. Matthies, D. L., and Jacobs, F. A., Rat liver is not damaged by high dose tryptophan treatment. *J. Nutr.* (U. S.), 123 (5): 852-859, May 1993.

Mawson, A. R., Corn, tryptophan and homicide. *J. Ortho. Psych.*, 7 (4): 227-230, 1978. Melatonin update. *Life Extension Update*, 8 (6), June 1, 1995.

Melatonin again proves effective for cancer patients. *Life Extension Update*, 6 (9), September 1993.

Menna-Perper, M., Swartzburg, M., Mueller, P. S., Rochford, J., and Manowitz, P., Free tryptophan response to intravenous insulin in depressed patients. *Biol. Psych.*, 18 (7): 771-780, 1983.

Miller, L. T., Johnson, A., Benson, E. M., and Woodring, M. J., Effect of oral contraceptives and pyridoxine on the metabolism of vitamin B6 and on plasma tryptophan and amino nitrogen. *Amer. J. Clin. Nutr.*, 28: 846-853, 1975.

Miller, M. W., Drug companies and health-food stores fight to peddle melatonin to insomniacs. *The Wall Street Journal*, August 31, 1994.

Millward, J., Can we define indispensable amino acid requirements and assess protein quality in adults? *J. Nutr.* (U. S.), 124, 8, Suppl. 1509s-1516s, August 1994.

Minami, M., Yu, P. H., Davis, B. A., et al., Inhibition of tryptophan hydroxylase by 6, 7-dihy-droxy-N-cyanomethyl-1, 2, 3, 4-tetrahydroisoquinoline, a cyanomethyl derivative of dopamine formed from cigarette smoke. *Neurosic. Lett.* (Ireland), 160 (2): 217-220, October 1, 1993.

Modlinger, R. S., Schonmuller, J. M., and Arora, S. P., Stimulation of adolesterone, renin, and cortisol by tryptophan. *J. Clin. Endocrin. Metab.*, 48 (4): 599-603, 1979.

Moller, S. E., and Amdisen, A., Plasma neutral amino acids in mania and depression: variation during acute and prolonged treatment with L-tryptophan. *Biol. Psychiat.*, 14 (1): 131-139, 1979.

Montenero, A. S., Sullo tossicita e tollerabilita del triptofano e di suoi metaboliti. *Acta Vitamin. Enzymol.*, 32: 188, 1978.

Montgomery, G. W., Flux, D. S., and Greenway, R. M., Tryptophan deficiency in pigs: changes in food intake and plasma levels of glucose, amino acids, insulin and growth hormone. *Hor-mone & Metabolic Res.*, 12 (7): 304-309, 1980.

Montilla, P., Cruz, A., Padillo, F. J., Tunez, I., Gascon, F., Munoz, M. C., Gomez, M., Pera, C., Melatonin versus vitamin E as protective treatment against oxidative stress after extra-hepatic bile duct ligation in rats. 31: 138-144.

Moore, P., et al., Rapid tryptophan depletion plus a serotonin 1A agonist: competing effects on sleep in healthy men. *Neuropsychopharmacology*, 25 (5 Suppl.), S40-S44, November 2001.

Munoz-Clares, R. A., Lloyd, P., Lomax, M. A., Smith, S. A., and Pogson, C. I., Tryptophan metabolism and its interaction with gluconeogenesis in mammals: studies with the guinea pig, Mongolian gerbil and sheep. *Arch. Biochem. Biophys.* 209 (2): 713-717, 1981.

Munsat, T. L., Hudgson, and Johnson, M., Serotonin myopathy. *Neurology*, 384, April 1976.

Murialdo, G., Fonzi, S., Costelli, P., et al., Urinary melatonin excretion throughout the ovarian cycle in menstrually related migraine. *Cephalalgia* (Oslo), 14: 205-209, 1994.

Murphy, D. G. M., Murphy, D. M., Abbas, M., et al., Seasonal affective disorder: response to light as measured by electroencephalogram, melatonin suppression, and cerebral blood flow. *Brit. J. Psychiatry*, 163: 327-331, 1993.

Mustonen, A. M., Nieminen, P., Hyvarinen, H., Asikainen, J., Exogenous melatonin elevates the plasma leptin and thyroxine concentrations of the mink (Mustela vison). *Z Natorforsch* [C]. 55 (9-10): 806-813, September-October 2000.

Narasimhachari, and Himwich, H. E., Gas chromatographic-mass spectrometric identificationof N: N-dimethyltryptamine in urine samples from drug-free chronic schizophrenic patients and its quantitation by the technique of single (selective) ion monitoring. *Biochem. Biophys. Res. Commun.*, 55 (4): 1064-1071, 1973.

Nasrallah, H. A., Dunner, F. J., and McCalley-Whitters, M. A., Placebo-controlled trial of valporate in tardive dyskinesia. *Biol. Psych.*, 20: 199-228, 1985.

Nedopil, N., Einhaupl, K., Ruther, E., and Steinburg, R., L-tryptophan in chronic insomnia. In: *Progress in Tryptophan and Serotonin Research*, pp. 305-309.

Nielsen, D. A., Goldman, D., Virkkunen, M., et al., Suicidality and 5-hydroxyindoleacetic acid concentration associated with a tryptophan hydroxylase polymorphism. *Arch. Gen. Psychiatry.* (U. S.), 51 (1): 34–38, January 1994.

Nielson, H. K., and Hurrell, R. F., Content and stability of tryptophan in foods. In: *Progress in Tryptophan and Serotonin Research*, pp. 527–534.

Niskamen, P., Huttunen, M., Tamminen, T., and Jaaskelainen, J., The daily rhythm of plasma tryptophan and tyrosine in depression. *Brit. J. Psychiat.*, 128: 67–73, 1976.

Norden, M., The risk associated with not taking tryptophan. *The Nutrition Reporter*, 5 (4).

——, Risk of tryptophan depletion following amino acid supplementation. *Arch. Gen. Psychiatry.* (U. S.), 50 (12): 1000–1001, December 1993.

NYU Medical Center. Five ways to relieve temporary insomnia. *Health Letter*, No. 5.

Ogren, S. O., Holm, A. C., Hall, H., and Lindberg, U. H., Alaproclate, a new selective 5–HT uptake inhibitor with therapeutic potential in depression and senile dementia. *J. Neural. Trans–mission*, 59: 265–288, 1984.

Ormsbee, H. S., Silber, D. A., and Hardy, F. E., Serotonin regulation of the canine migrating motor complex. *J. Pharmacol. Experiment. Therapeut.*, 231 (2): 436, 1984.

Palfreyman, M. G., Mcdonald, I. A., Zreika, M., et al., Tyrosine and tryptophan analogues as MAO–inhibiting prodrugs. *Amino Acids: Chemistry, Biology and Medicine*, eds. Lubec and Rosenthal. ESCOM, pp. 370–371.

Pardridge, W. M., Tryptophan and hepatic encephalopathy. *The Lancet*, May 1975.

Pariza, M. W., and Leighton, T. J., Food components help prevent cancer. *C&EN*, April 24, 1989.

Park, S., et al., Increased binding at 5–HT (1A), 5–HT (1b), and 5–HT (2A) receptors and 5–HT transporters in diet–induced obese rat. *Brain Res*, 847 (1), 90–7, November 1999.

Penz, A. M., Clifford, A. J., Rogers, Q. R., and Kratzer, F. H., Failure of dietary leucine to influ–ence the tryptophan–niacin pathway in the chicken. *J. Nutr.*, 114: 33–41, 1984.

Peters, J. C., Bellissimo, D. B., and Harper, A. E., L–tryptophan injection fails to alter nutrient selection by rats. *Physiol. Behav.*, 32: 253–259, 1983.

Peuschel, S. M., Yeatman, S., and Hum, C., Discontinuing the phenylalanine–restricted diet in young children with PKU. *J. Amer. Diet. Assoc.*, 70 (5): 838–844, 1977.

——, Reed, R. B., Cronk. C. E., and Goldstein, B. I., 5–hydroxytryptophan and pyridoxine. *Am. J. Dis. Child.*, 134, September 1980.

Pfeiffer, C. C., and Bacchi, D., Copper, zinc, manganese, niacin and pyridoxine in the schizo–phrenias. *J. Applied Nutr.*, 27 (2, 3): 9–39, 1975.

Pharmacological effects of melatonin administration. *CNS Drugs*, 3 (3): 212, 1995.

Picone, T. A., Daniels, T. A., Ponto, K. H., et al., Cord blood tryptophan concentrations and total cysteine concentrations. *Current Contents*, Comment, 17 (8), February 20, 1989.

Pierpaoli, W., and Mastroni, G. J. M., Melatonin: a principal neuroimmunoregulatory and anti–stress hormone: its anti–aging effects. *Immunology Letters*, 16: 355–362, 1987.

——, and Regelson, W., Pineal control of aging: effect of melatonin and pineal grafting on aging mice. *Proc. Natl. Acad. Sci. USA*, 91: 787–791, January 1994.

——, ——, and Colman, C., *The Melatonin Miracle*. New York: Simon & Schuster, 1995.

Pires, M. L., Benedito–Silva, A. A., Pinto, L., Souza, L., Vismari, L., Calil, H. M., A-cute effects of low doses of melatonin on the sleep of young healthy subjects. *J. Pineal Res.*, 31 (4), 326–332, November 2001.

Poldinger, W., Calanchini, B., and Schwarz, W., A functional–dimensional approach to depres–sion: serotonin deficiency as a target syndrome in a comparison of 5–hydroxytryptophan and fluvoxamine. *Psychopathology*, 24: 53–81, 1991.

Ponter, A. A., Seve, B., and Morgan, L. M., Intragastric tryptophan reduces glycemia after glu–cose, possible via glucose–mediated insulinotropic polypeptide, in early–weaned piglets. *J. Nutr.* (U. S.), 124 (2): 259–267, February 1994.

Pratt, J. A., Jenner, P., Johnson, A. L., Shorvon, S. D., and Reynolds. E. H., Anticonvul-sant drugs alter plasma tryptophan concentrations in epileptic patients: implications for antiepileptic action and mental function. *J. Neurol. Neurosurg. Psych.*, 47: 1131–1133, 1984.

Prevention Magazine. New hope for victims of Parkinson's disease, 42–44, September 1976.

Price, L. H., Charney, D. S., Pedro, M. D., et al., Clinical data on the role of serotonin in the mechanism (s) of action of antidepressant drugs. *J. Clin. Psychiatry*, 51, Suppl. 4, 44–50, 1990.

——, L. H., Ricaurte, G. A., Krystal, J. H., et al., Neuroendocrine and mood responses to intra–venous L–tryptophan in 3, 4–methylenedioxymethamphetamine (MDMA) Users. *Arch. Gen. Psychiatry*, 46, January 1989.

Puhringer, W., Wirz–Justice, A., Graw, P., Lacoste, V., and Gastpar, M., Intravenous L–5–hydroxytryptophan in normal subjects: an interdisciplinary precursor loading study. *Pharma-kopsychatrie Neuro–Psychopharmakologie*, 9: 259–266, 1976.

Puig–Domingo, M., Webb, S. M., Serrano, J., et al., Brief report: melatonin–related hy-pogonadotropic hypogonadism. *New Eng. J. Med.*, 327 (19), November 5, 1992.

Quadbeck, H., Lehmann, E., and Tegeler, J., Comparison of the antidepressant action of tryptophan, tryptophan/5–hydroxytryptophan combination and nomifensine. *Neuropsychobiology*, 11 (2): 111–115, 1984.

Raba, M., Reiderer, P., Danielcyk, W., and Seemano, D., The influence of L5–hydroxytryptophan (L5–HTP) on clinical and biochemical parameters in depressive patients. In: *Progress in Tryptophan and Serotonin Research*, pp. 401–404.

Raghuram, T. C., and Krishnaswamy, K., Serotonin metabolism in pellagra. *Arch. Neurol.*, 32: 708–710, 1975.

Rao, G. N., Ney, E., Herbert, R. A., Effect of melatonin and linolenic acid on mammary cancer in transgenic mice with c–neu breast cancer oncogene. *Breast Cancer Res. Treat.* 64 (3): 287–296, December 2000.

Rapkin, A., Chung, L. C., and Reading, A., Tryptophan loading test in premenstrual syn-drome. *J. Obst. Gyn.*, 10: 140–144, 1989.

Reddi, E., Rodgers, M. A. J., Spikes, J. D., and Jori, G., The effect of medium polarity on the hematoporphyrin–sensitized photooxidation of L–tryptophan. *Photochem. Photobiol.*, 40 (4): 415–421, 1984.

Reeves, J. E., and Lahmeyer, H. W., Tryptophan for insomnia. *JAMA*, 262 (19), November 17, 1989.

Reich, T., and Winokur, G., Postpartum psychoses in patients with manic depressive disease. *J. Nerv. Ment. Dis.*, 151: 60–68, 1970.

Reiter, R. J., Tryptophan metabolism in the pineal gland. In: *Progress of Tryptophan and Serotonin Research*, pp. 251–258.

Reiter, R. J., Tan, D. X., Poeggeler, B., et al., Melatonin as a free radical scavenger: implications for aging and age–related diseases. *Ann. N. Y. Acad. of Sci.*

Reynolds, R. D., Serotonergic drugs and the serotonin syndrome. *Am. Fam. Physician* (U. S.), 49 (5): 1083, 1086, April 1994.

Rimler, A., Clig, Z., Levy–Rimler, P. M., Lupowitz, K., Klocker H., Matzkin, H., Bartsch, G., Zisapel, N., Melatonin elicits nuclear exclusion of the human androgen receptor and attenuates its activity. *Prostate*, 49: 145–164, 2001.

Rimon, R., Latvala, M., Hyyppa, M., and Kampman, R., Cerebrospinal fluid tryptophan and brain atrophy in patients with chronic schizophrenia. *Ann. Clin. Res.*, 14: 133–136, 1982.

Richardson, M. A., Amino acids in psychiatric disease. *J. App. Nutr.*, 44 (1), 1992.

Root–Bernstein, R. S., and Westall, F. C., Serotonin binding sites I. structures of sites on myelin basic protein, LHRH, MSH, ACTH, interferon, serum albumin, ovalbumin and red pigment concentrating hormone. *Brain Research Bulletin*, 12: 425–436, 1984.

Rudorfer, M. V., Scheinin, M., Karoum, F., Ross, R. J., Potter, W. –Z., and Linnoila, M., Reduc–tion of norepinephrine turnover by serotonergic drug in man. *Biol. Psych.*, 19 (2): 179–193, 1984.

Russ, M. J., Ackerman, S. H., Banay–Schwartz, M., et al., L–tryptophan does not affect food intake during recovery from depression. *Int. J. Eating Disorders*, 10 (5): 539–546, 1991.

Ryoo, Y. W., Suh, S. I., Mun, K. C., Kim, B. C., and Lee, K. S., The effects of the melatonin on ultraviolet – B irradiated cultural dermal fibroblasts. *J. Dermatol. Sci.*, 27: 162 – 169, 2001.

Saavedra, J. M., and Axelrod, J., Psychotomimetic N–methylated tryptamines: formation in brain in vivo and *in vitro*. *Science*, 175 (3): 1365–1366, 1972.

Sadovsky, E., et al., Prevention of hypothalamic habitual abortion by periactin. *Harefuah*, 78: 332–333, 1970.

Satel, S. L., Krystal, J. H., Delgado, P. L., et al., Tryptophan depletion and attenuation of cueinduced craving for cocaine. *Am. J. Psychiatry*, 152: 5, May 1995.

Schenker, J. G., and Jungereis, E., Serum copper levels in normal pregnancy. *Harefuah*, 78: 330–331, 1970.

Schneider–Helmert, D., and Spinweber, C. L., Evaluation of L–tryptophan for treatment of insomnia: a review. *Psychopharmacology*, 89: 1–7, 1986.

Schweigert, B. S., Urinary excretion of amino acids by the rat, *Science*, 315 – 318, November 1977.

Science, Lithium increases serotonin release and decreases metabolism: implications for theories of schizophrenia. 205 (9), 1979.

Segura, R., and Ventura, J. L., Effect of L-tryptophan supplementation on exercise performance. *Int. J. Sports Med.* 9: 301-305, 1988.

Selman, J., Rissenberg, M., and Melius, J., Eosinophilia-myalgia syndrome: follow-up survey of patients, New York, 1990-1991. *MMWR*, 40 (24), June 21, 1991.

Seltzer, S., Dewart, D., Pollack, R. L., and Jackson, E., The effects of dietary tryptophan on chronic maxillofacial pain and experimental pain tolerance. *J. Psychiat. Res.*, 17 (2): 181-186, 1982-83.

Sepping, P., Wood, W., Bellamy, C., Bridges, P. K., O' Gorman, P., Bartlett, J. R., and Patel, V. K., Studies of endocrine activity, plasma tryptophan and catecholamine excretion on psychosurgical patients. *Acta Psychiat. Scand.*, 56: 1-14, 1977.

Shansis, F. M., and et al., Behavioral effects of acute tryptophan depletion in healthy male volunteers. *Journal of Psychopharmacology*, 14 (2), 157-163, June 2000.

Shamir, E., Barak, Y., Shalman, I., Laudon, M., Zisapel, N., Tarrasch, R., Elizur, A., Weizman, R., Melatonin treatment for tardive dyskinesia: a double-blind, placebo-controlled, crossover study. *Arch. Gen. Psychiatry*, 58 (11), 1049-1052, November 2001.

Sharma, M., Gupta, Y, K., Effect of chronic treatment of melatonin on learning, memory and oxidative deficiencies induced by intracerebroventricular streptozotocin in rats. *Pharmacol. Biochem. Behav.*, 70 (2-3), 325-31, October-November 2001.

Shaw, D. M., Tidmarsh, S. F., and Karajgi, B., Trytophan, affective disorder and stress. *J. Affective Disorders*, 321-325, 1980.

Shen, Y. X., Wei, W., Yang, J., Liu, C., Dong, C., Xu, S. Y., Improvement of melatonin and memory impairment induced by amyloid bgr; -peptide 25-35 in elder rats. *Acta Pharmacol. Sin.*, 22 (9), 797-803, September 2001.

Shibata, K., et al., Efficiency of D-Tryptophan as niacin in rats. *Bioscience Biotechnology Biochemistry*, 64 (1), 206-209, January 2000.

Short, R. V., Hormone of darkness. *Brit. Med. J.*, 307: 952-953, October 16, 1993.

Silver, R. M., The eosinophilia-myalgia syndrome. *Pfizer Labs Mediguide to Inflammatory Diseases*, Vol. 10, issue 3.

Slutsker, L., Hoesly, F. C., Miller, L., et al., Eosinophilia-myalgia syndrome associated with exposure to tryptophan from a single manufacturer. *JAMA*, 264 (2), July 11, 1990.

Smith, Q. R., Fukui, S., Robinson, P., et al., Influence of cerebral blood flow on tryptophan uptake into brain. *Amino Acids: Chemistry, Biology and Medicine*, eds. Lubec and Rosenthal. ESCOM, p. 364.

Spillmann, M. K., and et al., Tryptophan depletion in SSRI-recovered depressed outpatients. *Psychopharmacology*, 155 (2), 123-127, May 2001.

Studies documenting the safety and effectiveness of melatonin have been reported in leading magazines and newspapers. *Harvard Health Letter*, 18 (8), June 1993.

Sulman, F. G., and Pfeiffer, Y., The role of serotonin in gynecology and obstetrics. *Israel Pharmaceut. J.*, 16: 83-85, 1973.

Suzuki, T., Yuyama, S., Sasaki, A., Yamada, M., and Kumagai, R., Influence of excess leucine intake on the conversion of tryptophan to NAD in rats fed low protein diet. In: *Progress in*

Tryptophan and Serotonin Research, pp. 599–602.

Tagaya, H., Matsuno, Y., and Atsumi, Y., Psychiatric treatment for the disorder of sleep-wake schedule: 2 cases of non – 24 – hour sleep – wake syndrome. *Jap. J. Psych. of Neur.*, 48 (2), 1994.

Tahmoush, A. J., Alpers, D. H., and Feigin, R. D., Hartnup disease: clinical, pathological, and biochemical observations. *Arch. Neurol.*, 33: 797–806, 1976.

Terron, M. P., Cubero, J., Marchena, J. M., Barriga, C., Rodriguez, A. B., Melatonin and aging: *in vitro* effect of young and mature ring dove physiological concentrations of melatonin on the phagocytic function of heterophils from old ring dove. *Exp. Gerontol.*, 37 (2–3): 421 – 426, January 3, 2002.

Toglia, J. U., Melatonin: a significant contributor to the pathogenesis of migraine. *Med Hypotheses*, 57: 432–434, 2001.

Trichopoulous, D., Are electric or magnetic fields affecting mortality from breast cancer in women? *J. Nat. Cancer Inst.*, 86 (12), June 15, 1994.

Traber, J., Davies, M. A., Dompert, W. U., Glaser, T., Schuurman, T., and Seidel, P. – R., Brain serotonin receptors as a target for the putative anxiolytic TVX Q 7821. *Brain Res. Bulletin*, 12: 741–744, 1984.

Traskman–Bendz, L., Asberg, M., Bertilsson, L., and Thoren, P., CSF monoamine metabolites of depressed patients during illness and after recovery. *Acta Psychiatr. Scand.*, 69: 333–342, 1984.

Treneer, C. M., and Bernstein, I. L., Learned aversions in rats fed a tryptophan–free diet. *Physio. & Behav.*, 27: 757–760, 1981.

Tricoire, H., Locatelli, A., Chemineau, P., Malpaux, B., Melatonin enters the cerebrospinal fluid through the pineal recess. *Endocrinolog*, 143 (1), 84–90, January 2002.

Triebwasser, K. C., Swan, P. B., Henderson, L. M., and Budny, J. A., Metabolism of D- and L-tryptophan in dogs. *J. Nutr.*, 106 (5): 797–806, 1976.

Tzischinsky, O., and Lavie, P., Melatonin and sleep. *Sleep* (Israel), 17 (7): 638–645, October 1994.

Utiger, R. D., Melatonin: the hormone of darkness. *New Eng. J. Med.*, 327 (19), November 5, 1992.

Valcavi, R., Zini, M., Maestroni, G. J., et al., Melatonin stimulates growth hormone secretion through pathways other than the growth hormone – releasing hormone. Switzerland, February 18, 1993.

Valzelli, L., Bernasconi, S., and Garattini, S., *Brain Tryptophan and Foods*. Milan, Italy: Instituto di Ricerche Farmacologiche "Mario Negri," 1981.

van Hiele, L. J., 1–5–Hydroxytryptophan in depression: the first substitution therapy in psychiatry? *Neuropsychobiology*, 6: 230–240, 1980.

van Praag, H. M., Precursors of serotonin, dopamine, and norepinephrine in the treatment of depression. *Advan. Biol. Psych.*, 14: 54–68, 1984.

——, H., and de Haan, S., Depression vulnerability and 5–hydroxytryptophan prophylaxis. *Psychiatry Res.*, 3: 75–83, 1980.

Vannucchi, H., Mello, J. A., and Dutra, J. E., Tryptophan metabolism in alcoholic pellagra patients: measurements of urinary metabolites and histochemical studies of related muscle enzymes. *Amer. J. Clin. Nutr.*, 35: 1368-1374, 1982.

Vannucchi, H., Moreno, F. S., Amarante, A. R., et al., Plasma amino acid patterns in alcoholic pellagra patients. *Alcohol & Alcoholism*, 26 (4): 431-436, 1991.

Wannamaker, S. S., and Maxted, W. R. Characterization of bacteriophages from nephritogenic group A *streptococci*. *J. Infec. Dis.*, 121: 407-418, 1970.

Wassmer, E., Carter, P. F., Quinn, E., McLean, N., Welsh, G., Seri, S., Whitehouse, W. P., Melatonin is useful for recording sleep EEGs: a prospective audit of outcome. *Dev. Med. Child. Neurol.*, 43 (11), 735-738, November 2001.

Webb, M., and Kirker, J. G., Severe post - traumatic insomnia treated with L - 5 - hydroxytryptophan. *Lancet*, June 1981.

Webb, S. M., and Puig-Domingo, M., Role of melatonin in health and disease. *Clin. Endocr.*, 42: 221-234, 1995.

Weifugazza, J., Godefroy, F., Bineauthurotte, M., and Besson, J. M., Plasma tryptophan levels and 5-hydroxytryptamine synthesis in the brain and the spinal chord in arthritic rats, In: *Progress in Tryptophan and Serotonin Research*, pp. 405-408.

Weil-Fugazza, J., Godefroy, F., Bineau-Thurotte, M., et al., Plasma tryptophan levels and 5-hydroxytryptamine synthesis in the brain and the spinal cord in arthritic rats. Walter de Gruyler & Co., pp. 405-408, 1984.

Weinberger, S. B., Knapp, S., and Mandell, A. J., Failure of tryptophan load-induced increases in brain serotonin to alter food intake in the rat. *Life Sci.*, 22: 1595-1602, 1978.

Wilcock, G. K., et al., Tryptophan/trazodone for aggressive behavior. *Lancet*, 1: 930, 1987.

Williams, W. A., et al., Effects of acute tryptophan depletion on plasma and cerebrospinal fluid tryptophan and 6 hyroxyindoleacetic acid in normal volunteers. *Journal of Neurochemistry*, 72 (4), 1641-1647, April 1999.

Wolden-Hanson, T., Mitton, D. R., McCants, R. L., Yellon, S. M., Wiolkinson, C. W., Mat-sumoto, A. M., Rasmussen, D. D., Daily melatonin administration to middle-aged male rats suppresses body weight, intra abdominal adiposity, and plasma leptin and insulin independent of food intake and total body fat. *Endocrinology*, 141 (2): 487-497, February 2000.

Wolf, W. A., and Kuhn, D. M., Effects of L-tryptophan on blood pressure in normotensive and hypertensive rats. *J. Pharmacol. Exper. Therapeut.*, 230 (2): 324-329.

Wong, K. L., and Tyce, G. M., Effect of administration of 5-hydroxytryptophan and an inhibitor of L-aromatic amino acid decarboxylase on glucose metabolism in rat brain. *Neurochem. Res.*, 4: 277-287, 1979.

Wong, P. W. K., Forman, P., Tabahoff, B., and Justice P., A defect in tryptophan metabolism. *Pediat. Res.*, 10: 725-730, 1976.

Wood, K., Swade, C., Harwood, J., Eccleston, E., Bishop. M., and Coppen, A., Comparison of methods for the determination of total and free tryptophan in plasma. *Clin. Chim. Acta*, 80: 229-303, 1977.

Wurtman, J. J., Carbohydrate craving, mood changes, and obesity. *J. Clin. Psychiatry*, 49: 8 (Suppl.), August 1988.

Wurtman, R. J., Behavioral effects of nutrition. *Lancet*, May 1983.

——, Hefti, F., and Melamed, E., Precursor control of neurotransmitter synthesis. *Pharmaco. Rev.*, 32 (4): 315–330, 1981.

Wurtman, et al., Composition and method for suppressing appetite for calories as carbohydrates. *United States Patent*, 4, 210, 637. July 1, 1980.

Yap, S. H., Hafkenscheid, J. C. M., and van Tongeren, J. H. M., Important role of tryptophan on albumin synthesis in patients suffering from anorexia nervosa and hypoalbuminemia. *Amer. J. Clin. Nutr.*, 289 (12): 1356–1363, 1975.

Zarcone, V., Kales, A., Scharf, M., Tan, T. L., Simmons, J. Q., and Dement, W. C., Repeated oral ingestion of 5-hydroxytryptophan: the effect on behavior and sleep processes in two schiz-ophrenic children. *Arch. Gen. Psychiat.*, 15 (28), 1973.

Zhdanova, I. V., Wurtman, R. J., Lynch, H. J., et al., Sleep-inducing effects of low doses of mela-tonin ingested in the evening. *Clin. Pharmacol. & Thera.*, 57 (5): 552–558, May 1995.

Zigman, S., The role of tryptophan oxidation in ocular tissue damage. *Progress in Tryptophan and Serotonin Research*, pp. 449–468.

Zimmerman, M., Keep your internal clock from "tocking" when it should be "ticking!" *Swan-son's Health Shopper*, November 1993.

Zimmerman, R. C., McDougle, C. J., Schumacher, M., et al., Effects of acute tryptophan deple-tion on nocturnal melatonin secretion in humans. *J. Clin. Endocrinol. Metab.* (U. S.), 76 (5): 11600–11604, May 1994.

第三部分

第五章　甲硫氨酸

Agnoli, A., Andreoli, V., Casacchia, M., and Cerbo, R., Effect of S-adenosyl-L-methionine (SAMe) upon depression symptoms. *J. Psychiat. Res.*, 13: 43–54, 1976.

Aksnes, A., Methionine sulphoxide: formation, occurrence and biological availability. *Fisk. Dir.*, *Ser. Ernaering*, II (5): 125–153, 1984.

——, Studies on the *in vivo* utilization and the *in vitro* enzymatic reduction of methionine sulphoxide in rats and rat tissues. *Ann. Nutr. Metab.*, 28: 288–296, 1984.

Anagnostou, A., Schade, S. G., and Fried, W., Stimulation of erythropoietin secretion by single amino acids. *Proceed. Soc. Exper. Biol. Med.*, 159: 139–141, 1978.

Benesh, F. C., and Carl, G. F., Methyl biogenesis. *Bio. Psychiat.*, 13 (4): 465–480, 1978.

Bidard, J. N., Darmenton, P., Cronenberger, L., and Pacheco, H., Effect de la Sadenosyl-L-methionine sur le catabolisme de la dopamine. *J. Pharmacol.* (*Paris*), 8, 1: 83–93, 1977.

Biochemical Pharmacology. Effect of exogenous S-adenosyl-L-methionine on phosphatidyl-choline synthesis by isolated rat hepatocytes. 33 (9): 1562–1564, 1984.

Bouchard, R., and Conrad, H. R., Sulfur metabolism and nutrition changes in lactating cows associated with supplemental sulfate and methionine hydroxy analog. *Can. J. Anim. Sci.*, 54 (12): 587–593, 1974.

Brune, G. G., and Himwich, H. E., Effects of methionine loading on the behavior of schizophrenic patients. *J. Nervous & Mental Dis.*, 134, 5: 447–450, 1962.

Campbell, R. A., Polyamines and atherosclerosis. *Lancet*, March 1979.

Caruso, I., Fumagelli, M., Boccassini, L., Puttini, P. S., Cliniselli, G., and Cavallari, G., Antidepressant activity of S–adenysylmethionine. *Lancet*, July 1984, p. 904.

Catto, E., Algeri, S., Brunnello, N., and Stramentinoli, G., Brain monomine changes following the administration of S–adenosyl methionine (SAMe). *Neuropharmacol.*, 2: 1978.

Chance, W. T., et al., Methionine sulfoximine intensifies cancer anorexia. *Pharmacological Biochemistry and Behavior*, 39 (1), 115–118, May 1991.

Cheraskin, E., Ringsdorf, W. M., and Medford, F. H., The "ideal" intake of threonine, valine, phenylalanine, leucine, isoleucine, and methionine. *J. Ortho. Psychiat.*, 7, 3: 15–155, 1978.

Colin, M., Effect of adding methionine to drinking water on growth of rabbits. *Nutr. Rep. Inter.*, 17 (3): 397–402, 1978.

Crome, P., et al., Oral methionine in treatment of severe paracetamol (acetaminophen) overdose. *Lancet*, 2: 829–830, 1976.

Darby, W. J., Broquist, H. P., and Olson, R. E., eds. *Annual Review of Nutrition*, Vol. 4. Palo Alto, CA: Annual Reviews, Inc. 170–181, 1984.

Davis, A., *Let's Eat Right to Keep Fit.* New York: Harcourt Brace Jovanovich, Inc., 1970.

De Gandarias, J. M., et al., Brain met–enkephalin immonostaining after subacute and subchronic exposure to benzene. *Bull Environmental Contam. Toxicology*, 52 (1), 163–170, January 1994.

De Maio, et al., *Clinical and Biochemical Trial of Adenosyl Methionine in Heroin Addicts.* Milan, Italy: Psychiatr. Emerg. Service "R. Bozzi."

Di Buono, M. and et al., Dietary cysteine reduces the methionine requirement in men. *Ameri-can Journal of Clinical Nutrition*, 74 (6), 761–766, December 2001.

Di George, A. M., and Auerbach, V. H., The primary amino–acidopathies: genetic defects in the metabolism of the amino acids. *Ped. Clin. N. Amer.*, August 1963.

Eichholzer, M., et al., Folate and the risk of colorectal, breast and cervix cancer: the epidemiological evidence. *Swiss Medical Weekly*, 131 (37–38), 539–549, September 22, 2001.

Ekperigin, H. E., Histopathological and biochemical effects of feeding excess dietary methionine to broiler chicks. *Avian Dis.*, 25: 1, January/March, 1981.

Eloranta, T. O., and Raina, A. M., S–adenosylmethionine metabolism and its relation to polyamine synthesis in rat liver: effect of nutritional state, adrenal function, some drugs and partial hepatectomy. *Biochem. J.*, 168: 179–185, 1977.

Epner, D. E., Can dietary methionine restriction increase the effectiveness of chemotherapy in treatment of advanced cancer. *Journal of American Coll. Nutrition*, 20 (5 Suppl.), 443S–449S, October 2000.

Fau, D., Chanez, M., Bois–Joyeux, B., Delhomme, B., and Peret, J., Phosphate, pyrophosphate and adenine nucleotides equilibrium in rat liver after ethionine ingestion and during is-chaemia. *Nut. Rep. Inter.*, 24 (9): 531–541, 1981.

Feer, H., Biochemistry of depression. *Schweiz. Med. Wschr.*, 107: 1177–1180, 1977.

Fetrow, C. W., Efficacy of the dietary supplement S–adenosyl–L–methionine. *Ann Pharmaco-ther*, 35 (11), 1414–1425, November 2001.

Finkelstein, J. D., Martin J. J., Kyle, W. E., and Harris, B. J., Methionine metabolism in mammals: regulation of methylenetetrahydrofolate reductase content of rat tissues. *Arch. Biochem. Biophys.*, 191 (1): 153–160, 1978.

——, Harris, B. J., Grossman, M. R., and Morris, H. P., S-adenosylhomocysteine metab-olism in rat hepatomas. *Proceed. Soc. Exper. Bio. Med.*, 159: 313–316, 1978.

——, Kyle, W. E., Harris, B. J., and Martin, J. J., Methionine metabolism in mammals: con-centration of metabolites in rat tissues. *J. Nutr.*, 112 (5): 1011–1018, 1982.

Flora, G. J., Beneficial effects of S–adenosyl–L–methionine on aminolevulinic acid, de-hydratase, glutathione, and lipid peroxidation during acute lead–ethanol administration in mice. *Al-cohol*, 18 (2–3), 103–108, June–July 1999.

Fomon, S. J., Ziegler, E. E., Filer, L. J., Nelson, S. E., and Edwards, B. B., Methionine fortification of a soy protein formula fed to infants. *Amer. J. Clin. Nutr.*, 32: 2460–2471, 1979.

Forman, H. J., Rotman, E. I., and Fisher, A. B., Roles of selenium and sulfur–containing amino acids in protection against oxygen toxicity. *Lab. Invest.*, 49 (2): 148–153, 1983.

Freier, S., Faber, J., Goldstein, R., and Mayer, M., Treatment of acrodermatitis entero-pathica by intravenous amino acid hydrolysate. *J. Ped.*, 82 (1): 109–112, 1973.

Frezza, M., Pozzato, G., Chiesa, L., Stramentinoli, G., and Di Padova, C., Reversal of in-trahepatic cholestasis of pregnancy in women after high dose S–adenosyl–L–methionine administra-tion. *Hepatol.*, 4 (2): 274–278, 1984.

Gallistl, S., Determinants of homocysteine during weight reduction in obese children and ado-lescents. *Metabolism*, 50 (10), 1220–1223, October 2001.

Gambino, R., Improved rubella antibody test. *Metpath*, 1984.

Gaull, G. E., and Tallan, H. H., Methionine adenosyltransferase deficiency: new enzymatic defect associated with hypermethioninemia. *Science*, 186: 59–60, 1974.

Ginefri–Gayet, M., and Gayet, J., Possible link between brain serotonin metabolism and me-thionine sulfoximine–induced hypothermia and associated behavior in the rat. 43 (1), 173–179, Sep–tember 1992.

Glanville, N. T., and Anderson, G. H., Altered methionine metabolism in streptozotocin–dia-betic rats. *Diabetologia*, 27 (10): 468–471, 1984.

Goldstein, L., Beck, R. A., and Phillips, R., The cortical egg stimulant effect in rabbits of DL–methionine exceeds that of L–methionine. *Fed. Proc.*, 31: 250, 1972.

Graham, G. G., MacLean, W. C., and Placko, R., Plasma amino acids of infants consuming soybean proteins with and without added methionine. *J. Nutr.*, 106 (9) 1307–1313, 1976.

Grillo, M. A., and Bedino, S., S-adenosylmethionine decarboxylase in liver, heart and pan-creas of pyridoxine–deficient chickens. *Italian J. Biochem.*, 26 (5): 342–346, 1977.

Guroff, G., Effects of inborn errors of metabolism on the nutrition of the brain. *Nutr. Brain*,

4: 29, 1979.

Harper, et al., Recommended dietary allowances. *Rev. Physiol. Chem.*, 17: 37, 1979.

Harter, J. M., and Baker, D. H., Factors affecting methionine toxicity and its alleviation in the chick. *J. Nutr.*, 108 (7): 1061–1070, 1978.

Heiblim, D. I., Evans, H. E., Glass, L., and Agbayani, M. M., Amino acid concentrations in cere-brospinal fluid. *Arch. Neurol.*, 35: 765–767, 1978.

Hidiroglou, M., and Jenkins, K. J., Influence de la defaunation sur l' utilisation de la sele-nomethionine chez le mouton. *Ann. Biol. Anim. Bioch. Biophys.*, 14, I: 157–165, 1974.

Hladovec, J., Methionine, pyridoxine and endothelial lesion in rats. *Blood Vessels*, 17: 104–109, 1980.

Hyafil, F., and Blanquet, S., Methionyl-tRNA synthetase from escherichia coli: substituting magnesium by manganese in the L-methionine activating reaction. *Eur. J. Biochem.*, 74: 481–493, 1977.

Jaenicke L., and Gross, R., Zur bestimmung der methionin-synthetase in menschlichen geweben und ihrer biologischen bedeutung. *Klin. Wachr.*, 50: 985, 1972.

Joint FAO/WHO Ad Hoc Committee on Energy and Protein Requirements 1973 Report. *FAO Nutrition Meetings Report Series No.* 52. World Health Org. Tech. Rep. Ser. No. 522, 1973.

Kies, C., Fox, H., and Aprahamian, S., Comparative value of L-, DL-, and D-methionine supplementation of an oat-based diet for humans. *J. Nutr.*, 105 (7): 809–814, 1975.

Kinderlehrer, J., B-6—may be the answer to heart disease. *Prevention*, September 1979.

Kobayashi, K., et al., S-adenosyl-Lmethionine ameliorates reduces local cerebral glucose uti-lization following brain ischemia in the rat. *Japanese Journal of Pharmacology*, 52 (1), 141–148, January 1990.

Kremzner, L. T., and Starr, R. M., Effect of methionine on histamine and spermidine tissue levels. *Fed. Proc.*, Vol. 25, 1966.

Kroger, H., Gratz, R., Museteanu, C., and Haase, J., Influence of nicotinic acid amide, tryptophan, and methionine upon galactosamine-induced hepatitis. *Naturwissenschaften*, 66: 476, 1979.

Leeming, T. K., and Donaldson, W. E., Effect of dietary methionine and lysine on the toxicity of ingested lead acetate in the chick. *J. Nutr.*, 114: 2155–2159, 1984.

Marcolongo, R., Giordano, N., Colombo, B., Cherie-Ligniere, G., Todesco, S., Mazzi, A., Mattara, L., Leardini, G., Passeri, M., and Cucinotta, D., Double-blind multicentre study of the activity of S-adenosyl-methionine in hip and knee osteoarthritis. *Curr. Ther. Res.*, 37, 1985.

Matsuo, T., Seri, K., and Kato, T., Comparative effects of S-methylmethionine (vitamin U) and methionine on choline-deficient fatty liver in rats. *Arzneim. -Forsch. /Drug Res.*, 30 (1): 68–69, 1980.

Mijatovic, V., and et al., Homocysteine in postmenopausal women and the importance of hor-mone replacement therapy. *Clinical Chemistry and Lab Medicine*, 39 (8), 754–757, August 2001.

Miller, J., and Landes, D. R., Hematological response of rats to diets containing either mar-ginal or adequate levels of methionine, iron and zinc. *Nutr. Reports Int.*, 11 (2): 103–112, 1975.

Mitchell, A. D., and Benevenga, N. J., The role of transamination in methionine oxidation in the rat. *J. Nutr.*, 108 (1): 67–78, 1978.

Miyachi, Y., et al., Rapid decrease in brain enkephalin content after low–dose whole–body X–irradiation of the rat. *Journal Radiat. Res.*, 33 (1), 11–15, March 1992.

Morrison, L. D., Brain S–adenosylmethionine levels are severely decreased in Alzheimer' sdisease. *Journal of Neurochemistry*, 67 (3), 1328–1331, September 1996.

Muccioli, G., and et al., Effect of S–adenosyl–L–methionine on brain muscarinic receptors of aged rats. *European Journal of Pharmacology*, 227 (3), 293–299, November 1992.

Mudd, S. H., and Levy, H. L., Disorders of transsulfuration. In: *The Metabolic Basis of Inherited Disease*, eds. Stanbury, J. B., et al., New York: McGraw – Hill Book Co., pp. 458 – 503, 1978.

Murphy, D. R., et al., Methionine intolerance: a possible risk factor for coronary artery disease. *JACC*, 6 (4): 725–730, 1985.

Muscettola, G., Galzenati, M., and Balbi, A., SAM versus placebo: a double–blind comparison in major depressive disorders. *Lancet*, 198, July 1984.

Nat. Acad. Sci., Recommended dietary allowances. 8: 44, 1974.

Nutrition Reviews., High protein diets and bone homeostasis. 39 (1): 11–12, 1981.

——, Methionine and the "methyl folate trap." 36 (8): 255–258, 1978.

Peng, Y. S., and Evenson, J. K., Alleviation of methionine toxicity in young male rats fed high levels of retinol. *J. Nutr.*, 109 (2): 281–290, 1979.

Peters, W. H., Lubs, H., Knoke, M., and Zschiesche, M., Ergebnisse oraler methioninbelastungen bei normalpersonen and leberkranken unter anwendung eines analysen–kurzprogramms. *Acta Biol. Med. Germ.*, 36: 1435–1443, 1977.

Pfeiffer, C. C., and Iliev, V., Blood histamine decreasing and CNS effect in man of DL–methionine exceeds that of L–methionine. *Fed. Proc.*, 31: 250, 1972.

Podgornaia, E. K., Changes in the levels of met–enkephalin in various brain structures during formation of immune response. *Biull. Eksp. Biol. Medicine*, 123 (2), 170–172, February 1997.

Poulton, J. E., and Butt, V. S., Purification and properties of S–adenosyl–L–methionine: caffeic acid O–methyltransferase from leaves of spinach beet (*beta vulgaris L.*). *Biochim. Biophys. Acta*, 403: 301–314, 1976.

Prebluda, H. J., and Lubowe, I. I., Methionine in cosmetics and pharmaceuticals. *Proc. Scientific Section Toilet Goods Assoc.*, 32, December 1959.

Printen, K. J., Brummel, M. C., Cho, E. S., and Stegink, L. D., Utilization of D–methionine during total parenteral nutrition in post surgical patients. *Amer. J. Clin. Nutr.*, 32: 1200–1205, 1979.

Reynolds, E. H., Carney, M. W. P., and Toone, B. K., Methylation and mood. *Lancet*, pp. 196–197, July 1984.

Robinson, N., and Williams, C. B., Amino acids in human brain. *Clin. Chim. Acta*, 12: 311–317, 1964.

Roesel, R. A., Coryell, M. E., Blankenship, P. R., Thevaos, T. G., and Hall, W. K., Interference by methenamine mandelate in screening for organic and amino acid disorders. *Clin.*

Chim. Acta, 100: 55-58, 1980.

Rotruck, J. T., and Boggs, R. W., Effects of excess dietary L-methionine and N-acetyl-L-methionine on growing rats. *J. Nutr.*, 107, 3: 357-362, 1977.

Rubin, R. A., Ordonez, L. A., and Wurtman, R. J., Physiological dependence of brain methionine and S-adenosylmethionine concentrations on serum amino acid pattern. *J. Neurochem.*, 23: 237-231, 1974.

Sarwar, G., and Beare-Rogers, J. L., Methionine and arginine supplementation of casein-based high fat diets: effects on rat growth. *Nutr. Res.*, 4: 347-351, 1984.

Science. Natural amino acids. 97 (5) 2526: 493, 1943.

Selhub, J., Folate, vitamin B_{12}, and vitamin B6 and one carbon metabolism. *Journal of Health Nutrition and Aging*, 6 (1), 39-42, 2002.

Seri, K., Matsuo, T., Asano, M., and Kato, T., Mode of hypocholesterolemic action of S-methylmethionine (vitamin U) in mice. *Arzneim. -Forsch.*, 11 (12): 1857-1858, 1979.

Shoob, H. D., Dietary methionine is involved in the etiology of neutral tube defect-affected pregnancy in humans. *Journal of Nutrition*, 131 (10), 2653-2658, October 2001.

Soper, H. A., ed., *Handbook of Biochemistry*, Cleveland, OH: The Chemical Rubber Co., 1968.

Spector, R., Coakley, G., and Blakely, R., Methionine recycling in brain: a role for folates and vitamin B-12. *J. Neurochem.*, 34 (1): 132-137, 1980.

Steadman, T. R., and van Peppen, J. F., A methionine substitute: 4-methylthiobutane-1, 2-diol. *Agricult. Food Chem.*, 23 (6): 1137, 1975.

Stegink, L. D., Moss, J., Printen, K. J., and Cho, E. S., D-methionine utilization in adult monkeys fed diets containing DL-methionine. *J. Nutr.*, 110 (6): 1240-1246, 1980.

——, Filer, L. J., and Baker, G. L., Plasma methionine levels in normal adult subjects after oral loading with L-methionine and N-acetyl-L-methionine. *J. Nutr.*, 110 (1): 42-49, 1980.

——, Plasma and urinary methionine levels in one-year-old infants after oral loading with L-methionine and N-acetyl-L-methionine. *J. Nutr.*, 112 (4): 597-603, 1982.

Taylor, M., Dietary modification of amphetamine stereotyped behavior: the action of tryptophan, methionine, and lysine. *Psychopharma.*, 61: 81-83, 1979.

Teeter, R. G., Baker, D. H., and Corbin, J. E., Methionine essentiality for the cat. *J. Anim. Sci.*, 46 (5): 1287-1292, 1978.

Tews, J. K., Carter, S. H., Roa, P. D., and Stone, W. E., Free amino acids and related compounds in dog brain: post-mortem and anoxic changes, effects of ammonium chloride infusion, and levels during seizures induced by pictrotosin and by pentylenetetrazol. *J. Neurochem.*, 10: 641-653, 1963.

Toader, C., Acalovschi, I., and Szantay, I., Protein metabolism following surgical stress. Preand postoperative methionine incorporated in serum albumin. *Clin. Chim. Acta*, 37: 189-192, 1972.

Van Trump, J., and Miller, S. L., Prebiotic synthesis of methionine. *Science*, 178: 859, 1972.

Ward, M., et al., Effect of supplemental methionine on plasma homocysteine concentrations in healthy men. *International Journal of Vitamin Nutrition Res.*, 71（1）, 82-86, January 2001.

Wilson, M. J., and Hatfield, D. L., Incorporation of modified amino acids into proteins *in vivo*. *Biochim. et Biophys. Acta*, 781: 205-215, 1984.

Woodham, A. A., Cereals as protein sources. *Proc. Nutr. Soc.*, 36: 137-142, 1977.

Yamamoto, Y., Katayama, H., and Muramatsu, K., Beneficial effect of methionine and threo-nine supplements on tyrosine toxicity in rats. *J. Nutr. Sci. Vitaminol.*, 22: 467-475, 1976.

Yanagita, T., Enomoto, N., and Sugano, M., Hepatic triglyceride accumulation as an index of the bioavailability of oxidized methionine to the growing rat. *Agricult. Biol. Chem.*, 48（3）: 815-816, 1984.

Yokota, F., Matsuno, N., and Suzue, R., Developmental and convalescent changes of the a-nemia caused by excess methionine in the rat. *J. Nutr. Sci. Vitaminol.*, 25: 411-417, 1979.

Yoo, J. -S., and Hsueh, A. M., Amino acid（s）fortification of defatted glandless cottonseed flour. *Nutr. Rep. Inter.*, 31（1）: 157, 1985.

Zappia, V., Zydek-Cwick, C. R., and Schlenk, F., The specificity of S-adenosylmethionine deriv-atives in methyl transfer reactions. *J. Biolog. Chem.*, 244（16）: 4499-4509, 1969.

Zeisel, S. H., Choline: needed for normal development of memory. *Journal American Coll. Nutrition*, 19（5 Suppl.）, 528S-531S, October 2000.

Zezulka, A. Y., and Calloway, D. H., Nitrogen retention in men fed varying levels of amino acids from soy protein with or without added L-methionine. *J. Nutr.*, 106（2）: 212-221, 1976.

Zioudrou, C., and Klee, W. A., Possible roles of peptides derived from food proteins in brain function. *Nutr. & Brain*, 4: 125, 1979.

第六章　同型半胱氨酸

Aleman, G., Homocysteine metabolism and risk of cardiovascular diseases: importance of the nutritional status on folic acid, vitamins B6 and B12. *Rev. Invest. Clinical*, Vol. 53（2）, p. 141-51, March-April 2001.

Andreotti, F., Homocysteine and arterial occlusive disease: a concise review. *Cardiologia*, Vol. 44（4）, p. 341-345, July 1999.

Badawy, A. A., Moderate alcohol consumption as a cardiovascular risk factor: the role of ho-mocysteine and the need to re-explain the "French Paradox." *Alcohol*, Vol. 36（3）, p. 185-188, May 2001.

Barber, J. R., and Clarke, S., Inhibition of protein caroxyl methylation by S-adenosyl-L-ho-mocysteine in intact erythrocytes. *J. Biol. Chem.*, 259（11）: 7115-7122, 1984.

Brenton, D. P., Cusworth, D. C., Dent, C. E., and Jones, E. E., Homocystinuria: clinical and dietary studies. *Quart. J. Med.*, 35: 325, 1966.

Broekmans, W. M., Fruits and vegetables increase plasma carotenoids and vitamins and de-crease homocysteine in humans. Vol. 130（6）, p. 1115-1123, June 2000.

Calabrese, E. J., Environmental validation of the homocystine theory of arteriosclerosis, *Med. Hypoth.*, 15: 361-367, 1984.

Cohn, J. E., Homocysteine, HIV, and heart disease. *AIDS Treatment News*, Vol. 370, p. 5-

6, August 24, 2001.

Crooks, P. A., Tribe, M. J., and Pinney, R. J., Inhibition of bacterial DNA cytosine-5-methyltransferase by S-adenosyl-L-homocysteine and some related compounds. *J. Pharm. Pharmacol.*, 36: 85-89, 1984.

De la Vega, M. J., High prevalence of hyperhomocystinemia in chronic alcoholism: the importance of the thermolabile form of the enzyme methylenetetrahydrofolate reductase. *Alcohol*, Vol. 25 (2), p. 59-67, October 2001.

Dekou, V., Gene-environment and gene-gene interaction in the determination of plasmahomocysteine levels in healthy middleaged men. *Thromb Haemost*, Vol. 85 (1), p. 67-74, January 2001.

Fettman, M. J., Effects of dietary cysteine on blood sulfur amino acid, glutathione, and malondialdehyde concentration in cats. *American Journal Vet. Res.*, Vol. 60 (3), p. 328-333, March 1999.

Fonseca, V., Effects of a high-fat-sucrose diet on enzymes in homocysteine metabolism in the rat. *Metabolism*, Vol. 49 (6), p. 736-741, June 2000.

Freeman, J. M., Finkelstein, J. D., and Mudd, S. H., Folate-responsive homocystinuria and "schizophrenia": a defect in methylation due to deficient 5, 10 - methylenetetrahydrofolate reductase activity. *New Eng. J. Med.*, 292 (10): 491-496.

Gariballa, S. E., Nutritional factors in stroke. *British Journal of Nutrition*, Vol. 84 (1), p. 5-17, July 2000.

Gerritsen, T., and Waisman, H. A., Homocystinura: cystathionine synthase deficiency. In: *Metabolic Errors of Nutrients*, Hommes, F. A., and Vandenberg, C. J., eds. New York: Academic Press, 1973, 403-407.

Gibson, J. B., Carson, N. A. J., and Neill, D. W., Pathological findings in homocystinuria. *J. Clin. Path.*, 17: 427, 1964.

Glen, R. H., and et al., Cardiovascular disease risk factors and diet of Fulani pastoralists of northern Nigeria. *American Journal of Clinical Nutrition*, Vol. 74 (6), p. 730 - 736, December 2001.

Gonzalez-Gross, M., Nutrition and cognitive impairment in the elderly. *Br. Journal of Nutrition*, Vol. 86 (3), p. 313-321, September 2001.

Harker, et al., Homocystine-induced arteriosclerosis. *J. Clin. Invest.*, 58: 731-741, 1976.

Hermann, W., Total homocysteine, vitamin B12, and total antioxidant status in vegetarians. *Clinical Chemistry*, Vol. 47 (6), p. 1094-1101, June 2001.

Hollowell, J. G., Coryell, M. E., Hall, W. K., Findley, W. K., and Thevaos, T. G., Homocystinuria as affected by pyridoxine, folic acid and vitamin B12. *Proc. Soc. Exp. Biol. Med.*, 129: 327, 1968.

Ishizaka, T., and Ishizaka, K., Activation of mast cells for mediator release through IgE recep-tors. *Prog. in Allergy*, 34: 188-235, 1984.

Jacob, R. A., Folate nutriture alters choline status of women and men fed low choline diets. *Journal Nutrition*, Vol. 129 (3), p. 712-717, March 1999.

Jacques, P. F., Determinants of plasma total homocysteine concentration in the Framingham

Offspring cohort. *American Journal Clinical Nutrition*, Vol. 73 (3), p. 613-621, March 2001.

Kaletha, K., Homocysteine as a risk factor for atherosclerosis. *Prezegl Lek*, Vol. 57 (10), p. 591-595, 2000.

Kass-Annese, B., Alternative between total homocysteine and the likelihood for a history of acute myocardial infarction by race and ethnicity: results from the Third National Health and Nutrition Examination Survey. *American Heart Journal*, Vol. 139 (3), p. 446-453, March 2000.

Krishnaswamy, K., Importance of folate in human nutrition. *Br. Journal of Nutrition*, 85 Suppl. 2, p. s115-124, May 2001.

Kurowska, E. M., HDL-cholesterol-raising effect of orange juice in subjects with hypercholesterolemia. *American Journal of Clinical Nutrition*, Vol. 72 (5), p. 1095-1100, November 2000.

Leuenberger, S., Faulborn, J., Sturrock, G., Gloor, B., Rehorek, R., and Baumgartner, R., Vaskulare und okulare Kompikationen bei cinem Kind mit Homocystinurie. *Schweiz. Med. Wschr.*, 114: 793-798, 1984.

Litwin, M., Folate, vitamin B12, and sulfur acid levels in patients with renal failure. *Pediatric Nephrology*, Vol. 16 (2), p. 127-132, February 2001.

Louis-Coindet, J., Sarda, N., Pacheco, H., and Jouvet, M., Effect of S-adenosyl-L-homocysteine upon sleep in p-chlorophenylalanine pretreated rats. *Brain Res.*, 294: 239-245, 1984.

Lowenthal, E. A., Homocysteine elevation in sickle cell disease. *Journal American Coll. Nutrition*, Vol. 19 (5), p. 608-612, October 2000.

Macy, P. A., Homocysteine: predictor of thrombotic disease. *Clinical Lab Science*, Vol. 14 (4), p. 272-275, Fall 2001.

McCarron, D. A., Reducing cardiovascular disease risk with diet. *Obesity Res.*, 9 Suppl. 4, p. 335s-340s, November 2001.

McKusick, V. A., Hall, J. G., and Char, F., The clinical and genetic characteristics of homocystinuria in inherited disorders of sulphur metabolism. *Proc. 8th Symposium of the Soc. for the Study of Inborn Errors of Metab.*, Belfast, 1970. eds. Carson, N. A. J., and Raine, D. N., London: Livingstone, 1971.

Molloy, A. M., Homocysteine, folate enzymes and neural tube defects. *Haematologica*, Suppl. EHA-4, p. 53-56, June 1999.

Morris, M. S., Total homocysteine and estrogen status indicators in the Third National Health and Nutrition Examination Survey. *American Journal Epidermiol*, Vol. 152 (2), p. 140-148, July 2000.

Mudd, H., Schneider, J. A., Spielberg, S. P., Boxer, L., Oliver, J., Corash, L., and Sheetz, M., Genetic disorders of glutathione and sulfur amino-acid metabolism. *Ann. Inter. Med.*, 93: 330-346, 1980.

Nutrition Reviews. Inhibition of platelet aggregation and clotting by pyridoxal-5'-phosphate. 40 (2): 55-56, 1982.

Papaioannou, R., Beyond homocysteine: a thesis for defective cross-linking as a fundamentalcause in arteriosclerosis. *Med. Hypothesis*, 1985.

Perna, A. F., Homocysteine and chronic renal failure. *Miner Electrolyte Metabolism*, Vol. 25 (4-6), p. 279-285, July-December 1999.

Pfeiffer, C. C., *Mental and Elemental Nutrients*, New Canaan, CT: Keats Publishing, Inc., 1975.

Price, J., Vickers, C. F. H., and Brooker, B. K., A case of homocystinuria with noteworthy dermatological features. *J. Ment. Defic. Res.*, 12: 111, 1968.

Ribes, A., Vilaseca, M. A., Briones, P., Maya, A., Sabater, J., Pascual, P., Alvarez, L., Ros, J., and Pascual, E. G., Methylmalonic aciduria with homocystinuria. *J. Inher. Metab. Dis.*, 7 (2): 129-130, 1984.

Rosenberg, I. H., B vitamins, homocysteine, and neurocognitive function. *Nutrition Review*, Vol. 8, p. s69-74, August 2001.

Schatz, R. A., Wilens, T. E., and Sellinger, O. Z., Decreased transmethylation of biogenic amines after *in vivo* elevation of brain S-adenosyl-L-homocysteine. *J. Neurochem.*, 36 (5): 1739-1748, 1981.

——, Decreased *in vivo* protein and phospholipid methylation after *in vivo* elevation of brain S-adenosyl-homocysteine. *Biochem. & Biophys. Res. Comm.*, 98 (4): 1097-1107, 1981.

Scherer, C. S., Excess dietary methionine markedly increases the vitamin B6 requirement of young chicks. *Journal of Nutrition*, Vol. 130 (12), p. 3055-3058, December 2000.

Seman, L. J., Lipoprotein, homocysteine, and remnantlike, particles: emerging risk factors. *Current Opinion Cardiol.*, Vol. 14 (2), p. 189-191, March 1999.

Sesmilo, G., and et al., Effects of growth hormone administration on homocysteine levels in men with GH deficiency: a randomized controlled trial. *J Clinical Endocrinology Metab.* Vol. 86 (4), p. 1518-1524, April 2001.

Shih, V. E., and Efron, M. L., Pyridoxine-unresponsive homocystinuria. *New Eng. J. Med.*, 283 (11): 1206-1208, 1970.

Shinnar, S., and Singer, H. S., Cobalamin C mutation (methylmalonic aciduria and homo-cystinuria) in adolescence. *Mass. Med. Soc.*, 1984.

Smolin, L. A., Benevenda, N. J., and Berlow, S., The use of betaine for the treatment of ho-mocystinuria. *J. Ped.*, 99 (3): 467-472, 1981.

Spaeth, G. L., The usefulness of pyridoxine in the treatment of homocystinuria: a review of postulated mechanisms of action and a new hypothesis. *Birth Defects: Original Article Series*, XII (3): 347-354, 1976.

Stanbury, J. B., Wyngaarden, J. B., and Frederickson, D. S., eds., *The Metabolic Basis of Inher-ited Disease.*

Stolzenberg-Solomon, R., Pancreatic cancer risk and nutrition-related methyl-group availabil-ity indicators in male smokers. *Journal National Cancer Institute*, Vol. 91 (6), p. 535-541, March 1999.

Strittmatter, W. J., Hirata, F., and Axelrod, J., Phospholipid methylation unmasks cryptic Badenergic receptors in rat reticulocytes. *Science*, June 1979.

Thomson, S. W., Correlates of total plasma homocysteine: folic acid, copper, and cervical dysplasia. *Nutrition*, Vol. 16 (6), p. 411-416, June 2000.

Ulvik, A., and et al., Smoking, folate and methylenetetrahydrofolate reductase status as inter-active determinants of adenomatous and hyperplastic polyps of colorectum. *American Journal Genet*,

Vol. 101 (3), p. 246-254, July 1, 2001.

Ventura, P., Hyperhomocystinemia and related factors in 600 hospitalized elderly subjects. *Metabolism*, Vol. 50 (12), p. 1466-1471, December 2001.

Vina, J. R., Blood sulfur-amino acid concentration reflects an impairment of liver transsulfuration pathway in patients with acute abdominal inflamer processes. *Br. Journal of Nutrition*, Vol. 85 (2), p. 173-178, February 2001.

Ward, M., et al., Effect of supplemental methionine on plasma homocysteine concentrations in healthy men: a preliminary study. *International Vitamin Nutrition Res.*, Vol. 71 (1), p. 82-86, January 2001.

Wendel, U., and Bremer, H. J., Betaine in the treatment of homocystinuria due to 5, 10-methylenetetrahydrofolate reductase deficiency. *Eur. J. Pediatr.*, 142: 147-150, 1984.

Wilcken, D. E. L., and Gupta, V. J., Cysteine-homocysteine mixed disulphide: differing plasma concentrations in normal men and women. *Clin. Sci.*, 57: 211-215, 1979.

Winston, M., Diet controversies in lipid therapy. *Journal of Cardiovascular Nursing*, Vol. 14 (2), p. 29-38, January 2000.

Witte, K. K., Chronic heart failure and micronutrients. *Journal Am. Coll. Cardiol.*, Vol. 37 (7), p. 1765-1774, June 1, 2001.

第七章　半胱氨酸

Allan, C. B., Lacourciere, G. M., and Stadtman, T. C., Responsiveness of selenoproteins to dietary selenium. *Annu. Rev. Nutr.*, 19: 1-16, 1999.

Altschule, M. D., Siegel, E. P., and Henneman, D. F., Blood glutathione level in mental disease before and after treatment. *Arch. Psych.*, 71: 69, 1955.

——, Goncz, R. M., and Murname, J. P., Effect of pineal extracts on blood glutathione level in psychotic patients. *AMA Arch. of Neuro. & Psych.*, 67: 615, 1952.

Ames, B. N., Dietary carcinogens and anticarcinogens: oxygen radicals and degenerative diseases. *Science*, 221: 1256-1260, 1983.

Ampola, M. G., Efron, M. L., Bixby, E. M., and Meshover, E., Mental deficiency and a new aminoaciduria. *Amer. J. Dis. Child.*, 117: 66-70, 1969.

Anderson, G. H., Sulfur balances in intravenously fed infants: effects of cysteine supplementation. *Amer. J. Clin. Nutr.*, 36: 862-867, 1982.

Arrick, B. A., and Nathan, C. F., Glutathione metabolism as a determinant of therapeutic efficacy: a review. *Cancer Res.*, 44 (10): 4224-4233, 1984.

Ashoub, A., and Hussein, L., The vitamin B2 status among Egyptian school students suffering from various afflictions as evaluated by the erythrocyte glutathione reductase assay. *Nutr. Reports Int.*, 29 (2): 291-302, 1984.

Atroshi, F., and Sandholm, M., Red blood cell glutathione as a marker of milk production in Finn sheep. *Res. Vet. Sci.*, 33 (2): 256-259, 1982.

Baas, P., van Mansom, I., van Tinteren, H., et al., Effect of N-acetylcysteine on photofrin-induced skin photosensitivity in patients. *Lasers in Surg. & Med.*, 16: 359-367, 1995.

Bakker, J., Zhang, H., Depierreux, M., et al., Effects of N-acetylcysteine in endotoxic shock. *J. Crit. Care*, 9 (4): 236-243, December 1994.

Baldetorp, L., and Martensson, J., Urinary excretion of inorganic sulfate, ester sulfate, total sulfur and taurine in cancer patients. *Acta Med. Scand.*, 208: 293-295, 1980.

Ballatori, N., and Clarkson, T. W., Dependence of biliary excretion of inorganic mercury on the biliary transport of glutathione. *Biochem. Pharmacol.*, 33: (7): 1093-1098, 1984.

——, and Clarkson, T. W., Developmental changes in the biliary excretion of methylmercury and glutathione. *Science*, 216 (2): 61-62, 1982.

Balli, R., Controlled trial on the use of oral acetylcysteine in the treatment of glue-ear following drainage. *Eur. J. Resp. Dis.*, 61: 158, Suppl. 111, 1980.

Beloqui, O., Prieto, J., Suarez, M., et al., N-acetyl cysteine enhances the response to interferonalpha in chronic hepatitis C: a pilot study. *J. Interferon Res.*, 13: 279-282, 1993.

Birwe, H., Schneeberger, W., and Hesse, A., Investigations of the efficacy of ascorbic acid in cystinuria. *Urol. Res.*, 19: 199-201, 1991.

Blume, K. -G., Paniker, N. V., and Beutler, E., Enzymes of glutathione synthesis in patients with myeloproliferative disorders. *Clin. Chim. Acta*, 45: 281-285, 1973.

Boers, G. H. J., Smals, A. G. H., Trijbels, F. J. M., et al., Heterozygosity for homocystinuria in premature peripheral and cerebral occlusive arterial disease. *New Eng. J. Med.*, 313 (12), September 19, 1995.

Boesby, S., Man, W. K., Mendez-Diaz, R., and Spencer, J., Effect of cysteamine on gastroduodenal mucosal histamine in rat. *Gut*, 242: 935-939, 1983.

Boesgaard, S., Iversen, H. K., Wroblewski, H., et al., Alteres peripheral vasodilator profile of nitroglycerin during long-term infusion of N-acetylcysteine. *J. Am. Coll. Cardiol.*, 23: 163-169, 1994.

Bongers, V., de Jong, J., Steen, I., et al., Antioxidant-related parameters in patients treated for cancer chemoprevention with N-acetylcysteine. *Eur. J. Cancer*, 31A (6): 921-923, 1995.

Boushey, C. J., Beresford, S. A. A., Omenn, G. S., et al., A quantitative assessment of plasma homocoysteine as a risk factor for vascular disease. *JAMA*, 274 (13): 1049-1057, October 4, 1995.

Boyd, S. C., Sasame, H. A., and Boyd, M. R., Gastric glutathione depletion and acute ulcerogenesis by diethylmaleate given subcutaneously to rats. *Life Sci.*, 28: 2987-2992, 1981.

Breslow, J. L., Azrolan, N., and Bostom, A., N-acetylcysteine and lipoprotein (a). *Lancet*, 339: 126, January 11, 1992.

British Med. Bulletin. Iron absorption and supplementation. 37: 25, 1981.

Buchanan, J. H., and Otterburn, M. S., Some structural comparisons between cysteine-deficient and normal hair-keratin. *IRCS Med. Sci.*, 12: 691-692, 1984.

Bunce, G. E., Nutrition and cataract. *Nutr. Rev.*, 37 (11): 337, 1979.

Capel, I. D., Jenner, M., Williams, D. C., Donaldson, D., and Nath, A., The effect of prolonged oral contraceptive steroid use on erythrocyte glutathione peroxidase activity. *J. Steroid Biochem.*, 14: 729-732, 1981.

Chasseaud, L. F., The role of glutathione and glutathione S-transferases in the metabolism of chemical carcinogens and other electrophilic agents. *Adv. Cancer Res.*, 29: 176-244, 1975.

Chaudhari, A., and Dutta, S., Alterations in tissue glutathione and angiotensin convertin-genzyme due to inhalation of diesel engine exhaust. *J. Toxicol. Environ. Health*, 9 (2): 327-337, 1982.

Clemencon, G. H., Fehr, H. F., and Finger, J., Diversion of bile and pancreatic secretion in the rat and its effect on cysteamine-induced duodenal and peptic ulcer development under max-imal acid secretion. *Scand. J. Gastroenterol.*, 19 (92): 112-115, 1984.

Craan, A. G., Mini review: cystinuria: the disease and its models. *Life Sci.*, 28: 5-22, 1981.

Deneke, S. M., and Fanburg, B. L., Normobaric oxygen toxicity of the lung. *New Eng. J. Med.*, 7: 76-86, 1980.

DeVries, N., and DeFlora, S., N-acetyl-l-cysteine. *J. Cell Biochem. Suppl.*, 17F: 270-277, 1993.

Di Buono, M., Dietary cysteine reduces the methionine requirement in men. *American Journal of Clinical Nutrition*, Vol. 74 (6), p. 761-766, December 2001.

Domingo, J. L., and Liobet, J. M., The action of L-cystine in acute cobalt chloride intoxica-tion. *Revista Espanola de Fisiologia*, 40: 231-236, 1984.

Doni, M. G., Avventi, G. L., Bonadiman, L., and Bonaccorso, G., Glutathione peroxidase, selenium, and prostaglandin synthesis in platelets. *Amer. Physio. Soc.*, 800-803, 1981.

Droge, W., Cysteine and glutathione deficiency in AIDS patients: a rationale for the treatment with N-acetylcysteine. *Pharmacology*, 46: 61-65, 1993.

Dubick, M. A., Heng, H. S. N., and Rucker, R. B., Metabolism of ascorbic acid and gluta-thione in response to ozone and protein deficiency. *Fed. Proc.*, 41: 4, 1982.

Edgren, M., Larsson, A., Nilsson, K., Revesz, L., and Scott, O. -C. A., Lack of oxygen effect in glutathione-deficient human cells in culture. *Int. J. Radiat. Bio.*, 37 (3): 299-306, 1980.

Ehrich, M., Biochemical and pathological effects of clostridium difficile toxins in mice. *Toxi-con.*, 20 (6): 983-989, 1982.

Emerson Ecologics, Inc. NAC (N-Acetyl-L-Cysteine). NAC 91-09b.

Estensen, R. D., N-acetylcysteine suppression of the proliferative index in the colon of pa-tients with previous adenomatous colonic polyps. *Center Letter*, Vol. 147 (1-2), p. 109-114, De-cember 1, 1999.

Evered, D. F., and Wass, M., Transport of glutathione across the small intestine of the rat *in vitro. Proc. Physio. Soc.*, April 1970.

Factor, P., Ridge, K., Alverdy, J., and Sznajder, J. I., Continuous enternal nutrition atten-uates pulmonary edema in rats exposed to 100% oxygen. *J Appl Physiol*, 89: 1759-1765.

Fan, J., and Shen, S. J., The role of Tamm-Horsfall mucoprotein in calcium oxalate crystal-lization. N-acetylcysteine: a new therapy for calcium oxalate urolithiasis. *Br. J. Urol.*, 74: 288-293, 1994.

Fernandez, M. A., and O' Dell, B. L., Effect of zinc deficiency on plasma glutathione in the rat. *Proc. Soc. Exper. Biol. & Med.*, 173: 564-567, 1983.

Folkers, K., Dahmen, J., Ohta, M., Stepien, H., Leban, J., Sakura, N., Lundanes, E., Rampold, G., Patt, Y., and Goldman, R., Isolation of glutathione from bovine thymus and its significance to research relevant to immune systems. *Biochem. Biophys. Res. Commun.*, 97 (2): 590-594, 1980.

Forman, H. J., Rotman, E. I., and Fisher, A. B., Roles of selenium and sulfur-containing amino acids in protection against oxygen toxicity. *Lab. Invest.*, 49 (2): 148, 1983.

Frank, H., Thiel, D., and Langer, K., Determination of N-acetyl-L-cysteine in biological fluids. *Biomed. App.*, 309 (2): 261-268, 1984.

Frank, T., Kuhl, M., Makowski, B., Bitsch, R., Jahreis, G., and Hubscher, J., Does a 100-km walking affect indicators of vitamin status? *Int. J. Vitam. Nutr. Res.*, 70: 238-250, 2000.

Friedman, M., and Gumbmann, M. R., The utilization and safety of isomeric sulfur-containing amino acids in mice. *J. Nutr.*, 114: 2301-2310, 1984.

Fritz, G., Ronquist, G., and Hugosson, R., Perspectives of adenylate kinase activity and glutathione concentration in cerebrospinal fluid of patients with ischemic and neoplastic brain lesions. *Euro. Neuro.*, 21: 41-47, 1982.

Fujii, S., Dale, G. L., and Beutler, E., Glutathione-dependent protection against oxidative damage of the human red cell membrane. *Blood*, 63 (5): 1096-1101, 1984.

Fujinami, S., Hijikata, Y., Shiozaki, Y., et al., Profiles of plasma amino acids in fasted patients with various liver diseases. *Hepato-Gastroenterol.*, 37: (Suppl. II) 81-84, 1990.

Gatton-Umphress, T. L., Weber, K. A., and Seidler, N. W., Methionine metabolism: A window on carcinogenesis? *Brief Review Hospital Practice* (Kansas City, MO). September 30, 1993.

Geerling, B. J., Badart-Smook, A., van Deursen, C., van Houwelingen, A. C., Russel, M. G., Stock-brugger, R. W., Brummer, R. J., Nutritional supplementation with N-3 fatty-acids and anti-oxi-dants in patients with Crohn's disease in remission: effects on antioxidant status and fatty acid profile. *Inflamm. Bowel Dis.*, 6: 77-84, 2000.

Girardi, G., and Elias, M. M., Effectiveness of N-acetylcysteine in protecting against mercuric chloride-induced nephrotoxicity. *Toxicology*, 67: 155-164, 1991.

Glatt, H., Protic-Sabljic, M., and Oesch, F., Mutagenicity of glutathione and cysteine in the Ames test. *Science*, 220: 961-962, 1983.

Glatzle, D., Vuilleumier, J. P., Weber, F., and Decker, K., Glutathione reductase test with whole blood, a convenient procedure for the assessment of the riboflavin status in humans. *Separatum Experientia*, 30: 665-667, 1974.

Glazenburg, E. J., Jekel-Halsema, M. C., Baranczyk-Kuzma, A., Krugsheld, K. R., and Mulder, G. J., D-Cysteine as a selective precursor for inorganic sulfate in the rat *in vivo*. *Biochem. Pharm.*, 33 (4): 625-628, 1984.

Green, G. M., Cigarette smoke: protection of alveolar macrophages by glutathione and cystine. *Science*, 162: 810-811, 1968.

Grundfest, W. S., Homocysteine and marginal vitamin deficiency. *JAMA*, 270 (22), December 8, 1993.

Habior, A., and Danowski, S. T., Effect of D-penicillamine on liver glutathione. *Res. Commun. Chem. Pathol. Pharmacol.*, 34 (1): 153–156, 1981.

Hamilton, M. L., Van Remmen, H., Drake, J. A., Yang, H., Guo, Z. M., Kewitt, K., Walter, C. A., Richardson, A., Does oxidative damage to DNA increase with age? *Proc. Natl. Acad. Aci. U. S. A.*, 28: 10469

Hazelton, G. A., and Lang, C. A., Glutathione contents of tissues in the aging mouse. *Biochem. Soc.*, 188: 25–30, 1980.

Helms, R. A., Cysteine supplements results in normalization of plasma taurine concentrations in children receiving home parental nutrition. *J. Periatrics*, Vol. 134 (3), p. 358–361, March 1999.

Hesse, A., High-performance liquid chromatographic determination of urinary cysteine and cystine. *Clin. Chim. Acta*, 199: 33–42, 1991.

Hoffer, A., Editorial: mega amino acid therapy. *Ortho. Psych.*, 9 (1): 2–5, 1980.

Holoye, P. Y., Duelge, J., Hansen, R. M., Ritch, P. S., and Anderson, T., Prophylaxis of ifosfamide toxicity with oral acetylcysteine. *Sem. Oncol.*, 10 (1): 66–71, 1983.

Hospital Practice. Toxic effects of OTC analgesics, "health food" supplements reported. 29–30, June 1984.

Hsu, J. M., Lead toxicity as related to glutathione metabolism. *J. Nutr.*, III: 26–33, 1981.

——, Rubenstein, B., and Paleker, A. G., Role of magnesium in glutathione metabolism of rat erythrocytes. *Amer. Inst. Nutr.*, 488–496, July 1981.

——, Zinc deficiency and glutathione linked enzymes in rat liver. *Nutr. Rep. Int.*, 25 (3): 573–582, 1982.

Husain, S., and Dunlevy, D., Possible role of glutathione (GSH) in phencyclidine (PCP) toxicity and its protection by N-acetylcysteine (NAC). *Pharmacologist*, 243 (3): 1982.

Igarashi, T., Satoh, T., Ueno, K., and Kitagawa, H., Species difference in glutathione level and glutathione related enzyme activities in rats, mice, guinea pigs and hamsters. *J. Pharm. Dyn.*, 6: 941–949, 1983.

Itinose, A. M., Doi-Sakuno, M. L., and Bracht, A., N-acetylcysteine stimulates hepatic glycogen deposition in the rat. *Res. Commun. Chem. Pathol. Pharmacol.*, 83: 87–92, 1994.

James, M. B., Hair growth benefits from dietary cysteine-gelatin supplementation. *J. Appl. Cosmetol.*, 2: 15–27, 1983.

Janssen, M. J. F. M., van den Berg, M., Stehouwer, C. D. A., et al., Hyperhomocysteinaemia: a role in the accelerated atherogenesis of chronic renal failure? *Netherlands J. Med.*, 46: 244–251, 1995.

Jensen, G. E., and Clausen, J., Glutathione peroxidase activity in vitamin E and essential fatty acid-deficient rats. *Ann. Nutr. Metab.*, 25: 27–37, 1981.

Jensen, L. S., and Maurice, D. V., Influence of sulfur amino acids on copper toxicity in chicks. *J. Nutr.*, 109: 91–97, 1979.

Johnson, M. V., Novel treatments after experimental brain injury. *Semin Neonatol.*, Vol. 5 (1), p. 75–89, February 2000.

Johnston, R. E., Hawkins, H. C., and Weikel, J. H., The toxicity of N-acetylcysteine in laboratory animals. *Sem. Oncol.*, 10 (1): 17-24, 1983.

Joseph, J. A., Denisova, N. A., Bielinki, D., Fisher, D. R., Shukitt-Hale, B., Oxidative stress pro-tection and vulnerability in aging: putative nutritional implications for intervention. *Mech. Aging Dev.*, 31: 116 (2-3): 141-153, 2000.

Kaplowitz, N., The importance and regulation of hepatic glutathione. *Yale J. Bio. Med.*, 54: 497-502, 1981.

Karlsen, R. L., Grofova, I., Malthe-Sorensson, D., Fonnum, F., and Jayaraj, A. P., Dissecting aneurysm of aorta in rats fed with cysteamine. *Brit. J. Exp. Path.*, 64: 158, 1983.

Kawata, M., and Suzuki, K. T., The effect of cadmium, zinc or copper loading on the metabo-lism of amino acids in mouse liver. *Toxicology Letters*, 20: 149-154, 1984.

Kerai, M. D., Taurine: protective properties against ethanol-induced hepatic steatosis and lipid peroxidation during chronic ethanol consumption in rats. *Amino Acid*, Vol. 15 (1-2), p. 53-76, 1998.

Kim, J. A., Baker, D. G., Hahn, S. S., Goodchild, N. T., and Constable, W. C., Topical use of N-acetylcysteine for reduction of skin reaction to radiation therapy. *Sem. Oncol.*, 10 (1): 86-88, 1983.

Kinscherf, R., Fischbach, T., Mihm, S., et al., Effect of glutathione depletion and oral N-acetylcysteine treatment on CD4+ and CD8+ cells. *FASEB J.*, 8: 448-451, 1994.

Kowluru, R. A., Engerman, R. L., and Kern, T. S., Abnormalities of retinal metabolism in dia-betes or experimental galactosemia VIII. Prevention by aminoguanidine. *Curr. Eye Res.* 21: 814-819, 2000.

Kraemer, R., and Geubelle, F., Evaluation of mucolytic drugs by lung function studies in children. *Eur. J. Resp. Dis.*, 61: 122-126, 1980.

Kuna, P., Petyrek, P., and Dostal, M., Modification of toxic and radioprotective effects of cystamine by glutathione in mice. *Radiobio. Radiother.*, 599-601, May 1978.

Lafleur, M. V. M., Woldhuis, J., and Loman, H., Effects of sulphydryl compounds on the radiation damage in biologically active DNA. *J. Radiat. Biol.*, 37 (5): 493-498, 1980.

Lands, L., NAC, glutamine, and alpha lipoic acid. *AIDS Treat. News*, Vol. 268, p. 2-7, April 4, 1997.

Larsson, A., Orrenius, S., Holmgren. A., and Mannervik, B., Functions of glutathione, biochemical, physiological, toxicological and clinical aspects. *Annal. Biochem.*, 139 (1): 126, 1984.

Le, B., and Steel, R. D., Effect of portacaval shunt on sulfur amino acid metabolism in rats. *Amer. J. Physiol.*, 241 (6): 503-508, 1981.

Leibach, F. H., Pillion, D. J., Mendicino, J., and Pashley, D., The role of glutathione in transport activity in kidney. In: *Functions of Glutathione in Liver and Kidney*, eds. Sies and Wendel. New York: Springer-Verlag, 1978, 170-180.

Lemy-Debois, N., Frigerio, G., and Lualdi, P., Oral acetylcysteine in bronchopulmonary disease. Comparative clinical trial with bromhexine. *Eur. J. Resp. Dis.*, 61: 78-80, 1980.

Leuchtenberger, C., and Leuchtenberger, R., The effects of naturally occurring metabolites

(L-cysteine, vitamin C) on cultured human cells exposed to smoke of tobacco or marijuana cigarettes. *Cytometry*, 5: 396-402, 1984.

Levey, H. L., Phenylketonuria: old disease, new approach to treatment. *National Academy of Science U. S. A.*, Vol. 96 (5), p. 1811-1813, March 2, 1999.

Levy, L., and Vredevoe, D. L., The effect of N-acetylcysteine on cyclophosphamide immunoregulation and antitumor activity. *Sem. Oncol.*, 10 (1): 7-16, 1983.

Livardjani, F., Lediga, M., Koppa, P., et al., Lung and blood superoxide dismutase activity in mercury vapor exposed rats: effect of N-acetylcysteine treatment. *Toxicology*, 66: 289-295, 1991.

Loehrer, P. J., Williams, S. D., and Einhorn, L. H., N-acetylcysteine and ifosfamide in the treatment of unresectable pancreatic adenocarcinoma and refractory testicular cancer. *Sem. Oncol.*, 10 (1): 72-75, 1983.

Luder, E., Kattan, M., Thornton, J. C., et al., Efficacy of a nonrestricted fat diet in patients with cystic fibrosis. *AJDC*, 143, April 1989.

Macara, I. G., Kustin, K., and Cantley, L. C., Glutathione reduces cytoplasmic vanadate mechanism and physiological implications. *Biochim. et Biophys. Acta*, 629: 95-106, 1980.

Maldonado, J., Gil, A., Faus, M. J., et al., Specific serum amino-acid profiles of trauma and septic children. *Clin. Nutr.* 7: 165-170, 1988.

Malloy, M. H., and Rassin, D. K., Cysteine supplementation of total parenteral nutrition: the effect on beagle pups. *Ped. Res.*, 18 (8): 747-751, 1984.

Marklund, S., Nordensson, I., and Back, O., Normal CuZn superoxide dismutase, Mn superoxide dismutase, catalase and glutathione peroxidase in Werner's syndrome. *J. Geron.*, 36 (4): 405-409, 1981.

Martin, D., Willis, S., and Cline, D., N-Acetylcysteine in the treatment of human arsenic poisoning. *J. Am. Board Fam. Pract.*, 3: 293-296, 1990.

Martin, R., Litt, M., and Marriott, C., The effect of mucolytic agents on the rheologic and transport properties of canine tracheal mucus. *Rev. Res. Dis.*, 121: 495, 1980.

Martinez, E., and Domingo, P., N-acetylcysteine as chemoprotectant in cancer chemotherapy. *Lancet*, 338, July 27, 1991.

Martinez, F., Castillo, J., Leira, R., et al., Taurine levels in plasma and cerebrospinal fluid in migraine patients. *Headache J.*, 33 (6), June 1993.

Martinez-Torres, C., Romano, E., and Layrisse, M., Effect of cysteine on iron absorption in man. *Amer. J. Clin. Nutr.*, 34: 322-327, 1981.

McIntosh, C., Bakich, V., Trotter, T., Kwok, Y. N., Nishimura, E., Pederson, R., and Brown, J., Effect of cysteamine on secretion of gastrin and somatostatin from the rat stomach. *Gastroent.*, 86 (5): 834, 1984.

Meister, A., Selective modification of glutathione metabolism. *Science*, 220: 43-478, 1983.

Melissinos, K. G., Delidou, A. Z., Varsou, A. G., Begietti, S. S., and Drivas, G. J., Serum and erythrocyte glutathione reductase activity in chronic renal failure. *Nephron*, 28: 76-79, 1981.

Menon, K. K. G., and Natraj, C. V., Nutrients in the shadow-nutrients of substance. *J. Bio-*

sci., 6 (4): 459-474, 1984.

Merck Manual. Rahway, NJ: Merck, Sharp, and Dohme Research Laboratories.

Meydani, M., Dietary antioxidants modulation of aging and immune-endothelial cell interaction. *Mech. Aging Dev.*, 111: 123-193, 1999.

Millard, W. J., Sagar, S. M., Landis, D. M. D., Martin, J. B., and Badger, T. M., Cysteamine: a potent and specific depletor of pituitary prolactin. *Science*, 217: 452-454, 1982.

Miller, L. F., and Rumack, B. H., Clinical safety of high oral doses of acetylcysteine. *Sem. Oncol.*, 10 (1): 76-85, 1983.

Mills, B. J., Lindeman, R. D., and Lang, C. A., Differences in blood glutathione levels of tumorimplanted or zinc-deficient rats. *Amer. Inst. Nutr.*, III (9): 1586-1592, 1981.

Moats, R. A., et al, Brain phenylalanine concentration in the management of adults with phenylketonuria. *Inherit. Metabolic Disorder*, Vol. 23 (1), p. 7-14, February 2000.

Morgan, L. R., Holdiness, M. R., and Gillen, L. E., N-acetylcysteine: its bioavailability and interaction with ifosfamide metabolites. *Sem. Oncol.*, 10 (1): 56-61, 1983.

Morris, P. E., and Bernard, G. R., Significance of glutathione in lung disease and implications for therapy. *Am. J. Med. Sci.*, 307: 119-127, 1994.

Mudd, S. H., Schnieder, J. A., Spielberg, S. P., Boxer, L., Oliver, J., Corash, L., and Sheetz, M., Genetic disorders of glutathione and sulfur amino-acid metabolism. *Ann. Int. Med.*, 9 (3): 330-346, 1980.

Mulders, T. M. T., Breimer, D. D., and Mulder, G. J., Glutathione conjugation in man. *Human Drug Metabolism.* Chapter 14. CRC Press, Inc., 1993.

Munthe, E., Kass, E., and Jellum, E., Intracellular glutathione correlating to clinical response in rheumatoid arthritis. *J. Rheumat.*, 7: 14-19, 1981.

Murakami, M., and Webb, M., A morphological and biochemical study of the effects of L-cysteine on the renal uptake and nephrotoxicity of cadmium. *Brit. J. Exp. Path.*, 62: 115-130, 1981.

Murayama, K., and Kinoshita, T., Determination of glutathione on high performance liquid chromatography using N-chlorodansylamide (NCDA). *Analytical Letters*, 14 (B15): 1221-1232, 1981.

Nakagawa, Y., Hiraga, K., and Suga, T., Effects of butylated hydroxytoluene (BHT) on the level of glutathione and the activity of glutathione-S-transferase in rat liver. *J. Pharm. Dyn.*, 4: 823-826, 1981.

Narkewicz, M. R., Caldwell, S., and Jones, G., Cysteine supplementation and reduction of total parenteral nutrition-induced hepatic lipid accumulation in the weanling rat. *Current Contents*, 23 (33), August 14, 1995.

National Academy of Science. *Recommended Dietary Allowances.* 8: 44, 1974.

Nielsen, F. H., Uhrich, K., and Uthus, E. O., Interactions among vanadium, iron, and cysteine in rats: growth, blood parameters, and organ wt/body wt ratios. *Biol. Trace Elem. Res.*, 6: 117-132, 1984.

Noelle, R. J., and Lawrence, D. A., Determination of glutathione in lymphocytes and possible association of redox state and proliferative capacity of lymphocytes. *Biochem. J.*, 198:

571-579, 1981.

Novi, A. A., Florke, R., and Stukenkemper, M., The effect of glutathione (GSH) on afla-toxin B_1-induced tumors. Presented at *New York Academy of Science*, February 17, 1982.

——, Regression of aflatoxin B_1-induced hepatocellular carcinomas by reduced glutathione. *Science*, 2121 (5): 541-542, 1981.

Nutraletter. Glutathione. 2 (2), October 1984.

Nutrition Reviews. Effects of lead on glutathione metabolism. 39 (10): 378-379, 1981.

Okuyama, S., and Mishina, H., Probable superoxide therapy of experimental cancer with D-penicillamine. *Tohoku J. Exp. Med.*, 135: 215-216, 1981.

Oliver, I., et al., Prevention and dissolution of cystine stones by D-penicillamine. *Harefuah*, 84 (1): 11-12, 1973.

Olney, J. W., Ho, O. L., Rhee, V., and Schainker, B., Cysteine-induced brain damage in infant and fetal rodents. *Brain Res.*, 45: 309-313, 1972.

Oppermann, R. V., Rolla, G., Johansen, J. R., and Assev, S. Thiol groups and reduced ac-idogenicity of dental plaque in the presence of metal ions *in vivo*. *Scand. J. Dent. Res.*, 88 (5): 389-396, 1980.

Orrenius, S., Ormstad, K., Thor, H., and Jewell, S. A., Turnover and functions of glutathi-one studied with isolated hepatic and renal cells. *Fed. Proc.*, 42 (15): 3177-3188, 1982.

Ovesen, L., Drug-nutrient interactions. *Drugs*, 18: 278-298, 1979.

Pangborn, J., Building health with amino acids. *Nutrition for Optimal Health Association*, *Inc.* Conference on Amino Acids, Winnetka, IL, October 6, 1982.

Papaioannou, R., and Pfeiffer, C. C., Sulfite sensitivity—unrecognized threat: is molybdenum deficiency the cause? *J. Ortho. Psych.*, 13 (2): 105-110, 1984.

Parola, M., Paradisi, L., and Torrielli, M. V., Hepatic GSH concentration after treatment with non-steroidal anti-inflammatory agents during acute inflammation induced by carrageenan. *IRCS Med. Sci.*, 12: 704-705, 1984.

Pekas, J. C., Larsen, G. L., and Fiel, V. J., Propachlor detoxication in the small intestine: cysteine conjugation. *J. Toxicol. & Environ. Health*, 5: 653-662, 1979.

Penn, R. G., A theoretical approach to the management of paracetamol overdose. *J. Int. Med. Res.*, 4 (4): 98-104, 1976.

Peterson, R. G., and Rumack, B. H., Treating acute acetaminophen poisoning with acetyl-cysteine. *JAMA*, 237: 2406-2407, 1977.

Pfeiffer, C. C., *Mental and Elemental Nutrients*, New Canaan, CT: Keats Publishing, Inc., 1975. Pohlandt, F., Cystine: a semi-essential amino acid in the newborn infant. *Acta Paediatr. Scand.*, 63: 801-804, 1974.

Prescott, L. F., Park, J., Ballantyne, A., Adriaenssens, P., and Proudfoot, A., Treatment of paracetamol (acetaminophen) poisoning with N-acetylcysteine. *Lancet*, August 1977.

Prohaska, J. R., and Gutsch, D. E., Development of glutathione peroxidase activity during dietary and genetic copper deficiency. *Bio. Trace Elem. Res.*, 5: 35-45, 1983.

Puka-Sundvall, M., Brain injury after neonatal hypoxia-ischemia in rats: a role of cysteine. *Brain Res.*, Vol. 797 (2), p. 328-332, June 29, 1998.

Radak, K., and Kaneko, T., Regular exercise improves cognitive function and decreases oxidative damage in rat brain. *Neurochemistry International*, Vol. 38 (1), p. 17–23, 2001.

Rafter, G. W., The effect of glutathione metabolism in human leukocytes. *Bio. Trace Element Res.*, 4: 191–197, 1982.

Rasmussen, J. B., and Glennow, C., Reduction in days of illness after long–term treatment with N–acetylcysteine controlled release tablets in patients with chronic bronchitis. *Eur. Respir. J.*, 1: 351–355, 1988.

Reim, M., Weidenfeld, E., and Santoso, B., Oxidized and reduced glutathione levels of the cornea *in vivo*. 211 (2): 165–175, 1979.

Renine, P. M., et al., Maternal hyperhomo–cysteinemia: a risk factor for neural tube defect? *Metabolism*, 43: 1475–1480, 1994.

Revesz, L., and Edgren, M., Glutathione–dependent yield and repair of single–strand DNA breaks in irridiated cells. *Brit. J. Cancer*, 49 (VI): 55–60, 1984.

Riise, G. C., Larsson, S., Larsson, P., et al., The intrabronchial microbial flora in chronic bronchitis patients: a target for N–acetylcysteine therapy? *Eur. Respir. J.*, 7: 94–101, 1994.

Roederer, M., Staal, F. J., Ela, S. W., et al., N–acetylcysteine: potential for AIDS therapy. *Pharmacology*, 46: 121–129, 1993.

Rouzer, C. A., Scott, W. A., Griffith, O. W., Hamill, A. L., and Cohn, A. A., Arachidonic acid metabolism in glutathione–deficient macrophages. *Proc. Natl. Acad. Sci.*, 79 (5): 1621–1625, 1982.

——, et al., Depletion of glutathione selectively inhibits synthesis of leukotriene C by macrophages. *Proc. Natl. Acad. Sci.*, 78 (4): 2532–2536, 1981.

Rowe, L. D., Kim, H. L., and Camp, B. J., The antagonistic effect of L–cysteine in experimental hymenoxon intoxication in sheep. *Am. J. Vet. Res.*, 41 (4): 484, 1980.

Sakamoto, Y., Jigashi, T., and Tateishi, N., Glutathione storage, transport and turnover in mammals. *Annal. Biochem.*, 191 (1), 1984.

Saunders, S. L., Shin, S. H., and Reifel, C. W., Cysteamine acts immediately to inhibit prolactin release and induce cellular changes in estradiol–primed male rats. *Neuroendocrin.*, 38: 182–188, 1984.

Scammell, J. G., and Dannies, P. S., Depletion of pituitary prolactin by cysteamine is due to loss of immunological activity. *Endocrin.*, 114 (3): 712–716, 1984.

Schwedes, U., Clemencon, G. H., Paschke, R., and Usadel, K. H., Effect of pentobarbital anesthesia and bile acids on cysteamine–induced duodenal and gastric ulcers in rats. *Scand. J. Gastroenterol.*, 19 (92): 121–124, 1984.

Scriver, C. R., Whelan, D. T., Clow, C. L., and Dallaire, L., Cystinuria: increased prevalence in patients with mental disease. *N. Engl. J. Med.*, 283: 783–786, 1970.

Seiler, M., Szabo, S., Ourieff, S., McComb, D. J., Kovacs, K., and Reichlin, S., The effect of duodenal ulcerogen cysteamine on somatostatin and gastrin cells in the rat. *Exper. & Molecul. Pathol.*, 39: 207–218, 1983.

Serougne, C., Ferezov, J., and Rukaj, A., Effects of excess dietary L–cystine on the rat plasma lipoproteins. *Ann. Nutr. Metab.*, 28: 311–320, 1984.

Silvers, G. W., Maisel, J. C., Petty, T. L., Filley, G. F., and Mitchell, R. S., Increase of flow in excised emphysematous lungs following lavage with acetylcysteine or saline. *Amer. Rev. Resp. Dis.*, 110: 170-175, 1974.

Simpkins, J. W., Estes, K. S., Millard, W. J., Sagar, S. M., and Martin, J. B., Cysteamine depletes prolactin in young and old hyperprolactinemic rats. *Endocrin.*, 112 (5): 1889-1891, 1983.

Skalka, H. W., and Parchal, J. T., Riboflavin and cataracts. *Amer. J. Clin. Nutr.*, 34 (5): 861-863, 1981.

Skovby, F., Rosenberg, L. E., and Thier, S. O., No effect of L-glutamine on cystinuria. *J. Med.*, 302 (4), January 24, 1980.

Skullerud, K., Marstein, S., Schrader, H., Brundelet, P. J., and Jellum, E., The cerebral lesions in a patient with generalized glutathione deficiency. *Acta Neuropathol. (Berl.)*, 52: 235-238, 1980.

Slavik, M., and Saiers, J. H., Phase I clinical study of acetylcysteine's preventing ifosfamide hematuria. *Seminars on Oncology*, 10 (1): 62-65, 1983.

Smith, A. C., James, R. C., Berman, M. L., and Harbison, R. D., Paradoxical effects of perturbation of intracellular levels of glutathione on halothane – induced hepatotoxicity in hyperthyroid rats. *Fundament. Appl. Toxicol.*, 4: 221-230, 1984.

Smolin, L. A., and Benevenga, N. J., The use of cyst (e) ine in the removal of protein-bound homocysteine. *Am. J. Clin. Nutr.*, 39: 730-737, 1984.

Sohler, A., Siegert, E., and Pfeiffer, C. C., Blood molybdenum level as a function of dietary molybdenum. *Trace Elements in Med.*, 1 (2): 50-53, 1984.

Sparnins, V. L., Venegas, P. L., and Wattenberg, L. W., Glutathione S – transferase activity: enhancement by compounds inhibiting chemical carcinogenesis and by dietary constituents. *NNCI*, 68 (3): 493-495, 1982.

Sprince, H., Parker, C. M., and Smith, G. G., Comparison of protection by L-ascorbic acid, L – cysteine, and adrenergic – blocking agents against acetaldehyde, acrolein, and formaldehyde toxicity: implications in smoking. *Agents & Actions*, 9 (4): 40-414, 1979.

Stampfer, M. J., Malinow, M. R., Willett, W. C., et al., A prospective study of plasma homocyst [e] ine and risk of myocardial infarction in U. S. Physicians. *JAMA*, 268 (7), August 19, 1992.

Stefani, E. D., Boffetta, P., Deneo-Pellegrini, H., Mendilaharsu, M., Carzoglio, J. C., Ronco, A., and Olivera, L., Dietary antioxidants and lung cancer risk: a case-control study in Uruguay. *Nutr. Cancer*, 34: 100-110, 1999.

Steiner, G., Mensal, H., Limbic, I., Onshore, F. K., and Bremer, H. J., Plasma glutathione peroxidase after selenium supplementation in patients with reduced selenium state. *Euro. J. Ped.*, 138: 138-140, 1982.

Stops, S. J., El-Rawhide, F. H., Lawson, T., Kobayashi, R. H., Wolf, B. G., and Potter, J. F., Changes in glutathione and glutathione metabolizing enzymes in human erythrocytes and lymphocytes as a function of age of donor. *Age*, 7 (1): 3-7, 1984.

Strudel, O., and Hoppenkamps, R., Relations between gastric glutathione and the ulcerogenic action of non-steroidal anti-inflammatory drugs. *Arch. Inter. de Pharmacodynamie et de Therapie*, 262 (2): 268-278, 1983.

Sturman, J. A., Gaull, G., and Raiha, N. C. R., Absence of cystathionase in human fetal liver: is cysteine essential? *Science*, 169: 74-76, 1970.

Suarez, A., Ramirez-Tortosa, M., Gil, A., and Faus, M. J., Addition of vitamin E to long-chain polyunsaturated fatty-acid enriched diets protects neonatal tissue lipids against peroxidation in rats. *Eur. J. Nutr.*, 38: 169-176, 1999.

Suarez, C., del Arco, C., Lahera, V., et al., N-acetylcysteine potentiates the antihypertensive effect of angiotensin converting enzyme inhibitors. *Current Contents*, 23 (35), August 28, 1995.

Suter, P. M., Domeghetti, G., Schaller, M. D., et al., N-acetylcysteine enhances recovery from acute lung injury in man: a randomized, double-blind, placebo-controlled clinical study. *Chest*, 105: 190-194, 1994.

Swaiman, K. F., Menkes, J. H., DeVivo, D. C., and Prensky, A. -L., Metabolic disorders of the central nervous system. In: *The Practice of Pediatric Neurology*. New York: C. V. Mosby Co., 1982, 472.

Szabo, S., and Reichlin, S., Somatostatin in rat tissues is depleted by cysteamine administration. *Endocrinology*, 109 (6): 2255-2257, 1981.

Tabet, N., Mantle, D., Walker, Z., and Orrell, M., Dietary and endogenous antioxidants in dementia. *Int. J. Geriatr. Psychiatry*, 16: 639-641, 2001.

Tajimi, K., Kosugi, I., Okada, K, and Kobayashi, K., Effect of reduced glutathione on hemodynamic responses and plasma catecholamine levels during metabolic acidosis. *Crit. Care Med.*, 13 (3): 178-181, 1985.

Takeyama, H., Hoon, D. S. B,, Saxton, R. E., et al., Growth inhibition and modulation of cell markers of melanoma by S-allyl-cysteine. *Oncology*, 50: 63-69, 1993.

Tateishi, N., Higashi, T., Naruse, A., Hikita, K., and Sakamato, Y., Relative contributions of sul-fur atoms of dietary cysteine and methionine to rat liver glutathione and proteins. *J. Biochem.*, 90: 1603-1610, 1981.

Taurine better than low-dose COQ10 for congestive heart disease. *Life Extension Update*, 6 (10), October 1993.

Thomas, C. W., Scholz, R. W., Reddy, C. C., and Massaro, E. T., Inhibition of *in vitro* lipid per-oxidation by reduced glutathione in rat liver microsomes. *Fed. Proc.*, 41 (5), 1982.

Toft, B. S., and Hansen, H. S., Metabolism of prostaglandin E1 and of glutathione conjugate of prostaglandin A1 (GSH-prostaglandin A1) by prostaglandin in 9-ketoreductase from rabbit kidney. *Biochim. Biophys. Acta*, 574: 33-38, 1979.

Tolgyesi, E., Coble, D. W., Fang, F. S., and Kairinen, E. O., A comparative study of beard and scalp hair. *J. Soc. Cosmet. Chem.*, 34 (11): 361-382, 1983.

Torchiana, M. L., Pendelton, R. G., Cook, P. G., Hanson, C. A., and Clineschmidt, B. V., Apparent irreversible H2-receptor blocking and prolonged gastric antisecretory activities of 3-N- {3- [3- (1-piperidinomethyl) phenoxy] propyl} amino-1, 2, 5-thiadiazole-1-oxide (L-643, 441) (1). *J. Pharma. Exper. Therap.*, 224 (3): 514-519, 1983.

Trachtman, H., Del Pizzo, R., Struman, J. A., et al., Taurine and osmoregulation. *AJDC*, 142, November 1988.

Trizna, Z., Schantz, S. P., and Hsu, T. C., Effects of N−acetyl−L−cysteine and ascorbic acid on mutagen−induced chromosomal sensitivity in patients with head and neck cancers. *Am. J. Surg.*, 162, October 1991.

Tucker, E. M., Young, J. D., and Crowley, C., Red cell glutathione deficiency: clinical and biochemical investigations using sheep as an experimental model system. *Brit. J. Haemat.*, 48: 403−415, 1981.

Unverferth, D. V., Mehegan, J. P., Nelson, R. W., Scott, C. C., Leier, C. V., and Hamlin, R. L., The efficacy of N−acetylcysteine in preventing doxorubicin−induced cardiomyopathy in dogs. *Sem. Oncol.*, 10 (1), 2−6, 1983.

Uren, J. R., and Lazarus, H., L−cyst (e) ine requirements of malignant cells and progress toward depletion therapy. *Cancer Trea. Rep.*, 63 (6): 1073−1079, 1979.

Van Mansom, I., Van Tinteren, H., Stewart, F. A., et al., Effect of N−acetylcysteine on photofrininduced skin photosensitivity in patients. *Current Contents* (Lasers in Surgery and Medicine), 16 (4), 1995.

Vecchiarelli, A., Dottorini, M., Petrella, D., et al., Macrophage activation by N−acetyl−cysteine in COPD patients. *Chest*, 105: 806−811, 1994.

Walcher, F., Marzi, I., Flecks, U., et al., N−acetylcysteine failed to improve early microcirculatory alterations of the rat liver after transplantation. *Current Contents*, 23 (31), July 31, 1995.

Wang, Y. D., An experimental study of chemical debridement of full−thickness burn in rabbits by N−acetylcysteine. *Chung Hua Cheng Hsing Shao Shang Wai Ko Tsa Chih*, 7: 45−47, 1991.

Wazir, R., Wilson, R., and Sherman, A. D., Plasma serine to cysteine ratio as a biological marker for psychosis. *Brit. J. Psychiat.*, 143: 69−73, 1983.

Wehrenberg, W. B., Benoit, R., Baird, A., and Guillemin, R., Inhibitory effects of cysteamine on neuroendocrine function. *Regulatory Peptides*, 6: 137−145, 1983.

Wendel, A., Feuerstein, S., and Konz, K. −H., Drug−induced lipid peroxidation in mouse liver. In: *Functions of Glutathione in Liver and Kidney*, eds. Sies and Wendel. New York: Springer−Verlag, 1978, 189−190.

Whitcomb, D. C., Sossenheimeer, M. J., and Rakela, J., Management of acetaminophen ingestion in the outpatient setting. *JCOM*, 2 (4), July/August 1995.

Yamamoto, K., Kawashima, T., and Migita, S., Gluthione−catalyzed disulfide−linking of C9 in the membrane attack complex of complement. *J. Biol. Chem.*, 257 (15): 8573−8576, 1982.

Yamanouchi Pharmaceutical Co., Ltd. *Tathion*. 5 (2): 3−18, 1984.

Yarbro, W., et al., eds. N−acetylcysteine: A significant chemoprotective adjunct. Chicago: *Seminars on Oncology* fimp (1) (Suppl.), 1983.

Yim, C. Y., Hibbs, Jr., J. B., McGergor, J. R., et al., Use of N−acetyl cysteine to increase intracellular glutathione during the induction of antitumor responses by IL−2. *J. Immunol.*, 152: 5796−5805, 1994.

Yoshimura, K., Iwauchi, Y., Sugiyama, S., Kuwamura, T., Odaka, Y., Satoh, T., and Kitagawa, H., Transport of L-cysteine and reduced glutathione through biological membranes. *Research Commun. Chem. Path. Pharm.*, 37 (2): 171-186, 1982.

Zala, G., Flury, R., Wust, J., et al., N-acetylcysteine improves eradication of Helicobacter pylori by omeprazole/amoxicillin in cigarette smokers. *Current Contents*, 124 (31-32), August 9, 1994.

Zandwijk, N., N-acetylcysteine for lung cancer prevention. *Chest*, 107 (5), May 1995.

Zlotkin, S. H., Bryan, H., and Anderson, G. H., Cysteine supplementation to cysteine-free intravenous feeding regimens in newborn infants. *Amer. J. Clin. Nutr.*, 34: 914-923, 1981.

Zmuda, J., and Friedenson, B., Changes in intracellular glutathione levels in stimulated and unstimulated lymphocytes in the presence of 2-mercaptoethanol or cysteine. *J. Immunol.*, 130 (1): 362-364, 1983.

第八章　牛磺酸

Alvarez, J. G., and Storey, B. T., Taurine, hypotaurine, epinephrine and albumin inhibit lipid peroxidation in rabbit spermatozoa and protect against loss of motility. *Biol. Repro.*, 29: 548-555, 1983.

Ament, M., Taurine supplementation in total parenteral nutrition. *Amer. Col. of Nutr. and Travenol Labs Conference*, Deerfield, IL: September 6, 1984.

Arzate, M. E., Ponce, H., and Pasantes-Morales, H., Antagonistic effects of taurine and 4-aminopyridine on guinea pig ileum. *J. Neurosci. Res.*, 11: 271-280, 1984.

Atlas, M., Bahl, J. J., Roeske, W., and Bressler, R., *In vitro* osmoregulation of taurine in fetal mouse hearts. *J. Mol. Cell. Cardiol.*, 16: 311-320, 1984.

Azari, J., Brumbaugh, P., and Huxtable, R., Prophylaxis by taurine in the hearts of cardio-myopathic hamsters. *J. Mol. Cell. Cardiol.*, 12: 1353-1366, 1980.

Azuma, J., Sawamura, A., Awata, N., Hasegawa, H., Ogura, K., Harada, H., Ohta, H., Yamauchi, K., and Kishimoto, S., Double-blind randomized crossover trial of taurine in congestive heart failure. *Cur. Thera. Resrch.*, 34 (4): 543-557, 1983.

——, Hasegawa, H., Awata, N., Sawamura, A., Harada, H., Ogura, K., Yamauchi, K., and Kishimoto, S., Taurine for treatment of congestive heart failure in humans. In: *Sulfur Amino Acids: Biochemical & Clinical Aspects.* New York: Alan R. Liss, Publishers, 1983, 61-72.

Bankier, A., Turner, M., and Hopkins, I. J., Pyridoxine dependent seizures—a wider clinical spec-trum. *Arch. Dis. Child.*, 58: 415-418, 1983.

Barbeau, A., Inoue, N., Tsukada, Y., and Butterworth, R. F., The neuropharmacology of tau-rine. *Life Sci.*, 17: 669-678.

Baskin, S. I., Klekotka, S. J., Kendrick, Z. V., and Bartuska, D. G., Correlation of platelet taurine levels with thyroid function. *J. Endocrinol. Invest.*, 2: 245, 1979.

——, Leibman, A. J., De Witt, W. S., Orr, P. L., Tarzy, N. T., Levy, P., Krusz, J. C., Dhopesh, V. P., and Schraeder, P. L., Mechanism of the anticonvulsant action of phenytoin: regulation of central nervous system taurine levels. *Neurology*, p. 331, April 1978.

——, Leibman, A. J., and Cohn, E. M., Possible functions of taurine in the central nervous system. *Adv. Biochem. Psychopharma.*, 15: 153-164, 1976.

Klekotka, S. J., Kendrick, Z. V., and Bartuska, D. -G., Correlation of platelet taurine levels with thyroid function. *J. Endocrinol. Invest.*, 2: 245, 1979.

Bergamini, L., Mutani, R., Delsedime, M., and Durelli, L., First clinical experience on the antiepileptic action of taurine. *Eur. Neur.*, 11: 261-269, 1974.

Bonhaus, D. W., and Huxtable, R. J., Seizure-susceptibility and decreased taurine transport in the genetically epileptic rat. *Neurochem. Inter.*, 6 (3): 365-368, 1984.

——, The transport, biosynthesis and biochemical actions of taurine in a genetic epilepsy. *Neurochem. Inter.*, 5: 413-419, 1983.

Bousquet, P., Feldman, J., Bloch, R., and Schwartz, J., Tag antagonizes the central cardiovascular effects of taurine. *Eur. J. Pharmacol.*, 98: 269-273, 1984.

Broquist, H. P., Amino acid metabolism. *Nutr. Reviews*, 34 (10): 289, 1976.

Buff, S., and et al., Taurine and hypotaurine in spermatozoa and epididymal fluid of cats. *Journal of Reproduction and Fertility Supplements*, 57, 93-95, 2001.

Burnham, W. M., Albright, P., and Racine, R. J., The effect of taurine on kindled seizures in the rat. *Can. J. Physiol. Pharmacol.*, 56: 497-500, 1978.

Carruthers-Jones, D. I., and Van Gelder, N. M., Influence of taurine dosage on cobalt epilepsy in mice. *Neurochem. Resrch.*, III: 115-123, 1978.

Collins, G. G. S., The rates of synthesis, uptake and disappearance of [14 C] -taurine in eight areas of the rat central nervous system. *Brain Res.*, 76: 447-459, 1974.

Collu, R., Charpenet, G., and Clermont, M. J., Antagonism by taurine of morphine induced growth hormone secretion. *Le Journal Canadien des Sciences Neurologiques*, 5 (1): 139 - 142, 1978.

Contreras, E., and Tamayo, L., Effects of taurine on tolerance to and dependence on morphine in mice. *Arch. Inter. de Pharma. et de Thera.*, 267 (2): 224-231, 1983.

Cortijo, J., and et al., Effects of taurine on pulmonary responses to antigen in sensitized Brown-Norway rats. *European Journal of Pharmacology*, 431 (1), 111-117, November 2001.

Crass, M. F., and Lombardini, J. B., Loss of cardiac muscle taurine after acute left ventricular ischemia. *Life Sci.*, 21: 951-958, 1978.

——, Release of tissue taurine from the oxygen-deficient perfused rat heart (40082). *Proceed. Soc. Exper. Biol. Med.*, 157: 486-488, 1978.

De Luca, A., and et al., Taurine and skeletal muscle ion channels. *Advanced Experience Med-ical Biology*, 483, 45-56, 2000.

Dorvil, N. P., Yousef. I. M., Tuchweber, B., and Roy, C. C., Taurine prevents cholestasis induced by lithocholic acid sulfate in guinea pigs. *Amer. J. Clin. Nutr.*, 37: 221 - 232, February 1983.

Dove, R. S., Nutritional therapy in the treatment of heart disease in dogs. *Alternative Medicine Review*, Suppl. S38-45, September 6, 2001.

Eppler, B., Dawson, R., Dietary taurine manipulations in aged male Fischer 344 rat tissue: taurine concentration, taurine biosynthesis, and oxidative markers. *Biochemical Pharmacology*, 62

(1), 29-39, July 1, 2001.

Erberdobler, H. F., Egan, B. M., and et al., Effect of intravenous taurine on endotoxin-induced acute lung injury in sheep. *European Journal of Surgery*, 167 (8), 575-580, August 2001.

Greulich, H. G., and Trautwein, E., Determination of taurine in foods and feeds using an amino acid analyzer. *J. Chromato.*, 245: 332-334, 1983.

——, Determinations of taurine in milk and infant formula diets. *Eur. J. Pediatr.*, 142: 133-134, 1984.

Felig, P., Wahren, J., and Ahlborg, G., Uptake of individual amino acids by the human brain. *Pros. Soc. Exp. Biol. Med.*, 142: 230-232, 1973.

——, Nagy, S. U., and Csaba, G., Effect of glutathione (gamma-L-glutamyl-taurine) on the serum glucocorticoid and estriol level in rats. *Endokrinologie*, 79 (3): 437-438, 1982.

Torok, O., and Csaba, G., Effect of glutataurine, a newly discovered parathyroid hormone on rat thymus cultures. *Acta Morphol. Acad. Sci. Hung.*, 26 (2): 87-94, 1978.

——, Madarasz, B., Sudar, F., and Csaba, G., Effect of glutataurine on the pineal gland of the rat. *Acta Morphol. Acad. Sci. Hung.*, 28 (3): 233-242, 1980.

——, Torok, O., and Csaba, G., Effect of glutataurine on vitamin A and prednisolone treated thymus cultures. *Acta Morphol. Acad. Sci. Hung.*, 26 (2): 75-85, 1978.

——, Fekete, M., Kadar, T., and Telegdy. G., Effect of intraventricular administration of glutathione on norepinephrine, dopamine and serotonin turnover in different brain regions in rats. *Acta Physiol. Hungarica*, 61 (3): 163-167, 1983.

Flemstrom, G., Briden, S., and Kivilaakso, E., Stimulation by BW775C and inhibition by cysteamine of duodenal epithelial alkaline secretion suggest a role of endogenous prostaglandin in mucosal protection. *Scand. J. Gastroenterol.*, 19 (92): 101-105, 1984.

Franconi, F., Stendardi, I., Matucci, R., Failli, P., Bennardini, F., Antonini, G., and Frosini, M., and et al., Effects of taurine and some structurally related analogues on the central mechanism of thermoregulation: a structure - activity relationship study. *Advanced Experience Medical Biology*, 483, 283-292, 2000.

Frosini, M., and et al., The possible role of taurine and GABA as endogenous cryogens in the rabbit: changes in CSF levels in heat-stress. *Advanced Experience Medical Biology*, 483, 335-344, 2000.

Gaull, G. E., Taurine in the nutrition of the human infant. *Acta Paediat. Scand.*, 269: 38, 1982.

——, Is taurine an essential nutrient in man? *Amer. Coll. Nutr. & Travenol Labs Confer.*, Deerfield, IL: September 1984.

Goodman, H. O., Connolly, B. M., McLean, W., and Resnick, M., Taurine transport in epilepsy. *Clin. Chem.*, 26 (3): 414-419, 1980.

Giotti, A., Inotropic effect of taurine in guinea-pig ventricular strips. *Eur. J. Pharm.*, 102: 511-514, 1984.

Gorby, W. G., and Martin, W. G. The synthesis of taurine from sulfate VIII. The effect of potas-sium (38580). *Proc. Soc. Exper. Biol. Med.*, 148: 544-549, 1975.

Gordon, S. M., Does the alcoholic's remedy come in a pill? *Behavior Healthy Tomorrow*, 10

(4), SR29-30, August 2001.

Hamosh, M., Breastfeeding: unraveling the mysteries of mother's milk. *Medscape Women's Health*, 1 (9), 4, September 1996.

Hansen, S. H., The role of taurine in diabetes and the development of diabetic complications. *Diabetes Metab Res Review*, 17 (5), 330-346, September-October 2001.

Hardison, W. G. M., Wood, C. A., and Proffitt, J. H., Quantification of taurine synthesis in the intact rat and cat liver (39744). *Proc. Soc. Exper. Biol. Med.*, 155: 55-58, 1977.

Hayes, K. C., Taurine requirement in primates. *Nutr. Rev.*, 43 (3): 65-70, 1985.

——, Stephan, Z. F., and Sturman, J. A., Growth depression in taurine-depleted infant monkeys. *J. Nutr.*, 110 (10): 2058-2064, 1980.

Hernandez, J., Artillo, S., Serrano, M. I., and Serrano, J. S., Further evidence of the anti-arrhythmic efficacy of taurine in the rat heart. *Res. Commun. Chem. Patho. Pharma.*, 43 (2): 343-346, 1984.

Hill, L. J., and Martin, W. G., The synthesis of taurine from sulfate V. regulatory modifiers of the chick liver enzyme system (37629). *Proc. Soc. Exp. Biol. & Med.*, 144: 530-531, 1973.

Hsu, J. M., and Anthony, W. L., Zinc deficiency and urinary excretion of taurine-35S and inorganic sulfate-35S following cystine-35S injection in rats. *J. Nutr.*, 100 (10): 1189-1196, 1970.

Huxtable, R., and Chubb, J., Adrenergic simulation of taurine transport by the heart. *Science*, 198 (10): 409-411, 1977.

——, and Bressler, R., Elevation of taurine in human congestive heart failure. *Life Sci.*, 14: 1353-1359, 1974.

——, and Laird, H., The prolonged anticonvulsant action of taurine on genetically determined seizure-susceptibility. *Can. J. Neuro. Sci.*, V, 215-221, 1978.

Ikeda, H., Effects of taurine on alcohol withdrawal. *Lancet*, 509, September 3, 1977.

Iwata, H., Nakayama, K., Matsuda, T., and Baba, A., Effect of taurine on a benzodiazepineGABA-chloride inonophore receptor complex in rat brain membranes. *Neurochem. Res.*, (4): 535-544, 1984.

Izumi, K., Donaldson, J., Minnich, J. L., and Barbeau, A., Ouabain-induced seizures in rats: suppressive effects of taurine and gamma-amino butyric acid. *Can. J. Physiol. Pharmacol.*, 51: 885-889, 1973.

Kakee, A., and et al., Efflux of a suppressive neurotransmitter, GABA, across the blood-brain barrier. *Journal Neurochemistry*, 79 (1), 100-108, October 2001.

Kang, Y. S., Taurine transport mechanism through the blood-brain barrier in spontaneously hypertensive rats. *Advanced Experience Medical Biology*, 483, 321-324, 2000.

Kerai, M. D., Reversal of thanol-induced hepatic steatosis and lipid peroxidation by taurine. *Alcohol*, 34 (4), 529-541, July-August 1999.

Kerai, M. D., and et al, Taurine: protective properties against ethanol-induced hepatic steatosis and lipid peroxidation during chronic ethanol consumption in rats. *Amino Acids*, 15 (1-2), 53-76, 1998.

Kibayashi, E., and et al., Daily dietary taurine intake in Japan. *Advanced Experience Medical*

Biology, 483, 137–142, 2000.

Kim, K. S., Kurokawa, M., Kimura, T., and Sezaki, H., Effect of taurine on the gastric absorption of drugs: comparative studies with sodium lauryl sulfate. *J. Pharm. Dyn.*, 5: 509–514, 1982.

Kimura, T., Yamashita, S., Kim, K. S., and Sezaki, H., Electrophysiological approach to the action of taurine on rat gastric mucosa. *J. Pharm. Dyn.*, 5: 495–500, 1982.

Kirschmann, J. D., and Dunne, L. J., *Nutrition Almanac.* New York: McGraw–Hill Book Co., 1984.

Kohashi, N., and Katori, R., Decrease of urinary taurine in essential hypertension. *Japan. Heart J.*, January 1983.

Kohashi, N., Okabayashi, T., Hama, J., and Katori, R., Decreased urinary taurine in essential hypertension. In: *Sulfur Amino Acids: Biochemical and Clinical Aspects*, pp. 73–87.

Kondo, Y., and et al., Taurine reduces atherosclerotic lesion development in apolippoprotein E-deficient mice. *Advanced Experience Medical Biology*, 483, 193–202, 2000.

Kontro, P., Effects of cations on taurine, hypotaurine, and GABA intake in mouse brain slices. *Neurochem. Res.*, 7 (11): 1391–1401, 1982.

——, and Oja, S. S., Taurine and synaptic transmission. *Med. Bio.*, 61: 79–82, 1983. Kuriyama, K., Huxtable, N. J., and Iwata, H., Cardiovascular actions of sulfur amino acids. In: *Sulfur Amino Acids: Biochemical and Clinical Aspects*, 104–124.

Lake, N., Taurine depletion of lactating rats: effects on developing pups. *Neurochem. Res.*, 8 (7): 881–887, 1983.

Lampson, W. G., Kramer, J. H., and Schaffer, S. W., Potentiation of the actions of insulin by taurine. *Can. J. Physiol. Pharmacol.*, 61: 457–463, 1983.

Lefauconnier, J. –M., Urban, F., and Mandel, P., Taurine transport into the brain in rat. *Biochimie*, 60: 381–387, 1978.

Lehmann, A., and Hamberger, A., Inhibition of cholinergic response by taurine in frog isolated skeletal muscle. *J. Pharm. Pharmacol.*, 36: 59–61, 1984.

Leibfried, M. L., and Bavister, B. D., The effects of taurine and hypotaurine on *in vitro* fertilization in the golden hamster. *Gamete Res.*, 4: 57–63, 1981.

Lombardini, J. B., and Prien. S. D., Taurine binding by rat retinol membranes. *Exp. Eye Res.*, 37: 239–250, 1983.

Mantovani, J., et al., Effects of taurine on seizures and growth hormone release in epileptic patients. *Arch. Neur.*, 36: 672–674, 1979.

Marnela, K. –M., and Kontro, P., Free amino acids and the uptake of binding of taurine in the central nervous system of rats treated with gaunidinoethanesulphonate. *Neurosci.*, 12 (1): 323–328, 1984.

——, Timonen, M., and Lahdesmaki, P., Mass spectrometric analyses of brain synaptic pep–tides containing taurine. *J. Neurochem.*, 43 (6): 650–653, 1984.

Martin, W. G., Truex, R. C., Tarka, S., Gorby, W., and Hill, L., The synthesis of taurine from sul–fate VI. Vitamin B–6 deficiency and taurine synthesis in the rat (38450). *Proc. Soc. Exper. Biol. Med.*, 147: 835–838, 1974.

Meizel, S., Lui, C. W., Working, P. K., and Mrsny, R. J., Taurine and hypotaurine: their effects on motility, capacitation and the acrosome reaction of hamster sperm *in vitro* and their presence in sperm and reproductive tract fluids of several mammals. *Develop. Growth & Differ.*, 22 (3): 483-494, 1980.

Messiha, F. S., Taurine, Analogues and ethanol elicited responses. *Brain Res. Bull.*, 4: 603-607, 1979.

Militante, J. D., and Lombardini J. B., Characterization of taurine uptake in the rat retina. *Advanced Experience Medical Biology*, 483, 477-485, 2000.

Mutani, R., Bergamini, L., Delesedime, M., and Durelli, L., Effects of taurine in chronic experi-mental epilepsy. *Brain Res.*, 79: 330-332, 1974.

——, Monaco, F., Durelli, L., and Delsedime, M., Levels of free amino acids in serum and cerebrospinal fluid after administration of taurine to epileptic and normal subjects. *Epilepsia*, 16: 765-769, 1975.

Nakagawa, K., and Kuriyama, K., Effect of taurine on alteration in adrenal functions induced by stress. *Japan. J. Pharmacol.*, 25: 737-746, 1975.

Newman, W. H., Frangakis, C. J., Grosso, D. S., and Bressler, R. -A. Relation between myocar-dial taurine content and pulmonary wedge pressure in dogs with heart failure. *Physiolog. Chem. Physics*, 9 (3): 259-263, 1977.

Nutrition Reviews. Taurine function revealed by its nutritional requirement in the kitten. 37: 121-123, 1979.

Obrosova, I. G., Taurine counteracts oxidative stress and nerve growth factor deficit in early experimental diabetic neuropathy. *Exp. Neurol.*, 172 (1), 211-219, November 2001.

Oja, S. S., and Kontro, P., Free amino acids in epilepsy: possible role of taurine. *Acta Neuro. Scand.*, 93 (67): 5-20, 1983.

Okamoto, E., Rassin, D. E., Zucker, C. L., Salen, G. S., and Heird, W., Role of taurine in feeding the low-birth-weight infant. *J. Ped.*, 104 (6): 936-940, 1984.

——, Kimura, H., and Sakai, Y., Evidence for taurine as an inhibitory neurotransmitter in cerebella stellate interneurons: selective antagonism by TAG. *Brain Res.*, 265: 163-168, 1983.

——, Effects of taurine and GABA on Ca spikes and Na spikes in cerebellar purkinje cells *in vitro*: intrasomatic study. *Brain Res.*, 260: 240-259, 1983.

——, Ionic mechanisms of the action of taurine on cerebella purkinje cell dendrites *in vitro*: intradendritic study. *Brain Res.*, 260: 261-269, 1983.

——, Taurine-induced increase of the CI-conductance of cerebella purkinje cell dendrites *in vitro. Brain Res.*, 259: 319-323, 1983.

Paakkari, P., Paakkari, I., Karppanen, H., Halmekoski, J., and Paasonen, M. K., Cardiovascular and ventilatory effects of taurine and homotaurine in anaesthetized rats. *Med. Bio.*, 60: 316-322, 1982.

Pecci, L., Hypotaurine and superoxide dismutase: protection of the enzyme against inactivation by hydrogen peroxide and peroxidation to taurine. *Advanced Experience Medical Biology*, 483, 163-168, 2000.

Perry, T. L., Currier, R. D., Hansen, S., and Maclean, J., Aspartate-taurine imbalance in dominantly inherited olivopontocerebellar atrophy. *Neurology*, 257, March 1977.

——, Bratty, P. J. A., Hansen, S., Kennedy, J., Urquhart, N., and Dolman, C. L., Hereditary mental depression and Parkinsonism with taurine deficiency. *Arch. Neurol.*, 32 (2): 108-113, 1975.

——, Segments. *J. of Neuro. Res.*, 11: 303-311, 1984.

Pettegrew, J. W., and et al., Effects of chronic lithium administration on rat brain phosphatidylinositol cycle constituents, membrane phospholipids and amino acids. *Bipolar Disorders*, 3 (4), 189-201, August 2001.

Quilligan, C. J., Hilton, F. K., and Hilton, M. A., Taurine in hearts and bodies of embryonic through early postpartum CF mice. *Pro. Soc. Exper. Bio. & Med.*, 177: 143-150, 1984.

Rassin, D. K., et al., Taurine and other free amino acids in milk of man and other mammals. *Early Human Devel.*, II: 1-13, 1978.

Rigo, J., and Senterre, J., Is taurine essential for the neonates? *Bio. Neonate*, 32: 73-76, 1977.

Rose, S. J., et al., Taurine fluxes in insulin dependent diabetes mellitus and rehydration in streptozotocin treated rats. *Advanced Experience Medical Biology*, 483, 497-501, 2000.

Ruiz-Feria, C. A., Taurine, cardiopulmonary hemodynamics, and pulmonary hypertension syndrome in broilers. *Poult Science*, 80 (11), 1607-1618, November 2001.

Salceda, R., and Pasantes-Morales, H., Uptake, release and binding of taurine in degenerated rat retinas. *J. Neurosi. Res.*, 8: 631-642, 1982.

——, Carabez, A., Pacheco, P., and Pasantes-Morales, H., Taurine levels, uptake and synthesizing enzyme activities in degenerated rat retina. *Exp. Eye Res.*, 28: 137-146, 1979.

Salmon, R. J., Laurent, M., and Thierry, J. P., Effect of taurocholic acid feeding on methyl-nitro-N-nitroso-guanidine induced gastric tumors. *Cancer Letters*, 22: 315-320, 1984.

Samuels, S., Early life nutritional deprivation: persistent alteration of blood and urine amino acids in mice (37504). *Proc. Soc. Exper. Biol. Med.*, 143: 1215-1217, 1973.

Sanberg, P. R., and Willow, M., Dose-dependent effects of taurine on convulsions induced by hypoxia in the rat. *Neuroscience Letters*, 16: 297-300, 1980.

Sanderson, S. L., and et al., Effects of dietary fat and L-carnitine on plasma and whole blood taurine concentrations and cardiac function in healthy dogs fed protein-restricted diets. *American Journal Vet. Res.*, 62 (10), 1616-1623, October 2001.

Savoldi, F., and Tartara, A., Effects of taurine on acute epilepsy in rabbits. *Il Farmaco-Ed. Pr.*, 31 (1): 27-34, 1977.

Sawamura, A., Azuma, J., Harada, H., Hasegawa, H., Ogura, K., Scandurra, R., Politi, L., Dupre, S., Moriggi, M., Barra, D., and Cavallini, D., Comparative biological production of taurine from free cysteine and from cysteine bound to phosphopantothenate. *Bul. Molecular Biol. & Med.*, 2 (12): 172-177, 1977.

Schaffer, S., Taurine-deficient cardiomyopathy: role of phospholipids, calcium, and osmotic stress. *Advanced Experience Medical Biology*, 483, 57-69, 2000.

Schaffer, S., and Koesis, J. J., Taurine-research surges after 150 years. *Amer. Pharm.*, XIX: 36-38, 1979.

Science. Salt-free salt. March. 8, 1985.

Sebring, L. A., and Huxtable, R. J., Cardiovascular actions of taurine. In: *Sulfur Amino Acids: Biochemical & Clinical Aspects*, 1983.

Sgaragli, G., Carla, V., Magnani, M., and Galli, A., Hypothermia induced in rabbits by in-trac-erebroventricular taurine: specificity and relationships with central serotonin (5-HT) systems. *J. Pharma. Exper. Ther.*, 219 (3): 778-785, 1981.

Shimada, M., Shimono, R., Watanabe, M., Imahayashi, T., Ozaki, H. S., Kihara, T., Yamaguchi, K., and Niizeki. S., Distribution of 35S-taurine in rat neonates and adults. *Histo-chem.*, 80: 225-230, 1984.

Smayda, R., *Contemporary Review of Therapeutic Benefits of the Amino Acid Taurine.* www. mgwater. com.

Sperelakis, N., and Kishimoto, S., Protection by oral pretreatment with taurine against the negative inotropic effects of low-calcium medium on isolated perfused chick heart. *Cardiovas. Res.*, 17 (10): 620-626, 1983.

Stanbury, J. B., Wyngaarden, J. B., and Fredrickson, D. S., *The Metabolic Basis of Inherited Disease.* New York: McGraw-Hill Book Co., 1978.

Stephan, Z. F., Armstrong, M. J., and Hayes, K. C., Bile lipid alterations in taurine-deple-ted monkeys. *Amer. J. Clin. Nutr.*, 34 (2): 204-210, 1981.

Stipanuk, M. H., Kuo, S. M., Hirschberger, L. I., Changes in maternal taurine levels in re-sponse to pregnancy and lactation. *Life Sci.*, 35 (11): 1149-1156, 1984.

——, and Kuo, S. M., Effect of vitamin B6 deficiency on cysteinesulfinate decarboxylase ac-tivity and taurine concentration in tissues of rat dams and their offspring. *Life Sci.*: 30 (3): 667, 1984.

Sturman, J. A., and Cohen, P. A., Cystine metabolism in vitamin B6 deficiency: evidence of multiple taurine pools. *Biochem. Med.*, 5 (3): 245-268, 1971.

——, Rassin, D. K., and Gaull, G. E., Taurine in development. *Life Sci.*, 21: 1-22, 1977.

——, Taurine in developing rat brain: changes in blood-brain barrier. *J. Neurochem.*, 32: 811-816, 1979.

——, Rassin, D. K., Hayes, K. C., and Gaull, G. E., Taurine deficiency in the kitten: ex-change and turnover of (35S) taurine in brain, retina, and other tissues. *J. Nutr.*, CVIII: 1462-1476, 1978.

——, Taurine in nutrition. *Comp. Thera.*, III: 59-65, 1977.

——, Taurine pool sizes in the rat: effects of vitamin B6 deficiency and high taurine diet. *J. Nutr.*, 103: 1566-1580, 1973.

Tachiki, K. H., Hendrie, H. C., Kellams, J., and Aprison, M. H., A rapid column chroma-tographic procedure for the routine measurement of taurine in plasma of normal and depressed pa-tients. *Clin. Chim. Acta*, 75: 455-465, 1977.

Takahashi, K., and Ohyabu, Y., Taurine prevents ischemia damage in cultured neonatal rat cardiomyocytes. *Advanced Experience Medical Biology*, 483, 109-116, 2000.

Tallen, H. H., Jacobson, E., Wright, C. E., Schneidman, K., and Gaull, G. E., Taurine uptake by cultured human lymphoblastoid cells. *Life Sci.*, 33: 1853-1860, 1983.

The Orlando Sentinel. Chemical in lobsters may control epilepsy. February 10, 1985.

Thompson, D. E., and Vivian, V. M., Dietary-induced variations in urinary taurine levels of college women. *J. Nutr.*, 107 (4): 673-679, 1977.

Toth, E., and Lajtha, A., Brain protein synthesis rates are not sensitive to elevated GABA, taurine or glycine. *Neurochem. Res.*, 9 (2): 173-180, 1984.

Urquhart, N., Perry, T. L., Hansen, S., and Kennedy, J., Passage of taurine into adult mammalian brain. *J. Neurochem.*, 22: 871-872, 1974.

Usdin, E., Hamburg, D. A., and Barchas, J. D., eds., Hereditary mental depression with taurine deficiency. In: *Neuroregulators and Psychiatric Disorders*. Oxford: Oxford University Press, 1978.

van Gelder, N. M., A central mechanism of action for taurine: osmoregulation, bivalent cations, and excitation threshold. *Neurochem. Res.*, 8 (5): 687-699, 1983.

——, Sherwin, A. L., Sacks, C., and Andermann, F., Biochemical observations following administration of taurine to patients with epilepsy. *Brain Res.*, 94: 297-306, 1975.

Vinton, N., Laidlaw, S., Wu, S., Ament, M., and Kopple, J., Plasma and platelet taurine concentrations in children receiving home total parenteral nutrition (TPN) and healthy children. *ACN*, Vol. 41, April 1985.

Voaden, M. J., Hussain, A. A., and Chan, I. P. R., Studies on retinitis pigmentosa in man. I. Taurine and blood platelets. *Brit. J. Opthal.*, 66 (12): 771-775, 1982.

Wada, J. A., Osawa, T., Wake, A., and Corcoran, M. E., Effects of taurine on kindled amygdaloidal seizures in rats, cats, and photosensitive baboons. *Epilepsia*, 16: 229-234, 1975.

Watt, S. M., and Simmonds, W. J., Effects of four taurine-conjugated bile acids on mucosal uptake and lymphatic absorption of cholesterol in the rat. *J. Lip. Res.*, 25: 448-455, 1984.

Wessberg, P., Hedner, T., Hedner, J., and Jonason, J., Effects of taurine and a taurine antagonist on some respiratory and cardiovascular parameters. *Life Sci.*, 33: 1649-1655, 1983.

Whittle, B., and Smith, J. T., Effect of dietary sulfur on taurine excretion by the rat. *J. Nutr.*, 104 (6): 666-670, 1974.

Wu, J. Y., and et al., Mode of action of taurine and regulation dynamics of its synthesis in the CNS. *Advanced Experience Medical Biology*, 483, 35-44, 2000.

Yamaguchi, K., Shigehisa, S., Sakakibara, S., Hosokawa, Y., and Ueda, I. Cysteine metabolism *in vivo* of vitamin B6-deficient rats. *Biochim. et Biophys. Acta*, 381: 1-8, 1975.

Yamamoto, H. A., McCain, H. W., Izumi, K., Misawa, S., and Way, E. L., Effects of amino acids, especially taurine and gamma-aminobutyric acid (GABA), on analgesia and calcium depletion induced by morphine in mice. *Euro. J. Pharma.*, 71 (2/3): 177-184, 1981.

Yamori, Y., Wang, H., Ikeda, K., Kihara, M., Nara, Y., and Horle, R., Role of sulfur amino acids in the prevention and regression of cardiovascular diseases. In: *Sulfur Amino Acids: Biochemi-cal & Clinical Aspects*, 103-116.

Yarbrough, G. G., Singh, D. K., and Taylor, D. A., Neuropharmacological characterization of a taurine antagonist. *J. Pharm. Exper. Ther.*, 219 (3): 604-613, 1981.

Zemlyanoy, A., et al., The treatment of ammonia poisoning by taurine in combination with a broncholytic drug. *Advanced Experience Medical Biology*, 483, 627−630, 2000.

第四部分

第九章　精氨酸及其代谢产物

Abou−Mohamed, G., Kaesemeyer, W. H., Caldwell, R. B., Caldwell, R. W., Role of L−arginine in the vascular action and development of tolerance to nitroglycerin. *Br. J. Pharmacol.*, 130 (2): 211−218, May 2000.

Akashi, K., Miyake, C., Yokota, A., Citrulline, a novel compatible solute in drought−tolerant wild watermelon leaves, is an efficient hydroxyl radical scavenger. *FEBS Lett.* 508 (3): 438−442, November 23, 2001.

Anderson, H. L., Cho, E. S., Krause, P. A., Hanson, K. C., Krause, G. F., and Wixom, R. L., Effects of dietary histidine and arginine on nitrogen retention of men. *J. Nutr.*, 107: 2067−2068, 1977.

Barbeau, A., *Metabolic Ataxias: Taurine and Neurological Disorders.* New York: Raven Press, 1978, 403−411.

Barbul, A., Rettura, G., Levenson, S. M., and Seifter, E., Arginine: a thymotropic and wound−healing promoting agent. *Surgical Forum*, XVIII: 101−103, October 1977.

——, and Seifter, E., Wound−healing and thymotropic effects of arginine: a pituitary mechanism of action. *Amer. J. Clin. Nutr.*, 37: 786, 1983.

Barziza, D. E., Buentello, J. A., Gatlin, 3rd, D. M., Dietary arginine requirements of juvenile red drum (Sciaenops ocellatus) based on weight gain and feed efficiency. *J. Nutrit.*, 130 (7): 1796−1799, July 2000.

Batshaw, M. L.. and Brusilow, S. W., Treatment of hyperammonemic coma caused by inborn errors of urea synthesis. *J. Ped.*, 97 (6): 893−900, 1980.

Batshaw, M. L., Wachtel, R. C., Thomas, G. H., Starrett, A., Bennett, M. J., Dear, P. R. F., McGinlay, J. M., and Gray, R. G. F., Acute neonatal citrullinaemia. *J. Inher. Metab. Dis.*, 7: 85, 1984.

Beck, P., Eaton, R. P., Arnett, D. M., and Alsever, R. N., Effect of contraceptive steroids on arginine−stimulated glucagon and insulin secretion in women: I−lipid physiology. *Metabolism*, 24 (9): 1055−1065, 1975.

Bergamini, S., Rota, C., Canali, R., Staffieri, M., Daneri, F., Bini, A., Giovannini, F., Tomasi, A., Iannone, A., N−acetylcysteine inhibits *in vivo* nitric oxide production by inducible nitric oxide synthase. *Nitric Oxide*, 5 (4): 349−360, August 2001.

Biegon, A., and Terlou, M., Arginine−vasopressin binding sites in rat brain: a quantitative autoradiographic study. *Neurosc. Letters*, 44 (3), 1984.

Bradley, P. M., El−Fiki, F.. and Giles, K. L., Polyamines and arginine affect somatic embryo gen−esis of daucus carota. *Plant Sci. Let.*, 34: 397−401, 1984.

Bratusch−Marrain, P., Bjorkman, O., Hagenfeldt, L., Waldhausl, W., and Wahren, J., Influence of arginine on splanchnic glucose metabolism in man. *Diabetes*, 28 (2): 126−131, February 1979.

Brusilow, S. W., and Batshaw, M. L., Arginine therapy of arginiosuccinase deficiency. *Lancet*, *January* 1979, pp. 124–126.

——, Wachtel, R. C., Thomas, G. H., and Starrett, A., Arginine-responsive asymptomatic hyperammonemia in the premature infant. *J. Pediat.*, 105（1）: 86–91, 1984.

Bushinsky, D. A., and Gennari, J., Life-threatening hyperkalemia induced by arginine. *Ann. Int. Med.*, 89（5）: 632–634, 1978.

Buttlaire, D. H., and Cohn, M., Characterization of the active site structures of arginine kinasesubstrate complexes. Water proton magnetic relaxation rates and electron paramagnetic resonance spectra of manganous-enzyme complexes with substrates and of a transition state. *Analog. J. Biol. Chem.*, 249（18）: 5741–5748, 1974.

Casaneuva, F. F., Villanueva, L., Cabranes, J. A., Cabexas-Cerrato, J., and Fernandez-Cruz, A., Cholinergic mediation of growth hormone secretion elicited by arginine, clonidine, and physical exercise in man. *J. Clin. Endocrin. & Metabol.*, 526–530, 1984.

Cederbaum, S. D., Shaw, K. N. F., Spector, E. B., Verity, M. A., Snodgrass, P. J., Sugarman, G. I., Hyperargininemia with arginase deficiency. *Pediat. Res.*, 13: 827–833, 1979.

——, Shaw, K. N. F., and Valente, M., Hyperarginemia. *J. Ped.*, 90（4）: 569–573, 1977.

Cherrington, A. D., and Vranic, M., Effect of arginine on glucose turnover and plasma free fatty acids in normal dogs. *J. Amer. Diabetes Assoc.*, 22（7）: 537–543, 1973.

D' Hooge, R., Marescau, B., Qureshi, I. A., and De Deyn, P. P., Impaired cognitive performance in ornithine transcarbamylase-deficient mice on arginine-free diet. *Brain Resources*, 876（1-2）, 1–9, September 8 2000.

Davila, N., Alcaniz, J., Salto, L., Estrada, J., Barcelo, B., Baumann, G., Serum growth hormone-binding protein is unchanged in adult panhypopituitarism. *J. Clin. Endocrinol. Metab.*, 79（5）, 1347–1350, November 1994.

Devlin, T. M., *Textbook of Biochemistry*. New York: John Wiley & Sons, 1982, p. 553.

Drago, F., Continella, G., Alloro, M. C., Auditore, S., and Pennisi, G., Behavioral effects of arginine in male rats. *Pharmacol. Res. Comm.*, 16（9）: 899–908, September 1984.

Easter, R. A., and Baker, D. H., Arginine and its relationship to the antibiotic growth response in swine. *J. Animal Sci.*, 45（1）: 108–112, 1977.

Endres, W., Schaller, R., and Shin, Y. S., Diagnosis and treatment of argininaemia. Characteristics of arginase in human erythrocytes and tissues. *J. Inher. Metab. Dis.*, 7: 8 1984.

Ferrero, E., Casale, G., and De Nicola, P., Serum glucagon after arginine infusion in aged and young subjects. *J. Amer. Ger. Soc.*, XXVIII（6）: 285–287, 1980.

Frankel, B. J., Gerich, J. E., Fanska, R. E., Gerritsen, G. C., and Grodsky, G. M., Responses to arginine of the perfused pancreas of the genetically diabetic Chinese hamster. *Diabetes*, 24（3）: 272–279, 1975.

Fraschini, F., Ferioli, M. E., Nebuloni, R., and Scalabrino, G., Pineal gland and polyamines. *J. Neural. Trans.*, 48: 209–221, 1980.

Fraser, G. E., Nut consumption, lipids, and risk of coronary event. *Clinical Cardiology*, 22（7 Suppl.）, III1 1–5, July 1999.

Gelehrter, T. D., and Rosenberg, L. E., Ornithine transcarbamylase deficiency. *New. Eng. J. Med.*, 292: 351-352, 1975.

Giroux, I., Kurowska, E. M., Freeman, D. J., and Carroll, K. K., Addition of arginine but not glycine to lysine plus methionine-enriched diets modulates serum cholesterol and liver phospholipids in rabbits. *Journal of Nutrition*, 129 (10): 1807-1813, October 1999.

Goldstein, R. E., Marks, S. L., Cowgill, L. D., Kass, P. H., Rogers, Q. R., Plasma amino acid profiles in cats with naturally acquire chronic renal failure. *Am. J. Vet. Res.*, 60 (1): 109-113, January 1999.

Grazi, E., Magri, E., and Balboni, G., On the control of arginine metabolism in chicken kidney and liver. *Eur. J. Biochem.*, 60: 431-436, 1975.

Greco, A. V., Altomonte, L., Chirlanda, G., Rebuzzi, A. G., Manna, R., and Bertoli, A., Serum gastrin in portal and peripheral veins after arginine in man. *Acta Heptao-Gastroenterologica*, 26 (2): 97-101, 1979.

Haas, D., Matsumoto, H., Moretti, P., Stalon, V., and Mercenier, A., Arginine degradation in pseudomonas aeruginosa mutants blocked in two arginine catabolic pathways. *Mol. Gen. Genet.*, 193: 437-444, 1984.

Harper, H. A., *Review of Physiological Chemistry*, 12th ed. Los Altos, CA: Lange Medical Pub., 1969.

Hashimoto, E., Kobayaski, T., and Yamamura, H., Mg^{2+} counteracts the inhibitory effect of spermine on liver phosphorylase kinase. *Biochem. Biophys. Res. Comm.*, 121 (1): 271 - 276, 1984.

Hassan, A. S., and Milner, J. A., Alterations in liver nucleic acids and nucleotides in arginine efficient rats. *Metabolism*, 30 (8): 739-744, 1981.

Hawkins, P., Steyn, C., McCGarrigle, H. H., Calder, N. A., Saito, T., Stratford, L. L., Noakes, D. E., and Hansona, M. A., Cardiovascular and hypothalamic-pituitary-adrenal axis development in late gestation fetal sheep and young lambs following modest maternal nutrient restriction in early gestation. *Reproductive Fertility Development*, 12 (7-8), 443-456, 2000.

Honda, T., Amino acid metabolism in the brain with convulsive disorders. Part I: free amino acid patterns in the brain of el mouse with convulsive seizure. *Brain Dev.*, 6: 17-21, 1984.

——, Part II: The effects of anticonvulsants on convulsions and free amino acid patterns in the brain of el mouse. *Brain Dev.*, 6: 22-26, 1984.

Hutchinson, S. J., Reitz, M. S., Sudhir, K., Sievers, R. E., Zhu, B. Q., Sun, Y. P., Chou, T. M., Deedwania, P. C., Chatterjee, K., Glantz, S. A., Parmley, W. W., Chronic dietary L-arginine pre-vents endotheliatl dysfunction secondary to environmental tobacco smoke in normocholesterolemic rabbits. *Hypertension*, 29 (5): 1186-1191, May 1997.

Igarashi, K., Sugiyama, Y., Kasuya, F., Inoue, H., Matoba, R., Castagnoli, N., Analysis of citrulline in rat brain tissue after perfusion with haloperidol by liquid chromatography-mass spectrometry. *J. Chromatogr. B. Biomed. Sci. Appl.*, 746 (1): 33-40, September 1 2000.

Ikeda, Y., Young, L. H., Scalia, R., Lefer, A. M., Cardioprotective effects of citrulline in ishcemia reperfusion injury via a non-nitric oxide-mediated mechanism. *Methods Find Exp. Clin. Pharmacol.*, 22 (7): 563-571, September 2000.

Ito, T. Y., Trant, A. S., Polan, M. L., A double-blind placebo-controlled study of arginmax, a nutritional supplement for enhancement of female sexual function. *J. Sex Marital Therapy*, 27 (5), 541-549, October-December 2001.

Job, J. C., Donnadieu, M., Garnier, P. E., Evain-Brion, D., Roger, M., and Chaussain, J. L., Ornithine stimulation test: correlation with subsequent response to hGH therapy. Evaluation of growth hormone secretion. *Pediat. Adolesc. Endocr.*, 12: 86-102, 1983.

Josefsberg, Z., Laron, Z., Doron, M., Keret, R., Belinski, Y.. and Weismann, I., Plasma glucagon response to arginine infusion in children and adolescents with diabetes mellitus. *Clin. Endocrin.*, 4: 487-492, 1975.

——, Kauli, R., Keret, R., Brown, M., Bialik, O., Greenberg, D., and Laron, Z., Tests for hGH secretion in childhood: comparison of response of growth hormone to insulin hypoglycemia and to arginine in children with constitutional short stature in different pubertal stages. *Pediat. Adolesc. Endocr.*, 12: 66-74, 1983.

Jungling, M. L., and Bunge, R. G., The treatment of spermatogenic arrest with arginine. *Fertility & Sterility*, 27 (3): 282-283, 1976.

Kang, S. -S., Wong, P. W. K., and Melyn, M. A., Hyperargininemia: effect of ornithine and lysine supplementation. *J. Ped.*, 103 (5): 763-765, 1983.

Keller, D. W., and Polakoski, K. L., L-arginine stimulation of human sperm motility *in vitro. Bio. Repro.*, 13, 1975.

Kelly, J. J., Willimason, P., Martin, A., Whitworth, J. A., Effects of oral L-arginine on plasma nitrate and blood pressure in cortisol-treated humans. *J. Hypertens.*, 19 (2): 263-268, February 2001.

Khalilov, E. M., Torkhovskaya, T. I., Ivanov, A. S., Shingerey, M. V., Perepelitsa, V. N., Sergienko, V. I., and Lopukhin, Y. M., Dynamics of lipoprotein alterations in blood of patients with peripheric atherosclerosis after haemosorption. *Voprosy Meditsinskoi Khimii*, 30 (6): 24-27, 1984.

Kline, J. L., Hug, G., Schubert, W. K., and Berry, H., Arginine deficiency syndrome: its occurrence in carbamyl phosphate synthetase deficiency. *Am. J. Dis. Child.*, 135: 437-441, 1981.

Khawaja, J. A., Nittyla, J., and Lindholm, D. B., The effect of magnesium deficiency on the polyamine content of different rat tissues. *Nutr. Rep. Inter.*, 29 (4): 903-910, 1984.

Kratzer, F. H., and Earl, L., Effect of arginine deficiency on normal and dystrophic chickens. *Soc. Exper. Biol. Med.*, 148: 656-659, 1975.

Kraus, H., Stubbe, P., and von Berg, W., Effects of arginine infusion in infants: increased urea synthesis associated with unchanged ammonia blood levels. *Metabolism*, 25 (11): 1241-1247, 1976.

Krieger, L., Diseases for which non-inheritable gene therapy might be considered. *Amer. Med. News*, December 28, 1984, p. 19.

Kritchevsky, D., Tepper, S. A., Czarnecki, S. K., Klurfeld, D. M., and Story, J. A., Effects of animal and vegetable protein in experimental atherosclerosis. In: *Current Topics in Nutrition & Disease. Animal and Vegetable Proteins in Lipid Metabolism and Atherosclerosis*, Vol. 8. New

참고문헌

York: Alan R. Liss, 1983, 85-100.

Kuiper, M. A., Teerlin, T., Visser, J. J., Bergmans, P. L., Scheltens, P., Wolters, E. C., Characterization of L-arginine transporters in rat renal inner medullary collecting duct. *Am. J. Physiol. Regul. Interg. Comp. Physiol.*, 278 (6) R1506-1512, June 2000.

Laitinen, S. I., Laitinen, P. H., and Pajunen, E. I., The effect of testosterone on the half-life of ornithine decarboxylase - mRNA in mouse kidney. *Biochem. Internat.*, 9 (1): 45-50, 1984.

Langdon, R. C., Fleckman, P., and McGuire, J., Calcium stimulates ornithine decarboxylase activity in cultured mammalian epithelial cells. *J. Cell. Physiol.*, 118: 39-44, 1984.

Laron, Z., Tikva, P., and Butenandt, O., Evaluation of growth hormone secretion. *Pediat. Adoles. Endocr.*, 1983.

——, Topper, E., and Gil-Ad, I., Oral clonidine—a simple, safe and effective test for growth hormone secretion. Evaluation of growth hormone secretion. *Pediat. Adolesc. Endocr.*, 12: 103-115, 1983.

Lawand, N. B., McNearney, T., Westlund, K. N., Amino acid release into the knee joint: key role in nociception and inflammation. *Pain*, 86 (102): 69-74, May 2000.

Leonard, J. V., The nutritional management of urea cycle disorders. *Journal of Pediatrics*, 138 (1 Suppl.): S40-4, discussion S44-S45, January 2001.

Mahan, L. K., Stump, S. E., *Food, Nutrition and Diet Therapy*, 10th Edition, 2000.

Chaitow, L., *Amino Acids in Therapy: A Guide to the Therapeutic Application of Protein Constituents*, 1988.

Mailinow, M. R., McLaughlin, P., Bardana, E. J., and Craig, S., Elimination of toxicity from diets containing alfalfa seeds. *Fd. Chem. Toxic.*, 22 (7): 583-587, 1984.

Martin, J. B., Evaluation of growth hormone secretion: physiology and clinical application. Proceedings of a Workshop of the International Growth and Develop. Assoc., Hinterzarten, 1983.

Mashiter, K., Harding, P. E., Chou, M., Mashiter, G. D., Stout, J., Diamond, D., and Field, J. B., Persistent pancreatic glucagon but not insulin response to arginine in pancreatectomized dogs. *Endocrinology*, 96 (3): 678-693, 1975.

Massara, F., Martelli, S., Ghigo, E., Camanni, F., and Molinatti, G. M., Arginine induced hypophosphatemia and hyperkalemia in man. *Diabete & Metabolisme*, 5: 297-300, 1979.

McCabe, B. J., Horn, G., Kendrick, K. M., GABA, taurine and learning: release of amino acids from slices of chick brain following imprinting. *Neuroscience*, 105 (2): 317-324, 2001.

McDermott, J. R., Studies on the catabolism of NG-methylarginine, NG, NG-dimethylarginine and NG, NG-dimethylarginine in the rabbit. *Biochem. J.*, 154: 179-184, 1976.

McInnes, R. R., Arshinoff, S. A., Bell, L., Marliss, E. B., and McCulloch, J. C., Hyperornithinaemia and gyrate atrophy of the retina: improvement of vision during treatment with a low-arginine diet. *Lancet*, pp. 513-518, March 1981.

Menard, H. A., Lapointe, E., Rochdi, M. D., Zhou, Z. J., Insights into rheumatoid arthritis derived from the Sa immune system. *Arthritis Res.*, 2 (6): 429-432, 2000.

Miller, J. A., Man-made growth factors work in volunteers. *Science News*, Vol. 123, 1983.

Milner, J. A., Prior, R. L., and Visek, W. J., Arginine deficiency and orotic aciduria in mammals. *Proc. Soc. Exper. Bio. Med.*, 150: 282-288, 1975.

——, and Stepanovich, L. V., Inhibitory effect of dietary arginine on growth of Ehrlich ascites tumor cells in mice. *J. Nutr.*, 109: 489-493, 1979.

——, and Visek, W. J., Dietary protein intake and arginine requirements in the rat. *J. Nutr.*, 108 (3), 1978.

——, and Visek, W. J., Orotic aciduria in the female rate and its relation to dietary arginine. *J. Nutr.*, 108: 1281-1288, 1978.

——, Mechanism for fatty liver induction in rats fed arginine deficient diets. *J. Nutr.* 109 (4): 663-670, 1979.

——, Wakeling, A. E., and Visek, W. J., Effect of arginine deficiency on growth and intermediary metabolism in rats. *J. Nutr.*, 104: 1681-1689, 1974.

Moore, P., and Swendseid, M. E., Dietary regulation of the activities of ornithine decarboxylase and S-adenosylmethionine decarboxylase in rats. *J. Nutr.*, 113: 1927-1935, 1983.

Morris, J. G., and Rogers, Q. R., Ammonia intoxication in the near-adult cat as a result of a dietary deficiency of arginine. *Science*, 199: 431-432, 1978.

——, Arginine: an essential amino acid for the cat. *J. Nutr.*, 108: 1944 - 1953, December 1978.

Msall, M., Batshaw, M. L., Suss, R., Brusilow, S. W., and Mellits, E. D., Neurologic outcome in children with inborn errors of urea synthesis. *New Eng. J. Med.*, 310: 1500-1505, 1984.

Navarro, A., and Grisolia, S., ATP and other purine nucleotides stimulate the inactivation of ornithine transcarbamylase by broken lyosomes. *Fed. European Biochem. Soc.*, 167 (2): 259-262, 1984.

Nelin, L. D., Hoffman, G. M., L-Arginine infusion lowers blood pressure in children. *J. Pediat.*, 139 (5): 747-749, November 2001.

Nielsen, F. H., Uthus, E. O., and Cornatzer, W. E., Arsenic possibly influences carcinogenesis by affecting arginine and zinc metabolism. *Biol. Trace Elem. Res.*, 5: 389-397, 1983.

Nishimura, M., Yoshimura, M., and Takahashi, H., Role of brain L-arginine in central regulation of blood pressure. *Nippon Rinsho*, 58 Suppl. 1: 41-45, January 2000.

Nutrition Reviews. Arginine: An acutely essential amino acid for the near-adult cat. 37 (3): 86-87, 1979.

——, Arginine as an essential amino acid in children with argininosuccinase deficiency. 37 (4): 112-113, 1979.

——, Orotic aciduria and species specificity. 42 (8): 292-294, 1984.

Otani, S., Matsui, I., Kuramoto, A., and Morisawa, S., Induction of ornithine decarboxylase in guinea-pig lymphocytes and its relations to phospholipid metabolism. *Biochim. Biophys. Acta*, 800: 96-101, 1984.

Owczarczyk, B., and Barej, W., The different activities of arginase, arginine synthetase, ornithine transcarbamoylase and delta-ornithine transaminase in the liver and blood cells of some farm animals. *Comp. Biochem. Physiol.*, 50B: 555-558, 1975.

Paschen, W., Polyamine metabolism in different pathological states of the brain. *Mol. Chem.*

Neuropathol., 16 (3): 241–271, June 1992.

Pau, M. Y., and Milner, J. A., Dietary arginine and sexual maturation of the female rat. *J. Nutr.*, 112 (10): 1834–1842, 1982.

——, Dietary arginine deprivation and delayed puberty in the female rate. *J. Nutr.*, 114: 112–118, 1984.

Pearson, D., and Shaw, S., *Life Extension.* New York: Warner Books, Inc., 1982, p. 477.

Peracchi, M., Cavagnini, Pinto, M., Bulgheroni, P., and Panerai, A. E., Effect of minophylline on growth hormone and insulin responses to arginine in normal subjects. *Hormone Metabolic Res.*, 7 (5): 437–438, 1975.

Pernet, P., Coudray-Lucas, C., Le boucher, J., Schlegal, L., Giboudeau, J., Cynober, L., and Aussel, C., Is the L-arginine-nitric oxide pathway involved in endotoxemia-indiced muscular hyper catabolism in rats? *Metabolism*, 48 (2): 190–193, February 1999.

Peters, H., Border, W. A., Noble, N. A., From rats to man: a perspective on dietary L-arginine supplementation in human renal disease. *Nephrol Dial Transplant*, 14 (7): 1640–1650, July 1999.

Petrack, B., Czernik, A. J., Ansell, J., and Cassidy, J., Potentiation of arginine-induced glucagon secretion by adenosine. *Life Sci.*, 28: 2611–2615, 1981.

Pontiroli, A. E., Viberti, G., and Pozza, G., Growth hormone response to arginine in normal subjects and in patients with chemical diabetes and effect of clofibrate and of metergoline. *Proc. Soc. Exper. Bio. Med.*, 155: 160–163, 1977.

Provinciali, M., Montenovo, A., Di Stefano, G., Colombo, M., Daghetta, L., Cairati, M., Veroni, C., Cassino, R., Della Torre, F., and Fabris, N., Effect of zinc or zinc plus arginine supplementation on antibody titre and lymphocyte subsets after influenza vaccination in elderly subjects: a randomized controlled trial. *Age Ageing*, 27 (6), 715–722, November 1998.

Pryme, I. F., The effects of orally administered L-arginine HCl on the development of myeloma tumors in BABL/C mice following the injection of single cell suspensions. *Cancer Letter*, 5: 19–23, 1978.

Pryor, J. P., Blandy, J. P., Evans, P., and Usherwood, M., Controlled clinical trial of arginine for infertile men with oligozoospermia. *Brit. J. Urol.*, 50: 47–50, 1978.

Pui, Y. M. L., and Fisher, H., Factorial supplementation with arginine and glycine on nitrogen retention and body weight gain in the traumatized rat. *J. Nutr.*, 109 (2): 240, 1979.

Rice, D. W., Schulz, G. E., and Guest, J. R., Structural relationship between glutathione reductase and lipoamide dehydrogenase. *J. Mol. Biol.*, 174 (3): 483–496, 1984.

Roseeuw, D. I., Marcelo, C. L., and Voorhees, J. J., Magnitude of ornithine decarboxylase induction by epidermal mitogens: effect of the assay technique. *Arch. Dermatol Res.*, 276: 139–146, 1984.

Rosenthal, G. A., Dahlman, D. L., and Janzen, D. H., A novel means for dealing with L-canavanine, a toxic metabolite. *Science*, 192 (4): 256–257, 1976.

——, Hughes, C. G. and Janzen, D. H. L-canavanine, a dietary nitrogen source for the seed predator Caryedes brasiliensis (Bruchidae). *Science*, 217 (7): 353–355, 1982.

Roth, V. H., Influence of alimentary zinc deficiency on nitrogen elimination and enzyme activities of the urea cycle. *J. Anim. Physiol. Anim. Nutr. (Berl.)*, 85 (1-2): 45-52, February 2001.

Rozhin, J., Wilson, P. S., Bull, A. W., and Nigro, N. D., Ornithine decarboxylase activity in the rat and human colon. *Cancer Res.*, 44 (8): 3226-3230, 1984.

Ryzhenkov, V. E., Schanygina, K. I., Chistyakova, A. M., Miroshkina, V. N., Parfenova, N. S., and Kulushnikova, N. M., Action of arginine on the lipid and lipoprotein content in blood serum of animals. *Voprosy Meditsinskoi Khimi*, 30 (6): 76-80, September/October 1984.

Sasaki, Y., Matsui, M., Taguchi, M., Suzuki, K., Sakurada, S., Sato, T., Sakurada, T., and Kisara, K., D-arg2-darmorphin tetrapeptide analogs: a potent and long-lasting analgesic activity after subcutaneous administration. *Biochem. Biophys. Res. Commun.*, 120 (1): 214-218, 1984.

Sato, T., Sakurada, S., Sakurada, T., Furuta, S., Nakata, N., Kisara, K., Sasaki, Y., and Suzuki, K., Comparison of the antiociceptive effect between D-arg containing dipeptides and tetrapeptides in mice. *Neuropeptides*, 4: 269-279, 1984.

Schachter, A., Goldman, J. A., and Zukerman, Z., Treatment of oligospermia with the amino acid arginine. *J. Urol.*, 110: 311-313, 1973.

Schuber, F., and Lambert, C., Metabolism of ornithine and arginine in Jerusalem artichoke tuber tissue. Relationship with the biosynthesis of polyamines. *Physiol. Veg.*, 12 (4): 571-584, 1974.

Science. Salt-free salt. March 1985 p. 8.

Seidel, E. R., Haddox, M. K., and Johnson, L. R., Polyamines in the response to intestinal obstruction. *Am. J. Physiol.*, 246: G649-G653, 1984.

Seifter, E., Rettura, G., Barbul, A., and Levenson, S. M., Arginine: an essential amino acid for injured rats. *Surgery*, 84 (2): 224-230, 1978.

Seiler, N., Bolkenius, F. N., Polyamine reutilization and turnover in brain. *Neurochem. Res.*, 10 (4): 529-544, April 1985.

Shih, V. E., Urea cycle disorders and other congenital hyperammonemic syndromes. In: *The Metabolic Basis of Inherited Disease*. Stanbury, J. B., Wyngaarden, J. B., and Fredrickson, D. S., eds. New York: McGraw-Hill Book Co., 1978.

Sizonenko, P. C., Rabinovitch, A., Schneider, P., Paunier, L., Wollheim, C. B., and Zahnd, G., Plasma growth hormone, insulin, and glucagon responses to arginine infusion in children and adolescents with idiopathic short stature, isolated growth hormone deficiency, panhypopituitarism, and anorexia nervosa. *Pediat. Res.*, 9: 733-738, 1975.

Smirnov, Y. V., and Lukienko, P. I., The protective effect of alpha-tocopherol on the hydroxylating system in liver endoplasmic reticulum membranes against the injuring action of hyper baric oxygenation. *Voprosy Meditsinskoi Khimii*, 30 (6): 51-52, 1984.

Snyder man, S. E., Sandarac, C., Chen, W. J., Norton, P. M., and Phansalkar, S. V., Argininemia. *J. Ped.*, 90 (4): 563-568, 1977.

——, Mendecki, J., Weinzweig, J., Levenson, S. M., Shen, R. -N., and Rettura, G., Influence of supplemental vitamin A (VA) and arginine (ARC) in mice inoculated with C3HBA tumor cells. *J. Amer. Coll. Nutr.*, 3 (3), 1984.

——, Norton, P. M., and Goldstein, F., Argininemia treated from birth. *J. Ped.*, 95 (1): 61-63, 1979.

Solomon, S. S., Duckworth, W. C., Jallepalli, P., Bobal, M. A., and Ramamurthi, I., The glucose intolerance of acute pancreatitis. *Diabetes*, 29 (1): 22-26, 1980.

——, et al., L-arginine as treatment for cystic fibrosis: state of the evidence. *Ped.*, 47: 384, 1972.

Sporn, M. B., Dingman, W., Defalco, A., and Davies, R. K., Formation of urea from arginine in the brain of the living rat. *Nature*, 183: 1520-1521, 1959.

Stanbury, J. B., Wyngaarden, J. B., and Frederickson, D. C., eds., *The Metabolic Basis of Inherited Disease.*

Stern, W. C., Miller, M., Jalowiec, J. E., Forbes, W. B., and Morgane, P. J., Effects of growth hormone on brain biogenic amine levels. *Pharmacol. Biochem. Behav.*, 3: 1115 - 1118, 1975.

Sturman, J. A., and Kremzner, L. T., Polyamine biosynthesis and vitamin B-6 deficiency. Evidence for pyridoxal phosphate as coenzyme for S-adenosylmethionine decarboxylase. *Biochim. Biophys. Acta*, 372: 162-170, 1974.

Sugano, M., Dietary protein-dependent modification of serum cholesterol level in rats. *Ann. Nutr. Metab.*, 28: 192-199, 1984.

Sugiura, M., Shafman, T., Mitchell, T., Griffin, J., and Kufe, D., Involvement of spermidine in proliferation and differentation of human promyelocytic leukemia cells. *Blood*, 63 (5): 1153-1158, 1984.

Takeda, Y., Tominaga, T., Tei, N., Kitamura, M., Taga, S., Murase, J., Taguchi, T., and Miwatani, T., Inhibitory effect of L-arginine on growth of rat mammary tumors induced by 7, 12-dimethylbenz (a) anthracene. *Cancer Res.*, 35: 2390-2393, 1975.

Terpstra, A. H. M., Hermus, R. J. J., and West, C. E., Dietary protein and cholesterol metabolism in rabbits and rats. In: *Current Topics in Nutrition & Disease. Animal and Vegetable Proteins in Lipid Metabolism and Atherosclerosis*, pp. 19-49.

Thomsen, H. G., Plasma glucagon, insulin and blood glucose after various amino acids, hexoses, intestinal hormones, tolubutamide, exercise and food. *Diabetologia*, 6: 66, 1979.

Toyota, T., Kudo, M., and Goto, Y., Insulin and growth hormone secretion stimulated by intravenous administration of arginine in the low insulin responders (prediabetes). *Tohohu J. Exp. Med.*, 123: 359-364, 1977.

Valhouny, G. V., Chalcarz, W., Satchithanandam, S., Adamson, I., Klurfeld, D. M., and Kritchevsky, D., Effect of soy protein and casein intake on intestinal absorption and lymphatic transport of cholesterol and oleic acid. *Amer. J. Clin. Nutr.*, 40: 1156-1164, 1984.

Van Venrooij, W. J., Pruijn, G. J., Citrullination: a small change for a protein with great consequences for rheumatoid arthritis. *Arthritis Res.*, 2 (4): 249-252, 2000.

Visek, W. J., Ammonia metabolism, urea cycle capacity and their biochemical assessment. *Nutr. Rev.*, 37 (9): 273-282, 1979.

——, Conditional deficiencies of ornithine or arginine. Amer. Col. Nutr. conference, *Conditionally Essential Nutrients*, September 5, 1984.

——, Orotic acid as a diagnostic indicator of heptotoxicity. Amer. Col. Nutr. conference, *Conditionally Essential Nutrients*, September 6, 1984.

Wallace, H. M., Caslake, R., Polyamines and colon cancer. *Eur. J. Gastroenterol Hepatol.*, 13 (9): 1033-1039, September 2001.

Wang, M., Kopple, J. D., and Swendseid, M. E., Effects of arginine-devoid diets in chronically uremic rats. *J. Nutr.*, 107 (4) 495-501, 1977.

Weisburger, J. H., et al., Prevention of arginine glutamate of the carcinogenicity of acetamide in rats. *Appl. Pharma. Toxicol.*, 14: 163-175, 1969.

Weldon, V. V., Gupta, S. K., Klingensmith, G., Clarke, W. L., Duck, S. C., Haymond, M. W., and Pagliara, A. S., Evaluation of growth hormone release in children using arginine and L-dopa in combination. *J. Ped.*, 87 (4): 540-544, 1975.

Wen, C., Li, M., Fraser, T., Wang, J., Turner, S. W., Whitworth, J. A., L-arginine partially reverses established adrenocorticotrophin-induced hypertension and nitric oxide deficiency in the rat. *Blood Press*, 9 (5): 298-304, 2000.

White, A., et al., *Principles of Biochemistry*. 6th ed. New York: McGraw-Hill, Book Co., 1978.

Wideman, L., Weltman, J. Y., Patrie, J. T., Bowers, C. Y., Shah, N., Story, S., Veldhuis, J. D., Welt-man, A., Synergy of L-arginine and growth hormone (GH) releasing peptide-2 on GH release: influence of gender. *Am. Journal Phsyiolo. Regul. Intergr. Comp. Physiol.*, 279 (4), R1455-1466, October 2000.

Wiechert, P., Mortelmans, J., Lavinha, F., Clara, R., Terheggen, H. G., and Lowenthal, A., Excretion of guandidino-derivates in urine of hyperargininemic patients. *J. Genet. Hum.*, 24 (1) 61-72, 1976.

Wiesinger, H., Arginine metabolism and the synthesis of nitric oxide in the nervous system. *Prog. Neurbiol.*, 64 (4): 365-391, July 2001.

Wilson, M. J., and Hatfield, D. L., Incorporation of modified amino acids into proteins *in vivo. Biochim. Biophys. Acta*, 781: 205-215, 1984.

Wu, G., Meininger, C. J., Kanabe, D. A., Bazer, F. W., and Rhoads, J. M., Arginine nutrition in development, health and disease. *Current Opinion on Clinical Nutrition Metabolism Care*, 3 (1): 59-66, January 2000.

Wu, V. S., and Byus, C. V., A role for ornithine in the regulation of putrescine accumulation and ornithine decarboxylase activity in Reuber H35 hepatoma cells. *Biochim. Biophys. Acta*, 804 (1): 89-99, 1984.

Yoneda, T., Yoshikawa, M., Fu, A., Tsukaguchi, K., Okamoto, Y., Takenaka, H., Plasma levels of amino acids and hypermetabolism in patients with chronic obstructive pulmonary disease. *Nutrition*, 17 (2): 95-99, February 2001.

Yudkoff, M., Nissim, I., Pereira, G., and Segal, S., Urinary excretion of dimethylarginines in premature infants. *Biochem. Med.*, 32: 242-251, 1984.

Zieve, L., Conditional deficiencies of ornithine or arginine. Amer. Col. of Nutrition conference, *Conditionally Essential Nutrients*, September 5, 1984.

Zollner, H., Ornithine uptake by isolated hepatocytes and distribution within the cell. *Int. J.*

Biochem., 16 (6): 681-685, 1984.

Zumtobel, V., and Senkal, M., Relevance of preoperative nutritional therapy for postoperative outcome. *Langenbecks Arch. Chir. Suppl. Kongressbd.*, 115, 592-595, 1998.

第五部分

第十章　谷氨酸、γ-氨基丁酸、谷氨酰胺

Antonaccio, M. J., Central GABA receptor stimulants as potential novel antihypertensive agents. *Drug Dev. Res.*, 4 (3): 315-330, 1984.

Aoki, T. T., et al., Plasma amino acid concentration in the overtraining syndrome: possible effects on the immune system. *Med. Sci. Sports Exerc.*, 24 (12): 1353, 1992.

Baraldi, M., Caselgrandi, E., and Santi, M., Effect of zinc on specific binding of GABA to rat brain. *Neurol. & Neurobiol.*, 11: 59-72, 1983.

Bartholim, G., GABA systems, GABA receptor agonists and dyskinesia. *New Directions in Tardive Dyskinesia Res.*, 21: 143-154, 1983.

Bigelow, J. C., Brown, D. S., and Wightman, R. M., Gamma-aminobutyric acid stimulates the release of endogenous ascorbic acid from rat striatal tissue. *J. Neurochem.*, 42 (2): 412-419, 1984.

Bizzi, A., Veneroni, E., Salmona, M., and Garattini, S., Kinetics of monosodium glutamate in relation to its neurotoxicity. *Toxicology Letters*, 1: 123-130, 1977.

Bonhaus, D. W., and Huxtable, R. J., The transport, biosynthesis and biochemical actions of taurine in a genetic epilepsy. *Neurochem. Inter.*, 5: 413-419, 1983.

Brand, K., Williams, J. F., and Weidemann, M. J., Glucose and glutamine metabolism in rat thy-mocytes. *Biochem. J.*, 221: 471-475, 1984.

Brenner, H. J., et al., *Disturbance of Amino Acid Metabolism: Clinical Chemistry and Diagnosis*. Baltimore, MD: Urban and Schwarzenberg, Inc., 1981.

Btaiche, I. F., and Woster, P. S., Gabapentin and Lamotrigine: novel antiepileptic drugs. *Am. J. Health-Syst. Pharm.*, Vol. 52, January 1, 1995.

Butterworth, R. F., Hamel, E., Landerville, F., and Barbeau, A., Amino acid changes in thiamine-deficient encephalopathy: some implications for the pathogenesis of Friedreich's ataxia. *Ie J Canad. des Sci. Neurol.*, 6 (2): 217 222, 1979.

Cave, L. J., The brain's unsung cells. *Bioscience*, 33 (10): 614-615, 618, 1983.

Cheng, S. -C., and Brunner, E. A., Rat brain synaptosomes. In: *Glutamine, Glutamate, and GABA in the Central Nervous System*. Hertz, L., Kvamme, E., McGeer, E. G., and Schousboe, A., eds., New York: Alan R. Liss, Inc., 1983, 653-668.

Cohen, P. G., The metabolic basis for the genesis of seizures: the role of the potassium-ammonia axis. *Med. Hypotheses*, 13: 199-204, 1984.

Collier, D. A., GABA A: modulating sensitivity to drugs and alcohol. *Mol. Psychiatry*, 5 (1): 10, January 2000.

Cooper, A. J. L., Vergara, F., and Duffy, T. E., Cerebral glutamine synthetase. In: *Glutamine, Glutamate, and GABA in the Central Nervous System*, pp. 77-94.

DeFeudis, F. V., Gamma-aminobutyric acid and cardiovascular function. *Experientia*, 39: 845-849, 1983.

Denman, R. B., and Wedler, F. C., Association-dissociation of mammalian brain glutamine synthetase: effects of metal ions and other ligands. *Archiv. Biochem. Biophys.*, 232 (2): 427-440, 1984.

De Young, L., Ballaron, S., and Epstein, W., Transglutaminase activity in human and rabbit ear comedogenesis: a histochemical study. *J. Invest. Dermatol.*, 82 (3): 275-279, 1984.

Duvilanski, B. H., Manes, V. M., Diaz, M. D. C., Seilicovich, A., and Debeljuk, L., Serum pro-lactin levels and GABA-related enzymes in the hypothalamus and anterior pituitary during mat-uration in the rat. *Neuroendocrinol. Let.*, 6 (4), 1984.

Ebert, A. G., The dietary administration of L-monosodium glutamate, DL-monosodium gluta-mate and L-glutamic acid to rats. *Toxicol. Let.*, 3: 71-78, 1979.

——, MSG. *JAMA*, 233 (3): 224-225, 1975.

Esaky, R. L., Brownstein, M. J., and Long, R. T., Alpha-melanocyte-stimulating hormone: reduction in adult rat brain after monosodium glutamate treatment of neonates. *Science*, 205 (8): 827-828, 1979.

Fahr, M. J., Kornbluth, J., Blossom, S., et al., Glutamine enhances immunoregulation of tumor growth. *J. Parental & Enteral Nutr.*, 18 (6), 1994.

Fariello, R. G., and Golden, G. T., Homotaurine: a GABA agonist with anticonvulsant effects. *GABA Neurotransmission: Brain Research Bulletin*, 5 (2): 691-699, 1980.

Fincle, L. P., Experiments in treating alcoholics with glutamic acid and glutamine. New York: Symposium on the *Biochemical and Nutritional Aspects of Alcoholism*, October 2, 1984. Sponsored by the Christopher D. Smithers Foundation and the Clayton Foundation Biochemical Institute of the University of Texas at Austin.

Fonnum, F., Storm-Mathisen, J., and Divac, I., Biochemical evidence for glutamate as neu-rotransmitter in corticostriatal and corticothalamic fibres in rat brain. *Neuroscience*, 6 (5): 863-873, 1981.

——, and Engelsen, B., Transmitter and metabolic glutamate in the brain. In: *Glutamine, Glutamate, and GABA in the Central Nervous System*, pp. 241-248.

French, J. A., Vigabatrin. *Epilepsia*, 40 Suppl. 5: S11-S16, 1999.

Fricchione, G. L. Neuroleptic catatonia and its relationship to psychogenic catatonia. *Biol. Psych.*, 20: 304-313, 1985.

Fuchs, E., Mansky, T., Stock, K. W., Vijayan, E., and Wuttke, W., Involvements of cat-echolamines and glutamate in GABAergic mechanism regulatory to luteinizing hormone and prolactin secretion. *Neuroendocrinology*, 38: 484-489, 1984.

Gahwiler, B. H., Maurer, R., and Wuthrich, H. J., Pitrazepin, novel GABA antagonist. *Neurosci. Let.*, 45: 311-316, 1984.

Garattini, S., Evaluation of the neurotoxic effects of glutamic acid. *Nutr. Brain*, 4: 79-124, 1979.

Ghadimi, H., Kumar, S., and Abaci, F., Studies on monosodium glutamate ingestion: 1. bi-ochemical explanation of Chinese restaurant syndrome. *Biochem. Med.*, 5 (5): 447-456, 1971.

Ghezzi, P., Salmona, M., Recchia, M., Dagnino, G., and Garattini, S., Monosodium glutamate kinetic studies in human volunteers. *Toxicology Letters*, 5: 417-421, 1980.

Giacobini, E., and Guitierrez, M. del C., In: *Glutamine, Glutamate, and GABA in the Central Nervous System*, pp. 571-580.

Gillis, R. A., Yamada, K. A., DiMicco, J. A., Williford, D. J., Segal, S. A., Hamosh, P., and Norman, W. P., Central gamma-aminobutyric acid involvement in blood pressure control. *Fed. Proc.*, 43 (1): 32-38, January 1984.

Grachev, I. D., Fredrickson, B. E., Apkarian, A. V., Abnormal brain chemistry in chronic back pain: an *in vivo* proton magnetic resonance spectroscopy study. *Pain* 89 (1): 7-18, December 2000.

Greenamyre, J. T., Penney, J. B., Young, A. B., D' Amato, C. J., Hicks, S. P., Shoulson, I., Alterations in L-glutamate binding in Alzheimer's and Huntington's diseases. *Science*, 227 (3): 1496-1498, 1985.

Guinard, M., Francon, A., Vacheron, M. J., Michel, G., Enzymatic preparation of an immunostimulant, the disaccharide-dipeptide, from a bacterial peptidolycan. *Euro. J. Biochem.*, 143 (2): 359-362, 1984.

Haefliger, W., Revesz, L., Maurer, R., Romer, D., and Buscher, H. H., Analgesic GABA agonists. Synthesis and structure-activity studies on analogues and derivatives of muscimol and THIP. *Eur. J. Med. Chem. Chim. Ther.*, 2: 150-156, 1984.

Hamberger, A., Berthold, C. -H., Karlsson, B., Lehmann, A., and Nystrom, B., Extracellular GABA, glutamate and glutamine *in vivo*—perfusion-dialysis of the rabbit hippocampus. In: *Glu-tamine, Glutamate, and GABA in the Central Nervous System*, pp. 473-492.

Haray, P. E., Madsen, J. J., Thurston, O. G., et al., Oral glutamine supplementation benefits jejunum but not ileum. *Can. J. Gastroenterol.*, 8 (2), March/April 1994.

Hattori, H., and Wasterlain, C. G., Excitatory amino acids in the developing brain: ontogeny, plasticity, and excitotoxicity. *Pediatr. Neurol.*, 6: 219-228, 1990.

Haug, M., Simler, S., Ciesielski, L., Mandel, P., and Moutier, R., Influence of castration and brain GABA levels in three strains of mice on aggression towards lactating intruders. *Physiol. & Behav.*, 32: 767-770, 1984.

Hertz, L., Yu, A. C. H., Potter, R. L., Fisher, T. E., and Schousboe, A., *Glutamine, Glutamate, and GABA in the Central Nervous System*, pp. 327-342.

Honda, T., Amino acid metabolism in the brain with convulsive disorders. Part I: free amino acid patterns in the brain of el mouse with convulsive seizure. *Brain Dev.*, 6: 17-21, 1984.

Hosli, L., and Hosli, E., Glutamate neurotransmission at the cellular level. In: *Glutamine, Glutamate, and GABA in the Central Nervous System*, pp. 441-456.

Huxtable, R., Azari, J., Reisine, T., Johnson, P., Yamamura, H., and Barbeau, A., Regional distri-bution of amino acids in Friedreich's ataxia brains. *Le J. Canad. des Sci. Neurol*, 6 (2): 255-258, 1979.

Joy, R. M., Albertson, T. E., Stark, L. G., An analysis of the actions of progabide, a specific GABA receptor agonist, on kindling and kindled seizures. *Exper. Neuro.*, 83 (1): 144-154, 1984.

Kalviainen, R., Cognitive effects of GABAergic antiepileptic drugs. *Electroencephalogr. Clin. Neurophysiol. Suppl.*, 50: 458-464, 1999.

Kamatchi, G. L., Bhakthavatsalam, P., Chandra, D., and Bapna, J. S., Inhibition of insulin hyper-phagia by gamma aminobutyric acid antagonists in rats. *Life Sci.*, 34 (23): 2297-2302, 1984.

Kamrin, R. P., and Kamrin, A. A., The effects of pyridoxine antagonists and other convulsive agents on amino acid concentrations of the mouse brain. *J. Neurochem.*, 6: 219-225, 1961.

Kardos, J., Recent advance in GABA research. *Neurchem. Int.*, 34 (5): 353-358, May 1999.

Kirkendol, P. L., Pearson, J. E., and Robie, N. W., The cardiac and vascular effects of sodium glutamate. *Clin. Exper. Pharmacol. Physiol.*, 7: 617-625, 1980.

Kizer, J. S., Nemeroff, C. B., and Youngblood, W. M., Neurotoxic amino acids and structurally related analogs. *Pharmacological Rev.*, 29: 301-318, 1978.

Krogsgaard-Larsen, P., GABA agonists: structural, pharmacological, and clinical aspects, In: *Glutamine, Glutamate, and GABA in the Central Nervous System*, pp. 537-558.

Kuriyama, K., Kanmori, J., and Yoneda, Y., Functional alterations in central GABA neurons induced by stress. In: *Glutamine, Glutamate, and GABA in the Central Nervous System*, pp. 559-570.

Lahdesmaki, P., and Pajunen, A., Effect of taurine, GABA and glutamate on the distribution of Na^+ and K^+ ions between the isolated synaptosomes and incubation medium. *Neurosci. Let.*, 4: 167-170, 1977.

Lai, J. C. K., Leung, T. K. C., and Lim, L., Brain regional distributions of glutamic acid decarboxylase, choline acetyltransferase, and acetylcholinesterase in the rat: effects of chronic manganese chloride administration after two years. *J. Neurochem.*, 36 (4): 1443-1448, 1981.

Lipton, S. A., Rosenberg, P. A., and Epstein, F. H., Excitatory amino acids as a final common pathway for neurologic disorders. *New Eng. J. Med.*, 330: 613-622, March 3, 1994.

Liron, Z., Roberts, E., and Wong, E., Verapamil is a competitive inhibitor of gamma-aminobutyric acid and calcium uptake by mouse brain subcellular particles. *Life Sci.*, 36 (4): 321-328, 1985.

Loscher, W., and Siemes, H., Valproic acid increases gamma-aminobutyric acid in CSF of epileptic children. *Lancet*, p. 225, July 28, 1984.

MacDonald, J. F., Nistri, A., and Padjen, A. L., Neuronal depressant effects of diethylester derivatives of excitatory amino acids. *Can. J. Physiol. Pharmacol.*, 55: 1387-1390, 1977.

Maggi, C. A., Manzini, S., and Meli, A., Evidence that GABA receptors mediate relaxation of rat duodenum by activating intramural nonadrenergic-non-cholinergic neurones. *J. Autonomic Pharmacol.*, 4 (2): 77-86, June 1984.

Maitre, M., and Mandel, P., Proprietes permettant d'attribuer au gamma-hydroxybutyrate la qualite de neurtransmetteur du systeme nerveux central. *C. R. Acad. Sc. Paris*, 298 (Ⅲ), 1984.

McBride, W. J., Hal, P. V., Chernet, E., Patrick, J. T., and Shapiro, S., Alterations of amino acid transmitter systems in spinal cords of chronic paraplegic dogs. *J. Neurochemistry*, 42: 1625–1631, 1984.

McBurney, R. N., and Crawford, A. C., Amino acid synergism at synapses. *Fed. Proc.*, 38 (7): 2080–2083, 1979.

McGeer, E. G., McGeer, P. L., and Thompson, S., GABA and glutamine enzymes. In: *Glutamine, Glutamate, and GABA in the Central Nervous System*, pp. 3–18.

McGehee, D. S., Heath, M. J. S., Gelber, S., et al., Nicotine enhancement of fast excitatory synaptic transmission in CNS by presynaptic receptors. *Science*, Vol. 269, September 22, 1995.

McLean, G., Neurotoxicity and axonal transport. *Trends Pharmacol. Sci.*, 5 (6): 243, 1984.

——, Granata, A. R., and Reis, D. J., Glutamatergic mechanisms in the nucleus tractus solitarius in blood pressure control. *Fed. Proc.*, 43 (1): 39–46, 1984.

Meldrum, B., Taking up GABA again. *Nature*, Vol. 376, July 13, 1995.

Meldrum, B. S., and Chapman, A. G., Excitatory amino acids and anticonvulsant drug action. In: *Glutamine, Glutamate, and GABA in the Central Nervous System*, pp. 625–642.

Michaelis, E. K., Freed, W. J., Galton, N., et al., Glutamate receptor changes in brain synaptic membranes from human alcoholics. *Neurochemical Research*, 15 (11): 1055–1063, 1990.

Moffet, A., and Scott, D. F., Stress and epilepsy—the value of a benzodiazepine–dorazepam. *J. Neurol. Neurosurg. Psychiat.*, 47 (2), 1984.

Monaco, F., Mutani, R., Durelli, L., and Delsedime, M., Free amino acids in serum in patients with epilepsy: significant increase in taurine. *Epilepsia*, 16: 245–249, 1975.

Mondrup, K., and Pedersen, E., The clinical effect of the GABA agonist progabide on spasticity. *Acta Neurolog. Scand.*, 69 (4): 200–206, 1984.

——, The effects of the GABA agonist progabide on stretch and flexor reflexes and on voluntary power in spastic patients. *Acta Neurolog. Scand.*, 69 (4): 191–199, 1984.

Monosodium Glutamate: A symposium. Sponsored by Quartermaster Food and Container Institute for the Armed Forces and Associates, March 4, 1948.

Moreadith, R. W., and Lehninger, A. L., The pathways of glutamate and glutamine oxidation by tumor cell mitochondria. *J. Biol. Chem.* 259 (10): 6215–6221, 1984.

Morgan, I. G., and Dvorak, D. R., In: *Glutamine, Glutamate, and GABA in the Central Nervous System*, pp. 287–296.

Naito, S., and Ueda, T., Adenosine triphosphate–dependent uptake of glutamate into protein I–associated synaptic vesicles. *J. Biol. Chem.*, 258 (2): 696–699, 1983.

——, Characterization of glutamate uptake into synaptic vesicles. *J. Neurochem.*, 99–109, 1985.

Neuhauser–Berthold, M., Wirth, S., Hellmann, U., et al., Utilization of N–acetyl–L–glutamine during long–term parenteral nutrition in growing rats: significance of glutamine for weight and nitrogen balance. *Clin. Nutr.*, 7: 145–150, 1988.

New Scientist. Senile dementia—a case of loose connections. November 21, 1984.

Nguyen, T. T., and Sporn, P., Liquid chromatographic determination of flavor enhancers and chloride in food. *J. Assoc. Offic. Analyt. Chem.*, 67 (4): 747-751, 1984.

Nicklas, W. J., Relative contributions of neurons and glia to metabolism of glutamateand GABA. In: *Glutamine, Glutamate, and GABA in the Central Nervous System*, pp. 219-232.

Norenberg, M. D., Immunohistochemistry of glutamine synthetase. In: *Glutamine, Glutamate, and GABA in the Central Nervous System*, pp. 95-112.

Nutrition Reviews. Monosodium glutamate—studies on its possible effects of the central nervous system. 28 (5): 124-129, 1967.

Olney, J. W., Labruyere, J., and De Gubareff, T., Brain damage in mice from voluntary ingestion of glutamate and aspartate. *Neurobehav. Toxicol.*, 2: 125-129, 1980.

Olney, J. W., Trying to get glutamine out of baby food. *Current Contents*, No. 34, August 20, 1990.

Ho, O. L., Brain damage in infant mice following oral intake of glutamate, aspartate or cysteine. *Nature*, 227 (5258): 609-610, 1970.

Owen, G., The feeding of diets containing up to 4 percent monosodium glutamate to rats for 2 years. *Toxicol. Let.*, 1: 221-226, 1978.

——, The feeding of diets containing up to 10 percent monosodium glutamate to beagle dogs for 2 years. *Toxicol. Let.*, 1: 217-219, 1978.

Pangalos, M. N., Malizia, A. L., Francis, P. T., et al., Effect of psychotropic drugs on excitatory amino acids in patients undergoing psychosurgery for depression. *Brit. J. Psychiatry*, 160: 638-642, 1992.

Pekkov, A. A., Zhukova, O. S., Ivanova, T. P., Zanin, V. A., Berezov, T. T., and Dobrynin, Y. V., Effect of preparations of glutamin (asparagin) ase from microorganisms on DNA synthesis in tumor cells. *Bull. Exp. Biol. Med.*, 96 (9), 1983.

Perry, T. L., Hansen, S., and Kloster, M., Huntington's chorea: deficiency of gamma-aminobu-tyric acid in brain. *New Eng. J. Med.*, 288 (2): 337-342, 1973.

——, Levels of glutamine, glutamate, and GABA in CSF and brain under pathological conditions. In: *Glutamine, Glutamate, and GABA in the Central Nervous System*, pp. 581-594.

Peterson, D. W., Collins, J. F., and Bradford, H. F., Transmitter amino acids and their antagonists in epilepsy. In: *Glutamine, Glutamate, and GABA in the Central Nervous System*, pp. 643-652.

Petroff, O. A., Hyder, F., Rothman, D. L., Mattson, R. H., Effects of gabapentin on brain GABA, homocarnosine and pyrrolidinone in epilepsy patients. *Epilepsia*, 41 (6): 675-680, June 2000.

Pettigrew, J. D., and Daniels, J. D., Gamma-aminobutyric acid antagonism, in visual cortex: dif-ferent effects on simple, complex, and hypercomplex neurons. *Science*, 182 (10): 81-82, 1973.

Petty, F., and Sherman, A. D., Plasma GABA levels in psychiatric illness, *J. Affect. Dis.*, 6 (2): 131-138, 1984.

Pfeiffer, C. C. (with Hasegawa, A. T.), The pharmacology of glutamic acid. *Modern Hospital*, April 1948.

Pizzi, W. J., Unnerstall, J. R., and Barnhart, J. E., Neonatal monosodium glutamate administration increases susceptibility to chemically – induced convulsions in adult mice. *Neurobehav. Tox-icol.*, 1: 169–173, 1979.

Pizzi, W. J., Barnhart, J. E., and Fanslow, D. J., Monosodium glutamate administration to the newborn reduces reproductive ability in female and male mice. *Science*, 196 (4): 452 – 454, 1977.

Unnerstall, J. R., Reproductive dysfunction in male rats following neonatal administration of monosodium L–glutamate. *Neurobehav. Toxicol.*, 1: 1–4, 1979.

Plaitakis, A., and Ber, S., Involvement of glutamate dehydrogenase in degenerative neurological disorders. In: *Glutamine, Glutamate, and GABA in the Central Nervous System*, pp. 609–618.

Plaitakis, A., and Ber, S., Oral glutamate loading in disorders with spinocerebellar andextrapyramidal involvement effect on plasma glutamate, aspartate and taurine. *Extrapyramidal Dis.*, 19: 65–74, 1983.

Post, R. M., Ballenger, J. C., Hare, T. A., and Bunney, W. E., Lack of effect of carbamazepine on gamma – aminobutyric acid in cerebrospinal fluid. *Neurology*, 30 (9): 1008 – 1011, 1980.

Preuss, H. G., Gaydos, D. S., Aujla, M. S., Areas, J., and Vertuno, L. L., *In vitro* correlation of glutamine and glutamate renal ammoniagenesis during adaptation. *Renal Physiol. Basel.*, 7: 321–328, 1984.

Pulce, C., Vial, T., Verdier, F., et al., The Chinese restaurant syndrome: a reappraisalof monosodium glutamate's causative role. *Adverse Drug React. Toxicol. Rev.*, 11 (1): 19 – 39, 1992.

Quinn, M. R., and Chan, M. M., Effect of vitamin B6 deficiency on glutamic acid decarboxylase activity in rat olfactory bulb and brain. *J. Nutr.*, 109 (10): 1694–1702, 1979.

Rajeswari, T. S., and Radha, E., Metabolism of the glutamate group of amino acids in rat brain as a function of age. *Mech. Ag. & Dev.*, 24 (2): 139–150, 1984.

Reif–Lehrer, L., A questionnaire study of the prevalence of Chinese restaurant syndrome. *Fed. Proc.*, 36 (4): 1617–1623, 1977.

Stemmermann, M. G. Monosodium glutamate intolerance in children. *New Eng. J. Med.*, 293 (12): 1204, 1975.

——, Possible significance of adverse reactions to glutamate in humans. *Fed. Proc.*, 35 (9): 2205–2212, 1976.

Ribeiro, Jr., H., Ribeiro, T., Mattos, A., et al., Treatment of acute diarrhea with oral rehydration solutions containing glutamine. *Am. Col. Nutr.*, 13 (3): 251–255, 1994.

Roberts, E., GABA neurons in the mammalian central nervous system: model for a minimal basic neural unit. *Neurosci. Let.*, 47: 195–200, 1984.

Roth, R. H., Formation and regional distribution of gamma – hydroxybutyric acid in mammalian brain. *Biochem. Pharma.*, 19: 3013–3019, 1970.

Suhr, Y. Mechanism of the gamma–hydroxybutyrate–induced increase in brain dopamine and its relationship to "sleep". *Biochem. Pharmacol.*, 19: 3001–3012, 1970.

Sadasivudu, B., Rao, T. I., and Murthy, C. R., Acute metabolic effects of ammonia in mouse brain. *Neurochem. Res.*, 2: 639-655, 1977.

Schachter, S. C., Tiagabine. *Epilepsia*, 40 Suppl. 5: S17-S22, 1999.

Schousboe, A., Larsson, O. M., Drejer, J., Krogsgaard-Larsen, P., and Hertz, L., Cultured neurons and astrocytes. In: *Glutamine, Glutamate, and GABA in the Central Nervous System*, pp. 297-316.

Shank, R. P., and Campbell, G. L., Metabolic precursors of glutamate and GABA. In: *Glutamine, Glutamate, and GABA in the Central Nervous System*, pp. 355-370.

Simpson, J. C., Amino acid levels in schizophrenia and celiac disease: another look. *Biol. Psych.*, 17 (11): 1353-1357, 1982.

Smith, R. J., Glutamine metabolism and its physiologic importance. *J. Parenteral & Enteral Nutr.*, 14: 40S-44S, 1990.

Wilmore, D. W. Glutamine nutrition and requirements. *J. Parenteral & Enteral Nutr.*, 14: 94S-99S, 1990.

Stone, T. W., and Perkins, M. N., Ethylenediamine as a GABA-mimetic. *Trends Pharma. Sci.*, 5 (6): 241-242, 1984.

Sytinsky, I. A., and Soldatenkov, A. T., Neurochemical basis of the therapeutic effect of gamma-aminobutyric acid and its derivatives. *Prog. in Neurobio.*, 10: 89-133, 1978.

Szerb, J. C., Mechanisms of GABA release. In: *Glutamine, Glutamate, and GABA in the Central Nervous System*, pp. 457-472.

Talley, N. J., Why do functional gastrointestinal disorders come and go? *Digest. Dis. & Sci.*, 39 (4), April 1994.

Talman, W. T., Perrone, M. H., and Reis, D. J., Evidence for L-glutamate as the neurotransmitter of baroreceptor afferent nerve fibers. *Science*, 209 (8): 813-814, 1980.

Tanaka, Y., Miyazaki, M., Tsuda, M., et al., Blindness due to nonketotic hyperglycinemia: report of a 38-year-old, the oldest case to date. *Internal Med.*, 32 (8), August 1993.

Tapia, R., Regulation of glutamate decarboxylase activity. In: *Glutamine, Glutamate, and GABA in the Central Nervous System*, pp. 113-128.

Taulbee, P., Solving the mystery of anxiety. *Sci. News*, Vol. 124, July 16, 1983.

Tews, J. K., Rogers, O. R., Morris, J. G., and Harper, A. E., Effects of dietary protein and GABA on food intake, growth and tissue amino acids in cats. *Physiol. Behav.*, 32 (2): 30-33, 1984.

Thaker, G. K., Hare, T. A., and Tamminga, C. A., GABA system—clinical research and treatment of tardive dyskinesia. *Mod. Prob. Pharmacopsychiatry*, 21: 155-167, 1983.

Tildon, J. T., Glutamine: a possible energy source for the brain, In: *Glutamine, Glutamate, and GABA in the Central Nervous System*, pp. 415-430.

Van Gelder, N. M., Taurine, the compartmentalized metabolism of glutamic acid, and the epilepsies. *Can. J. Physiol. Pharmacol.*, 56: 362-373, 1978.

Verity, M. A., Neurotoxins and environmental poisons. *Cur. Opin. Neurol. & Neurosurg.* 5: 401-405, 1992.

Vinnars, E., Ideal amino acid profile in post-operative TPN. *Brit. J. Clin. Pract.*, 41 (12): S63, 1988.

Wade, A., and Reynolds, J. E. F., eds., *The Extra Pharmacopoeia*. London: The Pharmaceutical Press, June 1977.

Wernerman, J., Luo, J. L., Hammarqvist, F., Glutathione status in critically-ill patients: possibility of modulation by antioxidants. *Proc. Nutr. Soc.*, 58 (3): 677–680, August 1999.

Wenthold, R. J., and Altschuler, R. A., Immunocytochemistry of aspartate aminotransferase and glutaminase. In: *Glutamine, Glutamate, and GABA in the Central Nervous System*, pp. 33–50.

Whitman, R. M., Reevaluation of a glutamate–vitamin–iron preparation (L–glutavite) in the treatment of geriatric chronic brain syndrome, with special reference to research design. *J. Amer. Geriatrics Soc.*, 14 (8): 859–870, 1966.

Wieraszko, A., Glutamic and aspartic acid as putative neurotransmitters—release and uptake studies on hippocampal slices. *Neurobiology of the Hippocampus*: 1981 International Symposium on Molecular, Cellular and Behavioral Neurobiology of the Hippocampus, held in Tegernsee, Federal Republic of Germany, September 28–October 2, 1981.

Wood, J. D., and Kurylo, E., Amino acid content of nerve endings (synaptosomes) in different regions of brain: effects of gabaculine and isonicotinic acid hydrazide. *J. Neurochem.*, 42 (2): 420–525, 1984.

Wood, P. L., Loo, P., Braunwalder, A., Yokoyama, N., and Cheney, D. L., *In vitro* characterization of benzodiazepine receptor agonists, antagonists, inverse agonists and agonist/antagonists. *J. Pharmacol. Exper. Therapeut.*, 231 (3): 572–576, 1984.

Wu, J. -Y., Immunocytochemical identification of GAB-ergic neurons and pathways. In: *Glutamine, Glutamate, and GABA in the Central Nervous System*, pp. 161–176.

Zukin, S. R., Amino acids: new therapy for schizophrenia. *Lifespanner*, NewsBriefs, 23.

第十一章　脯氨酸和羟脯氨酸

Abraira, C., DeBartolo, M., Katzen, R., and Lawrence, A. M., Disappearance of glucagonoma rash after surgical resection, but not during dietary normalization of serum amino acids. *Amer. J. Clin. Nutr.*, 39 (3): 351–355, 1984.

Ananthanarayanan, V. S., Structural aspects of hydroxyproline – containing proteins. *J. Biomol. Struct. Dyn.*, 1 (3), 1983.

Bates, C. J., Proline and hydroxyproline excretion and vitamin C status in elderly human subjects. *Clin. Sci. Molec. Med.*, 52 (5): 535–543, 1977.

Blake, R. L., Grillo, R. V., and Russell, E. S., Increased taurine excretion in hereditary hyperprolinemia of the mouse. *Life. Sci.*, 14: 1285–1290, 1974.

Bruntrock, P., Jentzsch, K. D., Heder, G., Stimulation of wound healing, using brain extract with fibroblast growth factor (FGF) activity. I. Quantitative and biochemical studies into the formation of granulation tissue. *Exp. Pathol.*, 21 (1): 46–53, 1982.

Chaitow, L., *Amino Acids in Therapy*, 1988.

Cherkin, A., Davis, J. L., and Garman, M. W., D-proline: stereospecificity and sodium chloride dependence of lethal convulsant activity in the chick. *Pharmacol. Biochem. Behav.*, 8: 623–625, 1978.

Dingman, W., and Sporn, M. B., The penetration of proline and proline derivatives into brain. *J. Neurochem.*, 4: 148-153, 1959.

Hacker, M. P., Newman, R. A., McCormack, J. J., and Krakoff, I. -H., Pharmacologic and toxicologic evaluation of thioproline: a proposed non-toxic inducer of reverse transformation. *Pharmacol.*, 22 (3): 452-453, 1980.

Hershenbich, D., Garcia-Tsao, G., Saldana, S. A., and Rojkind, M., Relationship between blood lactic acid and serum proline in alcoholic liver cirrhosis. *Gasteroenterol.*, 80: 1012-1015, 1981.

Hyman, P. E., and Shapiro, L. J., Dietary hyperhydroxyprolinemia. *J. Ped.*, 104 (4): 595-596, 1984.

Ladd, K. F., Newmark, H. L., and Archer, M. C., N-nitrosation of proline in smokers and nonsmokers. *JNCI*, 73 (7): 83-87, 1984.

Mendenhall, C. L., Chedid, A., and Kromme, C., Altered proline uptake by mouse liver cells after chronic exposure to ethanol and its metabolites. *Gut*, 25 (2): 138-144, 1984.

Morris, J. G., and Rogers, Q. R., Ammonia intoxication in the nearadult cat as a result of a dietary deficiency of arginine. *Science*, 199 (1): 431-432, 1978.

Myara, I., Charpentier, C., and Lemonnier, A., Prolidase and prolidase deficiency. *Life Sci.*, 34: 1985-1998, 1984.

Pettit, L. D., and Formichka-Kozlowska, G. A., Suggested role for copper in the biological activity of neuropeptides. *Neurosci. Let.*, 50: 53-56, 1984.

Reeds, P. J., Burrin, D. G., Stoll, B., Jahoor, F., Intestinal glutamate metabolism. *J. Nutrit.* (4S Suppl.): 978S082S, April 2000.

Ribaya, J. D., and Gershoff, S. N., Effects of hydroxyproline and vitamin B6 on oxalate synthesis in rats. *J. Nutr.*, 111 (7): 1231-1239, 1981.

Scriver, C. R., Disorders of proline and hydroxyproline metabolism. *The Metabolic Basis of Inherited Disease*, eds. Stranbury, J. B., et al., New York: McGraw Hill Book Co., 1978, pp. 336-361.

Shaw, S., Warner, T. M., and Lieber, C. S., Frequency of hyperprolinemia in alcoholic liver cirrhosis: relationship to blood lactate. *Hepatology*, 4 (2): 295-300, 1984.

Sugden, M. C., Watts, D. I., West, P. S., and Palmer, T. N., Proline and hepatic lipogenesis. *Biochim. et Biophys. Acta*, 789 (4): 368-373, 1984.

Verch, R. L., Wallach, S., and Peabody, R. A., Automated analysis of hydroxyproline with elim-ination of non-specific reacting substances. *Clin. Chim. Acta*, 96: 125-130, 1979.

Versaux-Botteri, C., and Legros-Nguyen, J., Evidence for a (3H) -L-proline effect on the number of dendritic spines on stellate neurons of the visual cortex in macaca. *C. R. Acad. Sc. Paris*, 298 (Ⅲ): 577-582, 1984.

第十二章 天冬氨酸和天冬酰胺

Abcouwer, S. F., Souba, W. W., Is glutamine a pretender to the throne? *Nutrition*, 15 (1): 71-72, January 1999.

Airakinsen, E. M., Oja, S. S., Marnela, K. -M., and Sihvola, P., Taurine and other amino acids of platelets and plasma in retinitis pigmentosa. *Ann. Clin. Res.*, 12: 52-54, 1980.

Benevenga, N. J., and Steel, R. D., Adverse effects of excessive consumption of amino acids. *Ann. Rev. Nutr.*, 4: 157-181, 1984.

Braillon, J., Guichard, M., and Herve, G., Aspartate transcarbamylase from human tumoral cell lines: accurate determination of michaelis constant for carbamylphosphate by intercept replots. *Cancer Res.*, 44 (5): 2251-2252, 1984.

Callicott, J. H., Bertolino, A., Egan, M. F., Mattay, V. S., Langheim, F. J., Weinberger, D. R., Selective relationship between prefrontal N - acetyl aspartate measures and negative symptoms in schizophrenia. *Am J Psychiatry*, 157 (10): 164-151, October 2000.

Chaitow, L., *Amino Acid in Therapy—A Guide to the Therapeutic Application of Protein Constituents*, 86, 1988.

Charlwood, J., Dingwall, C., Matico, R., Hussain, I., Johanson, K., Moore, S., Powell, D. J., Ske-hel, J. M., Ratcliffe, S., Clarke, B., Trill, J., Sweitzer, S., Camilleri, P., Characterization of the glycosylation of Alzheimer's beta-secretase protein Asp-2 expressed in a variety of cell lines. *J. Biol Chem.*, 276 (20): 16739-16748, May 18, 2001.

Choline metabolites in cognitively and clinically asymptomatic HIV+ patients. *Neurology*, 52 (5): 995-1003, March 23, 1999.

Croucher, M. J., Collins, J. F., and Meldrum, B. S., Anticonvulsant action of excitatory amino acid antagonists. *Science*, 216: 899-901, 1982.

Darling, B. K., Abdel-Rahim, M., Moores, R. R., Chang, A. S., Howard, R. S., O'Neal, J. T., Brain excitatory amino acid concentrations are lower in the neonatal pig: a buffer against excito-toxicity? *Biol Neonate*, 80 (4): 305-312, 2001.

Donazanti, B. A., and Uretsky, N. J., Magnesium selectivity inhibits N-methyl-aspartic acid-induced hypermotility after intra-accumbens injection. *Pharmacol. Biochem. & Behav.*, 20 (2): 243-246, 1984.

Forli, L., Pedersen, J. I., Bjortuft, Vatn, M., Kofstad, J., Boe, J., Serum amono acids in relation to nutritional status, lung function and energy intake in patients with advanced pulmonary disease. *Respir. Med.*, 94 (9): 868-874, September 2000.

Gebhard, O., and Veldstra, H., N-acetylaspartic acid. Experiments on biosynthesis and function. *J. Neurochem.*, 11: 613-617, 1964.

Godfrey, D. A., Bowers, M., Johnson, B. A., and Ross, C. D., Aspartate aminotransferase activity in fiber tracts of the rat's brain. *J. Neurochem.*, 1450-1456, 1984.

Grachev, I. D., Spectroscopic brain mapping the N-acetyl aspartate to cognitive-perceptual states in chronic pain. *Mol. Psychiatry*, 6 (2): 124, March 2001.

Hess, R. A., and Thurston, R. J., Protein, cholesterol, acid phosphatase and aspartate aminotransaminase in the seminal plasma of turkeys (meleagris gallopavo) producing normal white or abnormal yellow semen. *Biol. Repro.*, 31: 239-243, 1984.

Hollaar, L., Jansen, P. Y., van der Laarse, A., Dijkshoorn, N. J., Bogers, A. J. J. C., and Huysmans, H. A., Pyridoxal-5'-phosphate-induced stimulation of aspartate aminotransferase and its isoen-zymes in human myocardial biopsies and autopsies. *Clin. Chim. Acta*, 139 (1): 47-

54, 1984.

Honda, T., Amino acid metabolism in the brain with convulsive disorders. *Brain Dev.*, 6: 17-21, 1984.

Iwata, H., Matsuda, T., Yamagami, S., Hirata, Y., and Baba, A., Changes of taurine content in the brain tissue of barbiturate – dependent rats. *Biochem. Pharmacol.*, 27: 1955 – 1959, 1978.

Kawata, M., and Suzuki, K. T., The effect of cadmium, zinc, or copper loading on the metabolism of amino acids in mouse liver. *Toxicol. Let.*, 20: 149-154, 1984.

Koyuncuoglu, E., et al., Antagonizing effect of aspartic acid on the development of physical dependence on and tolerance to morphine in the rat. *Arzneimittel Forschung*, XXXVII: 1676 – 1679, 1977.

Launcha, Jr., A. H., Recco, M. D., Abdalla, D. S., Curi, R., Effect of aspartate, asparagines, and carnitine supplementation in the diet on metabolism of skeletal muscle during a moderate exercise. *Physiol. Behav.*, 57 (2): 367-371, February 1995.

Logan, W. J., and Synder, S. H., High affinity uptake systems for glycine, glutamic and aspartic acids in synaptosomes of rat central nervous tissues. *Brain Res.*, 42: 413-431, 1972.

MacDonald, J. F., and Schneiderman, J. H., L-aspartic acid potentials "slow" inward current in cultured spinal cord neurons. *Brain Res.*, 296 (2): 350-355, 1984.

McIntosh, J. C., and Cooper, J. R., Function of N-acetyl aspartic. *Nature*, 203 (4945): 658, 1964.

Netikova, J., and Pospisil, M., Effect of K and Mg aspartates on spleen erythropoiesis in mice. *Travail recu le agressologie*, 21 (2): 97-99, October 1979.

Perry, T. L., Currier, R. D., Hansen, S., and MacLean, J., Aspartate-taurine imbalance in domi-nantly inherited olivoponto-cerebellar atrophy. *Neurology*, March 1977, pp. 257-261.

Pipalova, I., and Pospisil, M., The effect of dietary administration of aspartic acid on thymus weight in C57 black mice. *Experientia*, 36: 874-875, 1980.

Pizzi, W. J., Tabor, J. M., and Barnhart, J. E., Somatic, behavioral, and reproductive disturbances in mice following neonatal administration of sodium L-aspartate. *Pharmacol. Biochem. & Behav.*, 9: 481-485, 1978.

Pospisil, M., Netikova, J., Pipalova, I., and Mikeska, J., Effect of K and Mg salts of aspartic acid on haemopoiesis and recovery from radiation damage in mice. *Folia Biologica (Praha)*, 26: 54-61, 1980.

Riveros, N., and Orrego, F., A study of possible excitatory effects of N-acetylaspartylglutamate in different *in vivo* and *in vitro* brain preparations. *Brain Res.*, 299 (2), 1984.

Shank, R. P., Wang, M. B., and Freeman, A. R., Action of aspartate at lobster excitatory neuromuscular junctions. *Brain Res.*, 126: 176-180, 1977.

Shimazaki, H., Karwoski, C. J., and Proenza, L. M., Aspartate-induced dissociation of proximal from distal retinal activity in the mudpuppy. *Vision Res.*, 24 (6): 411-425, 1984.

Simon, R. P., Swan, J. H., Griffiths, T., and Meldrum, B. S., Blockade of N-methyl-D-aspartate receptors may protect against ischemic damage in the brain. *Science*, 226: 850 – 852, 1984.

Storm-Mathisen, J., and Opsahl, M. W., Aspartate and/or glutamate may be transmitters in hippocampal efferents to septum and hypothalamus. *Neurosc. Let.*, 9: 65-70, 1978.

Wardlaw, J. M., Marshall, I., Wild, J., Dennis, M. S., Cannon, J., Lewis, S. C., Studies of acute ischemic stroke with proton magnetic resonance spectroscopy: relation between time from onset, neurological deficit, metabolite abnormalities in the infarct, blood flow, and clinical out-come. *Stroke*, 29 (8): 1618-1624, August 1998.

第六部分

第十三章　苏氨酸

Barbeau, A., Roy, M., and Chouza, C., Pilot study of threonine supplementation in human spas-ticity. *Le Journal Canadien des Sci. Neurol.*, 9 (2): 141-145, 1982.

Chaitow, L., *Amino Acid in Therapy: A Guide to the Therapeutic Application of Protein Con-stituents.* 1988.

Dozier, 3rd, W. A., Moran, Jr., E. T., Kidd, M. T., Male and female broiler responses to low and adequate dietary threonine on nitrogen and energy balance. *Poult. Sci.*, 80 (7) 926-970, July 2001.

Hetenyi, G., Anderson, P. J., and Kinson, G. A., Gluconeogenesis from threonine in normal and diabetic rats. *Biochem. J.*, 224 (2), 1985.

Honda, T., Amino acid metabolism in the brain with convulsive disorders. Part 2: the effects of anticonvulsants on convulsions and free amino acid patterns in the brain of el mouse. *Brain Dev.*, 6: 22-26, 1984.

Issa, A. M., Gauthier, S., Collier, B., Effects of calyculin A and okadaic acid on acetylcho-line release and subcellular distribution in rat hippocampal formation. *J. Neurochem.*, 72 (1): 166-173, January 1999.

Jozwik, M., Teng, C., Wilkening, R. B., Meschia, G., Tooze, J., Chung, M., Battaglia, F. C., Effects of branched-chain amino acids on placental amino acid transfer and insulin and glu-cagons release in the ovine fetus. *Am. J. Obstet. Gynecol.*, 185 (2): 487-495, August 2001.

Krieger, I., and Booth, F., Threonine dehydratase deficiency—a probable cause of non-keto-tichyperglycinaemia. *J. Inher. Metabolic Dis.*, 7 (2): 53-55, 1984.

Lotan, R., Mokady, S., and Horenstein, L., The effect of lysine and threonine supplementa-tion on the immune response of growing rats fed wheat gluten diets. *Nutr. Reports Inter.*, 22 (3): 313-318, 1980.

Maher, T. J., and Wurtman, R. J., L-threonine administration increases ~0álycine concen-trations in the rat central nervous system. *Life Sci.*, 26: 1283-1286, 1980.

Nath, M., and Sanwal, G. G., Threonine (serine) dehydratase in mouse liver as a function of age. *Indian J. Biochem. Biophys.*, 21 (1): 68-69, 1984.

Nasset, E. S., Heald, F. P., Calloway, D. H., Margen, S., and Schneeman, P., Amino acids in human blood plasma after single meals of meat, oil, sucrose and whiskey. *J. Nutr.*, 109 (4), 1979.

Titchenal, C. A., Rogers, Q. R., Indrieri, R. J., and Morris, J. G., Threonine imbalance, deficiency and neurologic dysfunction in the kitten. *J. Nutr.*, 110（12）：2444-2459, 1980.

第十四章　甘氨酸

Abbey, L., E. Windsor, NJ: Health Extension Services, January 1985.

Aprison, M. H., Glycine as a neurotransmitter. *Psychopharmacology: a Generation of Progress.* Lipton, M. A., DiMascio, A., and Killam, K. F., eds., New York: Raven Press, 1978, pp. 333-346.

Barbeau, A., and Chouza, R. C., Pilot study of threonine supplementation in human spasticity. *Le Journal Canadien des Sci. Neurol.*, 9（2）, 1982.

Barne, L., B15: the politics of ergogenicity. *The Physician and Sportsmedicine*, 7（11）: 17-18, 1979.

Castellano, C., and Pavone, F., Effects of DL-allyglycine, alone or in combination with morphine, on passive avoidance behavior in C57BL/6 mice. *Arch. Int. Pharmacodyn. Ther.*, 267（1）: 141-148, 1984.

Cohn, R. M., Yudkoff, M., Rothman, R., and Segal, S., Isovaleric acidemia: use of glycine ther-apy in neonates. *New Eng. J. Med.*, 299: 996-999, 1978.

Cunningham, R., and Miller, R. F., Electrophysiological analysis of taurine and glycine action of neurons of the mudpuppy retina. 1. intracellular recording. *Brain Res.*, 197: 123-138, 1980.

DeFeudis, F. V., Glycine-receptors in the vertebrate central nervous system. *Acta Physiol. Latinoam.*, 27: 131-145, 1977.

Deutsch, S. I., Peselow, E. R., Banay-Schwartz, M., Gershon, S., Virgilio, J., Fieve, R., and Rotrosen, J., Effect of lithium on glycine levels in patients with affective disorders. *Am. J. Psychiatry*, 138（5）: 683-684, 1981.

Downs, R., with Van Baak, A., An interview about cells: glutathione. *Bestways*, （12）: 32-33, 1982.

Food Processing. Sweet tasting amino acid, glycine, enhances flavor and provides functional properties. July 1983.

Graber, C. D., Goust, J. M., Glassman, A. D., Kendall, R., and Loadholt, C. B., Immunomodu-lating properties of dimethylglycine in humans. *J. of Infect. Dis.*, 143（1）: 101-105, 1981.

Gundersen, C. B., Miledi, R., and Parker, I., Properties of human brain glycine receptorsexpressed in zenopus oocytes. *Proc. Royal Soc. London—Series B - Biological Sci.*, 221（1223）: 221-234, 1984.

Hall, P. V., Smith, J. E., Lane, J., Mote, T., and Campbell, R., Glycine and experimental spinal spasticity. *Neurology*, 29（2）: 262-266, 1979.

Harvey, S. G., and Gibson, J. R., The effects on wound healing of three amino acids—a com-parison of two models. *Brit. J. Dermatol*, III（27）: 171-173, 1984.

Herbert, V. N., N-dimethylglycine for epilepsy. *QD463*, 308（9）: 527, 1983.

Hydrick, C. R., and Fox, I. H., Nutrition and gout. Nutrition Reviews' *Present Knowledge in*

Nutrition. Washington, D. C.: The Nutrition Foundation, Inc., 1984, pp. 740-752.

Josephson, E. M., *The Thymus, Myasthenia Gravis and Manganese*. New York: Chedney Press, 1961.

Kasai, K., Suzuki, H., Nakamura, T., Shiina, H., and Shimoda, S. I., Glycine stimulates growth hormone release in man. *Acta Endocrin.*, 93: 283-286, 1980.

Kim, K. S., Kurokawa, M., Kimura, T., and Sezaki, H., Effect of taurine on the gastric absorption of drugs: comparative studies with sodium lauryl sulfate. *J. Pharm. Dyn.*, 5: 509 - 514, 1982.

Kleinkopf, K. N., N-dimethylglycine hydrochloride and calcium gluconate (gluconic 15) and its effect on maximum oxygen consumption (Max Vo2) on highly conditioned athletes: a pilot study. College of S. Idaho, 1980.

Krieger, I., and Tanaka. K., Therapeutic effects of glycine in isovaleric acidemia. *Pediat. Res.*, 10: 25-29, 1976.

Lauterburg, B. H., Vaishnav, Y., Stillwell, W. G., and Mitchell, J. R., The effects of age and glutathione depletion on hepatic glutathione turnover *in vivo* determined by acetaminophen probe analysis. *J. Pharmacol. Exp. Ther.*, 213 (1): 54-58, 1980.

Le Rudulier, D., Strom, A. R., Dandekar, A. M., Smith, L. T., and Valentine, R. C., Molecular biology of osmoregulation. *Science*, 224 (6): 1064-1068, 1984.

Levine, S. B., Myhre, G. D., Smith, G. L., and Burns, J. G., Effect of a nutritional supplement containing N, N-dimethylglycine (DMG) on the racing standardbred. *Equine Practice*, 4 (3): 17-19, 1982.

Loveday, K. S., and Seixas, G. M., A mutagenicity analysis of N, N-dimethylglycine hydrochloride. Burlington, VT: Bioassay Systems Corporation, 1981.

Mackenzie, C. G., Conversion of N-methyl glycines to active formaldehyde and serine. In: *A Symposium on Amino Acid Metabolism*, McElroy, W. D., and Glass, H. B., eds. Baltimore, MD: The Johns Hopkins Press, 1955, pp. 417-427.

——, and Frisell, W. R. The metabolism of dimethylglycine by liver mitochondria. *J. of Biol. Chem.*, 232: 417-427, 1958.

Meduski, J. W., Meduski, J. D., Hyman, S., Kilz, R., Kim, S. -H., Thein, P., and Yoshimoto, R., Decrease of lactic acid concentration in blood of animals given N, N-dimethylglycine. *Pacific Slope Biochemical Conference*, U. of Ca., San Diego, July 7-9, 1980.

——, Nutritional evaluation of the results of the 157-day subchronical estimation of N, N-dimethylglycine toxicity carried out in the nutritional research laboratory, U. of S. Ca. School of Medicine. *Pacific Slope Biochemical Conference*, U. of Ca., San Diego, July 7-9 1980.

Meister, A., *Biochemistry of the Amino Acids: Volume II*. Boston, MA: Tufts University Press, 1984.

Myers, V. C., Prognostic significance of elevated blood creatinine. *J. Lab. & Clin. Med.*, 29 (10): 1001-1019, 1944.

Nizametidinova, G. A., Effectiveness of calcium pangamate introduced into vaccinated and X-irradiated animals. Kazan, U. S. S. R.: *Rep. Kazan Veterinary Inst.*, 112: 100-104, 1972.

Nutritional Data, 6th ed. Some primary functions in amino acids. H. J. Heinz Co., 1972.

Nyhan, W. L., Nonketotic hyperglycinemia. *The Metabolic Basis of Inherited Disease*, Stanbury, J. B., et al., eds. New York: McGraw-Hill Book Co., 1978, p. 518.

Pearson, D., and Shaw, S., *The Life Extension Companion.* New York: Warner Books, 1983.

Perry, T. L., Hansen, S., Kennedy, J., and Wada, J. A., Amino acids in human epileptogenic foci. *Arch. Neurol.* 32 (11): 752-754, 1975.

Pui, Y. M. L., and Fisher, H., Factorial supplementation with arginine and glycine on nitrogen retention and body weight gain in the traumatized rat. *J. Nutr.* 109 (2): 240-246, 1979.

Pycock, C. J., and Kerwin, R. W., The status of glycine as a supraspinal neurotransmitter. *Life Sci.*, 28: 2679-2686, 1981.

Raj, D. S., Ouwendyk, M., Francoeur, R., Pierratos, A., Plasma amino acid profile on nocturnal hemodialysis. *Blood Purif.* 18 (2): 97-102, 2000.

Roach, E. S., Failure of N, N-dimethylglycine in epilepsy. *Ann. Neurol.*, 14 (3): 347, 1983.

——, and Carlin, L., N, N-dimethylglycine for epilepsy. *New Engl. J. Med.*, 1081-1082, October 21, 1982.

Rodger, J. C.. and Breed, W. G., Why so many mammalian spermatozoa—a clue from marsu-pials. *Proc. Royal Soc. of London*, Series B—*Biolog. Sci.*, 221 (1223): 221-234, 1984.

Rosenblat, S., Gaull, G. E., Chanley, J. D., Rosenthal, J. S., Smith, H., and Sarkozi, L., Amino acids in bipolar effective disorders: increased glycine levels in erythrocytes. *Am. J. Psychia.*, 136 (5): 672-674, 1979.

Ryzhenkov, V. E., Molokowsky, D. S., and Joffe, D. V., Hypolipidemic action of glycine and its derivatives. *Voprosy Meditsinskoi Khimii*, 30 (2): 78-80, 1984.

Sawada, S., and Yamamoto, C., Gamma-D-glutamyglycine and cis-2, 3-piperidine dicarboxy-late as antagonists of excitatory amino acids in the hippocampus. *Exper. Brain Res.*, 55 (2): 351-358, 1984.

Schuberth, J., and Dahlberg, L., Antagonistic effects of isovalerate and glycine on plasma choline levels in rabbits. *Life Sci.*, 26: 273-276, 1980.

Seifter, E., Rettura, G., Barbul, A., and Levenson, S. M., Arginine: An essential amino acid for injured rats. *Surgery*, (8) 224-230, 1978.

Seiler, N., and Sarhan, S., Synergistic anticonvulsant effects and GABA-T inhibitors and glycine. *Arch. Pharma.*, 326 (5): 49-57, 1984.

Shetlar, M. D., Taylor, J. A., and Hom, K., Photochemical exchange reactions of thymine, uracil and their nucleosides with selected amino acids. *Photochem. Photobiol.*, 40 (3): 299-308, 1984.

Takeuchi, H., Isobe, M., Usui, S., and Muramatsu, K., Supplemental effects of arginine and methionine on growth, and on formations of urea and creatine of adrenalectomized rats fed high glycine diets. *Agr. Biol. Chem.*, 39 (5): 931-938, 1975.

Tavoloni, N., Sarkozi, L., and Jones, M. J. T., Choleretic effects of differently structured bile acids in the guinea pig. *Proc. Soc. Exper. Biol. & Med.*, 178: 60-67, 1985.

Tomaszewski, A., Kleinrok, A., Zaczkiewicz, A., Gorny, D., and Billewiczstankiewicz, J., The influence of strychnine and glycine on the metabolism of acetylcholine in the rat striatum and hippocampus. *Polish J. Pharmacol. Pharma.*, 35 (4): 27, 1983.

Twin Laboratories, Inc. Predigested collagen protein. Deer Park, NY, 1984.

Yamamoto, H. -A., McCain, H. W., Izumi, K., Misawa, S., and Way, E. L., Effects of amino acids, especially taurine and gamma−aminobutyric acid (GABA), on analgesia and calcium depletion induced by morphine in mice. *Euro. J. Pharma.*, 71: 177−184, 1981.

Yokota, F., Esashi, T., and Suzue, R., Nutritional anemia induced by excess methionine in rat and the alleviative effects of glycine on it. *J. Nutr. Sci. Vitaminol.*, 24: 527−533, 1978.

第十五章 丝氨酸

Aboaysha, A. M., and Kratzer, F. H., Serine utilization in the chick as influenced by dietary pyridoxine (40802). *Proc. Soc. Exper. Bio. & Med.*, 163: 490−495, 1980.

Hiasa, Y., Enoki, N., Kitahori, Y., Konishi, N., and Shimoyama, T., DL−serine: promoting activity on renal tumorigenesis by N−ethyl−N−hydroxyethylnitrosamine in rats. *J. Nat. Cancer Inst.*, 73 (1): 297, 1984.

Hoeldtke, R. D., Cilmi, K. M., and Mattis−Graves, K., DL−threo−3, 4−dihydroxyphenyl-serinedoes not exert a pressor effect in orthostatic hypotension. *Clin. Pharmacol. Therapeut.*, Brain Dev., 6: 17−21, 1984.

Hoss, W., Abood, L. G., and Smiley, C., Enhancement of opiate binding to neural membranes with an ethyl glycolate ester of phosphatidyl serine. *Neurochem. Res.*, 2: 303−309, 1977.

Hwang, D., Rhee, S. H., Receptor−mediated signaling pathways: potential targets of modulation by dietary fatty acids. *Am. J. Clin. Nutr.*, 70 (4): 545−556, October 1999.

Longnecker, D. S., Effect of pyridoxal deficiency on pancreatic DNA damage and nodule induction by azaserine. *Carcinogenesis*, 5 (5): 555−558, 1984.

Nemer, M. J., Wise, E. M., Washington, F. M., and Elwyn, D., The rate of turnover of serine and phosphoserine in rat liver. *J. Biol. Chem.*, 235 (7): 2063, 1980.

Nutri − Dyn Products, Inc. *Nutritional information about free form amino acids.* Niles, IL, 1984.

Pepplinkhuizen, L., Bruinvels, J., Blom, W., and Moleman, P., Schizophrenia−like psychosis caused by a metabolic disorder. *Lancet*, (4): 454−456, 1980.

Pfeiffer, C. C., and Bacchi, D., Copper, zinc, manganese, niacin and pyridoxine in the schizophrenias. *J. Applied Nutr.*, 27 (2, 3): 9−39, 1975.

Salina, P. C., Hall, A. C., Lithium and synaptic plasticity. *Bipolar Disorder*, 1 (2): 87−90, December 1999.

Sauberlich, H. E., Implications of nutritional status on human biochemistry, physiology and health. *Clin. Biochem.*, 17 (4): 132−142, 1984.

Schouten, M. J., Bruinvels, J., Pepplinkhuizen, L., and Wilson, J. -H. -P., Serine and glycineinduced catalepsy in porphyric rats: an animal model for psychosis. *Pharmacol. Biochem. Behav.*, 19: 245−250, 1983.

Science News. Cancer biochemistry data questioned. September 12, 1981, 165.

Smith, D. S., Incorporation of serine into the phospholipids of phosphatidylethanolaminedepleted tetrahymena. *Arch. Biochem. Biophysics*, 230 (2): 525-532, 1984.

Smith, I. K., and Cheema, H. K., Inhibition of serine transport into tobacco cells by chlorpromazine and A23187. *Bioch. Biophys. Acta*, 769: 317-322, 1984.

Smythies, J. R., The transmethylation hypotheses of schizophrenia re-evaluated. *Trends in Neuroscience*, 7 (2): 45-47, 1984.

Sundaram, K. S., and Lev, M., L-cycloserine inhibition of sphingolipid synthesis in the anaerobic bacterium bacteroides levii. *Biochem. Biophys. Res. Commun.*, 119 (2): 814, 1984.

Suzuki, S., Yamatoya, H., Sakai, M., Kataoka, A., Furushiro, M., Kudo, S., Oral administration of soybean lecithin transphosphatidylated phosphatidylserine improves memory impairment in aged rats. *J. Nutr.*, 131 (11): 2951-2956, November 2001.

Waziri, R., Wilson, R., and Sherman, A. D., Plasma serine to cysteine ratio as a biological marker for psychosis. *Brit. J. Psychiat.*, 143: 69-73, 1983.

——, Wilcox, J., Sherman, A. D., and Mott, J., Serine metabolism and psychosis. *Psychiat. Res.*, 12: 121-136, 1984.

Wilcox, J., Waziri, R., Sherman, A., and Mott, J., Metabolism of an ingested serine load in psychotic and nonpsychotic subjects. *Biol. Psych.*, 20: 41-49, 1985.

Zurlo, J., Roebuck, B. D., Rutkowski, J. V., Curphey, T. J., and Longnecker, D. S., Effect of pyri-doxal deficiency on pancreatic DNA damage and nodule induction by azaserine. *Carcinogen-esis*, 5 (5): 555-558, 1984.

第十六章　丙氨酸

Alexander, A. N., Carey, H. V., Oral IGF-1 enhances nutrient and electrolyte absorption in neonatal piglet intestine. *Am. J. Physiol.*, 277 (e Pt 1): G619-25, September 1999.

Bennet, W. M., Connacher, A. A., Jung, R. T., et al., Effects of insulin and amino acids on leg protein turnover in IDDM patients. *Diabetes*, 40 (4), April 1991.

Berard, M. P., Hankard, R., Cynober L., Amino acid metabolism during total parental nutrition in healthy volunteers: evaluation of a new amino acid solution. *Clin. Nutr.*, 20 (5): 407-414, October 2001.

Buchman, A. L., Ament, M. E., and et al., Choline deficiency causes reversible hepatic abnormalities in patients receiving parenteral nutrition: proof of a human choline requirement: a placebocontrolled trial: JPEN. *J. Parenter Enteral Nutr.*, 25 (5): 260-268, September-October 2001.

Caffara, P., and Santamaria, V., The effects of phosphatidylserine in patients with mild cognitive decline. An open trial. *Clin. Trials J.*, 24: 109-114, 1987.

Cenacchi, T., Bertoldin, T., Farina, C., et al., Cognitive decline in the elderly: a double-blind, placebo-controlled multicenter study on efficacy of phosphatidylserine administration. *Aging* (Italy), 5: 123-133, 1993.

Chiarla, C., Giovannini, I., Siegel, J. H., Boldrini, G., Castagneto, M., The relationship between plasma taurine and other amino acids levels in human sepsis. *J. Nutr.*, 130 (9): 2222-2227, September 2000.

Chow, F. -H. C., Dysart, M. I., Hamar, D. W., Lewis, L. D., and Udall, R. H., Alanine: a toxicity study. *Toxicol. & Applied Pharma.*, 37: 491-497, 1976.

Crook, T., Petrie, W., Wells, C., et al., Effects of phosphatidylserine in Alzheimer's disease. *Psychopharmacol. Bull.*, 18: 61-66, 1992.

Crook, T. H., Tinklenberg, J., Yesavage, J., et al., Effects of phosphatidylserine in age-associated memory impairment. *Neurology*, 41: 644-649, 1991.

Delwaide, P. J., Gyselynck - Mambourg, A. M., Hurlet, A., et al., Double - blind randomized controlled study of phosphatidylserine in senile demented patients. *Acta Neurol. Scand.* (Denmark), 73: 136-140, 1986.

Engel, R. R., Satzger, W., Gunther, W., et al., Double-blind cross-over study ofphosphatidylserine vs. placebo in patients with early dementia of the Alzheimer type. *Eur. Neu-ropsychopharmacol.* (Netherlands), 1: 149-155, 1992.

Funfgeld, E. W., Baggen, M., Nedwidek, P., et al., Double-blind study with phosphatidylserine (PS) in Parkinsonian patients with senile dementia of Alzheimer's type (SDAT). *Prog. Clin. Biol. Res.* 317: 1235-1246, 1989.

Granata, Q., and DiMichele, J., Phosphatidylserine in elderly patients. An open trial. *Clin. Trials J.*, 24: 99-103, 1987.

Gupta, M., Prabha, V., Changes in brain and plasma amino acids of mice intoxicated with methyl osocyanate. *J. Appl. Toxicol.*, 16 (6): 469-473 November-December 1996.

Hagenfeldt, L., Dahlquist, G., Persson, B., Plasma amino acids in relation to metabolic control in insulin-dependent diabetic children. *Acta Pediatr. Scand.*, 78: 278-282, 1989.

Hahn, R. G., Mantha, S., Rao, S. M., et al., Glycine absorption and visually evoked potentials. Huddinge University Hospital, Sweden, and Nizam's Institute of Medical Science, India.

Kew, S., Wells, S. M., Yaqoob, P., Wallace, F. A., Miles, E. A., Calder, P. C., Dietary glutamine enhances murine T-lymphocyte responsiveness. *J. Nutr.*, 129 (8): 1524 - 1531, August 1999.

Lenox, R. H., McNamara, R. K., Papke, R. L., Manji, H. K., Neurobiology of lithium: an update. *J. Clin. Psychiatry*, 59 Suppl. 6: 37-47, 1998.

Loeb, C.. Benassi, E., Bo, G. P., et al., Preliminary evaluation of the effect of GABA and phosphatidylserine in epileptic patients. *Epilepsy Res.* (Netherlands), 1: 209-212, 1987.

Lombardi, G. F., Pharmacological treatment with phosphatidylserine of 40 ambulatory patients with senile dementia syndrome. *Minerva Med.* (Italy), 80: 599-602, 1989.

Macciardi, F., Lucca, A., Catalano, M., et al., Amino acid patterns in schizophrenia: some new findings. *Psychiatry Res.*, 32: 63-70.

Maggioni, M., Picotti, G. B., Bondiolotti, G. P., et al., Effects of phosphatidylserine therapy in geriatric patients with depressive disorders. *Acta Psychiatr. Scand.* (Denmark), 81: 265-270, 1990.

Manning, A., MSG: just a taste is safe. *USA Today*, September 3, 1995.

Monteleone, P., Beinat, L., Tanzillo, C., et al., Effects of phosphatidylserine on the neuroendocrine response to physical stress in humans. *Neuroendocrinology*, 52: 243-248, 1990.

Monteleone, P., Maj, M., Beinat, L., et al., Blunting by chronic phosphatidylserine administration of the stress-induced activation of the hypothalamo-pituitary-adrenal axis in healthy men. *Eur. J. Clin. Pharmacol.* (Germany), 42: 385-388, 1992.

Nelson, J., Qureshi, I. A., Vasudevan, S., Mecanismes de l'effect de la serine et de la threonine sur l'ammoniagenese et la biosynthese de l' orotate chez la souris. *Clin. Invest. Med.*, 15 (2): 113-121.

Nosadini, R., Alberti, K. G. M. M., Johnston, D. G., Del Prato, S., Marescotti, C., and Duner, E., The antiketogenic effect of alanine in normal man: evidence for an alanine-ketone body cycle. *Metabolism*, 30 (6): 563-567, 1981.

Nutrition Reviews. Arginine as an essential amino acid in children with argininosuccinase deficiency. 37 (4): 112-113, April 1979.

Okamoto, K., and Sakai, Y., Localization of sensitive sites to taurine, gamma-aminobutyric acid, glycine and beta-alanine in the molecular layer of guinea-pig cerebellar slices. *Brit. J. Pharmac.*, 69: 407-413, 1980.

Pangalos, M. N., Malizia, A. L., Francis, P. T., et al., Effect of psychotropic drugs on excitatory amino acids in patients undergoing psychosurgery for depression. *Brit. J. Psychiatry*, 160: 638-642, 1992.

Quemener, V., Chamaillard, L., Brachet, P., et al., Involvement of polyamines in tumor growth: Antitumoral effects of polyamine deprivation. *Current Contents*, 23 (37), September 11, 1995.

Rotter, V., Yakir, Y., and Trainin, N., Role of L-alanine in the response of human lymphocytes to PHA and CON Ana. *J. Immunol.*, 123 (4): 1726-1731, 1975.

Rudman, D., et al., Fasting plasma amino acids in elderly men. *Am. J. Clin. Nutr.*, 46: 559-566, 1989.

Shaffer, J. E., and Kocais, J. J., Taurine mobilizing effects of beta alanine and other inhibitors of taurine transport. *Life Sci.*, 28: 2727-2736, 1981.

Shuja, M., Abanamy, A., Khaleel, M., et al., The spectrum of acute Epstein-Barr virus infection in Saudi children. *Ann. Saudi Med.*, 12 (5), 1992.

Singer, P., Cohen, J., Cynober, L., Effect of nutritional state of brain-dead organ donor on transplantation. Nutrition, 17 (11-12): 948-952, November-December 2001.

Tanaka, T., Imano, M., Yamashita, T., et al., Effect of combined alanine and glutamine administration on the inhibition of liver regeneration caused by long-term administration of alcohol. *Current Contents*, 23 (35), August 28, 1995.

Tangkijvanich, P., Mahachai, V., Wittayalertpanya, S., Ariyawongsopon, V.. Short-termeffects of branched-chain amino acids on liver function tests in cirrhotic patients. *Southeast Asian J. Trop. Med. Public Health*, 31 (1): 152-157 March 2000.

Treem, W. R., and Watkins, J. B., Alanine inhibits taurocholate (TC) uptake in perfused rat liver. *J. Amer. Col. Nutr.*, 3 (3), 1984.

Tremel, H., Kienly, B., Weilmann, L. S., et al., Glutamine dipeptide-supplemented parenteral nutrition maintains intestinal function in the critically ill. *Gastrointerology*, 107: 1595-1601, 1994.

Wapnir, R. A., Zdanowicz, M. M., Teichberg, S., et al., Oral hydration solutions in experimental osmotic diarrhea: enhancement by alanine and other amino acids and oligopeptides. *Am. J. Clin. Nutr.*, 48: 84–90, 1988.

William, H. E., and Smith, L. H., Primary hyperoxaluria. *The Metabolic Basis of Inherited Disease*, ed. Stanbury, J. B., et al., New York: McGraw-Hill Book Co., 1978, pp. 182–204.

Yarbrough, G. G., Singh, D. K., and Taylor, D. A., Neuropharmacological characterization of a taurine antagonist. *J. Pharma. & Exper. Thera.*, 219 (3): 604, 1981.

Yin, M., Ikejima, K., Arteel, G. E., Seabra, V., Bradford, B. U., Kono, H., Rusyn, I., Thurman, R. G., Glycine accelerates recovery from alcohol induced liver injury. *J. Pharmacol. Exp. Ther.*, 286 (2): 1014–1019, August 1998.

Zanotti, A., Valzelli, L., Toffano, G., Chronic phosphatidylserine treatment improves spatial memory and passive avoidance in aged rats. *Psychopharmacology*, 99: 316–321, 1989.

第七部分

第十七章 异亮氨酸、亮氨酸和缬氨酸

Albanese, A. A., Orto, L. A., and Zavattaro, N., Nutrition and metabolic effects of physical exercise. *Nutr. Report Int.*, 3 (3): 165–186, 1971.

Amino acid supplementation and exercise performance. *Townsend Letter for Doctors*, June 1995.

Arvat, E., Gianotti, L., Grottoli, S., et al., Arginine and growth hormone-releasing hormone restore the blunted growth hormone-releasing activity of hexarelin in elderly subjects. *J. Clin. Endoc. & Metab.*, 79 (5), 1994.

Bailey, J. W., Miles, J. M., and Haymond, M. W., Effect of parenteral administration of shortchain triglycerides on leucine metabolism. *Am. J. Clin. Nutr.*, 558: 912–916, 1993.

Bardocz, S., The role of dietary polyamines. *Eur. J. Clin. Nutr.*, 47: 683–690, 1993.

Battistin, L., and Zanchin, G., The role of amino acids in hepatic encephalopathy. *Neurochem. Clin. Neurol.*, 315–326, 1980.

Bernardini, P., and Fischer, J. E., Amino acid imbalance and hepatic encephalopathy. *Ann. Rev. Nutr.*, 2: 419–454, 1982.

Berry, H. K., Brunner, R. L., Hunt, M. M., et al., Valine, isoleucine, and lelucine. A new treatment for phenylketonuria. *AJDC*, Vol. 144, May 1990.

Bessman, S. P., The justification theory: the essential nature of the non – essential amino acids. *Nutr. Rev.*, 37 (7): 209–220, 1979.

Bialo, G., Iscra, F., Bosutti, A., Toigo, G., Ciocchi, B., Geatti, O., Gullo, A., and Guarnieri, G., Growth hormone decreases muscle glutamine production and stimulates protein synthesis in hypercatabolic patients. *Am. J. Physiol. Endocrinol. Metab.*, 279: E323–332, 2000.

Bijlsma, J. A., Rabelink, A. J., Kaasjager, K. A. H., et al., L-arginine does not prevent the renal effects of endothelin in humans. *J. Am. Soc. Nephrol.*, 5: 1508–1516, 1995.

Bionostics, Inc., Sample Case Report. Lisle, Ill. June 1982.

Blackburn, G. L., et al., Branched-chain amino acid administration and metabolism during starvation, injury and infection. *Surgery*, 86: 307, 1979.

Blonde-Cynober, F., Aussel, C., and Cynober, L., Abnormalities in branched-chain amino acid metabolism in cirrhosis: influence of hormonal and nutritional factors and directions for future research. *Clinical Nutrition*, 18: 5-13, 1999.

Bowes, S. B., Benn, J. J., Scobie, I. N., et al., Leucine metabolism in patients with Cushing's syn-drome before and after successful treatment. *Clin. Endocr.*, 39: 591-598, 1993.

Brand, K., and Hauschildt, S., Metabolism of 2-oxo-acid analogues of leucine and valine in isolated rat hepatocytes. *Hoppe-Seyler's Z. Physiol. Chem. Bd.*, 365: 463-468, April 1984.

Burns, R. A., Garton, R. L., and Milner, J. A., Leucine, isoleucine and valine requirements of immature beagle dogs. *J. Nutr.*, 114: 204-209, 1984.

Cabre, E., and Gasull, M. A., Nutritional issue in cirrhosis and liver transplantation. *Current Opinion of Clinical Nutrition Metabolic Care*, 2: 373-380, 1999.

Campollo, O., Sprengers, D., McIntyre, N., The BCAA/AAA ratio of plasma amino acids in three different groups of cirrhotics. *Rev. Inv. Clin.*, 44: 513-518, 1992.

Cerra, F. B., et al., Branched-chains support postoperative protein synthesis. *Surgery*, 92: 192, 1982.

Chakravarty, N., Effect of arachidonic acid metabolism on the release of histamine and SRS (leukotrienes) from guinea-pig lung. *Agents & Actions*, 14: 429-434, 1984.

Cheraskin, E., Ringsdorf, W. M., and Medford, F. H., The "ideal" daily intake of threonine, valine, phenylalanine, leucine, isoleucine, and methionine. *J. Orthomol. Psych.*, 7 (3): 150-155, 1978.

Choi, Y. H., Fletcher, P. J., Harvey Anderson, G., Extracellular amino acid profiles in the paraventricular neucleus of the rat hypothalamus are influenced by diet composition. *Brain Res*, 892 (2): 320-328, February 2001.

Clowes, G. H. A., and Saravis, G. A., Muscle proteolysis in sepsis or trauma. *New Eng. J. Med.*, 494, August 25, 1983.

Coomes, J. S., McNaughton, L. R., Effects of branched-chain amino acids supplementation on serum creatine kinase and lactate dehydrogenase after prolonged exercise. *J. Sports Med. Phys. Fitness*, 40 (3): 240-246, September 2000.

Cusick, P. K., Koehler, K. M., Ferrier, B., and Hasekell, B. E., The neurotoxicity of valine defi-ciency in rats. *J. Nutr.*, 108 (7): 1200-1206, 1978.

Dufour, F., Nalecz, K. A., Nalecz, M. J., and Nehlig, A., Modulation of absence seizures by branched-chain amino acids: correlation with brain amino acid concentrations. *Neuroscience Resource*, 40: 255-263, 2001.

Freund, H. R., Ryan, J. A., and Fischer, J. E., Amino acid derangements in patients with sepsis: treatment with branched-chain amino acid rich infusions. *Ann. Surg.*, 188: 423, 1978.

Fuchs, D., Baier-Bitterlich, G., Wachter, H., et al., Nitric oxide and AIDS dementia. *New Eng. J. Med.*, 333 (8): 521-522, August 24, 1995.

Gaby, A. R., Steam inhalation for colds. *Townsend Letter for Doctors*, August/September 1988.

Goldberg, A. L., Factors affecting protein balance in skeletal muscle in normal and pathological states. In: *Amino Acids: Metabolism and Medical Applications*. Blackburn, G. L., Grant, J. P., and Young, V. R., eds., Littleton, MA: John Wright and PSG, 1983.

Hagihira, H., Ogata, M., Takedatsu, N., and Suda, M., Intestinal absorption of amino acids. *J. Biochem.*, 47 (1): 139-143, 1960.

Harper, A. E., Miller, R. H., and Block, K. P., Branched-chain amino acid metabolism. *Ann. Rev. Nutr.*, 4: 409-454, 1984.

Hauschildt, S., and Brand, K., Comparative studies between rates of incorporation of branched-chain amino acids and their alpha-ketoanalogues into rat tissue proteins under different dietary conditions. *J. Nutr. Sci. Vitaminol.*, 30: 143-152, 1984.

Hausmann, D. F., Nutz, V., Rommelsheim, K., et al., Anabolic steroids in polytrauma patients. Influence on renal nitrogen and amino acid losses: a double-blind study. *J. Parenteral & Enternal Nutr.*, 14-111-114, 1990.

Herlong, H. F., and Diehl, A. M., Branched-chain amino acids in hepatic encephalopathy. In: *Amino Acids: Metabolism and Medical Applications.*

Heyman, M. B., General and specialized parenteral amino acid formulations for nutrition support. *Perspectives in Practice*, 90 (3), March 1990.

Hoffer, A., Editorial: Mega Amino Acid Therapy. Tyson & Assoc. Reseda, CA.

——, Mega amino acid therapy. *J. Ortho. Psych.*, 9 (1): 2-5, 1980.

Holdsworth, J. D., Clague, M. B., Wright, P. D., and Johnston, I. D. A., The effect of branched-chain amino acids on body protein breakdown and synthesis in patients with chronic liver disease. In: *Amino Acids: Metabolism and Medical Applications.*

Hutsin, S. M., and Harris, R. A., Introduction. Symposium: leucine as a nutritional signal. *Journal of Nutrition*, 131: 839S-840S, 2001.

Jakobs, C., Sweetman, L., and Nyhan, W. L., Stable isotope dilution analysis of 3-hydroxy-isovaleric acid in amniotic fluid: contribution to the prenatal diagnosis of inherited disorders of leucine catabolism. *J. Inher. Metab. Dis.*, 7: 15-20, 1984.

James, J. H., Ziparo, V., Jeppsson, B., and Fischer, J. E., Hyperammonaemia, plasma amino acid imbalance, and blood-brain amino acid transport: a unified theory of portal-systemic encephalopathy. *Lancet*, 2: 772-777, 1369, 1979.

Joseph, M. S., Brewerton, D., Reus, V. I., and Stebbins, G. T., Plasma L-tryptophan/neutral amino acid ratio and dexamethasone suppression in depression. *Psych. Res.*, 11: 185-192, 1984.

Kiester, E. A., little fever is good for you. *Science*, 68-173, 1984.

Kinsbourne, M., and Woolf, L. I., Idiopathic infantile hypoglycaemia. *Arch. Dis. Child*, 34: 166-170, 1959.

Kinura, T., Suzuki, S., and Yoshida, A., Effect of force-feeding of a valine-free diet on gastrointestinal function of rats. *J. Nutr.*, 105: 257, 1975.

Klaire Laboratories, Inc. for Hypervalinemia and Disordered Metabolism of Beta-Amino Acids. Carlsbad, CA.

Laskin, D., The little molecule: gauging the effects. *Newsday*, August 24, 1993.

Laurent, B. C., Moldawer, L. L., and Young, V. R., Bistrian, B. -R., and Blackburn, G. L., Wholebody leucine and muscle protein kinetics in rats varying protein intakes. *Am. J. Physiol.*,

246: E444-E451, 1984.

Maddrey, W. C., Branched - chain amino acid therapy in liver disease. *J. ACN*, 3 (3), 1984.

Manni, A., Wechter, R., Grove, R., et al., Polyamine profiles and growth properties of ornithine decarboxylase overexpressing MCF-7 breast cancer cells in culture. *Breast Cancer Res. & Treat.*, 34: 45-53, 1995.

Marchesini, G., Bianchi, G., and Zoli, M., Oral BCAA in the treatment of chronic hepatic encephalopathy. *HEPAT*, 00813 (Bologna, Italy).

Medical World News. Parkinson's researchers try amino acid therapy. November 26, 1981.

Meguid, M. M., Landel, A., Lo, C. -C., Chang, C. -R., Debonis, D., and Hill, L. R., Branchedchain amino acid solutions enhance nitrogen accretion in postoperative cancer patients. In: *Amino Acids: Metabolism and Medical Applications*.

——, Schwarz, H., Matthews, D. W., Karl, I. E., Young, V. R., and Bier, D. M., *In vivo* and *in vitro* branched-chain amino acid interactions. In: *Amino Acids: Metabolism and Medical Applications*.

Mero, A., Leucine supplementation and intense training. *Sports Med.*, 27 (6): 347-358, June 1999.

Miller, G. M., Yatin, S. M., De La Garza, 2nd, R., Goulet, M., and Madras, B. K., Cloning of dopamine, norepinephrine and serotonin transporters from monkey brain: relevance to cocaine sensitivity. *Brain Resource Molecular Brain Resource*, 19: 124-143, 2001.

Moldawer, L. L.. and Blackburn, G. L., Muscle proteolysis in sepsis or trauma. *New Eng. J. Med.*, 494, August 25, 1983.

Moser, S. A., Takach, M. D., Dritz, S. S., Goodband, R. D., Nelssen, J. L., Loughmiller, J. A., The effects of branched-chain amino acids on sow and litter performance. *J. Anim. Sci.*, 78 (3): 658-667, March 2000.

Moss, G., Elevation of postoperative plasma amino acid concentrations by immediate full enteral nutrition. *J. ACN*, 3: 325-332, 1984.

Nachbauer, C. A., James, J. H., Edwards, L. L., Ghory, M. J., and Fischer, J. E., Infusion of branched - chain - enriched amino acid solutions in sepsis. 1984 *Surgical Forum*, XXXV (147): 743-752, 1984.

Nissen, S. L., Van Huysen, C., and Haymond, M. W., Quantitation of branched-chain amino and alpha-ketoacids by HPLC. In: *Amino Acids: Metabolism and Medical Applications*.

——, Edwards, L. L., James, J. H., Ghory, M. J., and Fischer, J. E., Plasma and brain amino acids in surgical stress and sepsis: the effect of branched-chain amino acid infusion. *Amer. Col. Surg. Surgical Forum*, vol. XXV, 1984.

Nutrition Reviews, Muscle protein catabolism in cirrhotic patients reduced by branchedchain amino acids. 41 (5): 146-150, 1983.

——, An unsettled question: when and where are branched-chain amino acids used as fuel? 43 (2): 59-60, 1985.

——, Treatment of hepatic coma with an L-valine supplement to full parenteral nutrition. 39 (3): 125-127, 1981.

Nuwer, N., et al., Does modified amino acid total parenteral nutrition alter immune responses in high level surgical stress? *JPEN*, 7: 521, 1983.

Paxton, R., and Harris, R. A., Regulation of branched – chain ketoacid dehydrogenase kinase. *Arch. Biochem. Biophys.*, 231 (1): 48–57, 1984.

Penz, A. M., Clifford, A. J., Rogers, Q. R., and Kratzer, F. H., Failure of dietary leucine to influence the tryptophanniacin pathway in the chicken. *J. Nutr.*, 33–41, 1984.

Picciano, P. T., Johnson, B., Walenga, R. W., Donovan, M., Borman, B. J., Douglas, W. H. J., Kreutzer, D. L., Effects of D–valine on pulmonary artery endothelial cell morphology and function in cell morphology and function in cell culture. *Experimental Cell Res.*, 151 (1): 123–133, 1984.

Rakela, J., Fulminant hepatitis: treatment or management? *Mayo Clin. Proc.*, 58: 690 – 692, 1983.

Reiser, S., Scholfield, D., Trout, D., Wilson, A., and Aparicio, P., Effect of glucose and fructose on the absorption of leucine in humans. *Nutr. Rep. Int.*, 30 (1): 151–162, 1984.

Riederer, P., Jellinger, K., Kleinberger, G., and Weiser, M., Oral and parenteral nutrition with L–valine: Mode of action. *Nutr. Metab.*, 24: 209–217, 1980.

Riggs, T. R., Pote, K. G., Im, H. –S., Huff, D. W., Thyroxine–induced changes in the development of neutral amino acid transport systems of rat brain. *J. Neurochem.*, 1984, pp. 1260–1268.

Saito, T., Kobatake, K., Ozawa, H., et al., Aromatic and branched–chain amino acid levels in alcoholics. *Alcohol & Alcoholism*, 29 (S1): 133–135, 1994.

Satoh, T., Narisawa, K., Tazawa, Y., Suzuki, H., Hayasaka, K., Tada, K., and Kawakami, T., Dietary therapy in a girl with propionic acidemia: supplement with leucine resulted in catchup growth. *Tohoku J. Exp. Med.*, 139: 411–415, 1983.

Schauder, P., Herbertz, L., and Langenbeck, U., Serum branched–chain amino and keto acid response to fasting in humans. *Metabolism Clin. Exper.*, 34 (1): 58–61, 1985.

Shiota, T., Watanabe, A., Higashi, T., and Nagashima, H., Prevention of methionine and ammonia–induced coma by intravenous infusion of a branched–chain amino acid solution to rats with liver injury. *Acta Med. Okayama*, 38 (5): 479–482, 1984.

Siegel, J. H., et al., Physiological and metabolic correlations in human sepsis. *Surgery*, 86: 163. 1979.

Sleeping sickness. *The Economist*, December 22, 1990.

Snyderman, S. E., Dietary and genetic therapy of inborn errors of metabolism: a summary. *Ann. N. Y. Acad. Sci.*, 477 (Mental Retardation), pp. 231–236.

Snyderman, S. E., Goldstein, F., Sansaricq, and Norton, P. M., The relationship between the branched–chain amino acids and their ketoacids in maple syrup urine disease. *Ped. Res.*, 18 (9): 851–853, 1984.

Soliman, A. T., Aref, M. K., Hassan, A. I., Defective arginine–induced insulin secretion in children with nutritional rickets. *Ann. Saudi Med.*, 8 (5), 1988.

Staten, M. A., Bier, D. M., and Matthews, D. W., Regulation of valine metabolism in man: a stable isotope study. *Amer. J. Clin. Nutr.*, 40: 1224–1234, 1984.

Stein, T. P., and Schluter, M. D., Plasma amino acids during human space flight. *Aviat. Space Environ. Med.*, 70: 250-255, 1999.

Suzuki, T., Yuyama, S., Sasaki, A., Yamada, M., and Kumagai, R., Influence of excess leucine intake on the conversion of tryptophan to NAD in rats fed low protein diet. *Progress in Tryptophan and Serotonin Research*, 1984, pp. 599-602.

Tada, K., Wada, Y., and Arakawa, T., Hypervalinemia. *Amer. J. Dis. Child.*, 113, January 1967.

Takala, J., Klossner, J., Irjala, J., and Hannula, S., Branched-chain amino acids in surgically stressed patients. In: *Amino Acids: Metabolism and Medical Applications.*

Thurlow, R. J., Brown, J. P., Gee, N. S., Hill, D. R., Woodruff, G. N., [3H] Gabapentin may label a system L-like neutral amino acid carrier in brain, *Eur. J. Pharmacol.*, 247 (3): 341-345, Novem-ber 1993.

Traber, J., Davies, M. A., Dompert, W. U., Glaser, T., Schuurman, T., and Seidel, P. - R., Brain serotonin receptors as a target for the putative anxiolytic TVX Q 7821 *Brain Res. Bul.*, 12: 741-744, 1984.

Tsalikian, E., Howard, C., Gerich, J. E., and Haymond, M. W., Increased leucine flux in shortterm fasted human subjects: evidence for increased proteolysis. *Am. J. Physiol.*, 247: E323-E327, 1984.

Uauy, R., Mize, C., Aargyle, C., et al., Metabolic tolerance to arginine: implications for the safe use of arginine salt-aztreonam combination in the neonatal period. *J. Ped.*, 118 (6), June 1991.

Wachtel, U., Inherited amino acid metabolism disorders and their significance in infancy and childhood. *Ann. Saudi Med.*, 8 (5), 1988.

Weisdorf, S. A., Shronts, E. P., Freese, D. K., Tsai, M. Y., and Cerra, F. B., Amino acid abnormalities in infants with non-correlated extra hepatic billiary atresia (EBA). *J. Am. Coll. Nutr.*, 3 (3), 1984.

Wolfe, R. R., Protein supplements and exercises. *American Journal of Clinical Nutrition*, 72: 551S-557S, 2000.

Yoshida, S., Kaibara, A., Ishibashi, N., and Shirouzu, K., Glutamine supplementation in cancer patients. *Nutrition*, 17: 766-768, 2001.

第八部分

第十八章　赖氨酸

Adour, K., Hilsinger, R., and Byl, F., Amer. Acad. Otolaryngology & Annual Meeting, Dallas, October 7-11, 1979.

Albanese, A. A., Higgons, R. A., Hyde, G. M., and Orto, L., Biochemical and nutritional effects of lysine-reinforced diets. *Am. J. Clin. Nutr.*, 3 (3): 121-128, 1955.

——, Some species and age differences in amino acid requirements. *Protein and Amino Acid Requirements of Mammals*, New York: Academic Press, Inc., 1950, 9.

——, Orto, L. A., and Savattaro, D. N., Nutritional and metabolic effects of physical exercise. *Nutr. Rep. Inter.*, 3 (3): 165, 1971.

Azzout, B., Chaez, M., Bois-Joyeux, B., and Peret, J., Gluconeogenesis from dihydroxyac-etone in rat heatocytes during the shift from a low protein, high carbohydrate to a high protein, car-bohydratefree diet. *J. Nutr.*, 114 (11), 1984.

Blough, H. A., and Giuntoli, R. L., Successful treatment of human genital herpes infections with 2-deoxy-D-glucose. *JAMA*, 241 (26): 2798-2801, 1979.

Broquist, H. P., Amino acid metabolism. *Nutr. Rev.*, 34 (10): 289-292, 1976.

Carpenter, T. O., Levy, H. L., Holtrop, M. E., Shih, V. E., and Anast, C. S., Lysinuric protein intolerance presenting as childhood osteoporosis: clinical and skeletal response to citrulline therapy. *New Eng. J. Med.*, 312 (1): 290-294, 1985.

Cassandra confirmed? *JAMA*, 238 (2): 133-134, 1977.

Chang. Y. -F., Lysine metabolism in the human and the monkey: demonstration of pipecolic acid formation in the brain and other organs. *Neurochemical Res.*, 7 (5): 577-588, 1982.

Cline, T. R., Cromwell, G. L., Crenshaw, T. D., Ewan, R. C., Hamilton, C. R., Lewis, A. J., Mahan, D. C., Southern, L. L., Further assessment of the dietary lysine requirement of fin-ishing gilts. *J. Anim. Sci.*, 78 (4): 987-992, April 2000.

Cooper, J. R., Bloom, F. E., and Roth, R. H., *The Biochemical Bases of Neuropharmacolo-gy*. New York: Oxford University Press, 1982.

Di Salvo, J., Gifford, D., and Kokkinakis, A., Modulation of aortic protein phosphatase ac-tivity by polylysine. *Proc. Soc. Exper. Biol. Med.*, 177: 24-32, 1984.

Douglas, A. E., Minto, L. B., Wilkinson, T. L., Quantifying nutrient production by the mi-crobial symbiots in a aphid. *J. Exp. Biol.*, 204 (Pt. 2): 349-358, January 2001.

Fitzherbert, J. C., Genital herpes and zinc. *Med. J. Australia*, May 1979.

Friedman, M., Brandon, D. L., Nutritional and health benefits of soy proteins. *J. Agric. Food Chem.*, 49 (3): 1069-1086, March 2001.

Giacobini, E., Nomura, Y., and Schmidt-Glenewinkel, T., Pipecolic acid: organ, biosyn-thesis and metabolism in the brain. *Cellular & Molecular Biology*, 26: 135-146, 1980.

Gilbert, D. N., Kohlhepp, S. J., and Kohnen, P. W., Failure of lysine to prevent experimen-tal gentamicin nephrotoxicity. *J. Infect. Dis.*, 145 (1): 129, 1982.

Graham, G. G., Morales, E., Cordano, A., and Placko, R. P., Lysine enrichment of wheat flour: prolonged feeding of infants. *Amer. J. Clin. Nutr.*, 24: 200-206, 1971.

Greenwood, R. H., Titgemeyer, E. C., Limiting amino acids for growing Holstein steers lim-itfed soybean hull-based diets. *J. Amin. Sci.*, 78 (7): 1997-2004, July 2000.

Grendell, J. H., Tseng, H. C., and Rothman, S. S., Regulation of digestion. I. Effects of glucose and lysine on pancreatic secretion. *Amer. J. Physiol.*, 246 (4): G445-G450, 1984.

Griffith, R. S., Norins, A. L., and Kagan, C., A multicentered study of lysine therapy in herpes simplex infection. *Dermatologica*, 156: 257-267, 1978.

Grinstead, G. S., Goodband, R. D., Dritz, S. S., Tokach, M. D., Nelssen, J. L., Wood-worth, J. C., Molitor, M., Effects of a whey protein product and spraydried animal plasma on growth performance of weanling pigs. *J. Anim. Sci.*, 78 (3): 647-657, March 2000.

Gustafson, J. M., Dodds, S. J., Rudquist, J., Kelley, J., Ayers, S., and Mercer, P., Food intake and weight gain responses to graded amino acid deficiencies in rats. *Nutr. Rep. Inter.*, 30 (11): 1019-1026, 1984.

Hale, H. B., Garcia, J. B., Ellis, J. P., and Storm, W. F., Human amino acid excretion patterns during and following prolonged multistressor tests. *Aviation, Space & Environmental Med.*, 173, February 1975.

Hesse, H., Kreft, O., Maimann, S., Zeh, M., Willmitzer, L., Hofgen, R., Approaches towards understanding methionine biosynthesis in higher plants. *Amino Acids*, 20 (3): 281 – 289, 2001.

Honda, T., Amino acid metabolism in the brain with convulsive disorders. Part 2: the effects of anticonvulsants on convulsions and free amino acid patterns in the brain of el mouse. *Brain Dev.*, 6: 22-26, 1984.

——, Amino acid metabolism in the brain with convulsive disorders. Part 3: free amino acid patterns in cerebrospinal fluid in infants and children with convulsive disorders. *Brain Dev.*, 6: 27-32, 1984.

Jockenhoevel, S., Zund, G., Hoerstrup, S. P., Chalabi, K., Sachweh, J. S., Demircan, L., Messmer, B. J., Turina, M., Fibrin gel-advantages of a new scaffold in cardiovascular tissue engineering. *Eur. J. Cardiothorac Surg.*, 19 (4): 424-430, April 2001.

Kamoun, P. P., and Parvy, P. R., Analysis for free amino acids in prebreakfast urine samples. *Clin. Chem.*, 27 (5): 783, 1981.

Khan-Siddiqui, L., and Bamji, M. S., Lysine-carnitine conversion in normal and undernourished adult men—suggestion of a nonpeptidyl pathway. *Amer. J. Clin. Nutr.*, 37 (1): 93 – 98, 1983.

Kirschmann, J. D., and Dunne, L. J., *Nutrition Almanac*, 2nd ed. Completely Revised and Updated. New York: McGraw-Hill Book Co., 1984.

Klandorf, H., Rathore, D. S., Iqbal, M., Shi, X., Van Dyke, K., Accelerated tissue aging and increased oxidative stress in broiler chickens fed allopurinol. *Comp. Biochem. Physiol. C. Toxicol. Pharmacol.*, 129 (2): 93-104, June 2001.

Klemesrud, M. J., Klopfenstein, T. J., Stock, R. A., Lewis, A. J., Herold, D. W., Effect of dietary concentration of metabolizable lysine on finishing cattle performance. *J. Anim. Sci.*, 78 (4): 1060-1066, April 2000.

Konashi, S. K., Akiba, Y., Effects of dietary essential amino acid deficiencies on immunological variables in broiler chickens. *Br. J. Nutr.*, 83 (4): 449-456, April 2000.

Krajcovicova-Kudlackova, M., Simoncic, R., Bederova, A., Babinska, K., Beder, I., Correlation of carnitine levels to methionine and lysine intake. *Physiol. Res.*, 49 (3): 399 – 402, 2000.

Lamont, L. S., McCullough, A. J., Kalhan, S. C., Relationship between leucine oxidation and oxygen consumption during steady-state exercise. *Med. Sci. Sports Exerc.*, 33 (2): 237-241, February 2001.

Leeming, T. K., and Donaldson, W. E., Effect of dietary methionine and lysine on the toxicity of ingested lead acetate in the chick. *J. Nutr.*, 114 (11): 2155-2159, 1984.

Lotan, R., Mokady, S., and Horenstein, L., The effect of lysine and threonine supplementa-

tion on the immune response of growing rats fed wheat gluten diets. *Nutr. Rep. Inter.*, 22 (9):
313, 1980.

Malis, C. D., Racusen, L. C., Solez, K., and Whelton, A., Nephrotoxicity of lysine and of
a single dose of aminoglycoside in rats given lysine. *J. Lab. Clin. Med.*, 103 (5): 660 –
676, 1984.

Markison, S., Thompson, B. L., Smith, J. C., Spector, A. C., Time course and pattern of
compensatory ingestive behavioral adjustments to lysine deficiency in rats. *J. Nutr.*, 130 (5):
1320–1328, May 2000.

McWeeny, D. J., The chemical behavior of food additives. *Proc. Nutr. Soc.*, 38: 129, 1979.
Medical News, Herpes simplex virus and cervical cancer. *JAMA*, 238 (10): 1614–1615, 1977.
Metges, C. C., Contribution of microbial amino acids to amino acid homeostasis of the host. *J. Nutr.*, 130 (7): 1857S–1864S, July 2000.

Millward, D. J., Fereday, A., Gibson, N. R., Pacy, P. J., Human adult amino acid re-
quirements: [1–13C] leucine balance evaluation of the efficiency of utilization and apparent re-
quirements for wheat protein and lysine compared with those for milk protein in healthy adults. *Am.
J. Clin. Nutr.*, 72 (1): 112–121, July 2000.

Milman, N., Scheibel, J., and Jessen, O., Failure of lysine treatment in recurrent herpes
simplex labialis. *Lancet*, October 28, 1978.

——, ——, and ——, Lysine prophylaxis in recurrent herpes simplex labialis: a double-
blind, controlled crossover study. *Acta Dermatovener*, 60: 85–87, 1979.

Mohn, S., Gillis, A. M., Moughan, P. J., de Lange, C. F., Influence of dietary lysine and
energy intakes on body protein deposition and lysine utilization in the growing pig. *J. Amin. Sci.*, 78
(6): 1510–1519, June 2000.

Niiyama, S., Koelker, S., Degen, I., Hoffmann, G. F., Happle, R., Hoffmann, R., Acro-
dermatitis acidemica secondary to malnutrition in glutaric aciduria type I. *Eur. J. Dermatol.*, 11
(3): 244–246, May–June 2001.

Nutrition Reviews. Accelerated remission of episodes of herpes labialis in response to a biofla-
vonoid–ascorbate supplement. 36 (10): 300–301, 1978.

——, The role of growth hormone in the action of vitamin B6 on cellular transfer of amino
acids. 37 (9): 300–301, 1979.

Owen, K. Q., Nelssen, J. L., Goodband, R. D., Tokach, M. D., Friesen, K. G., Effects of
dietary L–carnitine on growth performance and body composition in nursery and growing–finishing
pigs. J. Anim. Sci., 79 (6): 1509–1515, June 2001.

Peisker, M., Efficiency of a lysine–tryptophan blend as a tryptophan source in animal nutri-
tion. *Adv. Exp. Med. Biol.*, 467: 743–747, 1999.

Perez, J. F., Gernat, A. G., Murillo, J. G., Research notes: the effects of different levels of
palm kernel meal in layer diets. *Poul. Sci.*, 79 (1): 77–79, January 2000.

Prevention, Lysine. 136, March 1983.

Rapp, F., and Kemeny. B. A., Oncogenic potential of herpes simplex virus in mammalian
cells following photodynamic inactivation. *Photochem. & Photobiol.*, 25 (4): 335–338, 1977.

Reeds, P. J., Dispensable and indispensable amino acids for humans. *J. Nutr.*, 130 (7):

1835S-1840S, July 2000.

Robinson, P. H., Caliper, W., Stiffen, C. J., Julian, W. E., Sato, H., Foiled, T., Ueda, T., Suzuki, H., Influence of abdominal infusion of high levels of lysine or motioning, or both, on luminal fermentation, eating behavior, and performance of lactating diary cow. *J. Amin. Sci.*, 78 (4): 1-67-77, April 2000.

Roesler, K. R., Rao, A. G., Rapid gastric fluid digestion and biochemical characterization of engineered proteins enriched in essential amino acids. *J. Agric. Food Chem.*, 49 (7): 3443–3451, July 2001.

Roth, F. X., Eder, K., Rademacher, M., Kirchgessner, M., Influence of the dietary ration between sulphur containing amino acids and lysine on performance of growing–finishing pigs fed diets with various lysine concentrations. *Arch. Tierernahr.*, 53 (2): 141-155, 2000.

Rytel, M. W., Herpes simplex infections. *Drug Therapy*, 27-39, September 1976.

Saturday Evening Post. A free bag of high–lysine, whole–grain corn meal with each paid subscription or renewal. March 1984.

——, Purdue high–lysine corn recipes. 1983.

——, Servaas, C., Does L–lysine stop herpes? July/August 1982.

Shiehzadeh, S. A., Herbers, L. H., and Schalles, R. R., Inheritance of response to lysine–deficient diet by rats. *J. Heredity*, 63: 119-121, May–June 1972.

Smiriga, M., Mori, M., Torii, K., Circadian release of hypothalamic norepinephrine in rats *in vivo* is depressed during early L–lysine deficiency. *J. Nutr.*, 130 (6): 1641-1643, June 2000.

Staniar, W. B., Kronfeld, D. S., Wilson, J. A., Lawrence, L. A., Cooper, W. L., Harris, P. A., Growth of thoroughbreds fed a low–protein supplement fortified with lysine and threonine. *J. Anim. Sci.*, 79 (8): 2143-2151, August 2001.

Swaiman, K. F., and Wright, F. S., Metabolic disorders of the central nervous system: diseases of amino acid metabolism and associated conditions. *The Practice of Pediatric Neurology*, Vol. 1, 2nd ed. St. Louis, MO: The C. V. Mosby Co., 1982.

Tennican, P. O., Carl, G. Z., and Chvapil, M., Antiviral activity of zinc – medicated collagen sponges against genital herpes simplex. *Cur. Chemoth.*, 363-366, 1978.

Wahba, A., Topical application of zinc–solutions: a new treatment for herpes simplex infections of the skin? *Acta Dermatovener*, 60: 175-177, 1979.

Walser, M., Urea metabolism: regulation and sources of nitrogen. *Amino Acids: Metabolism and Medical Applications.*

Walter, W. M., Collins, W. W., and Purcell, A. E., Sweet potato protein. *J. Agric. Food Chem.*, 32: 695, 1984.

Warren, W. A., Emmert, J. L., Efficacy of phase–feeding in supporting growth performance of broiler chicks during the started and finisher phases. *Poult. Sci.*, 79 (5): 764 – 770, May 2000.

Wolinsky, I., and Fosmire, G. J., Calcium metabolism in aged mice ingesting a lysine–deficient diet. *Gerontology*, 28: 156-162, 1982.

Woodham, A. A., Cereals as protein sources. *Proc. Nutr. Soc.*, 36: 137-142, 1977.

Yang, H., Foxcroft, G. R., Pettigrew, J. E, Johnston, L. J., Shurson, G. S., Costa, A.

N., Zak, L. J., Impacts of dietary lysine intake during lactation on follicular development on oocyte matura-tion after weaning in primiparous sows. *J. Amin. Sci.*, 78 (4): 993-1000, April 2000.

Young, V. R., et al., Plasma amino acid response curve and amino acid requirements in young men: valine and lysine. *J. Nutr.*, 102 (9): 1159-1170, 1972.

第十九章　肉碱

Adembri, C., Domenici, L. L., Formigli, L., et al., Ischemi-reperfusion of human skeletal muscle during aortoiliac surgery: effects of acetylcarnitine. *Histology & Histopathy*, 9 (4): 683-690, October 1994.

Alaoui-Talibi, Z., Bouhaddioni, N., and Moravec, J., Assessment of the cardiostimulant action of propionyl-L-carnitine on chronically volume-overloaded rat hearts. *Cardiovasc. Drugs & Ther.*, 7: 357-363, 1993.

Angelucci, L., Ramacci, M. T., Taglialatela, G., et al., Nerve growth factor binding in aged rat central nervous system: effect of acetyl-L-carnitine. *J. Neurosci. Res.* (USA), 20 (4): 491-496, 1988.

APMA National Fax Network News. APMA obtains Dykstra Report: Highlights of recommendations of the Dietary Supplement Task Force. June 17, 1993.

Bell, F. P., DeLucia, A., Bryant, L. R., Patt, C. S., and Greenberg, H. S., Carnitine metabolism in Macaca arctoides: the effects of dietary change and fasting on serum triglycerides, unesterified carnitine, esterified (acyl) carnitine, and B-hydroxybutyrate. *Amer. J. Clin. Nutr.*, 36: 115-121, 1982.

Bella, R., Biondi, R., Raffaele, R., et al., Effect of acetyl-L-carnitine on geriatric patients suffering from dysthymic disorders. *Int. J. Clin. Pharmacol. Res.*, 10: 355-360, 1990.

Bertoni-Freddari, C., Fattoretti, P., Casoli, T., et al., Dynamic morphology of the synaptic junctional areas during aging: the effect of chronic acetyl-L-carnitine administration. *Brain Res.* (Netherlands), 656 (2): 359-366, 1994.

Bizzi, A., Cini, M., Garrattini, S., Mingardi, G., Licini, L., and Mecca, G., L-carnitine addition to haemodialysis fluid prevents plasma-carnitine deficiency during dialysis. *Lancet*, 1213: 882, April 21, 1979.

Bonavita, E., Study of the efficacy and tolerability of L-acetylcarnitine therapy in the senile brain. *Int. J. Clin. Pharmacol. Ther. Toxicol.*, 24: 511-516, 1986.

Borum, P. R., York, C. M., and Bennett, S. G., Carnitine concentration of red blood cells. *Amer. J. Clin. Nutr.*, 41: 653-656, 1985.

——, et al., Carnitine content of liquid formulas and special diets. *Amer. J. Clin. Nutr.*, 32: 2272-2276, 1979.

Broquist, H. P., Carnitine biosynthesis and function. *Fed. Proc.*, 41 (12): 2840, 1982.

Calvani, M., et al., Action of acetyl-L-carnitine in neurodegeneration and Alzheimer's disease. *Ann. N. Y. Acad. Sci.* (USA), 663: 483-486, 1992.

Carlsson, M., Forsberg, E., and Thorne, A., Observations during L-carnitine infusion intwo longterm critically ill patients. *Clin. Physiol.*, 4: 363-365, 1984.

Carta, A., et al., Acetyl-L-carnitine and Alzheimer's disease: pharmacological considerations beyond the cholinergic sphere. *Ann. N. Y. Acad. Sci.* (USA), 695: 324-326, 1993.

———, and Calvani, M., Acetyl-L-carnitine: a drug able to slow the progress of Alzheimer's dis-ease? *Ann. N. Y. Acad. Sci.* (USA), 640: 228-232, 1991.

Chaitow, L., *Amino Acids in Therapy*. 75-77. 1988.

Chapoy, P. R., Angelini, C., Brown, W. J., Stiff, J. E., Shug, A. L., and Cederbaum, S. D., Sys-temic carnitine deficiency—a treatable inherited lipid-storage disease presenting as Reye's syn-drome. *New Eng. J. Med.*, 303: 1389, 1980.

Chazot, C., Laurent, G., Charra, B., Blanc, C., VoVan, C., Hean, G., Vanel, T., Terrat, J. C., Ruf-fet, M., Malnutrition in long-term haemodialysis survivors. *Nephrol. Dial. Transplant*, 16 (1): 61-69, January 2001.

Cipolli, C., and Chiari, G., Effects of L-acetylcarnitine on mental deterioration in the aged: initial results. *Clin. Ter.*, 132: 479-510, 1990.

Cucinotta, D., Passeri, M., Ventura, S., et al., Multicenter clinical placebo-controlled study with acetyl-l-carnitine (LAC) in the treatment of mildly demented elderly patients. *Drug Dev. Res.* (USA), 14 (3-4): 213-216, 1988.

Davis, S., Markowska, A. L., Wenk, G. L., Barnes, C. A., Acetyl-L-carnitine: behavioral, electrophysiological and neurochemical effects. *Neurbiol. Aging*, 14 (1): 107-115, January-February 1993.

Dayanandan, A., Kumar, P., Kalaiselvi, T., et al., Effect of L-carnitine on blood lipid composition in atherosclerotic rats. *J. Clin. Biochem. & Nutr.*, 17: 2, September 1994.

De Vivo, D. C., Bohan, T. P., Coulter, D. L., Dreifuss, F. E., Greenwood, R. S., Nordli, Jr., D. R., Shields, W. D., Stafstrop, C. E., Tein, I., L-carnitine supplementation in childhood epilepsy: current perspectives. *Epilepsia*, 39 (11): 1216-1225, November 1998.

DeAngelis, C., Scarfo, C., Falcinelli, M., et al., Acetyl-L-carnitine prevents agedependent structural alterations in rat peripheral nerves and promotes regeneration following sciatic nerve injury in young and senescent rats. *Exp. Neurol.* (USA), 128 (1): 103-114, 1994.

DeFalco, F. A., et al., Effect of the chronic treatment with L-acetylcarnitine in Down's syndrome. *Clin. Ther.*, 144: 123-127, 1994.

Dimkovic, N., Erythropoietin-beta in the treatment of anemia in patients with chronic renal insufficiency. *Med. Pregl.*, 54 (5-6): 235-240, May-June 2001.

Dove, R. S., Nutritional therapy in the treatment of heart disease in dogs. *Altern. Med. Rev.*, 6 Suppl.: S38-45, September 2001.

Dowson, J. H., Wilton-Cox, H., Cairns, M. R., et al., The morphology of lipopigment in rat Purkinje neurons after chronic acetyl-L-carnitine administration. a reduction in aging-related changes. *Biol. Psychiatry* (USA), 32 (2): 179-187, 1992.

Felipo, V., Hermenegildo, C., Montoliu, C., Llansola, M., Minana, M. D., Neurotoxicity of ammonia and glutamate: molecular mechanisms and prevention. *Neurtoxicology*, 19 (4-5): 675-681, August-October 1998.

Felipo, V., Kosenko, E., Minana, M. D., Marcaida, G., Grisolia, S., Molecular mechanisms of acute ammonia toxicity and of its prevention by L-carnitine. *Adv. Exp. Med. Biol.*, 368:

65–77, 1994.

Fracarelli, M., Rocchi, L., and Calvani, M., Acute effects of carnitine in primary myopathies evaluated by quantitative electromyography. *Drugs Exptl. Clin. Res.*, X (6): 413–420, 1984.

Gecele, M., Francesetti, G., and Meluzzi, A., Acetyl–L–carnitine in aged subjects with major depression: clinical efficacy and effects on the circadian rhythm of cortisol. *Dementia*, 2: 333–337, 1991.

Geelen, S. N., Blazquez, C., Geelen, M. J., Sloet van Oldruitenborgh–Oosterbaan, M. M., Beynen A. C., High fat intake lowers hepatic fatty acid synthesis and raises fatty acid oxidation in aerobic muscle in Shetland ponies. *Br. J. Nutr.*, 86 (1): 31–36, July 2001.

Ghirardi, O., Milano, S., Ramacci, M. T., et al., Effect of acetyl–L–carnitine chronic treatment on discrimination models in aged rats. *Physiol. Behav.* (USA), 44 (6): 769–773, 1988.

Ghyczy, M., Boros, M., Electrophilic methyl groups present in the diet ameliorate pathological states induced by reductive and oxidative stress: a hypothesis. *Br. J. Nutr.*, 85 (4): 409–414, April 2001.

Guarnaschelli, C., Fugazza, G., and Pistarini, C., Pathological brain aging: evaluation of the effi–cacy of a pharmacological aid. *Drugs Exp. Clin. Res.*, 14: 715–718, 1988.

Hahn, P., and Novak, M., How important are carnitine and ketones for the new born infant? *Fed. Proc.*, 44: 2369–2373, 1985.

——, Allardyce, D. B., and Frohlich, J., Plasma carnitine levels during total parenteral nutri–tion of adult surgical patients. *Amer. J. Clin. Nutr.*, 36: 569–572, 1982.

Hongu, N., Sachan, D. S., Caffeine, carnitine and choline supplementation of rats decreased body fat and serum leptin concentration as does exercise. *J. Nutr.*, 130 (2): 152–157, February 2000.

Hughes, R. E., Hurley, R. J., and Jones, E., Dietary ascorbic acid and muscle carnitine (B–OH–y– (trimethylamino) butyric acid) in guinea–pigs. *Brit. J. Nutr.*, 43: 385–387, 1980.

Iannetti, E., Carpinteri, G., Trovato, G. M., Arterial hypertension in chronic kidney failure: a vol–ume–dependent pathology or a disease due to malnutrition? *G. Ital. Cardiol.*, 29 (3): 284–290, March 1999.

Iliceto, S., Scrutinio, D., Bruzzi, P., et al., Effects of L–carnitine administration on left ventricu–lar remodeling after acute anterior myocardial infarction: the L–Carnitine Ecocardiografia Dig–italizzata Infarto Miocardioc (CEDIM) Trial. *Current Contents*, 23 (35), August 28, 1995.

Imperato, A., Scrocco, M. G., Ghirardi, O., et al., *In vivo* probing of the brain cholinergic sys–tem in the aged rat: effects of long–term treatment with acetyl–l–carnitine. *Ann. N. Y. Acad. Sci.* (USA), 621: 90–97, 1991.

Kanter, M. M., and Williams, M. H., Antioxidants, carnitine, and choline as putative ergogenic aids. *Int. J. Sport Nutr.*, 5: S120–S131, 1995.

Katz, M. I., Rice, L. M., Gao, C. L., Dietary carnitine supplements slow disease progression in a putative mouse model for hereditary ceroid–lipfuscinosis. 50 (1): 123–132, October 1997.

Keith, M. E., Ball, A., Jeejeebhoy, K. N., Kurian, R., Butany, J., Dawood, F., Wen,

W. H., Madapallimattam, A., Sole, M. J., Conditioned nutritional deficiencies in the cardiomyo-pathic ham-ster heart. *Can. J. Cardiol.*, 17 (4): 449-458, April 2001.

Kelly, G. S., Insulin resistance: lifestyle and nutritional interventions. *Altern. Med. Rev.*, 5 (2): 109-132, April 2000.

Kendall, R. V. N., N-dimethylglucine and L-carnitine as performance enhancers in athletes. *Cur-rent Contents*, Comment, 22 (38), September 19, 1994.

Kerner, J., Forseth, J. A., Miller, E. R., and Bieber, L. L., A study of the acetylcarnitine content of sows' colostrums, milk and newborn piglet tissues: demonstration of high amounts of isovaleryl-carnitine in colostrum and milk. *J. Nutr.*, 114: 854-861, 1984.

Khan, L., and Bamji, M. S., Tissue carnitine deficiency due to dietary lysine deficiency: tri-glyceride accumulation and concomitant impairment in fatty acid oxidation. *J. Nutr.*, 109: 24-31, 1979.

Khan-Siddiqui, L., and Bamji, M. S., Lysine-carnitine conversion in normal and undernour-ished adult men—suggestion of a nonpeptidyl pathway. *Amer. J. Clin. Nutr.*, 37: 93-98, 1983.

——, Plasma carnitine levels in adult males in India: effects of high cereal, low fat diet, fat supplementation, and nutrition status. *Am. J. Clin. Nutr.*, 33: 1259-1263, 1980.

Kido, Y., Tamai, I., Ohnari, A., Sai, Y., Kagami, T., Nezu, J., Nikaido, H., Hashimo-to, N., Asano, M., Tsuji, A., Functional relevance of carnitine transporter OCTN2 to brain distri-bution of L-carnitine and acetyl-L-carnitine across the blood-brain barrier. *J. Neurochem.*, 79 (%): 959-969, December 2001.

Kohjimoto, Y., Ogawa, T., Matsumoto, M., et al., Effects of acetyl-L-carnitine on the brain lipo-fuscin content and emotional behavior in aged rats. *J. Pharmacol.* (Japan), 48 (3): 365-371, 1988.

Koudelova, J., Mourek, J., Drahota, Z., Rauchova, H., Protective effect of carnitine of li-poperoxide formation in rat brain. *Physiol. Res.*, 43 (6): 387-389, 1994.

Krahenbuhl, S., Mang, G., Kupferschmidt, H., et al., Plasma and hepatic carnitine and co-enzyme A pools in a patient with fatal, valproate induced hepatotoxicity. *Current Contents*, Com-ment, 23 (31), July 31, 1995.

Krajcovicova-Kudlackova, M., Simoncic, R., Bederova, A., Babinska, K., Beder, I., Cor-relation of carnitine levels to methionine and lysine intake. *Physiol. Rev.*, 49 (3): 399-402, 2000.

Lee, J. S., Bruce, C. R., Spriet, L. L., Hawley, J. A., Interaction of diet and training on endurance performance in rats. *Exp. Physiol.*, 86 (4): 499-508, July 2001.

Leibovitz, B., *Carnitine the Vitamin BT Phenomenon*. New York: Dell Publishing Co., Inc., 1984.

Lien, T. F., Horng, Y. M., The effect of supplementary dietary L-carnitine on growth per-formance, serum components, carcase traits and enzyme activities in relation to fatty acid beta-oxi-dation of broiler chickens. *Br. Poult. Sci.*, 42 (1): 92-95, March 2001.

Lino, A., et al., Psycho-functional changes in attention and learning under the action of L-acetylcarnitine in 17 young subjects. A pilot study of its use in mental deterioration. *Clin. Ter.*, 140: 569-573, 1992.

Makar, T. K., Cooper, A. J., Tofel-Grehl, B., Thaler, H. T., Blass, J. P., Carnitine, Carnitine acetyl-trasferase, and glutathione in Alzheimer brain. *Neurochem. Res.*, 20 (6): 705-711, June 1995.

Mayatepek, E., Kurczunski, T. W., and Hoppel, C. L., Longterm L-carnitine treatment in isovaleric acidemia. *Ped. Neur.*, 7 (2), March-April 1991.

Montessuit, C., Papageorgiou, I., Tardy-Cantalupi, I., Rosenblatt-Velin, N., Lerch, R., Postis-chemic recovery of heart metabolism and function: role of mitochondrial fatty acid transfer. *J. Appl. Physiol.*, 89 (1): 111-119, July 2000.

Napoleone, P., Ferrante, F., Ghirardi, O., et al., Age-dependent nerve cell loss in the brain of Sprague-Dawley rats: Effect of long-term acetyl-L-carnitine treatment. *Arch. Gerontol. Geriatrs.* (Netherlands), 10 (2): 173-185, 1990.

Nasca, D., Zurria, G., Aguglia, E., Action of acetyl-L-carnitine with mianserine on depressed old people. *New Trends Clin. Neuropharmacol.* (Italy), 3 (4): 225-230, 1989.

Nutrition Reviews. Role of carnitine in branched-chain ketoacid metabolism. 39 (11): 406-407, 1981.

——, Cardiac carnitine-binding protein, 42 (5): 198-199, 1984.

——, Carnitine biosynthesis in rat and man: tissue specificity. 39 (1): 24-26, 1981.

Owen, K. Q., Nelssen, J. L., Goodband, R. D., Tokach, Friesen, K. G., Effects of dietary L-carni-tine on growth performance and body composition in nursery and growing-finishing pigs. *J. Anim. Sci.*, 79 (6): 1509-1515, June 2001.

Parnetti, L., et al., Multicentre study of L-alpha-glyceryl-phosphorylcholine vs. ST200 among patients with probable senile dementia of Alzheimer's type. *Drugs Aging*, 3: 159-164, 1993.

Parnetti, L., Gaiti, A., Mecocci, P., et al., Effect of acetyl-L-carnitine on serum levels of cortisol and adrenocorticotropic hormone and its clinical effect in patients with dementia of Alzheimer type. *Dementia* (Switzerland), 1 (3): 165-168, 1990.

Pascale, A., Milano, S., Corsico, N., et al., Protein kinase C activation and anti-amnesic effect of acetyl-L-carnitine: *in vitro* and *in vivo* studies. *Aur. J. Pharmacol.*, 265: 1-2, November 14, 1994.

Paulson, D. J., Schmidt, M. J., Traxler, J. S., Ramacci, M. R., and Shug, A. L., Improvement of myocardial function in diabetic rats after treatment with L-carnitine. *Metabolism*, 33 (4): 358-362, 1984.

Penn, D., Schmidt-Sommerfield, E., and Wolf, H., Carnitine deficiency in premature infants receiving total parenteral nutrition. *Early Human Devel.*, 23-24, 1980.

Pepine, C. J., Therapeutic potential of L-carnitine in cardiovascular disorders. *Clin. Ther.*, 13: 2-21 (discussion 1), 1991.

Pillepich, J. A., Potential therapeutic applications of Propionyl-L-carnitine. 1993.

Pola, P., Tondi, P., Dal Lago, A., Serricchio, M., and Flore, R., Statistical evaluation of long-term L-carnitine therapy in hyperlipoproteinaemias. *Drugs Exptl. Clin. Res.*, IX (12): 925-934, 1983.

——, Savi, L., Serricchio, M., Dal Lago, A., Grilli, M., and Tondi, P., Use of physiological sub-stance, acetyl-carnitine, in the treatment of angiospastic syndromes. *Drugs Exptl. Clin. Res.*, X (4): 213-217, 1984.

Rabie, M. H., Szilagyi, M., Effects of L-carnitine supplementation of diets differing in energy levels on performance, abdominal fat content and yield and composition of edible meat of broilers. *Br. J. Nutr.*, 80 (4): 391-400, October 1998.

Rai, G., et al., Double-blind, placebo-controlled study of acetyl-L-carnitine in patients with Alzheimer's dementia. *Cur. Med. Res. Opin.*, 11: 638-647, 1990.

——, Wright, G., Scott, L., et al., Double-blind, placebo-controlled study of acetyl-l-carni-tine in patients with Alzheimer's disease. *Cur. Med. Res. Opin.* (United Kingdom), 11 (10): 638-647, 1989.

Ramacci, M. T., DeRossi, M., Lucreziotti, M. R., et al., Effect of long-term treatment with acetyl-L-carnitine on structural changes of aging rat brain. *Drugs Exp. Clin. Res.* (Switzerland), 14 (9): 593-601, 1988.

Rebouche, C. J., Effect of dietary carnitine isomers and -butyrobetaine on L-carnitine biosyn-thesis and metabolism in the rat. *J. Nutr.*, 113: 1906-1913, 1983.

——, and Engel, A. G. Carnitine metabolism and deficiency syndromes. *Mayo Clin. Proc.*, 58: 533-540, 1983.

——, Kinetic compartmental analysis of carnitine metabolism in the human carnitine defi-ciency syndromes. *J. Clin. Invest.*, 73: 857-867, 1984.

Roe, C. R., Millington, D. S., Maltby, D. A., et al., L-carnitine therapy in isovaleric aci-demia. *J. Clin. Invest.*, 74: 2290-2295, December 1984.

Rosenthal, R. E., Williams, R., Bogaert, Y. E., et al., Prevention of postischemic canine neurological injury through potentiation of brain energy metabolism by acetyl-L-carnitine. *Stroke* (USA), 23 (9): 1312-1318, 1992.

Sachan, D. S., Rhew, T. H., and Ruark, R. A., Ameliorating effects of carnitine and its precursors on alcohol-induced fatty liver. *Amer. J. Clin. Nutr.*, 39: 738-744, 1984.

Salvioli, G., and Neri, M., L-acetylcarnitine treatment of mental decline in the elderly. *Drugs Exp. & Clin. Res.*, ⟨20 (4): 169-176, 1994.

Sandor, A., Pecsuvac, K., Kerner, J., and Alkonyi, I., On carnitine content of the human breast milk. *Pediatr. Res.*, 16: 89-91, 1982.

Sano, M., et al., Double-blind parallel design pilot study of acetyl levocarnitine in patients with Alzheimer's disease. *Arch. Neurol.*, 49: 1137-1141, 1992.

Sbriccoli, A., Carretta, D., Santarelli, M., Granato, A., Minciacchi, D.. An optimized pro-cedure for prenatal ethanol exposure with determination of its effects on the central nervous system connections. *Brain Res. Protoc.*, 3 (3): 264-269, January 1999.

Scholte, H. R., Stinis, J. T., and Jennekens, F. G. I., Low carnitine levels in serum of preg-nant women. *New Eng. J. Med.*, 299: 1079-1080, 1979.

Seccombe, D., Burget, D., Frohlich, J., Hahn, P., Cleator, I., and Gourlay, R. H., Oral L-carnitine administration after jejunoileal by-pass surgery. *Interntl. J. Obesity*, 8: 427-433, 1984.

Sershen, H., Harsing, Jr., L. G., Banay-Schwartz, M., et al., Effect of acetyl-L-carnitine on the dopaminergic system in aging brain. *J. Neurosci. Res.* (USA), 30 (3): 555-559, 1991.

Shug, A. L., Schmidt, M. J., Golden G. T., and Fariello, R. G., The distribution and role of carnitine in the mammalian brain. *Life Sci.*, 31: 2869-2874, 1982.

Sinforiani, E., et al., Neuropsychological changes in demented patients treated with acetyl-l-carnitine. *Int. J. Clin. Pharmacol. Res.*, 10: 69-74, 1990.

Slonim, A. E., Borum, P. R., Tanaka, K., Stanley, C. A., Kasselberg, A. G., Greene, H. L., and Burr. I. M., Dietary-dependent carnitine deficiency as a cause of nonketotic hypoglycemia in an infant. *J. Ped.*, 99 (4): 551-556, 1981.

Spagnoli, A., et al., Long-term acetyl-L-carnitine treatment in Alzheimer's disease. *Neurology*, 41: 1726-1732, 1991.

Suzuki, G., Chen, Z., Sugimoto, Y., Fujii, Y., Kamei, C., Effects of histamine and related compounds on regional cerebral blood flow in rats. *Methods Find Exp. Clin. Pharmacol.*, 21 (9): 613-617, November 1999.

Taglialatela, G., Caprioli, A., Giuliani, A., Ghirardi, O., Spatial memory and NGF levels in aged rats: natural variability and effects of acetyl-L-carnitine treatment. Exp. Gerontol., 31 (5): 577-587, September-October 1996.

Taglialatela, G., Angelucci, L., Ramacci, M. T., et al., Stimulation of nerve growth factor recep-tors in PC12 by acetyl-L-carnitine. *Biochem. Pharmacol.* (UK), 44 (3): 577-585, 1992.

Tempesta, E., et al., L-acetylcarnitine in depressed elderly subjects. A cross-over study vs. placebo. *Drugs Exp. Clin. Res.* 13: 417-423, 1987.

——, et al., Role of acetyl-L-carnitine in the treatment of cognitive deficit in chronic alcoholism. *Int. J. Clin. Pharmacol. Res.*, 10: 101-107, 1990.

Turcotte, L. P., Role of fats in exercise: types and quality. *Clin. Sports Med.*, 18 (3): 485-498, July 1999.

Vecchi, G. P., Chiari, G., Cipolli, C., et al., Acetyl-l-carnitine treatment of mental impairment in the elderly: evidence from multicentre study. *Arch. Gerontol. Geriatr.* (Netherlands), (Suppl. 2): 159-168, 1991.

Vecchiet, L., DiLisa, F., Pieralisi, G., et al., Influence of L-carnitine administration on maximal physical exercise. *Eur. J. Appl. Physiol.*, 61: 486-490, 1990.

Watanabe, S., Ajisaka, R., Masuoka, T., et al., Effects of L-and DL-carnitine on patients with impaired exercise tolerance. *Current Contents*, Comment, 23 (31), July 31, 1995.

Weschler, A., Aviram, M., Levin, M., Better, O. S., and Brook, J. G., High dose of L-carnitine increases platelet aggregation and plasma triglyceride levels in uremic patients on hemodialysis. *Nephron*, 38: 120-124, 1984.

White, H. L., and Scates, P. W., Acetyl-L-carnitine as a precursor of acetylcholine. *Neurochem. Res.* (USA), 15 (6): 597-601, 1990.

Witte, K. K., Clark, A. L., Cleland, J. G., Chronic heart failure and micronutrients. *J. Am. Coll. Cardiol.*, 37 (7): 1765-1774, June 2001.

第二十章　组氨酸

Adachi, N., and Itoh, Y., Direct evidence for increased continuous histamine release in the striatum of conscious freely moving rats produced by middle cerebral artery occlusion. *Journal of Cerebral Blood Flow Metabolism*, 12 (3), 477–483, July 1992.

Anagnostrides, A. A., Christofides, N. D., et al., Peptide histidine isoleucine—a secreta-gogue in human jejunum. *Gut*, 25 (4): 381–385, 1984.

Aoyama, Y., and Kato, C., Suppressive effect of excess dietary histidine on the expression of hepatic metallothionein – 1 in rats. *Bioscience Biotechnology Biochemistry*, 64 (3), 588 – 591, March 2000.

Bizzi, A., Crane, R. C., Autilio-Gambetti, L., and Gambetti, P., Aluminum effect on slow axonal transport: a novel impairment of neurofilament transport. *J. Neurosci.*, 4 (3): 722 – 731, 1984.

Bunce, G. E., Nutrition and Cataract. *Nutr. Rev.*, 37 (11): 337–342, 1979.

Chiu, Y. N., Austic, R. E., and Rumsey, G. L., Effect of dietary electrolytes and histidine on histidine metabolism and acid base balance in rainbow trout (Salmo gairdneri). *Comp. Biochem. & Physiol.*, 78 (4): 777–784, 1984.

Cho, E. S., Anderson, H. L., Wixom, R. L., Hanson, K. C., and Krause, G. F., Long-term effects of low histidine intake on men. *J. Nutr.*, 114 (2): 369–384, 1984.

Clairborne, B. J., and Selverston, A. I., Histamine as a neurotransmitter in the stomatogastric nervous system of the spiny lobster. *J. Neurosci.*, 4 (3): 708–721, 1984.

Clemens, R. A., Kopple, J. D., Swendseid, M. E., Metabolic effects of histidine-deficient diets fed to growing rats by gastric tube. *J. Nutr.*, 114 (11): 2138–2146, 1984.

Crush, K. G., Carnosine and related substances in animal tissues. *Comp. Biochem. Physiol.*, 34: 3–30, 1970.

Dickerson, R. N., and et al., Effect of pentoxifylline on nitrogen balance and 3–methylhisti-dine excretion in parenterally fed edotoxemic rats. *Nutrition*, 17 (7 – 8), 623 – 627, July – August 2001.

Dyme, I. Z., Horwitz, S. J., Bacchus, B., and Kerr, D. S., A case with resolution of my-oclonic seizures after treatment with a low – histidine diet. *Am. J. Dis. Child.*, 137: 256 – 258, 1983.

Gerber, D. A., Antirheumatic drugs, the ESR, and the hypohistinenemia of rheumatoid arthri-tis. *J. Rheumatol.*, 4: 40–45, 1977.

——, Treatment of rheumatoid arthritis with histidine. *Arthritis & Rheum.* (abst.), 12: 295, 1969.

——, Decreased concentration of free histidine in serum in rheumatoid arthritis, an isolated amino acid abnormality not associated with generalized hypoaminoacidemia. *J. Rheumat.*, 2 (4): 384–392, 1975.

——, Low free serum histidine concentration in rheumatoid arthritis: a measure of disease ac-tivity. *J. Clin. Invest.*, 55: 1164–1173, 1975.

——, and Gerber, M. G., Specificity of a low free serum histidine concentration for rheumatoid arthritis. *J. Chronic Dis.*, 30: 115–127, 1977.

Harris, A., and Delmont, J., 3 Methyl histidine (3MHis) a reliable indicator of protein energy malnutrition (PEM) in esogastric cancer. *J. ACN*, 3, 1984.

Hidesuke, J., Chaihara, K., Abe, H., Minamitani, N., Kodama, H., Kita, T., Fujita, T., and Tate–moto, K., Stimulatory effect of peptide histidine isoleucine amide 1–27 on prolactin release in the rat. *Life Sci.*, 35 (6): 641–648, 1984.

Hoekstra, W. G., Skeletal and skin lesions of zinc–deficient chickens and swine. *Amer. J. Clin. Nutr.*, 22 (9): 1268–1277, 1969.

Imamura, I., Watanabe, T., Hase, Y., Sakamoto, Y., Fukuda, Y., Yamamoto, H., Tsuruhara, T., and Wada, H., Effect of food intake on urinary excretions of histamine, N–methylhistamine, imidazole acetic acid and its conjugate (s) in humans and mice. *J. Biochem. Tokyo*, 96 (6): 1925–1931, 1984.

Ishibashi, T., Donis, O., Fitzpatrick, D., Lee, N. –S., Turetsky, O., and Fisher, H., Effect of age and dietary histidine on histamine metabolism of the growing chick. *Agents & Actions*, 9 (5/6): 435–444, 1979.

Kulh, D. A., and et al., Alterations in N–acetylation of 3–methylhistidine in endotoxemic par–enterally fed rats. *Nutrition*, 14 (9), 678–682, September 1998.

Medical World News. How "nonessential" is histidine? 35, November 7, 1969.

Myint, T., and et al., Urinary 1–methylhistidine is a marker of meat consumption in Black and in White California Seventh–day Adventists. *American Journal of Epidemiology*, 152 (8), 752–755, October 2000.

Nasset, E. S., Heald, F. P., Calloway, D. H., Margen, S., and Schneeman, P., Amino acids in human blood plasma after single meals of meat, oil, sucrose and whiskey. *J. Nutr.*, 109 (4): 621–630, 1979.

Nishio, A., Ishiguro, S., Matsumoto, S., and Miyao, N., Histamine content and histidine decarboxylase activity in the spleen of the magnesium–deficient rat: comparison with the skin and peritoneal mast cells. *Japan. J. Pharmacol.*, 36: 1–6, 1984.

Pfeiffer, C. C., and Sohler, A., Oral zinc in normal subjects: effect on serum histidine, iron and copper levels. Pamphlet: *Histidine II.* New York: Georg Thieme Verlag, 1980.

Phillips, P., Lim, W., Parkman, P., and Hirshaut, Y., Virus antibody and IgG levels in juvenile rheumatoid arthritis (JRA). *Arthritis & Rheum.* 16 (1): 126, 1973.

Pickup, M. E., Dixon, S., Lowe, J. R., and Wright, V., Serum histidine in rheumatoid arthritis: changes induced by antirheumatic drug therapy. *J. Rheumatol.*, 7 (1): 71–76, 1980.

Pinals, R. S., Harris, H. D., Frizzell, J., et al., Treatment of rheumatoid arthritis with histidine— a double–blind trial. *Arthritis & Rheum.* (abst.), 16: 126–127, 1973.

Prast, H., and Philippu, A., Does brain histamine contribute to the development of hypertension in spontaneously hypertensive rats. *Naunyn Schmiedebergs Arch Pharmacology*, 343 (3), 307–310, March 1991.

Rennie, M. J., Bennegard, K., Eden, E., Emery, P. W., and Lundholm, K., Urinary excretion and efflux from the leg of 3–methylhistidine before and after major surgical operation. *Metabolism*, 33 (3): 250–256, 1984.

Rocklin, R. E., and Beer, D. J., Histamine and immune modulation. *Advan. Internal. Med.*, 28: 225-251, 1983.

Sass, R. L., and Marsh, M. E., Histidinoalanine—a naturally occurring cross-linking amino acid. Posttranslational modifications. *Methods Enzymology*, 106: 351-354, 1984.

Snyderman, S. E., Sansaricq, C., Norton, P. M., and Manka, M., The nutritional therapy of his-tidinemia. *J. Ped.*, 95 (11): 712-715, 1979.

Steinhauer, H. B., Jackisch, R., and Schollmeyer, P., Modification of prostaglandin genera-tionby L-histidine—possible pathogenic implication in rheumatoid arthritis. *Prostagland. Leuk. Med.*, 13 (2): 211-216, 1984.

Tyfield, L. A., and Holton, J. B., The effect of high concentrations of histidine on the level of other amino acids in plasma and brain of the mature rat. *J. Neurochem.*, 26: 101-105, 1976.

Wang, Z., and et al., Urinary 3-methylhistidine excretion: association with total body skeletal muscle mass by computerized axial tomography. *Journal Parenter Enteral Nutrition*, 22 (2), 82-86, March-April 1998.

Woldemussie, E., Eiken, D. L., and Beaven, M. A., Changes in histidine uptake and hista-mine synthesis during the growth cycle of rat basophilic leukemia (2H3) cells. *J. Pharmacol. Exper. Therap.*, 232 (1), 1985.

第九部分

第二十一章　多种氨基酸在临床中的应用

Abraira, C., DeBartolo, M., Katzen, R., and Lawrence, A. M., Disappearance of glu-cagonoma rash after surgical resection, but not during dietary normalization of serum amino acids. *Amer. J. Clin. Nutr.*, 39 (3): 351-355, 1984.

Abumrad, N. N., and Miller, B., The physiologic and nutritional significance of plasma-free amino acid levels. *J. Parenteral & Enteral Nutr.*, 7 (2): 163-170, 1983.

Aussel, C., et al., Plasma amino acid pattern in burn subjects: influence of septicemia. *Clin. Nutr.*, 3: 237-239, 1984.

Bergstrom, J., et al., Free amino acids in muscle tissue and plasma during exercise in man. *Clin. Physiol.*, 5 (2): 155-160, 1985.

Bjerkenstedt, L., et al., Plasma amino acids in relation to cerebrospinal fluid monamine me-tabolites in schizophrenic patients and healthy controls. *Brit. J. Psychiatry*, 147: 276-282, 1985.

Branchey, M., et al., Association between amino acid alterations and hallucinations in alco-holic patients. *Biol. Psych.*, 20: 1167-1173, 1983.

Bremer, H. J., Duran, M., Kamerling, J. P., Przyrembel, H., and Wadman, S. K., eds., *Disturbances of Amino Acid Metabolism: Clinical Chemistry and Diagnosis*. Baltimore, MD: Urban & Schwarzenberg, 1981.

Brenner, U., et al., Free plasma amino acid pattern in gastrointestinal carcinoma: a potential tumor marker? *J. Exper. Clin. Cancer Res.* 4 (3): 253-258, 1985.

Burger, U., and Burger, D., Nutrition in pediatric patients with cancer or leukemia. *New As-pects Clin. Nutr.*, 631-638, 1983.

Chesney, R. W., et. al., Divergent membrane maturation in rat kidney: exposure by dietary taurine manipulation. *Inter. J. Pediat. Nephrol.*, 6 (2): 93–100, 1984.

Corman, L. C., The relationship between nutrition, infection, and immunity. *Med. Clin. N. Amer.*, 69 (3): 519–531, 1985.

Cotton, J. R., et al., Correction of uremic cellular injury with a proteinrestricted amino acid-supplemented diet. *Amer. J. Kidney Dis.*, 5 (5): 233–236, 1985.

Elling, V. D., and Bader, K., Freie Serumaminosauren bei patientinnen mit ovarialkarzine-men. *Zbl. Gynakol.*, 107: 1012–1016, 1985.

Eriksson, T., Magnusson, T., Carlsson, A., Hagman, M., and Jagenburg, R., Decrease in plasma amino acids in man after an acute dose of ethanol. *J. Studies Alcohol.*, 44 (3): 215–221, 1983.

Fisher, H., Essential and nonessential amino acids. *Biomedical Information Corp.*, New York, NY, 1984.

Freund, H. R., et al., Muscle prostaglandin production in the rat: effect of abdominal sepsis and different amino acid formulations. *Arch. Surgery*, 120 (9): 1037–1041, 1985.

Gard, P. R., and Handley, S. L., Human plasma amino acid changes at parturition. *Horm. Metabol. Res.*, 17: 112, 1985.

Harvey, S. G., et al., L-cysteine, glycine and dlthreonine in the treatment of hypostatic leg ulceration: a placebo-controlled study. *Pharmatherapeutica*, 4 (4): 227–230, 1985.

Holst, H., von, Hagenfeldt, L., Increased levels of amino acids in human lumbar and central cerebrospinal fluid after subarachnoid haemorrhage. *Acta Neurochirugica.*, 78 (1–2): 46–56, 1985.

Kasschau, M. R., and Howard, C. L., Free amino pool of a sea anemone: exposure and recovery after an oil spill. *Bull. Environ. Contam. Toxicol.*, 33: 56–62, 1984.

Kennedy, B., et al., Nutrition support of inborn errors of amino acid metabolism. *Int. J. Bio. Medical Computing*, 17: 69–76, 1985.

Kluthe, R., Betzler, H., and Vogel, W., Langzeitanalyse des aminosauren und eiwebstoff-wechsels nach schwerem polytrauma. *Akt. Ernahr.*, 10: 4–13, 1985.

Landel, A. M., et al., Aspects of amino acid and protein metabolism in cancer-bearing states. *Cancer*, 55 (1): 230–237, 1985.

Ludersdorf, V. R., et al., Konzentration der plasma-aminosauren nach exposition gegenuber organischen losemittelgemischen. *Fortschritte der Medizin*, 103 (14): 365–366, 1985.

Milakofsky, L., Hare, T. A., Miller, J. M., and Vogel, W. H., Rat plasma levels of amino acids and related compounds during stress. *Life Sci.*, 36: 753–761, 1984.

——, Comparison of amino acid levels in rat blood obtained by catheterization and decapitation. *Life Sci.*, 34: 1333–1340, 1984.

Moller, S. E., Tryptophan and tyrosine ratios to neutral amino acids in relation to therapeutic response in depressed patients. IVth World Congress of Biological Psychiatry, Philadelphia, PA, September 1985.

Moran, J. R., and Lyerly, A., The effects of severe zinc deficiency on intestinal amino acid losses in the rat. *Life Sci.*, 36: 2515–2521, 1985.

Morimoto, Y., et al., Antitumor agent poly (amino acid) conjugates as a drug carrier in cancer chemotherapy. *J. Pharm. Dyn.*, 7: 688-698, 1984.

Moss, G., Elevation of postoperative plasma amino acid concentrations by immediate full enteral nutrition. *J. Amer. Col. Nutr.*, 3: 335-342, 1984.

Naomi, S., et al., Interrelation between plasma amino acid composition and growth hormone secretion in patients with liver cirrhosis. *Endocrinol. Japan.*, 31 (5): 557-564, 1984.

Nordenstrom, J., et al., Metabolic utilization of intravenous fat emulsion during total parenteral nutrition. *Ann. Surg.*, 196 (2): 221-231, 1982.

Norton, J. A., et al., Fasting plasma amino acid levels in cancer patients. *Cancer*, 56 (5): 1181-1186, 1985.

Nutrition Reviews, Human protein deficiency—biochemical changes and functional implications. 35 (11): 294-296, 1977.

Olness, K. N., Nutritional consequences of drugs used in pediatrics. *Clin. Pediatr.*, 24 (8): 417-418, 1985.

Pajari, M., Transport of branched-chain amino acids in brain slices of developing and adult rats. *Acta Physiol. Scand.*, 122: 415-420, 1984.

Pangborn, J., Building health with amino acids. *Nutrition for Optimal Health Assoc. Conference* in Il. October 6, 1982.

Partsch, G., et al., The effect of D-penicillamine on plasma amino acids in rheumatoid arthritis. *Rheumatol.*, 42: 126-129, 1983.

Philpott, W. H., and Kalita, D. K., *Brain Allergies*. New Canaan, CT: Keats Publishing, Inc., 1980, p. 53.

Popov, I. G., Latskevich, A. A., Blood amino acids of the crew members of 211-day space flight. *Kosmicheskaya Biologiya I Aviakosmicheskaya Meditsina*, 18 (6): 10-14, 1984.

Proietti, R., et al., Plasma free amino acids in trauma: clinical and therapeutic implications. *Resuscitation*, 9: 107-111, 1981.

Robert, S., Experimental aminoacidemias. *Handbook of Neurochemistry* (vol. 9), ed. Lajtha, A., New York: Plenum Press, 1986, pp. 203-218.

Rosell, V. L., Threonine requirement of pigs weighing 5 to 15 kg and the effect of excess methionine in diets marginal in threonine. *J. Animal Science*, 60 (2): 480, 1985.

Schwarcz, R., and Meldrum, B., Excitatory amino acid antagonists provide a therapeutic approach to neurological disorders. *Lancet*, 140, July 20, 1985.

Segawa, K., et al., Amino acid in gastric juice of peptic ulcer patients. *Jap. J. Med.*, 24 (1): 34-38, 1985.

Snape, W. J., and Yoo, S., Effect of amino acids on isolated colonic smooth muscle from the rabbit. *J. Pharmacol. Exper. Therapeut.*, 235 (3): 690, 1985.

Tuomanen, E., and Tomasz, A., Protection by D-amino acids against growth inhibition and lysis caused by B-lactam antibiotics. *Antimicrobial Agents & Chemoth.*, September 1984, pp. 414-416.

Turkki, P. R., Chung, R. S., and Gardner, M. J., Riboflavin and vitamin C status of morbidly obese patients before and/or after surgical treatment. *Nutr. Rep. Inter.*, 30 (3): 709-

717, 1984.

Vlasova, T. F., Miroshnikova, E. B., Belozerova, I. N., and Ushakov, A. S., Free amino acids in plasma during preflight training. *Kosmicheskaya Biologiya I Aviakosmicheskaya Meditsina*, 18 (6): 23–25, 1984.

Walzem, R. L., Clifford, C. K., and Clifford, A. J., Folate deficiency in rats fed amino acid diets. *J. Nutr.*, 113: 421–429, 1983.

Wells, I. C., et al., Experimental study of chronic ambulatory peritoneal dialysis. *Clin. Physiol. Biochem.*, 3: 8–15, 1985.

Winters, R. W., Heird, W. C., and Dell, R. B., History of parenteral nutrition in pediatrics with emphasis on amino acids. *Federation Proc.*, 43: 1407–1411, 1984.

Wunderlich and Kalita, *Nourishing Your Child.* New Canaan, CT: Keats Publishing, 1984, p. 98.

Yu, Y. M., et al., Quantitative aspects of glycine and alanine nitrogen metabolism in postabsorptive young men: effects of level of nitrogen and dispensable amino acid intake. *J. Nutr.*, 115: 339–410, 1985.

武汉远大弘元股份有限公司
WUHAN GRAND HOYO CO.,LTD.

武汉远大弘元股份有限公司(下称"公司"或"远大弘元")起源于武汉大学校办产业，是一家集研发、生产、销售为一体的专业氨基酸服务商。公司以武汉大学、湖北省氨基酸工程技术研究中心的成果为依托，致力于生物医药领域的高新技术产业化。

远大弘元拥有严谨的质量保证体系，通过了欧盟EU-GMP和CEP、中国GMP、韩国KFDA、欧盟REACH、HACCP、KOSHER、HALAL、SC和美国FDA等相关体系认证和产品注册。

公司作为氨基酸国家标准和行业标准的主要起草单位，坚持"高质量、新技术、全产业链"的发展思路，为客户提供符合CP、USP、BP、EP、AJI、FCC等国内外先进标准的合规产品。目前公司已与赛诺菲、默克、赞邦和白云山等多家国内外知名企业达成长期稳定的合作伙伴关系。

远大弘元注重知识产权体系建设，先后申请国内外发明专利50余项；其 "WUBC"" WHUHOYO"等商标是氨基酸领域国际知名品牌；已荣获国家知识产权优势企业、省级专利奖等多种奖项。

远大弘元坚持探索氨基酸领域品质新高度，以质取胜，以新求强，创一流氨基酸企业还原于社会。

公司地址：武汉东湖新技术开发区关山二路特一号国际企业中心3幢6层1号
工厂地址：鄂州市葛店开发区1号工业园
国内销售部电话：027-87452702、87454577、87453580、87458509、87452207
国际贸易部电话：027-87452702、87800409、87456106、87452860、87591573
邮箱：info@grandyoho.com 网址：www.grandhoyo.com

氨基酸国家标准和行业标准的起草单位

无锡晶海氨基酸股份有限公司创建于 1993 年，专注于生物技术研发生产系列氨基酸，历经近 30 年的发展，现已形成十几种系列氨基酸原料药配套生产能力，产品销售至全球三十多个国家。2016 年新三板上市，作为高新技术企业，公司始终坚持技术创新，以产学研为技术支撑，先后成立了江苏省氨基酸工程技术中心、无锡市院士工作站，以绿色发展制造为宗旨，研发出系列低氨氮发酵技术，获得了国家发改委专项资金和省重大科技成果转化项目。获得江苏省中小企业创新能力建设示范企业、江苏省节能减排科技创新示范企业、江苏省医药行业诚信企业等荣誉称号。目前拥有授权发明专利 12 项，申请发明专利 12 项；作为第一起草单位主持 2 项国家标准、1 项团体标准和 1 项行业标准，参与制定团体标准 2 项、行业标准 1 项；获得教育部、无锡市科技进步奖等多项奖项，2018 年获得江苏省科学技术二等奖。无锡晶海氨基酸股份有限公司于 2001 年在行业中率先通过 GMP 认证，拥有 14 个氨基酸原料药注册证，2019 年 2 个品种氨基酸原料药获得欧盟认证，取得 CEP 证书。现已成为世界五百强企业如德国费森尤斯卡比、默克、雀巢、法国达能、美国 GE 等公司的优质供应商，同时也是国内众多医药百强企业如深圳海王集团股份有限公司、华润（集团）有限公司和四川科伦实业集团有限公司等稳定供应商。本公司以"关怀人类生活品质"为企业宗旨，为生产出对人类健康有益的氨基酸产品做出不懈的努力。

黑龙江金象生化有限责任公司是世界 500 强厦门象屿集团有限公司旗下投资企业，成立于 2015 年 8 月，注册地位于哈尔滨新区，由哈尔滨管理总部、研发中心及富锦产业园、北安产业园、绥化产业园三大园区构成，主要从事玉米深加工行业，打造资源共享、优势共享、成果共享的产业园发展模式，致力于成为玉米深加工产业领航者，与客户、员工、股东和社会，构建共生共赢的价值生态圈。公司积极贯彻落实"粮头食尾、农头工尾"的指示精神，把玉米深加工建在粮堆里，目前已完成投资 70 亿元，年加工玉米 320 万吨，总营业收入 70 亿元，利税 5 亿元，现有员工 3000 余人。

公司主要产品包含淀粉、淀粉糖、氨基酸、燃料乙醇、生物发酵饲料等，广泛应用于制糖、造纸、纺织、食品、医药、啤酒发酵、饲料等行业。销售网络遍布全国，并已出口到欧洲、东南亚等国家和地区。已获得 ISO 9001 质量管理体系、FSSC 22000 食品安全管理体系、ISO 22000 食品安全管理体系、ISO 14001 环境管理体系、ISO 45001 职业安全健康管理体系、FAMI-QS 欧洲饲料添加剂和预混合饲料质量体系、Non-GOM 非转基因产品身份保持体系等十大认证。

富锦产业园区　　　　　　　　　　　**北安产业园区**　　　　　　　　　　　**绥化产业园区**

公司坚持绿色、环保、可持续、和谐的发展观，秉承完善自我、家国情怀、齐创共享、服务社会的价值观，通过每位员工的努力，不断践行社会责任，推动社会共同发展。

 黑龙江金象生化有限责任公司
HEILONGJIANG JINXIANG BIOCHEMICAL CO.,LTD.

氨基酸营养健康解决方案供应商

梅花集团是全球大型的微生物发酵企业，主营氨基酸系列产品，于 1999 年创建，2002 年成立集团公司，2010 年底在上海证券交易所上市，股票代码600873，是国家农业产业化龙头企业，以"人立于诚，事精于心，业盛于信。和，则致远"为核心价值观。

梅花集团总部设在河北省廊坊市，集研、产、销于一体，在内蒙古通辽市、新疆五家渠市、吉林白城市建有三座大型生产基地，产业集群优势显著，工厂总占地面积 13000 亩，拥有 12000 名员工，产业布局覆盖河北、内蒙古、新疆、吉林、西藏、山西等多个省和自治区。

梅花集团旗下有 50 多种产品，包括食品鲜味剂、动物营养氨基酸、人类医用氨基酸、黄原胶、海藻糖、胶囊等，应用领域涉及食品加工、饲料养殖、医药保健、饮料、日化、石油钻采等多个行业。主要产品有：谷氨酸钠（味精）、谷氨酰胺、脯氨酸、苏氨酸、赖氨酸、黄原胶等。

主营产品

L-谷氨酰胺

可增强体力和耐力，还可促进肌肉合成，帮助运动者塑造强健体魄。在欧美发达国家，运动者将其作为激发体力的能量之源，健美运动者甚至将其用作重要的营养补剂。

L-脯氨酸

L-脯氨酸是合成人体蛋白质的氨基酸之一，是氨基酸输液的重要原料，也是合成卡托普利、依那普利等一线降压药物的主要中间体，已被广泛应用于食品与医药等工业。

味精

味精学名谷氨酸钠，是谷氨酸的一种钠盐，而谷氨酸是组成人体蛋白质的二十种氨基酸之一。味精作为食品增鲜剂广泛应用于食品工业，如方便食品、调味料、副食品。

黄原胶

黄原胶以玉米为原料、经生物发酵生产而成，广泛用作增稠剂、乳化剂、悬浮剂、稳定剂，主要应用于食品、饮料、乳制品等领域。

L-苏氨酸和L-赖氨酸

两者均为必需氨基酸，可改善饲料中的氨基酸平衡，促进生长、改善肉质、节约蛋白质资源等作用。

L-缬氨酸

缬氨酸是猪和家禽不可或缺的营养物质，属于必需氨基酸。以玉米和豆粕为基础日粮，缬氨酸是猪的第五限制性氨基酸，鸡的第四限制性氨基酸。缬氨酸在特殊生理时期可氧化供能，调节骨骼肌的蛋白质周转，影响猪的免疫反应。在妊娠期和泌乳期增加母猪的缬氨酸摄入量可以明显改善仔猪生长性能，提高母猪泌乳量，降低母猪的体重损失等。

通辽梅花-ISO22000体系证书   通辽梅花-ISO9001体系证书   通辽梅花-BRC认证证书   通辽梅花FAMI-QS证书   新疆梅花-FAMI-QS证书   新疆梅花OU证书2015

地址：河北省廊坊市开发区华祥路 66 号   邮编：065001
Add : 66 Huaxiang Road, Langfang Development Zone, Hebei 065001, China
Tel : +86-316-2359685   Fax: +86-316-2359680   Email: meihua@meihuagrp.com   www.meihuagrp.com